Vorwort zur vierten Auflage.

Dieses Buch bringt keine Probleme der Mechanik, sondern leichte Aufgaben, die von jedem Anfänger auf Grund von Vorlesungen über technische Mechanik gelöst werden können. Sie haben den Zweck, dem Studierenden eine Reihe einfacher Anwendungen vorzuführen, die ihm das Studium erleichtern und die Freude an der Arbeit erhöhen werden.

Den größten Teil der hier mitgeteilten Aufgaben habe ich für Unterrichtszwecke ersonnen. Aufgaben, deren ersten Autor ich ermitteln konnte, habe ich mit dem Namen desselben versehen. Insbesondere hatte ich folgenden Werken viel Anregung zu verdanken: W. Walton, Collection of Problems of the Theoretical Mechanics; E. J. Routh, Dynamik der Systeme starrer Körper, deutsche Ausgabe von A. Schepp.

Gegenüber den drei ersten Auflagen weist vorliegender Band eine Reihe neuer Aufgaben und Verbesserungen der Lösungen auf; für die zahlreichen Zuschriften und Vorschläge, die mir zukamen, sage ich an dieser Stelle besten Dank.

Graz, im Jänner 1919.

F. Wittenbauer.

Vorwort zur fünften Auflage.

Die vorliegende Auflage des ersten Bandes der „Aufgaben" unterscheidet sich von den vorhergehenden durch eine teilweise Umgruppierung des Stoffes, die eine organischere Gliederung ermöglichte, und durch eine teilweise Änderung der Bezeichnungsweise. In sachlicher Beziehung hielt ich mich nicht für berechtigt, durchgreifende Änderungen in der Wahl der Beispiele und ihrer Behandlungsweise vorzunehmen, um so weniger, als der Verlag den — nach den Erfolgen und der Verbreitung des Werkes wohlbegründeten — Wunsch äußerte, an der ursprünglichen Anlage im wesentlichen festzuhalten. Im Rahmen dieses Programms habe ich gleichwohl vielfache Änderungen im Text, und zwar sowohl bei den Aufgaben wie bei den Resultaten und Lösungen, vorgenommen, und hoffe auch, die leider zahlreich vorhandenen Irrtümer in den früheren Auflagen beseitigt zu haben. Dabei mußte ich einige wenige Beispiele ganz ausschalten; ich habe dafür einige andere neu aufgenommen.

So darf ich dieses Werk in teilweise veränderter, aber im Kern erhalten gebliebener Form mit dem Wunsche aus der Hand geben, daß es auch weiterhin den Studierenden und Ingenieuren der wertvolle Behelf bleiben möge, den sie zur Einführung in das Studium der Mechanik brauchen, und daß es zu den zahlreichen alten Freunden, die es besitzt, stets neue hinzuwerben möchte.

Prag, im März 1924.

T. Pöschl.

F. Wittenbauer

Aufgaben aus der Technischen Mechanik

I. Band
Allgemeiner Teil

839 Aufgaben nebst Lösungen

Fünfte, verbesserte Auflage

bearbeitet von

Dr.-Ing. Theodor Pöschl

o. ö. Professor an der Deutschen
Technischen Hochschule in Prag

Mit 640 Textabbildungen

Springer-Verlag Berlin Heidelberg GmbH
1924

Alle Rechte, insbesondere das der Übersetzung
in fremde Sprachen, vorbehalten.

Softcover reprint of the hardcover 5th edition 1924

ISBN 978-3-662-40833-9 ISBN 978-3-662-41317-3 (eBook)
DOI 10.1007/978-3-662-41317-3

Inhaltsverzeichnis.

Erster Teil: Aufgaben.   Seite

I. Summe von Kraftgruppen und Gleichgewicht   3
  1. Kräfte mit gemeinsamen Angriffspunkt (Aufgabe 1—20) .   3
  2. Gleichgewicht von Kraftgruppen durch einen Punkt (Aufgabe 21—50)   5
  3. Ebene Kraftgruppen (Aufgabe 51—71)   11
  4. Gleichgewicht ebener Kraftgruppen (Aufgabe 72—87) . .   13
  5. Gleichgewicht mehrerer Kraftgruppen in der Ebene (Aufgabe 88—107)   16
  6. Räumliche Kraftgruppen (Aufgabe 108—123)   20
  7. Gleichgewicht räumlicher Kraftgruppen (Aufgabe 124—141)   22
  8. Schwerpunkte ebener Linien (Aufgabe 142—155)   25
  9. Schwerpunkte ebener Flächen (Aufgabe 156—198) . . .   26
 10. Schwerpunkte von Körpern (Aufgabe 199—217)   31
 11. Stützungen (Aufgabe 218—255)   33
 12. Einfache Fachwerke (Aufgabe 256—286)   40
 13. Gleichgewicht mit Berücksichtigung der Reibung (Aufgabe 287—316)   46
 14. Einfache Maschinen (Aufgabe 317—350)   51
 15. Seil- und Kettenlinien (Aufgabe 351—367)   58

II. Bewegungslehre   61
 16. Geradlinige Bewegung des Punktes (Aufgabe 368—396) . .   61
 17. Schaulinien (Aufgabe 397—407)   65
 18. Krummlinige Bewegung des Punktes (Aufgabe 408—445) .   67
 19. Gezwungene Bewegung des Punktes (Aufgabe 446—458) .   72
 20. Bewegung mit Widerständen (Aufgabe 459—473)   74
 21. Dreh- und Schraubenbewegungen des Körpers (Aufgabe 474 bis 481)   77
 22. Gleichzeitige Bewegungen (Aufgabe 482—495)   78
 23. Ebene Bewegung von Scheiben (Aufgabe 496—518) . . .   80
 24. Endliche Bewegungen im Raume (Aufgabe 519—526) . .   84
 25. Relative Bewegung (Aufgabe 527—550)   85

III. Dynamik   90
 26. Arbeit und Leistung (Aufgabe 551—588)   90
 27. Das Prinzip der virtuellen Arbeiten (Aufgabe 589—621) . .   96
 28. Polare Trägheitsmomente ebener Flächen (Aufgabe 622—632) 102
 29. Trägheitsmomente von Körpern (Aufgabe 633—657) . . . 103
 30. Bewegungs-Energie (Aufgabe 658—676) 106
 31. Das Prinzip d'Alemberts (Aufgabe 677—697) 108

		Seite
32.	Drehung um eine feste Achse (Aufgabe 698—713)	111
33.	Ebene Bewegung von Scheiben (Aufgabe 714—733) ...	114
34.	Das Prinzip der Bewegungs-Energie (Aufgabe 734—746)!.	118
35.	Das Prinzip der Bewegungs-Energie mit Widerständen (Aufgabe 747—759)...........	120
36.	Das Prinzip der Bewegung des Schwerpunkts (Aufgabe 760 bis 772) ...	122
37.	Stoß (Aufgabe 773—808)	125

IV. **Das Rechnen mit verschiedenen Einheiten und Dimensionen** (Aufgabe 809—839) 130

Zweiter Teil: Resultate und Lösungen 137

* Die mit diesem Zeichen versehenen Aufgaben erfordern die Kenntnis der Elemente der Differential- und Integral-Rechnung.

Bezeichnungen,

die in diesem Buche verwendet werden.

A, B, C = Auflagerdrücke.
D = Gelenkdruck, Auflagerdruck u. dgl.
D = Durchmesser eines Kreises.
E = Leistung in kgm/sek.
E_a = Absolute Leistung in kgm/sek.
E_r = Leistung der Reibung.
F = Federkraft.
G = Gewicht.
H = Horizontaldruck oder -zug.
J = Trägheitsmoment.
J_p = polares Trägheitsmoment.
K, P, Q = Kräfte.
L = Länge.
M = Masse.
N = Leistung in PS (Pferdestärken).
O = Drehpol, Momentanzentrum.
P = Kraft; Punkt.
Q = Last; Wassermenge in der Sekunde.
R = Mittelkraft, Resultante; Halbmesser eines Kreises oder einer Kugel.
S = Schwerpunkt; Spannung eines Stabes, einer Kette oder eines Fadens.
T = Zeitabschnitt; Schwingungsdauer u. dgl.
V = Rauminhalt; Vertikaldruck, -zug.
W = Widerstand von Wasser und Luft.
X, Y, Z, X_i, Y_i, Z_i = Teilkräfte nach drei senkrechten Richtungen.
a = Parameter der Kettenlinie.
a, b, c = Richtungskosinus einer Geraden.
b = Beschleunigung.
b_a = absolute Beschleunigung
b_c = Zusatz- oder Coriolisbeschleunigung.

b_n = Normalbeschleunigung.
b_r = relative Beschleunigung.
b_s = Beschleunigung des Schwerpunktes; Systembeschleunigung
b_t = Tangentialbeschleunigung.
b_z = Zwangsbeschleunigung.
$c, c_1 \ldots$ = Geschwindigkeit einer gleichförmigen Bewegung.
c = doppelte Flächengeschwindigkeit.
d = Durchmesser eines Kreises oder eines Seiles.
e = Basis der natürlichen Logarithmen.
f = Reibungszahl für gleitende Reibung.
f_1 = Zapfenreibungszahl.
f_2 = Rollreibungszahl.
g = Beschleunigung der Schwere.
h = Höhe von Dreieck und Rechteck; Ganghöhe der Schraubenlinie.
k = Anziehung der Masseneinheit in der Einheit der Entfernung; Stoßzahl; Konstante des Luftwiderstandes; Trägheitshalbmesser.
l = Stablänge, Spannweite.
m = Masse, Meter.
n = Drehzahl, d. i. Anzahl der Umdrehungen in der Minute.
p = Druck auf die Flächeneinheit; Parameter eines Kegelschnittes.
q = Gewicht für die Längeneinheit.
r = Halbmesser eines Kreises oder einer Kugel.
s = Weg eines Punktes.
t = Zeit (auch Tonne).
v = veränderliche Geschwindigkeit eines Punktes.

Bezeichnungen.

v_0 = Anfangsgeschwindigkeit eines Punktes.
v_r = relative Geschwindigkeit.
v_s = Geschwindigkeit des Schwerpunktes; Geschwindigkeit des Systems.
x, y, z = Koordinaten eines Punktes.

A = Arbeit.
T = Bewegungsenergie.
T$_0$ = anfängliche Bewegungsenergie.

$\mathfrak{M}$ = reduzierte Masse; Moment.
$\mathfrak{M}_x, \mathfrak{M}_y, \mathfrak{M}_z$ = Momente um die drei Achsen.
$\mathfrak{R}$ = Reibung.

$\alpha, \beta, \ldots$ = Neigungswinkel.
γ = Einheitsgewicht.
δ = Zeichen der virtuellen Verschiebung.

ε = numerische Exzentrizität eines Kegelschnittes.
$\varphi, \psi \ldots$ = Drehungswinkel.
$\varkappa$ = Widerstandszahl für Transport auf Rädern und Walzen.
λ = Winkelbeschleunigung.
μ = Dichte (spezifische Masse).
ϱ = Reibungswinkel; Krümmungshalbmesser.
τ = Translationsgeschwindigkeit.
τ_r = relative Translationsgeschwindigkeit.
ξ, η, ζ = Koordinaten des Schwerpunktes und Stoßmittelpunktes.
ξ = Zahl der Seilsteifigkeit.
η = Güteverhältnis, Wirkungsgrad.
ζ = Rollenziffer (Zapfenreibung und Seilsteifigkeit).
ω = Winkelgeschwindigkeit.
ω_r = relative Winkelgeschwindigkeit.

Erster Teil.
Aufgaben.

I. Summe von Kraftgruppen und Gleichgewicht.

1. Kräfte mit gemeinsamem Angriffspunkt.

1. Fünf Kräfte, die in derselben Ebene liegen und den gleichen Angriffspunkt haben, besitzen folgende Größen und Richtungen: $K_1 = 10$ kg, $K_2 = 15$ kg, $K_3 = 26$ kg, $K_4 = 8$ kg, $K_5 = 12$ kg; $\sphericalangle(K_2K_1) = 50°$, $\sphericalangle(K_3K_1) = 160°$, $\sphericalangle(K_4{}^lK_1) = -100°$, $\sphericalangle(K_5K_1) = -40°$. Man suche Größe und Richtung der Mittelkraft (zeichnerisch und rechnerisch).

2. Es soll die Größe und Richtung der Mittelkraft von fünf Kräften $K_1, \ldots, K_5$ bestimmt werden, die von A nach den Ecken eines regelmäßigen Sechsecks gerichtet sind und deren Größen durch die Längen dieser Linien dargestellt sind (zeichnerisch und rechnerisch).

3. Eine Kraft $K = 280$ kg soll in zwei Teilkräfte zerlegt werden, deren Differenz $K_1 - K_2 = 100$ kg ist. Die Teilkraft K_1 ist gegen K unter $20°$ geneigt. Wie groß sind K_1 und K_2? Welchen Winkel α schließen sie miteinander ein?

4. Sechs Kräfte, die gemeinsamen Angriffspunkt besitzen, sollen durch zwei gleich große, aufeinander senkrecht stehende Kräfte ersetzt werden, deren gemeinsamer Angriffspunkt von dem früheren eine gegebene Entfernung hat (zeichnerisch).

5. Zerlege eine Kraft K in zwei Teilkräfte K_1 und K_2, die im Verhältnis $1:2$ stehen. Suche den geometrischen Ort aller Kraftdreiecke, welche dieser Bedingung genügen.

6. Eine Kraft K soll in zwei Teilkräfte K_1 und K_2 zerlegt werden, für welche die Bedingung gestellt wird: $K_2 = \frac{3}{4}K_1$; ferner soll K_2 mit K den doppelten Winkel einschließen wie K_1 mit K. Wie groß sind diese Winkel und die Teilkräfte?

7. Bei der Zerlegung einer Kraft K in zwei Teilkräfte K_1 und K_2 sei der Winkel der einen $\sphericalangle(K_1K) = \alpha_1(\neq 0)$ gegeben, hingegen der Winkel der anderen $\sphericalangle(K_2K) = x$ unbekannt. Welche Beziehung besteht zwischen der (gewöhnlichen) Summe $S = K_1 + K_2$ der unbekannten Teilkräfte, dem Winkel α_1 und dem Winkel x?

Welchen größten und welchen kleinsten Wert kann S erreichen und für welche Werte von x?

8. Eine Kraft $K = 20$ kg soll in zwei Teilkräfte zerlegt werden, die unter $\alpha = 40°$ gegeneinander geneigt sind und im Verhältnis $1 : n = 1 : 2{,}5$ stehen. Wie groß sind diese Teilkräfte und welche Winkel α_1, α_2 schließen sie mit K ein?

9. Es sind drei Kräfte mit gemeinsamen Angriffspunkt gegeben. Sie sollen durch drei andere von gleicher Mittelkraft ersetzt werden, die auf den gegebenen Kräften senkrecht stehen und von denen zwei gleich groß sind.

10. In den Diagonalen AG, CE und HB eines rechtwinkligen Parallelepipedes

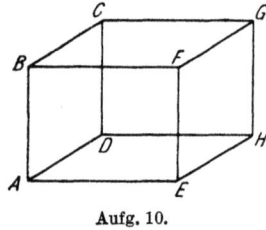
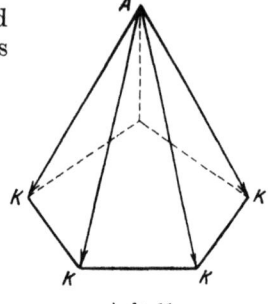

Aufg. 10.   Aufg. 11.

wirken drei gleiche Kräfte K. Man suche ihre Mittelkraft.

11. Vier gleich große Kräfte K bilden vier Kanten einer regelmäßigen fünfeckigen Pyramide. Wie groß ist ihre Mittelkraft und wo trifft sie die Grundfläche der Pyramide?

12. Eine Gruppe von sechs Kräften mit demselben Angriffspunkt O hat, bezogen auf drei zueinander senkrechte Richtungen x, y, z folgende Teilkräfte (in irgendwelchen Krafteinheiten):

$$K_1: \quad X_1 = 5, \quad Y_1 = 4, \quad Z_1 = 3;$$
$$K_2: \quad X_2 = 4, \quad Y_2 = -3, \quad Z_2 = 6;$$
$$K_3: \quad X_3 = -2, \quad Y_3 = 1, \quad Z_3 = -7;$$
$$K_4: \quad X_4 = -2, \quad Y_4 = -3, \quad Z_4 = -4;$$
$$K_5: \quad X_5 = 1, \quad Y_5 = -5, \quad Z_5 = -8;$$
$$K_6: \quad X_6 = -4, \quad Y_6 = -8, \quad Z_6 = 3.$$

Wie groß ist die Mittelkraft K dieser Kraftgruppe und welche Winkel schließt sie mit x, y, z ein?

13. Eine Kraft K soll in drei Teilkräfte K_1, K_2, K_3 zerlegt werden, für welche folgende Bedingungen zu erfüllen sind:

$$\sphericalangle(K_1, K_2) = (K_2, K_3) = (K_3, K_1) = 120°, \quad K_1 : K_2 : K_3 = 1 : 2 : 3.$$

Wie groß sind diese Teilkräfte und welche Winkel schließen sie mit K ein?

14. Eine Kraft K soll in drei Teilkräfte K_1, K_2, K_3 zerlegt werden, die aufeinander senkrecht stehen und deren Verhältnis $1:2:3$ ist. Wie groß sind diese Teilkräfte und welche Winkel schließen sie mit K ein?

15. Drei Kräfte besitzen gleiche Größe K, gleichen Angriffspunkt P und sind untereinander unter gleichen Winkeln α ($\neq 120°$) geneigt. Sie sollen durch drei andere Kräfte ersetzt werden, welche dieselbe Mittelkraft besitzen und auf den drei Ebenen der gegebenen Kräfte senkrecht stehen. Wie groß muß jede dieser drei Kräfte sein?

16. In der Mitte A eines Quadrates ruht ein Punkt, der durch vier gleichgespannte elastische Fäden mit den Ecken verbunden ist. Der Punkt wird nun in eine beliebige Lage M gebracht und losgelassen. Welche Kraft wirkt auf ihn ein, wenn die Spannungen der elastischen Fäden ihren Längen proportional sind? (Walton.)

*17. In der Verlängerung eines homogenen Stabes von der Länge l und der Masse M befindet sich eine Punktmasse m, die von allen Punkten des Stabes nach dem Newtonschen Gesetz angezogen wird. Wie groß ist die Gesamtanziehung, die auf m ausgeübt wird?

*18. Ein homogener Stab von der Länge l und der Masse M wird von der symmetrisch gelegenen Punktmasse m nach dem Newtonschen Gesetz angezogen. Wie groß ist die Gesamtanziehung, die auf m ausgeübt wird?

*19. Ein Kreisbogen, über den die Masse M gleichförmig verteilt ist, zieht eine Punktmasse m im Mittelpunkt nach dem Newtonschen Gesetz an. Wie groß ist diese Anziehung?

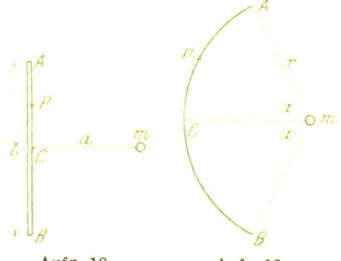

Aufg. 18.   Aufg. 19.

*20. Die Oberfläche einer Halbkugel ist homogen mit der Masse M belegt und wird von der Masse m im Mittelpunkt der Kugel nach dem Newtonschen Gesetz angezogen. Man suche Richtung und Größe dieser Anziehung.

2. Gleichgewicht von Kraftgruppen durch einen Punkt.

21. An einen lotrecht herabhängenden elastischen Faden wird ein Gewicht G gehängt. In welcher Tiefe x unter der Anfangslage bleibt das Gewicht im Gleichgewicht, wenn l_0 die ursprüngliche Länge des Fadens und seine Spannung der Längenänderung proportional ist?

22. Ein frei beweglicher Punkt m wird von zwei festen Massenpunkten m_1 und m_2 nach dem Newtonschen Gesetz angezogen. In welcher Entfernung x von m_1 bleibt m im Gleichgewicht, wenn a die Entfernung m_1, m_2 ist?

23. Ein frei beweglicher Punkt m wird von zwei festen Punkten m_1, m_2 angezogen, und zwar von m_1 verkehrt proportional, hingegen von m_2 direkt proportional der Entfernung. Die anziehenden Kräfte in der Einheit der Entfernung sind k_1 und k_2. An welchen Stellen ist m im Gleichgewicht? Wann ist ein Gleichgewicht unmöglich?

24. Man verbinde den Schwerpunkt S eines Dreiecks mit den drei Ecken A, B, C. Die Strecken SA, SB, SC mögen Kräfte darstellen. Man beweise auf zeichnerischem und rechnerischem Wege, daß sie im Gleichgewicht sind.

25. Drei Kräfte wirken in den Höhen eines Dreiecks; sie sind den zugehörigen Grundlinien proportional und nach den Ecken gerichtet. Man beweise, daß diese Kräfte im Gleichgewicht sind. (Petersen.)

26. Ein Punkt vom Gewicht G ist an einem Faden von der Länge l aufgehängt und wird mit einer Kraft $K = Gl/p$ in wagrechter Richtung abgestoßen. Bei welchem Winkel φ besteht Gleichgewicht? Wie groß ist die Spannung S des Fadens?

27. Drei feste Massenpunkte m_1, m_2, m_3 ziehen einen frei beweglichen Punkt m proportional den Massen und den Entfernungen an. Man rechne die Koordinaten der Gleichgewichtslage von m, wenn $x_1 y_1$, $x_2 y_2$, $x_3 y_3$ die Koordinaten der drei festen Punkte sind.

Aufg. 26.

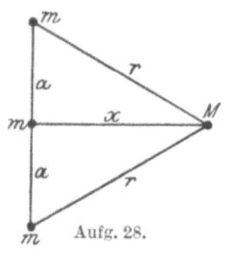

Aufg. 28.

28. Drei gleiche Massenpunkte m liegen in gleichen Entfernungen a auf einer Geraden fest. Ein frei beweglicher Punkt M wird von den beiden äußeren Punkten m mit Kräften angezogen, die den Massen direkt und dem Quadrat der Entfernung verkehrt proportional sind; von dem mittleren Punkt m wird M nach dem gleichen Gesetz abgestoßen. Bei welcher Entfernung x ist M im Gleichgewicht?

29. Über drei Walzen, von denen die eine den doppelten Durchmesser der andern hat,

Aufg. 29.

schlingt sich ein Seil, das mit der bekannten Spannung S angezogen wird. Welche Drücke D und D_1 üben die Walzen aufeinander aus? Zeichne den zugehörigen Kraftplan.

30. Über zwei kleine glatte Rollen A und B läuft eine Schnur, die an drei Stellen mit P, G und Q belastet ist. In welchem Verhältnis stehen AC und CB für Gleichgewicht?

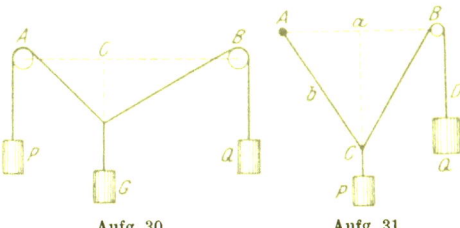

Aufg. 30.   Aufg. 31.

31. Ein Seil ist in A befestigt und geht bei B über eine kleine glatte Rolle. Es trägt bei C und D zwei Gewichte P und Q, deren Verhältnis zu bestimmen ist, wenn bei Gleichgewicht die Richtung von P die Strecke $AB = a$ halbieren soll ($AC = b$). (Walton.)

32. Ein schwerer Punkt vom Gewicht G liegt auf einer geneigten Ebene; er wird durch zwei gleiche Kräfte $G/2$, von denen die eine

Aufg. 32.   Aufg. 33.

wagrecht, die andere in der Ebene aufwärts wirkt, im Gleichgewicht erhalten. Unter welchem Winkel α ist die Ebene geneigt? Wie groß ist der Druck des Punktes auf die Ebene?

33. Ein Punkt vom Gewicht G wird auf einer schiefen Ebene, die unter α geneigt ist, von drei Kräften K im Gleichgewicht erhalten, die in der gezeichneten Weise wirken. Wie groß muß K sein und wie groß ist der Druck D der Ebene?

34. Ein Punkt M vom Gewicht G kann auf einer glatten Kreisbahn in einer lotrechten Ebene gleiten und wird vom tiefsten Punkt C mit einer Kraft abgestoßen, die dem Quadrat der Entfernung verkehrt proportional ist. k ist die Abstoßung in der Einheit der Entfernung. An welchen Stellen des Kreises ist M im Gleichgewicht? Wie groß ist der Druck D der Unterstützung?

35. Ein frei beweglicher Punkt M, der längs eines glatten Halbkreises gleiten kann, wird von den Endpunkten des Durchmessers M_1, M_2 proportional den Entfernungen angezogen. k sei die Anziehung in der Einheit der Entfernung. An welchen Stellen des Halbkreises bleibt M im Gleichgewicht? Wie groß ist der Druck D der Unterstützung?

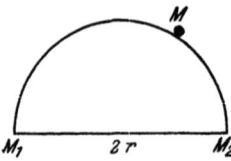

36. Ein Massenpunkt m wird von drei gleichen Massenpunkten, die in den Ecken eines gleichschenkligen Dreiecks liegen, nach dem Newtonschen Gesetz angezogen und befindet sich in dem Halbierungspunkt der Dreieckshöhe im Gleichgewicht. In welchem Verhältnis müssen Grundlinie b und Höhe des Dreiecks h stehen?

37. Ein frei beweglicher Punkt wird von den Ecken eines gleichseitigen Dreiecks A, B, C proportional den Entfernungen angezogen. Die Anziehungen dieser drei Punkte in der Einheit der Entfernung stehen im Verhältnis $k_1 : k_2 : k_3 = 1 : 2 : 3$. In welchen Entfernungen r_1, r_2, r_3 von A, B, C ist der Punkt im Gleichgewicht?

38. Ein Punkt M, der auf einer Geraden gleiten kann, wird von zwei außerhalb der Geraden liegenden Punkten M_1, M_2 verkehrt proportional dem Quadrat der Entfernung angezogen. Er befindet sich im Gleichgewicht, wenn $\overline{M_1 M}$ senkrecht steht zu $\overline{M_2 M}$. Zeige, daß in der Gleichgewichtsstellung zwischen den Stücken a, b, c die Beziehung besteht:

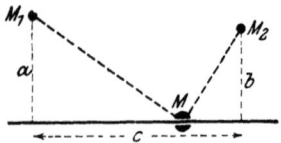

$$a^3 + b^3 = a\,b\,c$$

und bestimme den Druck D der Führungsgeraden, wenn k die Anziehung in der Einheit der Entfernung ist.

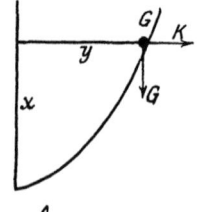

39. Auf einem parabolischen Bogen kann ein Punkt vom Gewicht G gleiten, der von der Achse der Parabel mit einer Kraft $K = ky$ abgestoßen wird. An welcher Stelle ist G im Gleichgewicht und wie groß ist der Druck D der Führung? (Walton.)

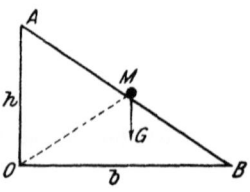

40. Ein schwerer Punkt M mit dem Gewicht G liegt auf der Hypotenuse eines rechtwinkligen Dreiecks OAB und wird von O verkehrt proportional dem Quadrat der Entfernung angezogen. Er befindet sich in der Mitte der Hypotenuse $AB = l$ im Gleichgewicht. Wie groß ist die Anziehung k in der Einheit der Entfernung? Wie groß ist der Druck D der Führungsgeraden AB? Wann wird das Gleichgewicht unmöglich?

41. Ein beweglicher Punkt M kann längs der Seite a eines rechtwinkligen Dreiecks gleiten und wird von dessen Ecken M_1, M_2 proportional den Entfernungen angezogen. k sei die anziehende Kraft in der Einheit der Entfernung. An welcher Stelle ist M im Gleichgewicht? Wie groß ist dort der Druck D der Dreieckseite a?

42. Eine kleine Masse m wird durch vier gleich lange, gleichgespannte elastische Fäden a mit vier Punkten verbunden, die in den Ecken eines Quadrates liegen. Wenn einer dieser Punkte um die Strecke x in der durch M gehenden Diagonale des Quadrates verschoben wird, um wieviel (z) und in welcher Richtung verschiebt sich die Gleichgewichtslage von m? Wie groß muß x gemacht werden, damit m nach M kommt? Die Fadenspannung ist der Fadenlänge proportional.

43. Auf einem glatten Kreise in einer lotrechten Ebene sind zwei schwere Punkte G_1 und G_2, die durch einen undehnbaren Faden verbunden sind, im Gleichgewicht. Welche Beziehung besteht zwischen den Winkeln φ_1 und φ_2, und wie groß sind φ_1 und φ_2 selbst, wenn r der Halbmesser der Walze und l die Länge des Fadens ist?

44. Die Eckpunkte eines Quadrates M_1, M_2, M_3, M_4 ziehen einen beweglichen Punkt M proportional den Entfernungen an. Die Anziehungen in der Einheit der Entfernung sind beziehungsweise $k_1 = k$, $k_2 = 2k$, $k_3 = 3k$, $k_4 = 4k$. Der Punkt M kann sich nur auf dem Umfang eines glatten Kreises bewegen, welcher dem Quadrat umschrieben ist. An welchen Stellen des Kreises ist M im Gleichgewicht? Wie groß ist der Druck D der Unterstützung an diesen Stellen?

45. Ein frei beweglicher Punkt M kann am glatten Umfang eines regelmäßigen Sechsecks gleiten und wird von den drei Ecken

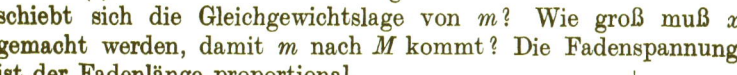

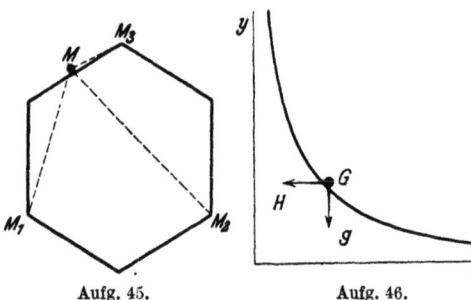

Aufg. 45.   Aufg. 46.

M_1, M_2, M_3 proportional den Entfernungen angezogen. An welchen Stellen befindet sich M im Gleichgewicht?

46. Ein schwerer Punkt vom Gewicht G kann auf einer gleichseitigen Hyperbel gleiten. Welche Horizontalkraft H muß auf den Punkt ausgeübt werden, damit er an jeder Stelle der Hyperbel im Gleichgewicht bleibt? Wie groß ist der Druck D zwischen Punkt und Hyperbel?

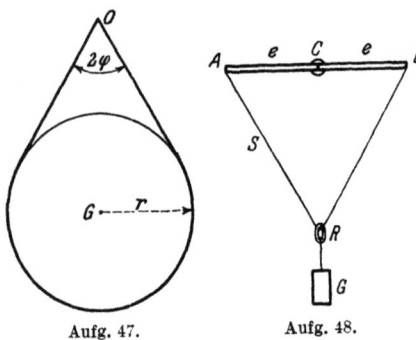

Aufg. 47.   Aufg. 48.

47. Um eine Walze vom Gewicht G wird ein elastischer Faden geschlungen und geknüpft. Solange seine Länge $l_0 = 2r\pi$ ist, bleibt der Faden ungespannt. Nun wird der Faden und mit ihm die Walze in einem Punkt O aufgehoben. Man berechne den Winkel φ für Gleichgewicht.

48. An die Ecken eines Stabes $AB = 2l$, der um seinen Mittelpunkt C drehbar ist, wird ein Seil von der Länge $2l$ geknüpft, an dem ein Ring R mit dem Gewicht G gleiten kann. Wenn der Stab um den Winkel φ gedreht und in dieser gedrehten Lage fixiert wird, welches ist die Gleichgewichtslage des mit G belasteten Ringes und wie groß ist die Spannung S im Seil?

49. Wenn in voriger Aufgabe der Ring, der das Gewicht G trägt, in der Mitte des Seiles festgeknüpft ist, wie ändern sich die Seilspannungen S_1 und S_2 bei der Drehung des Stabes um den Winkel φ?

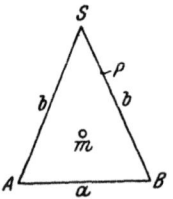

*50. Der Umfang eines gleichschenkligen Dreiecks A, B, S ist gleichförmig mit Masse belegt, die einen Massenpunkt m im Innern des Dreiecks nach dem Newtonschen Gesetz anzieht. An welcher Stelle ist m im Gleichgewicht?

3. Ebene Kraftgruppen.

51. Von den drei Kräften K, K, Q, von denen die beiden ersteren ein Kraftpaar bilden, soll ohne Parallelogramm oder Seileck die Mittelkraft gesucht werden.

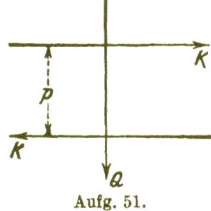
Aufg. 51.

52. Man nehme drei Kräfte mit beliebigen Angriffspunkten und drei Kraftpaare in der Ebene an und suche ihre Mittelkraft auf zwei verschiedene Arten. (Zeichnerisch.)

53. Gegeben sind vier Parallelkräfte von verschiedener Richtung; man suche jene Kraft, die mit ihnen ein Kraftpaar von gegebenem Moment bildet. (Zeichnerisch.)

54. Eine gegebene Kraft K soll in vier Parallelkräfte zerlegt werden, deren Wirkungslinien gegeben sind; überdies soll $K_1 : K_2 = 1 : 2$ und $K_3 : K_4 = 3 : 4$ sein. Wie groß sind diese vier Kräfte? (Zeichnerisch.)

55. Gegeben sind drei parallele Kräfte und zwei zu ihnen parallele Gerade. Welche Kräfte müssen in letzteren wirken, wenn Gleichgewicht bestehen soll? (Zeichnerisch.)

56. Eine gegebene Kraft K soll in drei Parallelkräfte zerlegt werden, deren Lagen gegeben sind; eine von ihnen ist die Summe der beiden anderen. (Zeichnerisch.)

57. Eine gegebene Kraft K soll in drei Parallelkräfte zerlegt werden, die im Verhältnis $K_1 : K_2 : K_3 = 1 : 2 : 3$ stehen. Von zweien dieser Kräfte ist auch die Lage gegeben. (Zeichnerisch.)

58. Man zerlege ein gegebenes Kraftpaar in drei Kräfte, deren Wirkungslinien gegeben sind und ein beliebiges Dreieck miteinander bilden.

59. Die Seiten eines ebenen Vielecks, in derselben Richtung durchlaufen, stellen Kräfte dar. Welches ist ihre Mittelkraft?

60. Längs der Seite AB eines Quadrates $ABCD$ wirke eine Kraft K; man zerlege sie in drei Teilkräfte, welche in den anderen Seiten des Quadrates wirken.

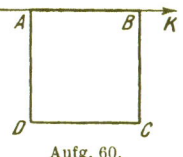
Aufg. 60.

61. In den Seiten und Diagonalen eines Quadrates wirken sechs Kräfte K, deren Größen durch die Längen der betreffenden Geraden dargestellt und deren Richtungen durch die Pfeile gegeben sind. Man suche ihre Summe.

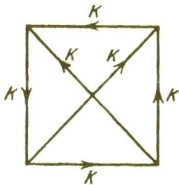

62. Die Wirkungslinien von vier Kräften $K_1 = 5$ kg, $K_2 = 10$ kg, $K_3 = 4$ kg, $K_4 = 8$ kg besitzen in bezug auf ein rechtwinkliges Koordinatenkreuz O, x, y folgende Gleichungen:

K_1: $y = 1{,}5\,x + 2$
K_2: $y = 2\,x + 4$
K_3: $y = 0{,}5\,x - 6$
K_4: $x = 3$.

K_1 und K_4 drehen im Sinne des Uhrzeigers um den Koordinatenanfangspunkt, K_2 und K_3 in entgegengesetztem Sinne. Zu suchen ist die Größe, die Gleichung der Wirkungslinie und der Drehsinn der Mittelkraft.

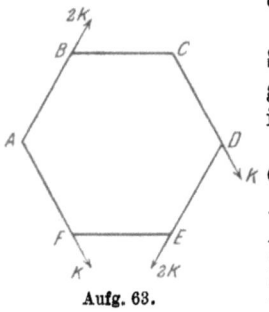

Aufg. 63.

63. In den Seiten eines regelmäßigen Sechsecks wirken vier Kräfte von angegebener Größe und Richtung. Man suche ihre Mittelkraft.

64. Sechs parallele Kräfte haben folgende Größen: $K_1 = 6$ kg, $K_2 = -8$ kg, $K_3 = 2$ kg, $K_4 = 4$ kg, $K_5 = -3$ kg, $K_6 = -5$ kg; ihre Abstände voneinander sind der Reihe nach: 2 m, 3 m, 1 m, 4 m, 3 m. Wo liegt die Mittelkraft und wie groß ist sie? (Zeichnerisch und rechnerisch.)

65. Die Kraft K soll in drei gleiche Teilkräfte $K_1 = K_2 = K_3 = K/n$ zerlegt werden, die in der gleichen Ebene liegen. Die Schnittpunkte A_1, A_2, A_3 dieser Teilkräfte mit K liegen in dieser Reihenfolge in der Kraftrichtung, und zwar ist $\overline{A_1 A_2} = \overline{A_2 A_3}$. Welche Winkel α_1, α_2, α_3 schließen die Teilkräfte mit K ein?

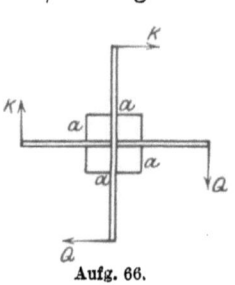

Aufg. 66.

66. Ein Stangenkreuz von vier gleichen Armen a wird an den Enden von vier Kräften K, K, Q, Q senkrecht zu den Armen beansprucht ($K < Q$). In welchem Verhältnis müssen K und Q stehen, wenn die Mittelkraft aller Kräfte vom Mittelpunkt des Stangenkreuzes den Abstand $2a$ haben soll? Wie groß ist diese Mittelkraft?

67. Eine um ihre Achse drehbare Walze vom Halbmesser r wird von vier gleichgespannten Fäden gehalten, die nach den Ecken eines Quadrates gehen. Die Spannung der Fäden ist deren Länge proportional und ist k für die Längeneinheit des Fadens. Die

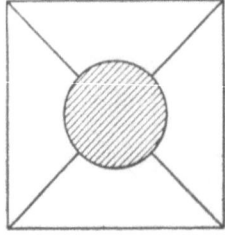

Quadratseite ist doppelt so lang wie der Durchmesser der Walze. Man verdrehe diese um 90°; welche Mittelkraft werden die vier Fäden auf die Walze ausüben?

68. Ein gleichseitiges Dreieck wird von drei Kräften K, $2K$, $3K$ angeregt, die senkrecht zu den Seiten des Dreiecks stehen. Wie groß ist die Mittelkraft R und welche Richtung hat sie? (Zeichnerisch und rechnerisch.)

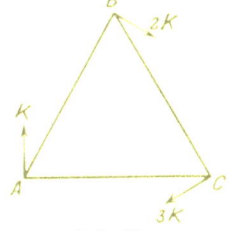

Aufg. 68.

69. In den Ecken eines regelmäßigen Fünfecks $ABCDE$ wirken fünf Kräfte, welche sämtlich nach dem Schnittpunkt O der Seiten AB und DE gerichtet und den Entfernungen der fünf Angriffspunkte A, B, C, D, E von O proportional sind. Man suche den Mittelpunkt dieser Kraftgruppe.

70. In den Ecken eines gleichseitigen Dreiecks ABC von der Seitenlänge a wirken drei Kräfte, und zwar $K_1 = 2K$ in A, senkrecht zu BC, vom Dreieck abgewendet; $K_2 = K$ in B, parallel zu AC; $K_3 = K$ in C, parallel zu AB. Man suche den Mittelpunkt dieser Kraftgruppe.

*71. Zwei gegenüberliegende Seiten eines Rechtecks von der Länge l haben den Abstand a voneinander und sind gleichförmig mit Masse belegt. Die einzelnen Teilchen dieser Seiten ziehen einander nach dem Newtonschen Gesetz an. Wie groß ist die Anziehung der beiden Seiten aufeinander?

4. Gleichgewicht ebener Kraftgruppen.

72. In O hängt ein Zylinder vom Halbmesser a vom Gewicht Q und ein Gewicht G, dessen Faden den Zylinder berührt; $\overline{OM} = b$. Welchen Winkel φ wird OM mit der Lotrechten einschließen, wenn Gleichgewicht besteht, und welche Größe und Lage hat der zwischen Seil und Kugel auftretende Druck? Zeichne den Kraftplan. (Walton.)

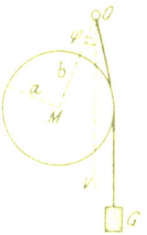

73. Ein in A gelenkig befestigter Stab $\overline{AB} = a$ vom Gewicht G lehnt sich in B an eine glatte lotrechte Wand. Der Schwerpunkt der Stange ist um b von A entfernt. Wie groß sind die Drücke in A und B? Welchen Winkel φ schließt der Gelenkdruck in A mit der Wagrechten ein?

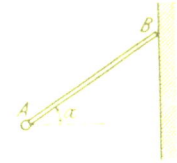

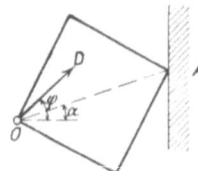

74. Eine quadratische Platte vom Gewicht G ist in O drehbar gelagert und stützt sich in A an eine lotrechte Wand. Man suche die Größe des Gelenkdruckes D in O und seine Neigung φ gegen die Wagrechte, wenn die Neigung α gegeben ist.

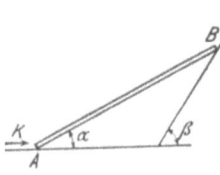

75. Ein Stab von gleicher Art wie in Aufgabe 73 stützt sich bei A an den glatten Boden, bei B an eine unter β geneigte glatte Wand. Welche Horizontalkraft K muß in A angebracht werden, damit der Stab im Gleichgewicht bleibt? Wie groß sind die Drücke in A und B?

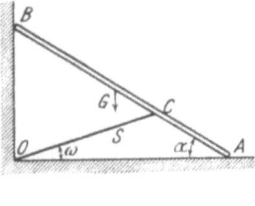

76. Eine gleichförmige schwere Stange $\overline{AB} = 2a$ stützt sich an Wand und Boden und wird in C von einem Seil festgehalten. Bekannt sind das Gewicht G der Stange, sowie die Stellungswinkel α und ω. Wie groß ist die Spannung S im Seil? (Rechnerisch und zeichnerisch.)

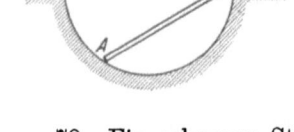

77. In eine glatte Hohlkugel vom Halbmesser r wird ein gleichförmiger schwerer Stab $\overline{AB} = 2a$ vom Gewicht G gelegt. Unter welchem Winkel φ bleibt der Stab im Gleichgewicht? Wie groß sind die Drücke in A und C?

78. Ein schwerer Stab $\overline{AB} = 2a$ vom Gewicht G ist bei A drehbar befestigt. Das Ende wird durch ein Seil gehalten, das über zwei Rollen C und D läuft. Wie groß muß die Zugkraft K des leicht biegsamen Seiles sein, damit der Stab unter einem bestimmten Winkel α im Gleichgewicht erhalten wird? Wie groß ist der Gelenkdruck in A und welchen Winkel φ schließt er mit der Lotrechten ein? Vorausgesetzt ist $\overline{BA} = \overline{AC}$.

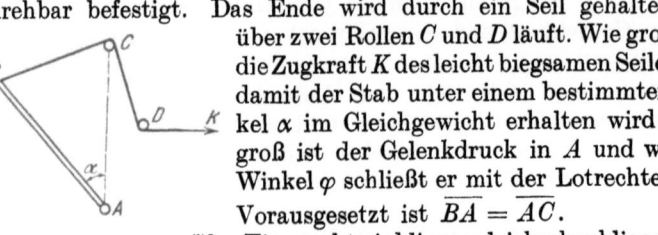

79. Ein rechtwinkliges gleichschenkliges Dreieck vom Gewicht G ruht mit den gleichen Seiten auf zwei glatten Nägeln A und B, die in gleicher Höhe liegen und den Abstand a besitzen. Welchen Winkel φ schließt die Höhe $\overline{CD} = h$ des Dreiecks mit der Lotrechten ein, wenn Gleichgewicht besteht? Wie groß sind die Drücke in A und B? (Walton.)

Gleichgewicht ebener Kraftgruppen.

80. Ein schwerer Stab $AB = 2a$ vom Gewicht G stützt sich mit seinem unteren Ende A an die Innenseite einer Parabel und liegt auf einem im Brennpunkt F sitzenden Stift auf. Welchen Winkel φ schließt der Stab mit der lotrechten Achse der Parabel ein, wenn Gleichgewicht besteht? Wie groß sind die Drücke in A und F? (Walton.)

81. Am Ende E eines Stabes BE hängt ein Gewicht G; der Stab ist in B gelenkig befestigt und wird von einem biegsamen Faden CAD gehalten, der bei A durch einen glatten Ring läuft. Es ist $\overline{BC} = \overline{DE}$ und $\overline{AC} = \overline{AD}$. Wie groß ist die Fadenspannung S? Wie groß ist der Gelenkdruck D in B und welchen Winkel φ bildet er mit BA? (Walton.)

82. Eine Walze vom Gewicht G liegt auf zwei schiefen Ebenen, die unter den Winkeln α und β geneigt sind. Wie groß sind die Drücke A und B an den Berührungsstellen? (Leibniz.)

83. Drei kleine Kugeln mit den Gewichten

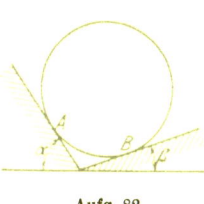
Aufg. 82.

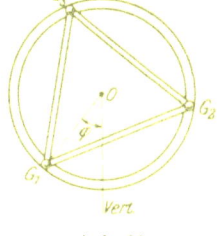
Aufg. 83.

$G_1 : G_2 : G_3 = 3 : 2 : 1$ können in einer lotrechten Kreisrinne laufen; sie sind durch drei gleich lange gewichtlose Stäbe miteinander verbunden. Man berechne den Winkel φ für Gleichgewicht.

84. Auf zwei glatten Stangen AO, BO, die in einer lotrechten Ebene festliegen und zueinander senkrecht sind, können sich zwei Kugeln von den Gewichten G und G_1 bewegen. Die beiden Kugeln sind durch eine gewichtlose Stange miteinander verbunden. Man suche den Winkel ψ für Gleichgewicht, wenn α gegeben ist, die beiden Drücke D, D_1 auf die Stangen und die Spannung S im Stabe GG_1.

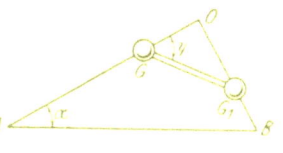

85. Ein Stab $\overline{AB} = 2l$ vom Gewicht G stützt sich auf eine glatte Walze und wird von einer gespannten Schnur gehalten, an

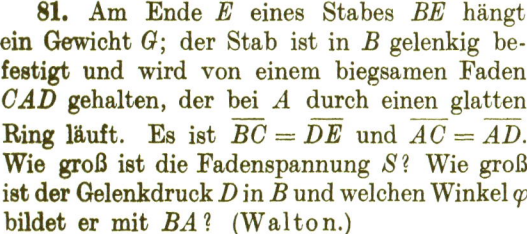
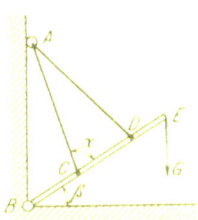

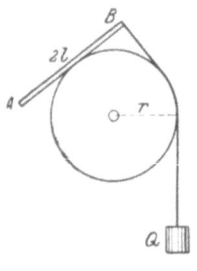

Aufg. 85.

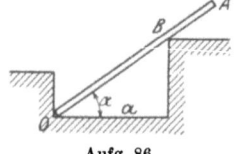

Aufg. 86.

deren Ende ein Gewicht Q hängt. Wie groß muß das Verhältnis $Q/G = z$ gemacht werden, wenn der Stab im Gleichgewicht mit der Lotrechten einen gegebenen Winkel φ einschließen soll?

86. Ein Stab $\overline{OA} = 2l$ vom Gewicht G steckt in einer rechteckigen Grube; bestimme die Drücke in O und B.

87. Ein Stab vom Gewicht G stützt sich mit seinem Ende A auf einen glatten Boden und wird überdies von zwei wagrechten Nägeln B und C gehalten. Wie groß sind die Drücke in A, B und C? Die Entfernungen $\overline{AS} = a$ (S Schwerpunkt), $\overline{BC} = b$ und der Winkel α sind gegeben.

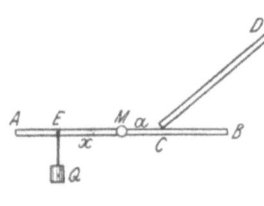

5. Gleichgewicht mehrerer Kraftgruppen in der Ebene.

88. Auf einen Stab AB, der um seinen Mittelpunkt M drehbar ist, stützt sich ein zweiter Stab CD vom Gewicht G, der bei D lotrecht aufgehängt ist. An welcher Stelle E muß ein gegebenes Gewicht Q aufgehängt werden, damit AB im Gleichgewicht bleibt? Wie groß ist der in C auftretende Druck N? (Walton.)

89. Zwei gewichtslose Stäbe AB und CE sind in C und D gelenkig befestigt und an den Enden B und E mit Gewichten P und G belastet. CD ist lotrecht und $\overline{AD} = \overline{CD} = \overline{BD} = a$, $\overline{CE} = b$. Bei welchem Winkel φ sind die Stäbe im Gleichgewicht? Wie groß ist der gegenseitige Druck N in A? (Walton.)

90. Zwei schwere Stäbe $\overline{AB} = a$ und $\overline{AC} = b$ mit den Gewichten G_1 und G_2 stützen sich bei A aneinander und bei B und C an lotrechte Wände. Es soll die Entfernung $\overline{DE} = x$ derselben so bestimmt werden, daß die Stäbe im Gleichgewicht sind, wenn sie aufeinander senkrecht stehen.

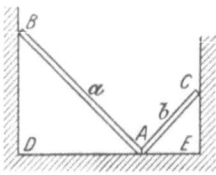

Gleichgewicht mehrerer Kraftgruppen in der Ebene.

91. Zwei gleichschwere Stäbe $\overline{AC} = \overline{BC} = 2\,l$ sind in C gelenkig verbunden und stützen sich in D und E symmetrisch auf zwei glatte Bolzen. Es ist $\overline{DE} = a$. Bei welchem Winkel φ besteht Gleichgewicht?

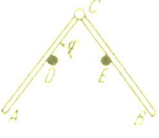

92. Ein schwerer Stab $\overline{OA} = a$ vom Gewicht G ist bei O gelenkig befestigt und stützt sich an eine glatte Walze vom Halbmesser r, die durch einen Faden $\overline{OB} = c$ in O festgehalten wird. Wie groß ist die Spannung S des Fadens? (Rechnerisch und zeichnerisch.) (Walton.)

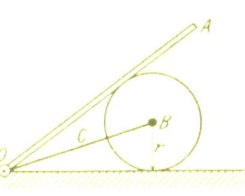

93. In O hängt an einem Faden eine Kugel vom Halbmesser r und vom Gewicht G, an welche sich ein schwerer Stab $\overline{OA} = 2\,a$ vom Gewicht Q lehnt, der in O gelenkig befestigt ist. Welchen Winkel φ schließt der Faden $\overline{OB} = b$ mit der Lotrechten ein, wenn Gleichgewicht besteht? (Walton.)

94. Zwei Walzen mit den Gewichten G_1 und G_2 ruhen auf zwei unter den Winkeln α und β geneigten glatten Ebenen. Welchen Winkel φ bildet die durch die Achsen der Walzen gehende Ebene mit der Horizontalebene, wenn Gleichgewicht besteht? (Walton.)

Aufg. 93.   Aufg. 94.

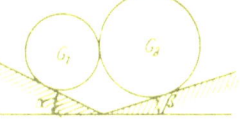

95. Drei Walzen mit den Gewichten G_1, G_2, G_3 liegen nebeneinander im Innern eines Hohlzylinders. Welchen Winkel φ schließt $\overline{OO_2} = r_2$ mit der Lotrechten ein, wenn Gleichgewicht besteht? Gegeben: $\overline{OO_1} = r_1$, $\overline{OO_3} = r_3$, $\sphericalangle O_1OO_2 = \alpha_1$, $\sphericalangle O_3OO_2 = \alpha_3$. (Walton.)

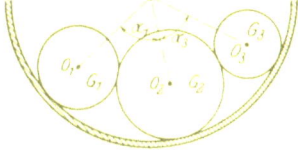

96. Zwei gleiche Stäbe $\overline{A_1B_2} = \overline{A_2B_1} = 2\,a$ vom Gewicht G sind in ihrer Mitte O gelenkig verbunden, stützen ihre unteren Enden auf den wagrechten Boden und sind an den oberen Enden durch einen unausdehnbaren Faden A_1A_2 verbunden. Zwischen ihnen liegt eine Walze vom Halbmesser r und vom Gewicht Q. Es ist die Spannung des Fadens zu berechnen, wenn der Winkel α gegeben ist. (Walton.)

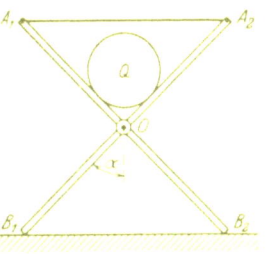

Wittenbauer-Pöschl, Aufgaben. I. 5. Aufl.

97. Zwei gleiche Kugeln vom Halbmesser r und dem Gewicht G werden in einen unten offenen Zylinder vom Halbmesser R gelegt, der auf wagrechter Fläche ruht. Wie groß muß das Gewicht Q des Zylinders sein, damit er durch die Kugeln nicht umgeworfen wird? (Walton.)

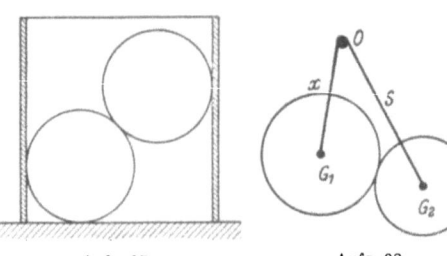

Aufg. 97.   Aufg. 98.

98. Zwei schwere Kugeln mit den Gewichten G_1 und G_2 und den Halbmessern r_1 und r_2 sind durch einen Faden von der Länge l, der bei O über einen glatten Stift läuft, miteinander verbunden. Wie groß ist das Fadenstück x, wenn die Kugeln einander Gleichgewicht halten? Wie groß ist die Fadenspannung S?

99. Zwei gleich lange Stäbe l, die in O gelenkig verbunden sind, stützen sich auf einen Kreiszylinder vom Halbmesser r und sind in der angegebenen Weise mit den Kräften P, Q, Q belastet. Wie groß ist der Winkel φ für Gleichgewicht?

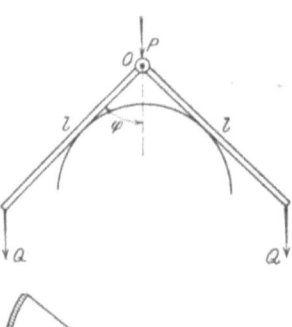

100. Ein Stab $\overline{AB} = 2l$ vom Gewicht G stützt sich in A auf das Innere und in C auf den Rand einer hohlen Halbkugel vom Gewicht G. In welchem Verhältnis steht G zu G_1, wenn der Stab in der wagrechten Lage im Gleichgewicht ist? Wie groß ist ferner der Winkel ACO für die Gleichgewichtstellung und wie groß sind die Drücke in A, C und D? ($\overline{OS} = a$ gegeben.)

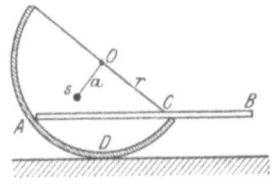

101. In einem hohlen Halbzylinder vom Halbmesser r mit dem Schwerpunkt S und dem Gewicht G, der auf wagrechter Unterlage ruht, liegt ein schwerer Stab AB vom Gewicht G_1. In B ist ein Faden befestigt, der über den Rand C des Halbzylinders läuft und am Ende ein Gewicht Q trägt. Wie groß sind die Winkel φ und ψ für Gleichgewicht?

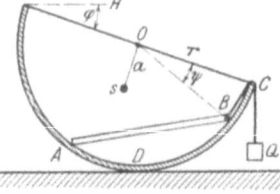

Gleichgewicht mehrerer Kraftgruppen in der Ebene.

102. Dieselben Angaben wie vorher. Es ist jenes Gewicht G_1 des Stabes zu ermitteln, das den Halbzylinder im Gleichgewicht erhält, wenn die Länge des Fadenstückes BC gleich Null ist. Wie groß sind dann der Winkel φ und die Auflagerdrücke in A, B und C?

103. In eine hohle Halbkugel vom Gewicht G wird ein Stab $\overline{AB} = 2l$ vom Gewicht G_1 gelegt. Man berechne für Gleichgewicht die Stellungswinkel φ und ψ des Stabes und der Halbkugel, sowie die Drücke in A, C und D.

104. Es sindd ie Winkel φ_1, φ_2 und ψ für die Gleichgewichtsstellung zweier glatten Halbkugeln zu ermitteln, deren Gewichte G_1 und G_2 sind und deren Ränder durch eine Stange von der Länge l und dem Gewicht Q miteinander verbunden sind.

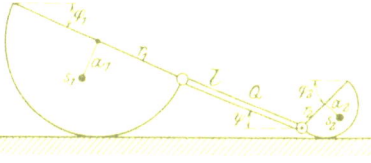

105. Zwei Stäbe $\overline{OA} = 2l$, $\overline{OA_1} = 2l_1$ von den Gewichten G und G_1 stützen sich in einer rechteckigen Grube aneinander. Es ist $\overline{BC} = \overline{B_1C_1} = h$, $\overline{CC_1} = a$. Wie groß ist $\overline{OC} = x$, $\overline{OC_1} = x_1$, wenn Gleichgewicht besteht? (Anwendung von Aufgabe 86.)

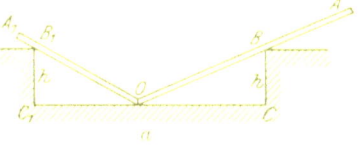

106. Auf zwei gleichen Walzen vom Gewicht G, die in O aufgehängt sind, ist eine dritte Walze vom Gewicht Q aufgesetzt. In welcher Beziehung stehen die Winkel α und β für Gleichgewicht? (Walton.)

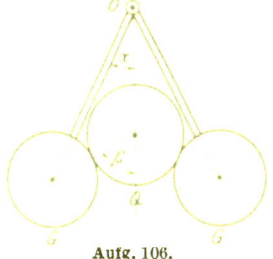

Aufg. 106.

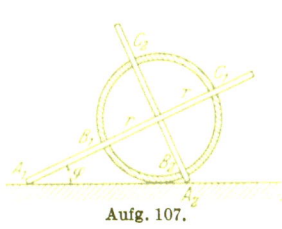

Aufg. 107.

107. Ein dünnwandiger Hohlzylinder besitzt an seinem Umfang vier regelmäßig verteilte Löcher B_1, B_2, C_1, C_2, durch die zwei glatte Stäbe (Längen $2l_1$, $2l_2$, Gewichte G_1, G_2) gesteckt werden. Stäbe und Zylinder stützen sich auf eine glatte, wagrechte

Ebene. Bei welchem Winkel φ besteht Gleichgewicht? Wie groß sind die Drücke in den vier Löchern? (Anwendung von Aufgabe 86.)

6. Räumliche Kraftgruppen.

108. Drei aufeinander senkrecht stehende Sehnen einer Kugel, die von demselben Punkt ausgehen, stellen Kräfte dar. Man suche ihre Mittelkraft.

109. Längs dreier nicht zusammenstoßenden Kanten eines rechtwinkligen Parallelepipedes wirken drei gleich große Kräfte. Wenn deren Gesamtwirkung eine Einzelkraft sein soll, welche Beziehung muß zwischen den Kanten des Parallelepipedes bestehen?

110. Man verbinde die Endpunkte zweier sich kreuzenden Kräfte und halbiere diese Verbindungslinien in A und B. Man beweise, daß AB die Richtung und halbe Größe der resultierenden Einzelkraft besitzt.

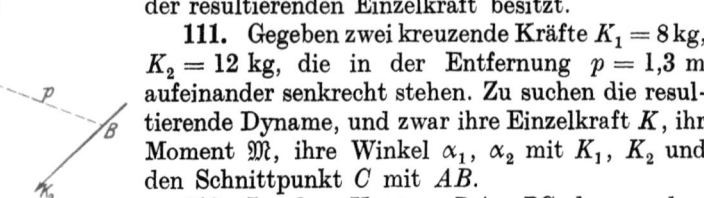

111. Gegeben zwei kreuzende Kräfte $K_1 = 8$ kg, $K_2 = 12$ kg, die in der Entfernung $p = 1,3$ m aufeinander senkrecht stehen. Zu suchen die resultierende Dyname, und zwar ihre Einzelkraft K, ihr Moment $\mathfrak{M}$, ihre Winkel α_1, α_2 mit K_1, K_2 und den Schnittpunkt C mit AB.

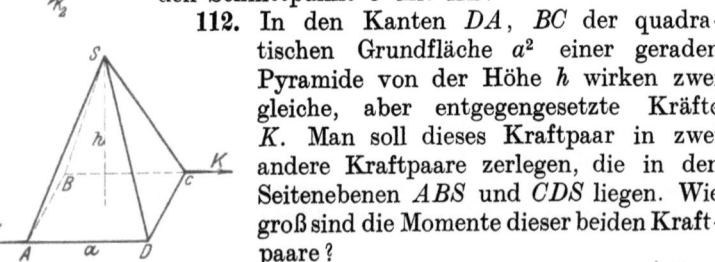

112. In den Kanten DA, BC der quadratischen Grundfläche a^2 einer geraden Pyramide von der Höhe h wirken zwei gleiche, aber entgegengesetzte Kräfte K. Man soll dieses Kraftpaar in zwei andere Kraftpaare zerlegen, die in den Seitenebenen ABS und CDS liegen. Wie groß sind die Momente dieser beiden Kraftpaare?

113. In den Kanten a eines regelmäßigen Vierflachs (Tetraeders) wirken sechs gleiche Kräfte K im Sinne der Pfeile. Man suche die resultierende Dyname, und zwar ihre Einzelkraft R, ihr Moment $\mathfrak{M}$ und ihren Ort.

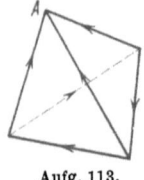

Aufg. 113.

114. A und B sind die Halbierungspunkte zweier Gegenkanten a eines regelmäßigen Vierflachs (Tetraeders). Um die Gerade AB wirkt ein Kraftpaar von gegebenem Moment $\mathfrak{M}$.

Aufg. 114.

Man soll dieses Moment durch vier Kräfte ersetzen, die in den anderen vier Kanten des Tetraeders wirken. Man berechne die Größe dieser Kräfte und zeichne ihre Richtung.

115. In den Kanten eines rechtwinkligen Parallelepipedes wirken sechs Kräfte, und zwar: $P_1 = 4$ kg, $P_2 = 6$ kg, $P_3 = 3$ kg, $P_4 = 2$ kg, $P_5 = 6$ kg, $P_6 = 8$ kg; die Kanten sind: $\overline{OA} = 10$ m, $\overline{OB} = 4$ m, $\overline{OC} = 5$ m. Man suche die Einzelkraft P und das Moment $\mathfrak{M}$ der resultierenden Dyname, ihre Neigungen α, β, γ gegen OA, OB, OC und ihren Abstand p von O.

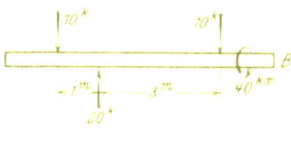

116. Ein Stab AB wird in nebenstehender Weise durch drei zu ihm senkrecht stehende Kräfte und durch ein um die Stabachse drehendes Moment beansprucht. Welche resultierende Wirkung haben diese Kräfte?

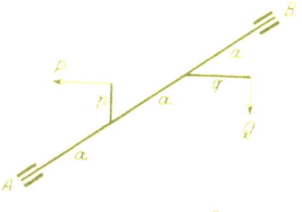

117. Eine in A und B gelagerte Welle wird in ihren Drittelpunkten von zwei an den Armen p und q wirkenden Kräften P und Q im Gleichgewicht erhalten. Man berechne den Winkel α, den die Auflagerdrücke in A und B miteinander einschließen, wenn die Kräfte senkrecht aufeinanderstehen.

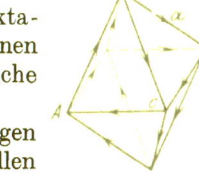

118. In den Kanten a eines regelmäßigen Oktaeders (Seitenlänge a) wirken in den angegebenen Richtungen zwölf gleich große Kräfte K. Welche resultierende Wirkung haben diese Kräfte?

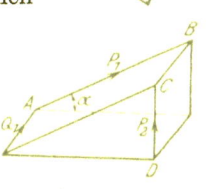

119. In zwei Kanten eines rechtwinkligen Keiles wirken zwei Kräfte P_1 und P_2. Sie sollen durch zwei andere, gleichwertige Kräfte ersetzt werden (Q_1, Q_2), von denen die eine (Q_1) gegeben ist. Die Kräfte P_1, P_2, Q_1 sollen durch die Kanten gemessen werden, in denen sie liegen. Wie groß ist Q_2 und wo wirkt diese Kraft?

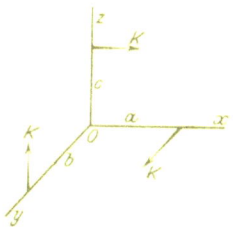

120. Drei gleiche Kräfte K sind den Achsen eines Koordinatenkreuzes parallel und liegen in den Koordinatenebenen. Welche Beziehung muß zwischen den Abständen a, b, c bestehen, wenn die drei Kräfte sich auf eine Einzelkraft R zurückführen lassen sollen? Wie groß ist diese, welche Winkel schließt sie mit den Achsen ein und welche Entfernung p besitzt sie von O?

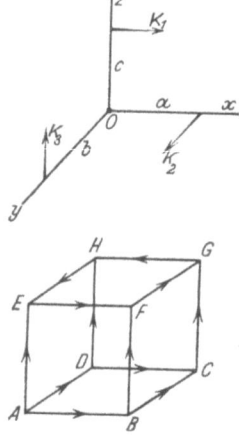

Aufg. 122.

121. Drei Kräfte K_1, K_2, K_3 sind den Achsen eines Koordinatenkreuzes parallel und liegen in den Koordinatenebenen in den Abständen a, b, c von der yz-, zx-, xz-Ebene. In welchem Verhältnis müssen sie stehen, wenn ihre resultierende Dyname durch O gehen soll?

122. In den Kanten des Würfels von der Länge a wirken zwölf gleiche Kräfte K. Man suche ihre resultierende Dyname, und zwar ihre Einzelkraft R, ihr Moment $\mathfrak{M}$, die Richtung ihrer Zentralachse und deren Schnittpunkt mit der Grundfläche des Würfels.

123. Auf den Achsen eines rechtwinkligen Koordinatenkreuzes $x\ y\ z$ befinden sich die Punkte L, M, N in den Abständen l, m, n vom Anfangspunkt. Diese drei Punkte sind Angriffspunkte dreier Parallelkräfte K_1, K_2, K_3. In welchem Verhältnis müssen die Richtungskonstanten a, b, c derselben stehen, wenn die Mittelkraft dieser drei Kräfte durch den Anfangspunkt gehen soll?

7. Gleichgewicht räumlicher Kraftgruppen.

124. Auf jede Seitenfläche eines Vielflachs (Polyeders) wirkt ein Kraftpaar, gleich dem Inhalt der Seitenfläche, und zwar sind alle Kraftpaare, von außen gesehen, positiv. Man beweise, daß diese Kraftpaare im Gleichgewicht sind.

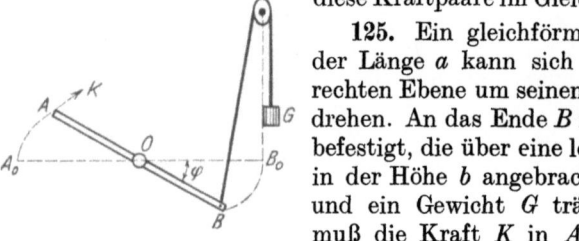

125. Ein gleichförmiger Stab von der Länge a kann sich in einer wagrechten Ebene um seinen Mittelpunkt O drehen. An das Ende B ist eine Schnur befestigt, die über eine lotrecht über B_0 in der Höhe b angebrachte Rolle läuft und ein Gewicht G trägt. Wie groß muß die Kraft K in A sein für eine beliebige Stellung φ der Stange? Bei welchem φ wird K am größten? (Walton.)

126. Vier gleich große Kugeln, jede vom Gewicht G, bilden eine Kugelpyramide derart, daß drei von ihnen sich berührend auf einer glatten Tischfläche liegen, die vierte auf jene drei gelegt wird. Welchen Druck D übt die letztere auf jede untere Kugel aus? Welche Horizontalkraft H muß auf jede der unteren Kugeln ausgeübt werden, damit Gleichgewicht besteht? (Walton.)

127. Eine dreiseitige Pyramide, deren Grundfläche ein gleichseitiges Dreieck von der Seitenlänge b und deren drei übrige Kanten a sind, trägt an der Spitze eine Last K derart, daß ihre Richtung durch den Mittelpunkt der Grundfläche geht. Welche Spannungen S_1, S_2 entstehen in a und b?

*128. Eine schwere Kugel stützt sich auf den Rand einer kreisförmigen Öffnung vom Halbmesser a in einer wagrechten Ebene. Welchen Halbmesser r muß die Kugel bekommen, wenn ihr Druck auf den Rand (d. h. die gewöhnliche skalare Summe der Einzeldrücke auf die Randelemente) ein Minimum werden soll? (Walton.)

129. In eine glatte Halbkugel vom Halbmesser r wird ein homogenes Dreieck gelegt, das zwei gleiche Seiten a besitzt und dessen Grundlinie b ist. Welchen Winkel φ schließt die Ebene des Dreiecks mit der wagrechten Randebene der Halbkugel ein, wenn alle drei Ecken in der Innenfläche der Halbkugel liegen? (Walton.)

130. Ein schwerer Stab AB von der Länge l und dem Gewicht G stützt sich in A und B an zwei lotrechte, parallele Wände, in B auch noch an den Boden und liegt in C auf einem Halbzylinder auf. Wie groß muß die Horizontalkraft H in B sein, damit die Stange im Gleichgewicht verharrt? Wie groß sind die Auflagerdrücke in A, B und C?

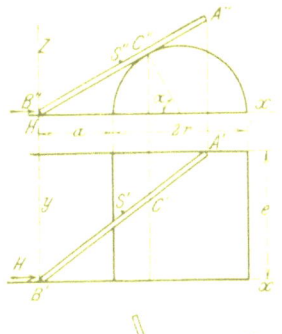

131. Von einem schiefliegenden Wellrad sind gegeben: die Last Q, die Länge $\overline{AB} = l$, die Halbmesser a und r, die Neigung α, die Abstände b und q. Zu bestimmen: a) die Kraft K für Gleichgewicht; b) die Auflagerdrücke in A und B. (Ohne Berücksichtigung der Zapfenreibung.)

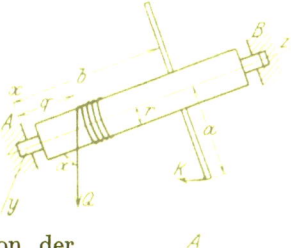

*132. Drei gleich schwere Stäbe von der Länge l und dem Gewicht G stützen sich in O auf den Boden, während ihre oberen Enden A, B, C durch drei gleich lange Fäden a verbunden sind. Wie groß ist die Spannung S in jedem dieser Fäden? Wie ändert sie sich, wenn sich a ändert? (Walton.)

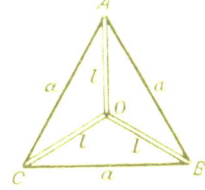

133. Eine gewichtlose rechteckige Platte von den Abmessungen $\overline{AB} = l = 4$ m, $\overline{AC} = b = 2$ m und der Neigung $\alpha = 30°$ gegen die Horizontalebene wird in A festgehalten und stützt sich in D an einen Pflock; $\overline{AD} = e = 3$ m ist gegeben. An der Ecke B zieht ein wagrechtes, zu BE senkrechtes Seil mit $Q = 5$ kg, in der Ecke C wird normal zur Platte ein Druck $K = 4$ kg ausgeübt. Wie groß müssen die Entfernungen x, y des Punktes D von AB und AC gewählt werden, wenn die Platte im Gleichgewicht bleiben soll? Wie groß sind die in A und D auftretenden Auflagerdrücke?

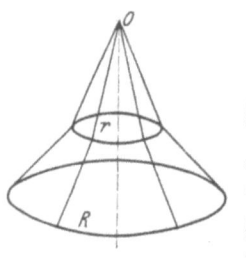

134. Ein Kreisring R sei mittels einer beliebigen Anzahl undehnbarer Fäden von gleicher Länge in einen Punkt O aufgehängt. Über den so entstehenden Fadenkegel werde ein zweiter kleinerer Ring r von gleichem Gewicht wie R geschoben; es tritt Gleichgewicht ein, wenn der kleinere Ring die Fäden halbiert. In welchem Verhältnis stehen dann die Entfernungen der beiden Ringe von O? (Walton.)

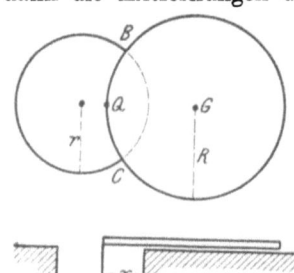

135. Über einer kreisrunden Bodenöffnung liegt eine schwere, kreisrunde Platte vom Gewicht G. Sie wird am Rand mit einem Gewicht Q derart belastet, daß sie sich um die Gerade BC zu drehen beginnt. Wie groß muß der Abstand x gewählt werden, damit Q den kleinsten Wert annimmt, und wie groß ist dieser?

Aufg. 135.

136. Im Innern einer Seifenblase vom Halbmesser r herrscht ein Druck p auf die Flächeneinheit, außen ein Druck p_0. Man berechne die Oberflächenspannung S der Blase. (Routh.)

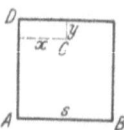

137. Eine wagrecht liegende quadratische Platte (Seitenlänge a) vom Gewicht G soll in drei Punkten A, B, C so gestützt werden, daß die Eckpunkte A und B die Drücke $G/4$ bzw. $G/5$ erleiden. Suche den Ort x, y des Stützpunktes C und den Druck daselbst.

138. Eine schwere Kreisscheibe soll an drei Punkten ihres Umfanges A, B, C derart gestützt werden, daß sich die Drücke in diesen Punkten wie $a : b : c$ verhalten. In welcher Beziehung stehen dann die Zentriwinkel α, β, γ, welche zu den Bögen BC, CA, AB gehören?

*139. Ein gleichschenkliges Dreieck mit der Grundlinie b und der Höhe h dreht sich gleichförmig um seine Grundlinie und erfährt dabei einen Widerstand der Luft, der für jedes Flächenteilchen dem Quadrat der Geschwindigkeit proportional ist. Welchen Abstand ξ hat der Angriffspunkt des resultierenden Luftwiderstandes von der Drehungsachse?

*140. Jedes Flächenelement dF eines Quadrates a^2 erleidet einen unendlich kleinen Druck $dP = k x^n dF$, wobei x der Abstand von einer Kante des Quadrates ist. Man suche den Gesamtdruck P auf die Quadratfläche und die Koordinaten ξ, η seines Angriffspunktes.

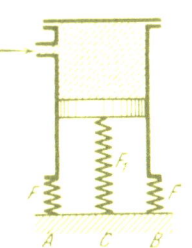

141. Ein Zylinder ist in A und B auf Federn gelagert, ebenso der Kolben in C. Die Federkräfte sollen $F = k \cdot \varDelta l$, $F_1 = k_1 \cdot \varDelta l_1$ sein, worin $\varDelta l$ und $\varDelta l_1$ die Längenänderungen der Federn bedeuten. Nun wird über dem Kolben Luft von der Pressung p (für die Flächeneinheit) einströmen gelassen. Um wieviel heben sich Zylinder und Kolben?

8. Schwerpunkte ebener Linien.

Man bestimme die Schwerpunktskoordinaten (ξ, η) für folgende gleichförmig mit Masse belegte Linienzüge in bezug auf die angegebenen Achsen:

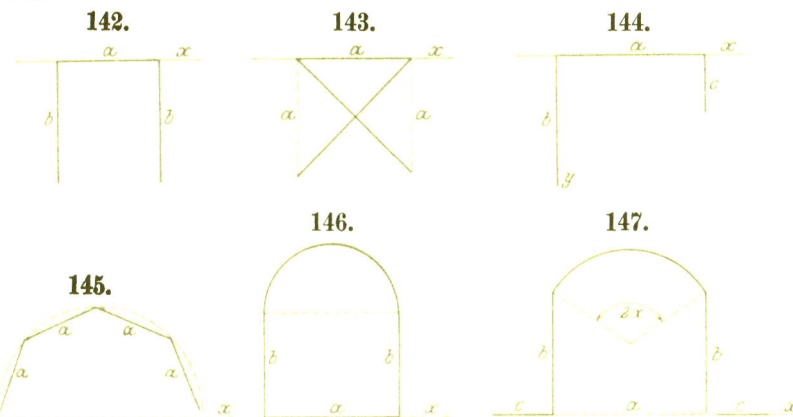

142.   143.   144.

145.   146.   147.

26 Summe von Kraftgruppen und Gleichgewicht.

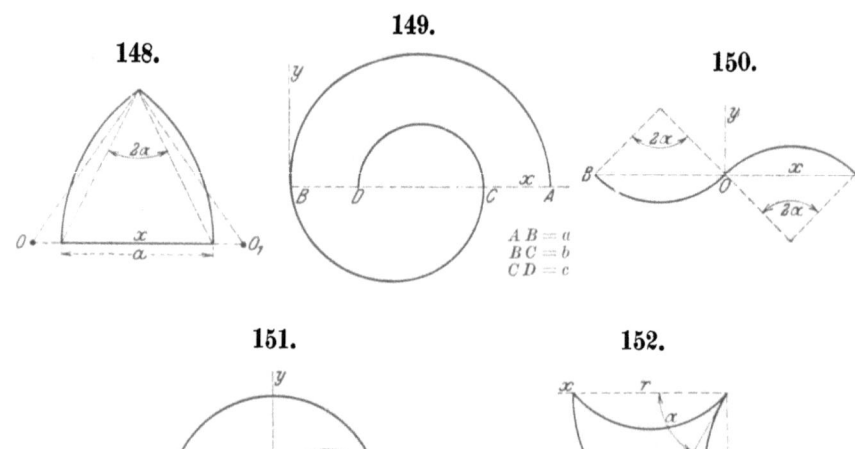

148. 149. 150. 151. 152.

$AB = a$
$BC = b$
$CD = c$

153. Man beweise folgenden Satz: Halbiert man die Seiten eines Dreiecks ABC in den Punkten L, M, N, so ist der Mittelpunkt des dem Dreieck LMN eingeschriebenen Kreises der Schwerpunkt des Dreiecksumfanges ABC.

Aufg. 154.

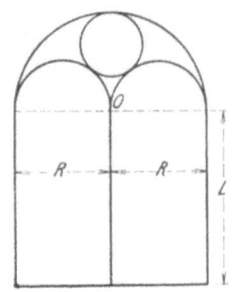

Aufg. 155.

154. Sind L und N die Halbierungspunkte der Seiten BC, AB und macht man $LO = NP = \tfrac{1}{2} AC$, so schneiden sich NO und LP im Schwerpunkt des Dreiecksumfanges ABC. (Geusen, Z. f. Mathem. u. Physik Bd. 44; 1894.)

155. In welchem Verhältnis muß $L : R = x$ gewählt werden, wenn der Schwerpunkt dieses Linienzuges nach O fallen soll?

9. Schwerpunkte ebener Flächen.

Man bestimme die Schwerpunktskoordinaten (ξ, η) für folgende gleichförmig mit Masse belegte Flächen in bezug auf die angegebenen Achsen:

Schwerpunkte ebener Flächen.

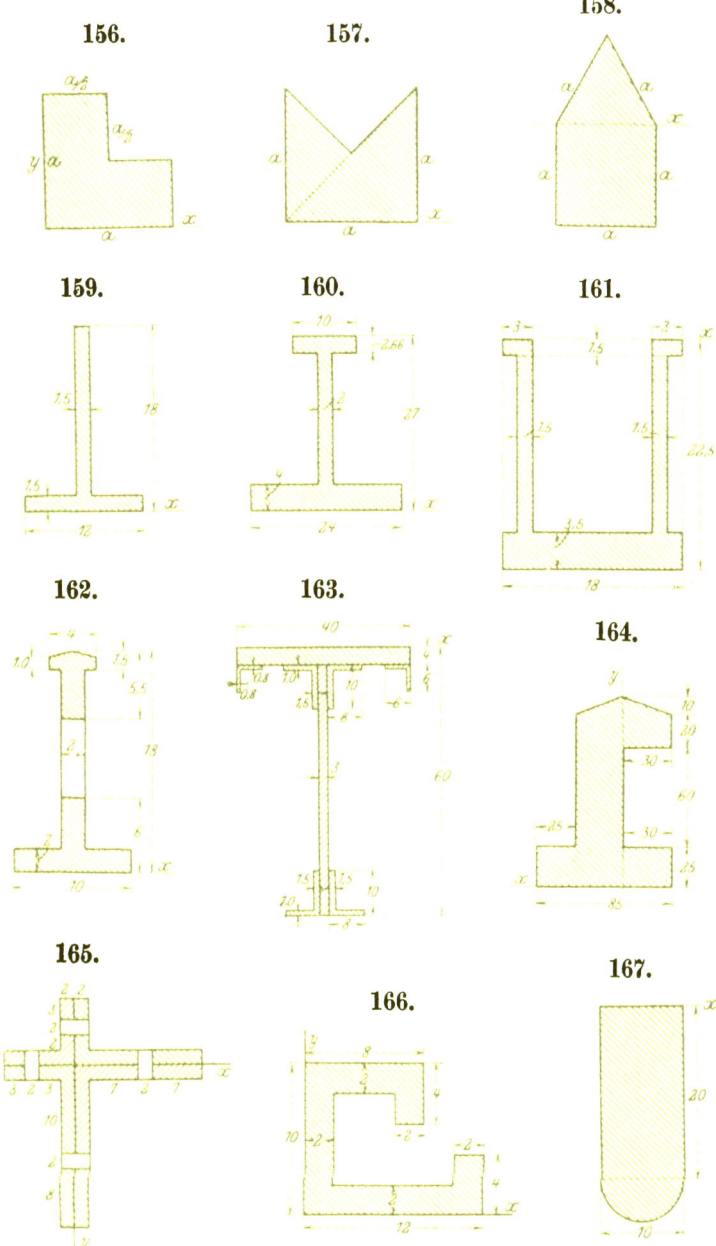

28 Summe von Kraftgruppen und Gleichgewicht.

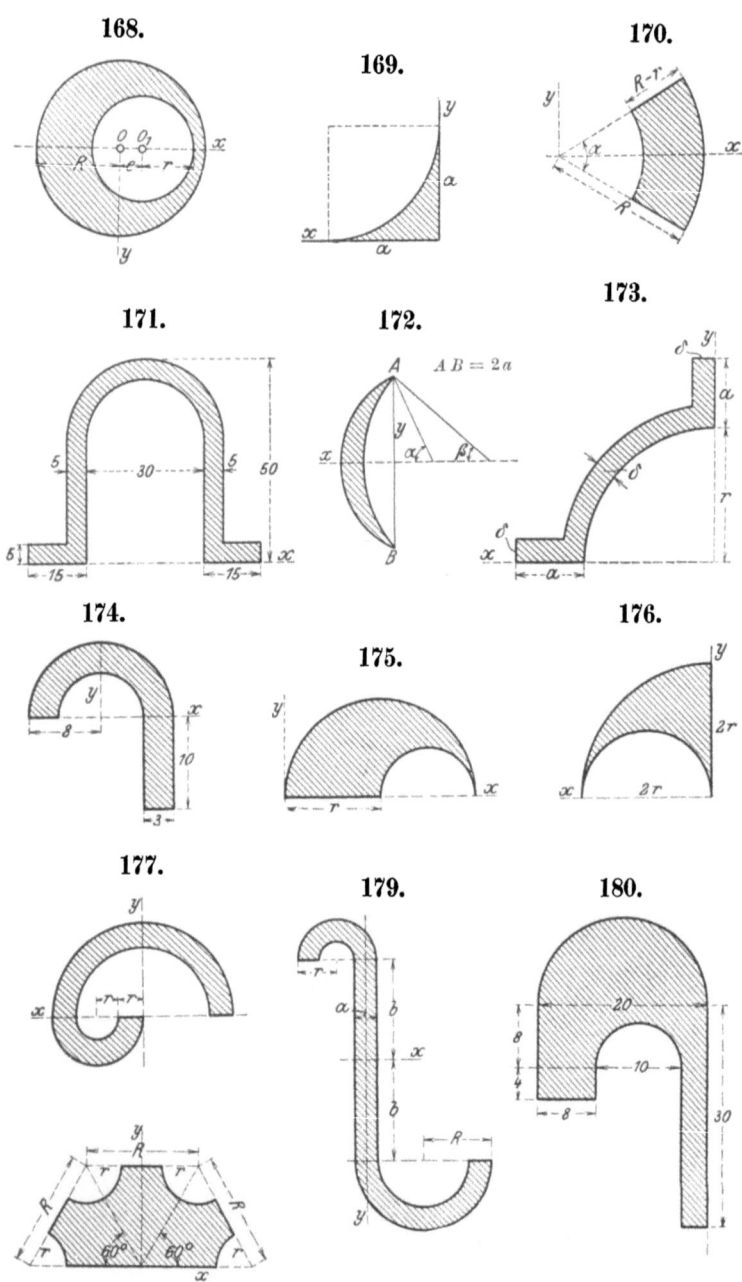

181. Der Schwerpunkt eines allgemeinen Vierecks $ABCD$ kann auf folgende Weise gefunden werden: Man teile eine Seite AB in drei gleiche Teile und ziehe $A_1D_1 \parallel AD$, $B_1D_1 \parallel BD$ bis zum Schnitt D_1; ebenso $B_1C_1 \parallel BC$, $A_1C_1 \parallel AC$ bis zum Schnitt C_1; endlich $C_1S \parallel BD$, $D_1S \parallel AC$; dann ist der Schnitt S der gesuchte Schwerpunkt. Man beweise dies ohne jede Rechnung.

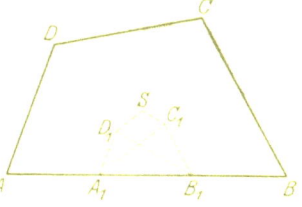

(M. Einhorn, Z. f. Math. u. Physik Bd. 57, 1909, S. 197.)

182. Man beweise folgenden Satz: Wenn man die Seiten eines allgemeinen Vierecks $ABCD$ drittelt und die Drittelpunkte in der angegebenen Weise miteinander verbindet, so erhält man ein Parallelogramm, dessen Diagonalen sich im Schwerpunkt S des Vierecks schneiden.

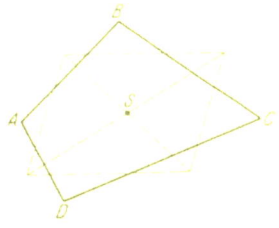

183. Man berechne die Schwerpunktsordinate η der Fläche des in Aufgabe **148** gezeichneten Linienzuges.

184. In der Mittellinie eines Quadrates ist ein Punkt M so zu bestimmen, daß er der Schwerpunkt der schraffierten Fläche ist.

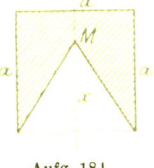

Aufg. 184.

185. Sind x und y die Halbierungslinien eines ungleichschenkligen Winkeleisens a, b von gleicher Dicke c, so hat der Schwerpunkt der Fläche des Winkeleisens gleiche Abstände von diesen Halbierungslinien; wie groß sind diese?

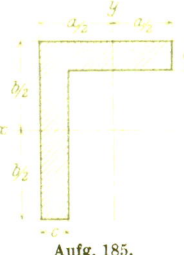

Aufg. 185.

186. Einem Kreis vom Mittelpunkt O werde ein beliebiges unregelmäßiges Polygon umschrieben. S_1 sei der Schwerpunkt des Polygonumfanges, S_2 jener der Polygonfläche. Zeige, daß die drei Punkte O, S_1, S_2 in einer Geraden liegen und suche den Wert des Verhältnisses $OS_2 : OS_1$.

187. Der Schwerpunkt eines Kreisabschnittes $ABCD$ kann durch folgende Konstruktion gefunden werden: Man zieht in A die Tangente an den Kreis

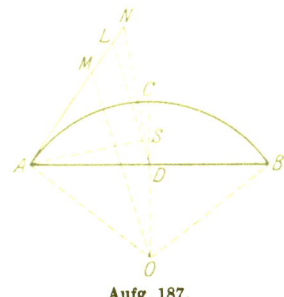

Aufg. 187.

und wickelt den Kreisbogen AC auf AL ab; sodann zieht man $OM \parallel DL$ und macht $\overline{MN} = \overline{AM}/2$; endlich zieht man $AS \perp DN$; dann ist S der gesuchte Schwerpunkt. Man suche dies zu beweisen.
(P. Pizzetti, Periodico di Mat. Bd. 7, 1911, S. 131.)

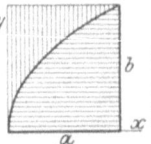

Aufg. 188.

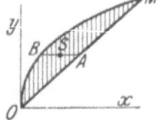

Aufg. 189.

*188. Man suche die Koordinaten des Schwerpunktes eines halben Parabelabschnittes und des Schwerpunktes seiner Ergänzung zu einem Rechteck.

*189. Von einer Parabel wird ein Segment durch eine Scheitelgerade OM abgeschnitten. Man suche eine einfache Konstruktion für den Schwerpunkt S der abgeschnittenen Fläche.

*190. Suche den Schwerpunkt eines Ellipsenquadranten.

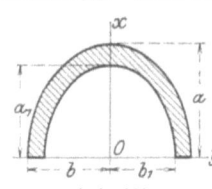

Aufg. 191.

*191. Suche die Schwerpunktsordinate ξ eines halben elliptischen Ringes von folgenden Abmessungen: $a = 20$ cm, $a_1 = 16$ cm; $b = 15$ cm, $b_1 = 12$ cm.

*192. Suche die Koordinaten des Schwerpunktes von nebenstehendem Ellipsensegment. (Walton.)

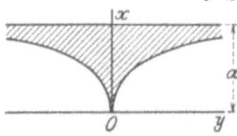

Aufg. 192.

*193. Suche den Schwerpunkt der Fläche eines Quadranten der Kurve $x^{2/3} + y^{2/3} = a^{2/3}$. (Walton.)

*194. Suche den Schwerpunkt der Fläche zwischen der Kurve
$$\sqrt{\frac{x}{a}} + \sqrt{\frac{y}{b}} = 1$$
und den Koordinatenachsen. (Walton.)

*195. Suche den Schwerpunkt der Fläche einer halben gemeinen Zykloide mit der Gleichung
$$x = a(\varphi - \sin\varphi), \quad y = a(1 - \cos\varphi),$$
worin φ ein veränderlicher Bogen ist, der von 0 bis π läuft.

*196. Die Zissoide (des Diokles) hat die Gleichung
$$y^2 = \frac{x^3}{a - x}.$$
Man suche den Schwerpunkt der Fläche zwischen der Kurve und ihrer Asymptote.

*197. Es ist der Schwerpunkt der Fläche zwischen der Kurve
$$y^2 = b^2 \frac{a - x}{x}$$
und ihrer Asymptote zu suchen.

*198. Man ermittle den Schwerpunkt der Fläche zwischen der Kurve $y = \sin x$ und der x-Achse von $x = 0$ bis $x = \pi$.

10. Schwerpunkte von Körpern.

199. Beliebig viele Kräfte halten einen Punkt O im Gleichgewicht. Jede Kraft werde als Strecke mit O als Anfangspunkt dargestellt. In die Endpunkte aller dieser Strecken werden Punkte von gleichen Gewichten gesetzt. Man zeige, daß O der Schwerpunkt aller dieser Punkte ist.

200. Ein Punkt m wird von allen Punkten eines Körpers mit Kräften angezogen, die den Entfernungen und den anziehenden Massen proportional sind. Man beweise, daß die Mittelkraft aller dieser Anziehungen durch den Massenmittelpunkt des Körpers geht und so groß ist, wie wenn die ganze Körpermasse in diesem Punkt vereinigt wäre.

201. Von einem geraden Kreiskegel, dessen Öffnungswinkel 2α ist, wird durch zwei Kugeln mit den Halbmessern R, r, die ihren Mittelpunkt in der Spitze des Kegels haben, ein Stück ausgeschnitten. Welche Entfernung hat der Schwerpunkt dieses Stückes von der Spitze?

202. Konstruiere den Schwerpunkt des Raumes zwischen zwei schiefen Kegelflächen mit gemeinsamer Grundfläche und den Höhen h_1 und h_2.

*203. Ein Kreiszylinder vom Halbmesser r wird durch eine Ebene abgeschnitten, welche gegen die Grundebene um φ geneigt ist und die Achse im Abstand a von der Grundebene trifft. Bestimme die Koordinaten des Schwerpunktes.

*204. Welchen Abstand hat der Schwerpunkt eines Keiles von der Grundebene ab, der Höhe h und der Gegenkante a_1?

*205. Man bestimme den Schwerpunkt eines Körpers, welcher begrenzt ist von der Fläche eines geraden Kreiskegels und jener eines Rotationsparaboloides, wobei die Grundflächen zusammenfallen und der Scheitel des Paraboloides die Spitze des Kegels ist.

Aufg. 204.

*206. Welchen Abstand ζ_1 hat der Schwerpunkt eines Obelisken (Pyramidenstutzes) mit der unteren Grundfläche ab und der oberen Grundfläche $a_1 b_1$ von dieser?

*207. Es ist die Schwerpunktskoordinate ξ eines Körpers zu bestimmen, welcher durch die Umdrehung zweier Parabeln $y^2 = 2 p_1 x$ und $y^2 = 2 p_2 (a - x)$ um die gemeinsame x-Achse entsteht. (Walton.)

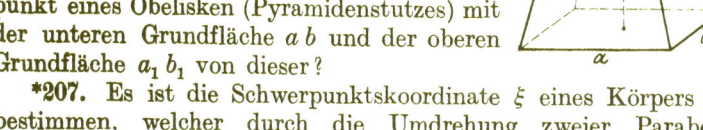

32 Summe von Kraftgruppen und Gleichgewicht.

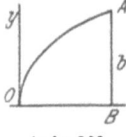
Aufg. 208.

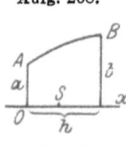
Aufg. 211.

*208. Suche die Schwerpunktskoordinate η eines Drehkörpers, der durch Umdrehung eines halben Parabelabschnittes OAB um Oy entsteht.

*209. Suche die Koordinaten des Schwerpunktes eines Oktanten der Kugel $x^2 + y^2 + z^2 = r^2$.

*210. Suche den Schwerpunkt eines halben Ellipsoides, entstanden durch Umdrehung einer Viertelellipse um ihre Halbachse a.

*211. Ein Parabelbogen AB rotiert um die Achse x der Parabel. Zu bestimmen die Schwerpunktskoordinate $\overline{OS} = \xi$ des entstehenden Drehkörpers.

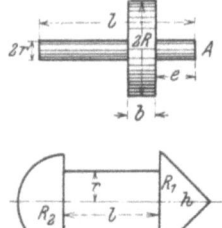

212. Auf einem Zylinder (Länge l, Halbmesser r) läßt sich eine durchlochte Scheibe (Dicke b, Halbmesser R) aus gleichem Material verschieben. Wie groß muß die Entfernung e gemacht werden, damit der gemeinsame Schwerpunkt in der Entfernung l/n von A liegt?

213. Ein Körper besteht aus einem Kegel (Höhe h, Basishalbmesser R_1), einem Zylinder (Länge l, Halbmesser r) und einer Halbkugel (Halbmesser R_2), alle von gleichem Material und gleicher Achse. Zu suchen die Entfernung ξ ihres gemeinsamen Schwerpunktes von der Kegelspitze.

214. Über der lotrecht stehenden Seite AB eines Rechtecks $ABCD$ werde senkrecht zur Ebene des Rechtecks ein Kreis beschrieben. Eine Gerade gleite derart, daß sie stets wagrecht bleibt und sowohl die Kreislinie wie die Rechteckseite CD trifft. Man suche den Schwerpunkt des Raumes, der zwischen der so entstehenden Fläche und dem Kreise liegt.

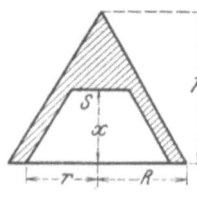

215. In einen geraden Kreiskegel wird eine Aushöhlung in Form eines Kegelstutzes von gleicher Neigung der Mantelfläche gemacht. Gegeben ist das Verhältnis $n = r/R$. Wie groß muß das Verhältnis $z = x/h$ gemacht werden, damit der Schwerpunkt des übrigen Kegelteiles im Mittelpunkt S der oberen Begrenzung des Kegelstutzes liegt?

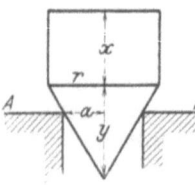

*216. Ein Körper von bekanntem Rauminhalt V besteht aus einem geraden Kreiskegel mit gegebenem Basishalbmesser r und aus einem aufgesetzten Zylinder von gleichem Material. Er stecke in einer kreisförmigen Bodenöffnung vom Halbmesser a. Wie groß müssen die Höhen x und y des Zylinders und des Kegels gemacht werden, damit der Schwerpunkt des Körpers so hoch wie möglich liege? Welche Entfernung η hat dann der Schwerpunkt von der Bodenebene AA?

217. In eine Halbkugel vom Halbmesser r ragt ein Kegel, dessen Grundlinie der Rand der Halbkugel ist und dessen Spitze S auf der Halbkugel liegt. Der Schwerpunkt des Raumes zwischen Kegel und Halbkugel soll auf der Mantelfläche des Kegels liegen. Man suche den Winkel φ und die Koordinaten ξ, η des Schwerpunktes.

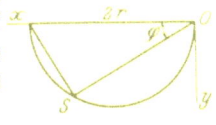

11. Stützungen.

218. Die nebenan gezeichnete Fläche wird in ihrem Eckpunkt A aufgehängt und der Schwerkraft überlassen. Wie groß ist der Winkel ψ, den die Gerade AB mit der Wagrechten einschließt, wenn Gleichgewicht besteht?

219. Ein schwerer Halbkreiszylinder vom Halbmesser r und der Länge l wird in der Ecke O aufgehängt. Welchen Winkel φ schließt die Kante OA mit der Lotrechten ein, wenn Gleichgewicht besteht?

Aufg. 218.   Aufg. 219.

220. Ein homogener, gerader Kegel ruht in der ihm umschriebenen Kugel. Wie groß ist der Winkel φ an der Kegelspitze, wenn der Kegel in jeder Lage im Gleichgewicht ist?

221. Zwei schwere Körper in Form von Kugelausschnitten, aus gleichem Material von verschiedenen Halbmessern R, r, sind in ihrer gemeinsamen Spitze frei aufgehängt. In welcher Beziehung müssen die Winkel α und β stehen, wenn die Berührungsgerade beider Ausschnitte lotrecht sein soll?

222. Eine Halbkreisfläche vom Gewicht G ist in B drehbar aufgehängt und wird in C durch einen Faden AC gehalten. ABC ist ein bei C rechtwinkliges, gleichschenkliges Dreieck. Wie groß ist die Fadenspannung S und der Gelenkdruck in B? Welchen Winkel φ bildet dieser mit BA?

34   Summe von Kraftgruppen und Gleichgewicht.

223. Ein schweres Dreieck ABC wird mit drei Fäden in O derart aufgehängt, daß es wagrecht liegt. Welche Beziehungen bestehen zwischen den Dreieckseiten und den Fadenlängen?

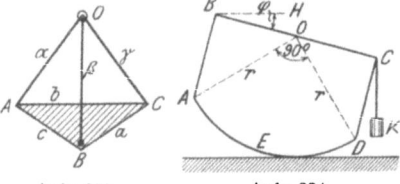

Aufg. 223.   Aufg. 224.

224. Ein prismatischer Körper von der Länge l, dem Querschnitt $ABCDE$ (wobei AED ein Kreisbogen ist) und dem Einheitsgewicht γ ruht auf einer wagrechten Ebene. Er ist am Rande mit K belastet. Wie groß muß K sein, wenn der Stellungswinkel φ gegeben ist?

225. Eine homogene, wagrechte Platte von nebenstehender Gestalt ist in den drei Punkten A, B und C des halbkreisförmigen Randes unterstützt. Die Auflagerdrücke in diesen Punkten sollen gleich sein. Welcher Gleichung muß der Winkel α genügen?

Aufg. 225.

226. Eine wagrechte, schwere Platte von nebenstehender Form wird in A, B und C unterstützt. Wie groß muß x gemacht werden, damit die drei Auflagerdrücke im Verhältnis 18 : 11 : 11 stehen?

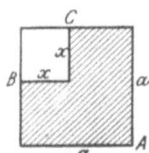 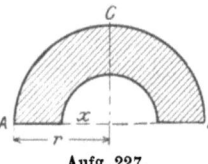

Aufg. 226.   Aufg. 227.

227. Eine Platte von nebenstehender Gestalt soll in A und B halb so große Drücke auf die Tischfüße ausüben wie in C. Wie groß muß der innere Halbmesser x gemacht werden?

228. Man ermittle auf zeichnerischem und rechnerischem Wege die Auflagerdrücke A und B für die folgenden, bei A und B frei aufliegenden Träger:

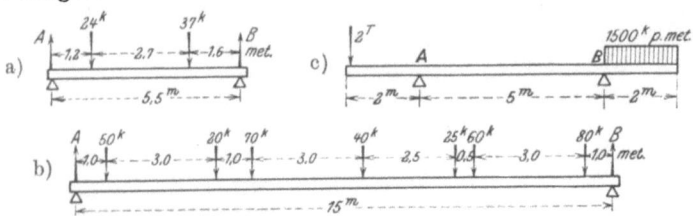

229. Drei Radachsen mit den Drücken K_1, K_2, K_3 sind fest miteinander verbunden. Sie sollen derart auf einen Träger $\overline{AB} = l$ gestellt werden, daß die Auflagerdrücke im Verhältnis $A : B = m : n$ stehen. Wie groß muß x gemacht werden?

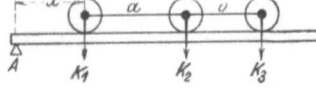

Stützungen. 35

230. In einem Stab AB von der Länge l_1 zwischen den Auflagern und der Dicke a befindet sich eine kreisförmige Öffnung vom Durchmesser d_1, durch die ein runder Stab von der Länge l und dem Durchmesser d gesteckt wird. Wenn an den Enden dieses Stabes und senkrecht zu ihm zwei gleiche und entgegengesetzt gerichtete Kräfte K wirken, welche Drücke entstehen in A, B, C und D?

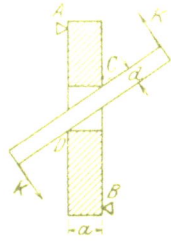

231. Zwei Stäbe AB und CD, von denen letzterer in D mit einem Gewicht G belastet ist, sind in B gelenkig verbunden und in A und C gelenkig gelagert. Wie groß sind die Gelenkdrücke in B und C und welche Winkel φ_1 und φ_2 schließen sie mit der Wagrechten ein?

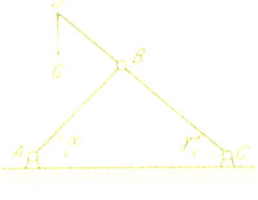

232. Eine Stiege AB, welche $q = 20$ kg für den Längenmeter wiegt, trägt einen Ruheplatz BC, der in der Mitte mit $G = 450$ kg belastet ist. Sie stützt sich bei A auf eine Säule AE und einen wagrechten Balken AD. Mit welchen Kräften V und H werden letztere beide beansprucht und welche Kraft C wird bei C auf die Wand ausgeübt? ($b = 4$ m, $h = 3$ m.)

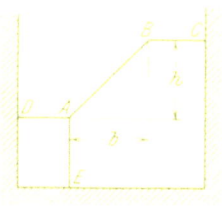

233. Zwei steife Zeltwände AC und CB von der Breite b sind in A und B gelagert und stoßen in C gelenkig zusammen. Die Zeltwand AC wird von wagrechtem Winde getroffen, der mit q kg auf die Flächeneinheit drückt. Man suche auf zeichnerischem Wege die Gelenkdrücke in A, B und C, die vom Winddruck allein herrühren, unter der Annahme, daß der Normaldruck des Windes dem Sinus des Neigungswinkels zur angeblasenen Fläche proportional ist.

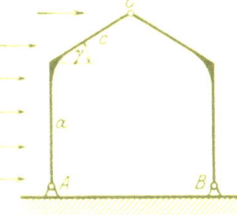

234. Ein gelenkiges System von drei Stäben ist mit zwei Lasten P und Q belastet. Die Last P ist gegeben, von Q nur die Angriffsstelle. Wie groß muß Q sein, damit Gleichgewicht besteht? (Zeichnerisch.)

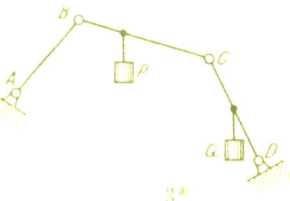

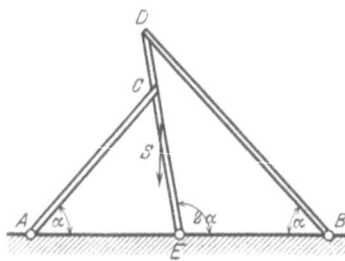

235. Zwei in A und B drehbare, gewichtlose Stangen stützen in C und D eine dritte, schwere Stange, die in E den Boden berührt. Es ist $\overline{ES} = \overline{ED}/2$, $\overline{EC} = 2\,\overline{ED}/3$. Man soll den Winkel α ermitteln, wenn die mittlere Stange in E keinen Druck ausüben soll.

236. Bei dem Drehkran auf Eisenbahnwagen von E Becker ist ein Gelenkrahmen $ABCD$ auf einem Wagen montiert; 1 ist

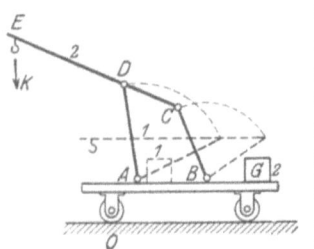

seine Ruhestellung während der Fahrt, 2 die Arbeitsstellung. Wie findet man die Stellung E für den Kranhaken, wenn die Last K das Viereck $ABCD$ in dieser Lage im Gleichgewicht erhalten soll? Wenn der Kran aufgerichtet wird, läuft das Gegengewicht G selbsttätig von 1 nach 2. Wie groß darf K höchstens sein, damit der Wagen nicht umkippt?

237. Bei der Bandbremse von Ohnesorge werden die Enden des Bremsbandes S_1, S_2 an das nebenan gezeichnete Hebelsystem angeschlossen, an dessen Enden bei A und B die bremsenden Kräfte ausgeübt werden. In welchem Verhältnis stehen die in dem Bremsband entstehenden Spannungen S_1 und S_2?

(Z. V. D. I. Bd. 57, 1913.)

238. Ein in O eingemauerter Mast trägt an zwei Seilen CA und DB einen Balken AB, der mit einer Last K belastet werden soll. Wo muß diese Last aufgelegt werden, damit der mit K belastete Balken AB in wagrechter Lage im Gleichgewicht bleibt? Wie groß ist dann das Biegungsmoment in O?

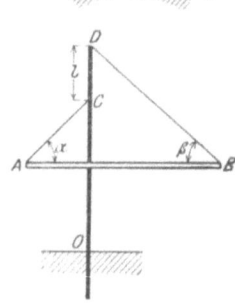

Aufg. 238.

Aufg. 239.

239. In den Ecken B und D eines Quadrates $ABCD$ von der Seitenlänge a sind zwei Stäbe $\overline{BE} = a/4$ und $\overline{DF} = a/2$ gelenkig befestigt; ihre Enden E und F sind mit einer Stange GH gelenkig verbunden. In G wirkt eine Kraft $P \parallel BE$, in H eine Kraft $Q \parallel DF$; wie groß muß das Verhältnis $P:Q$ gewählt werden, damit Gleichgewicht besteht? Wie groß sind die Gelenkdrücke in B und D?

240. Dieselbe Aufgabe, nur habe Q eine beliebige Richtung. Wie muß man die Neigung φ von Q gegen AB annehmen, damit Q den kleinsten Wert erhält, und wie groß ist dieser?

241. Auf einem wagrechten Boden steht ein Bockgerüst ABC, das ein gleichseitiges Dreieck bildet. Über das Gerüst wird eine in O drehbare schwere Stange $\overline{OD} = 2\,l$ vom Gewicht G gelegt. Man soll den Bock so anbringen, daß in A kein Auflagerdruck entsteht; wie groß ist 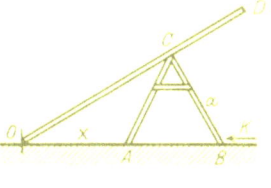 dann $\overline{OA} = x$ und wie groß ist die wagrechte Kraft K in B?

242. Drei gleich schwere Stäbe, jeder vom Gewicht G, stützen einander in nebenan gezeichneter Art, wobei $\overline{O_2 B} = \overline{BC}$. Der Stab AC ist um seinen Schwerpunkt O_1, der Stab $O_2 C$ ist um sein Ende O_2 drehbar und hat seinen Schwerpunkt in der Mitte bei B. In welchem Verhältnis müssen $\overline{AO_1}$ und $\overline{O_1 C}$ stehen, wenn Gleichgewicht bestehen soll?

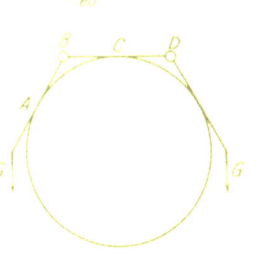

243. Drei gleich lange Stäbe, die miteinander gelenkig verbunden sind, werden auf eine Walze gelegt, deren Halbmesser gleich der Stablänge ist. Die Randstäbe werden an den Enden mit G belastet. Wie groß sind die Drücke in A, B und C und welchen Winkel ψ schließt der Druck in B mit der Lotrechten ein?

244. Drei gewichtlose, gelenkig verbundene Stäbe, die an den Enden A und H mit gleichen Gewichten G belastet sind, werden über eine Walze vom Halbmesser r gelegt. Es ist $\overline{CE} = r$. Wie groß muß $\overline{AC} = \overline{EH} = x$ gemacht werden, wenn der Druck in D Null sein soll? Wie groß ist dann der Druck in B und die Spannung des Stabes CE?

245. Ein aus fünf Stäben bestehendes symmetrisches Stabwerk hängt in $A_1 A_2$ und ist in den Gelenken belastet. Welche Beziehung besteht bei Gleichgewicht zwischen α und β?

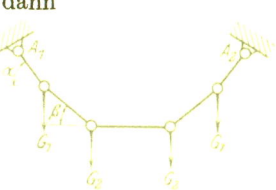

38 Summe von Kraftgruppen und Gleichgewicht.

246. Die aerodynamische Wage von Eiffel hat den Zweck, die Luftkraft nach Größe und Richtung zu bestimmen, die von einem Luftstrom (in der Abbildung wagrecht angenommen) auf eine quer zu diesem gestellte Versuchsplatte P (Tragflügel) ausgeübt wird. An der Platte P ist ein Stiel S befestigt, der mit einem Doppelhebel AB starr verbunden werden kann, dessen Drehpunkte A, B einzeln festgehalten und wieder freigemacht werden können. Der Doppelhebel wird in C an einer gewöhnlichen Hebelwage W aufgehängt. Zuerst wird bei freiem B und festgehaltenem A der Apparat bei abgestelltem Luftstrom durch Gewichte Q ins Gleichgewicht gebracht; sodann läßt man den Luftstrom auf K wirken und stellt das Gleichgewicht wieder her, indem man Q um Q_1 erleichtert. Dasselbe wird sodann bei freigemachtem A und gelagertem B wiederholt; die entsprechende Gewichtsverminderung sei Q_2. Endlich wird die Platte in umgekehrter Lage neuerdings eingespannt und die Messung bei festem A und freiem B ein drittes Mal ausgeführt, wobei sich jetzt eine Gewichtsverminderung Q_3 ergibt. Man ermittle aus den beobachteten Werten von Q_1, Q_2, Q_3 und aus den bekannten Abmessungen l, m, l_1, m_1 die Größe und Lage der Luftkraft K auf die Platte P.
(Z. f. Flugtechnik u. Motorluftsch. Bd. 1, 1910.)

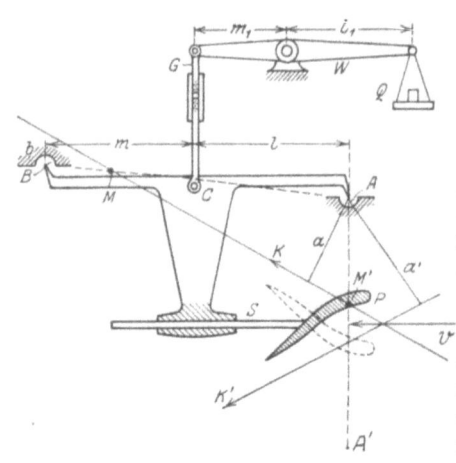

247. Ein zylindrischer Schornstein, dessen innerer Halbmesser r und dessen Einheitsgewicht γ gegeben ist, wird in halber Höhe durch eine Kraft K umzukippen gesucht. Man wünscht, daß die Mittelkraft die Stützfläche des Schornsteines in A trifft. Wie groß muß der äußere Halbmesser R gemacht werden?

248. Ein zylindrischer Körper von nebenstehendem Querschnitt ruht auf wagrechtem Boden und soll im indifferenten Gleichgewicht sein. Wie groß muß x gemacht werden?

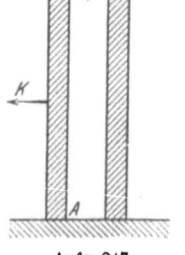
Aufg. 247.

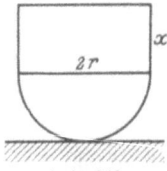
Aufg. 248.

249. Dieselbe Aufgabe, wenn der untere Teil des Körpers eine Halbkugel, der obere ein Kegel ist.

250. Auf einer Halbkugel, die auf wagrechter Unterlage ruht, wird ein Zylinder aus dem gleichen Material befestigt. Welche Länge x darf er bekommen, wenn das Gleichgewicht indifferent sein soll?

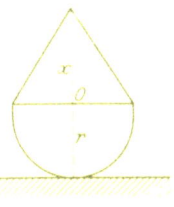

Aufg. 249.

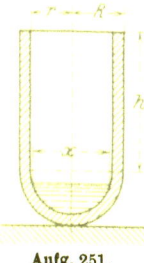

Aufg. 251.

251. Ein zylindrischer Körper von nebenstehendem Querschnitt ruht auf wagrechtem Boden; sein Einheitsgewicht ist γ. In das Innere wird Flüssigkeit vom Einheitsgewicht γ_1 gegossen. Wie breit (x) muß die Oberfläche derselben sein, wenn hierdurch das Gleichgewicht des ganzen Körpers indifferent wird?

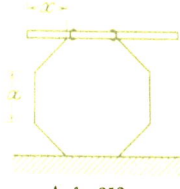

Aufg. 252.

252. Ein Stab von der Länge l und dem Gewicht G_1 läßt sich auf einem Prisma mit regelmäßig achteckigem Querschnitt vom Gewicht G in wagrechter Richtung verschieben. Zwischen welchen Grenzen darf x gewählt werden, wenn das Gleichgewicht nicht gestört werden soll?

253. Ein Balken von regelmäßig sechseckigem Querschnitt und bekanntem Gewicht G ruht auf wagrechter Unterlage und ist an zwei gegenüberliegenden Kanten mit Q und nQ belastet. Zwischen welchen Grenzen darf n schwanken, wenn der Balken nicht umkippen soll?

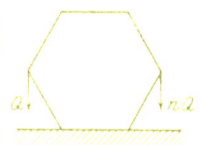

254. Eine Mauer hat nebenstehenden Querschnitt. In welchem Verhältnis müssen die Höhen x und y stehen, wenn die Standfestigkeit um A und C gleich groß sein soll?

255. Vier gleich lange (Länge $2l$) und gleich schwere Bretter liegen in nebengezeichneter Weise übereinander. Man suche $x_1 = \overline{AB}$, $x_2 = \overline{BC}$, $x_3 = \overline{CD}$ für die äußerste Gleichgewichtslage. (Suche x_n für $n+1$ gleiche Bretter.)

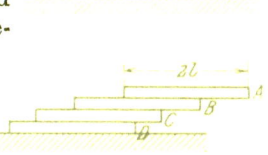

12. Einfache Fachwerke.

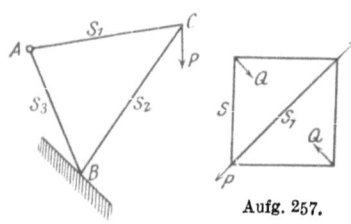

Aufg. 256.

Aufg. 257.

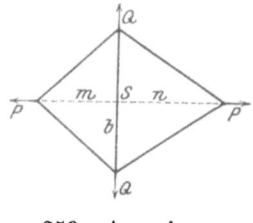

256. Ein starres Dreieck ist in A gelenkig gestützt und ruht in B auf einem glatten Auflager. In C ist es belastet. Man ermittle auf zeichnerischem Wege die Spannungen S_1, S_2, S_3.

257. Man bestimme zeichnerisch und rechnerisch die Spannungen S_1 der Diagonale und S der Seite eines Quadrates, welches von vier Kräften P, P, Q, Q diagonal beansprucht wird.

258. Es soll die Spannung S eines symmetrischen Stabwerkes gerechnet werden, wenn die Lasten P und Q und die Längen b, m, n bekannt sind.

259. An einem aus fünf gleich langen Stäben bestehenden Stabwerk, das in O festgelagert ist, halten sich zwei Kräfte P und Q Gleichgewicht; erstere wirkt senkrecht zu S_1, letztere parallel zu S_3. Wenn P gegeben ist, zu berechnen: die Kraft Q, den Gelenkdruck D in O und seinen Winkel φ mit der Wagrechten; endlich die Spannungen der fünf Stäbe.

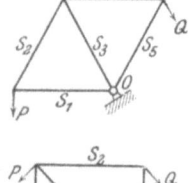

260. Ein starres Quadrat ist in einer Ecke gelenkig befestigt und an zwei anderen Enden mit P und Q parallel zu den Diagonalen belastet. Wenn Q gegeben ist, wie groß ist P für Gleichgewicht? Wie groß ist der Druck D im Gelenk, der Winkel φ und die Spannungen der fünf Stäbe?

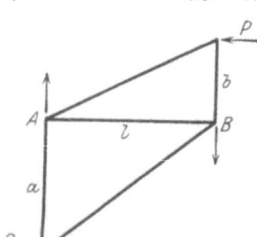

261. Nebenanstehendes Stabwerk besteht aus zwei rechtwinkligen Dreiecken und ist in A und B wagrecht verschieblich gelagert. Man berechne die Auflagerdrücke in A und B, sowie die Spannung S im Stabe AB und zeichne den Kraftplan.

Für die folgenden einfachen Fachwerke ist die Berechnung der Stabspannungen vorzunehmen und der reziproke Kraftplan der Spannungen zu zeichnen.

262. Fachwerk ohne Auflager.

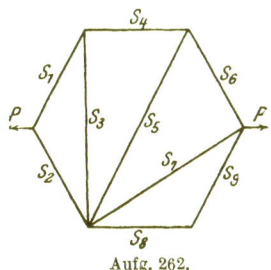

Aufg. 262.

263. Fachwerk ohne Auflager, mit zwei Kraftpaaren P, P, Q, Q belastet.

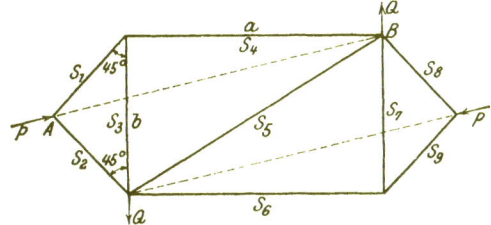

264. Fachwerk ohne Auflager.

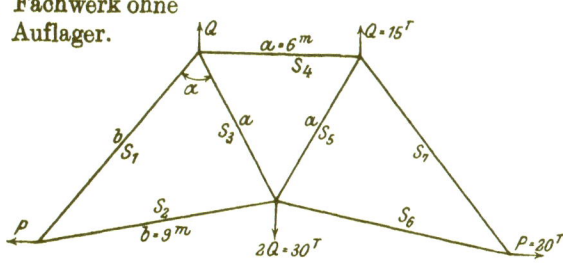

265. Einfaches Hängewerk.

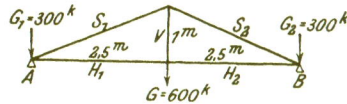

266. Dachbinder.

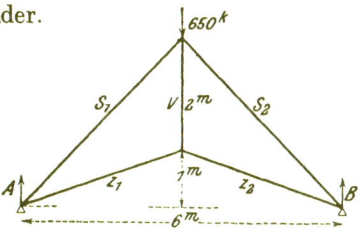

267. Dachbinder.

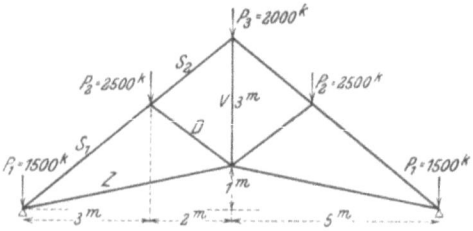

268. Dreieckträger.

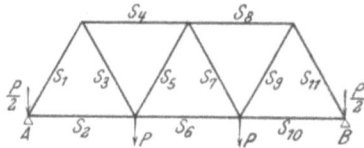

269. Dreieckträger.

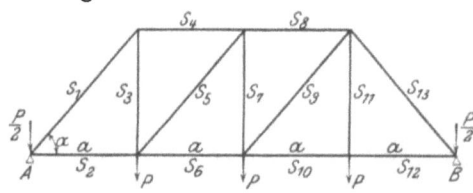

270. Parabelträger: die Punkte $ABCDE$ liegen in einer Parabel.

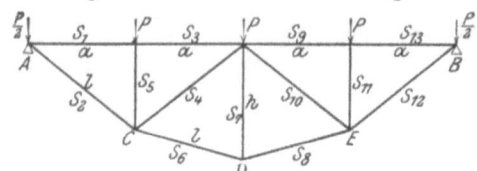

271. Brückensteg.

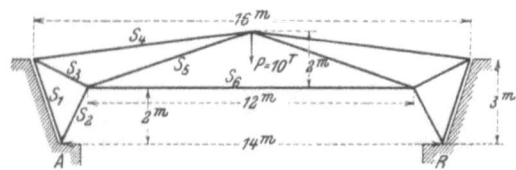

Einfache Fachwerke.

272. Brückensteg.

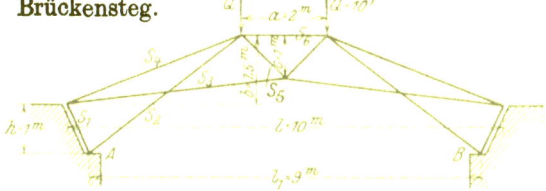

273. Polonceau-Dach.

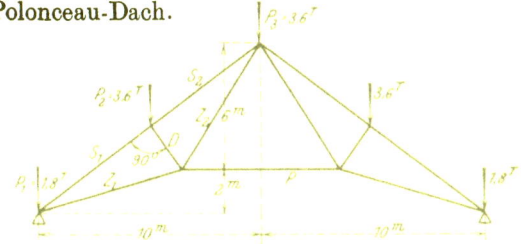

274. Halbkreisdach.

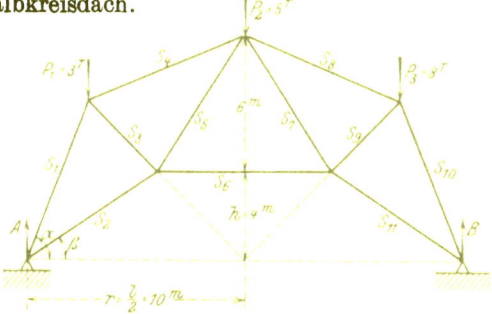

275 Kran.

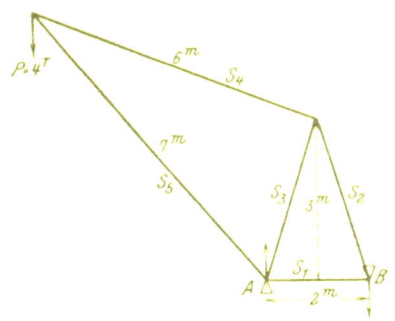

276. Kran.

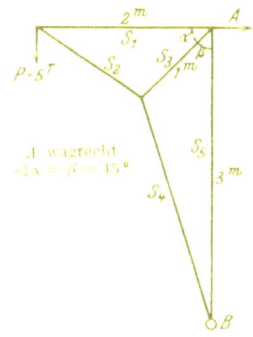

277. Pultdach.

278. Kran.

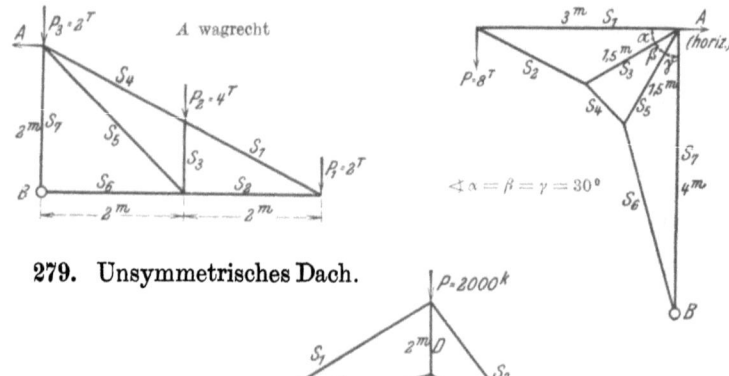

279. Unsymmetrisches Dach.

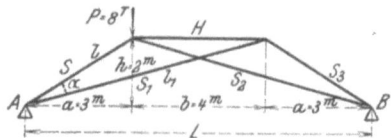

280. Steg mit unsymmetrischer Belastung.

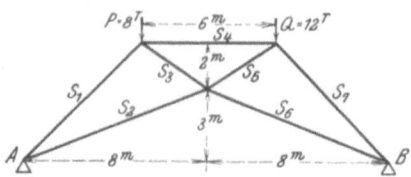

281. Steg mit unsymmetrischer Belastung.

282. Polonceau-Dach mit Winddruck.

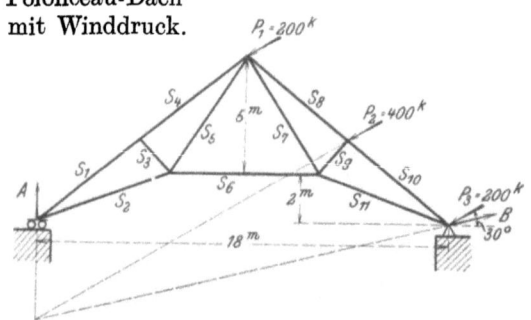

Einfache Fachwerke.   45

283. Kran.

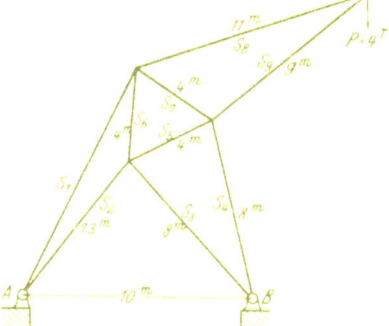

284. Kran.

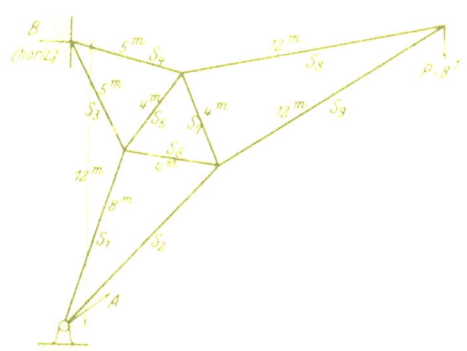

285. Kran.

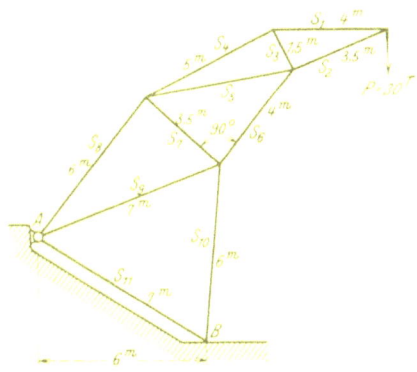

286. Bockgerüst.

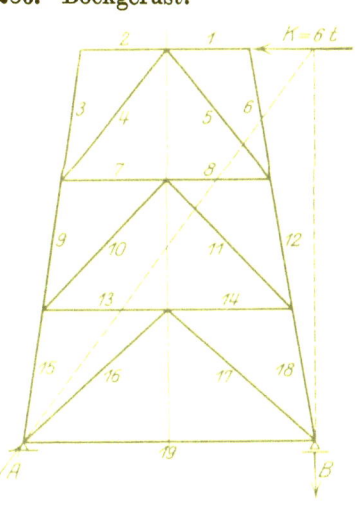

13. Gleichgewicht mit Berücksichtigung der Reibung.

*287. Ein frei beweglicher Punkt m kann am rauhen Umfang eines regelmäßigen Sechsecks (mit der Seite r) gleiten und wird von den drei Ecken m_1, m_2, m_3 proportional den Entfernungen angezogen. k sei die Anziehung in der Einheit der Entfernung. Wie groß muß die Reibungszahl f sein, wenn der Punkt m an allen Stellen des Umfanges im Gleichgewicht sein soll? Wie groß ist der Normaldruck D der Unterstützung?

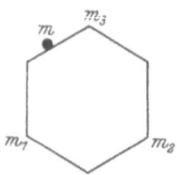

288. Ein frei beweglicher Punkt m, der längs eines rauhen Halbkreises gleiten kann, wird von den Endpunkten des Durchmessers $m_1 m_2$ proportional den Entfernungen angezogen. k_1, k_2 seien bzw. die Anziehungen in der Einheit der Entfernung. Für welche Werte von $\mathrm{tg}\,\varphi$ bleibt m nicht im Gleichgewicht, wenn $k_1 : k_2 = 3 : 2$ und die Reibungszahl $f = 0{,}2$ ist?

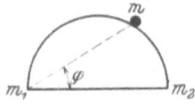

*289. Ein Gewicht G wird mittels eines Seiles an einer rauhen Viertelkreisbahn langsam emporgezogen. Für welchen Winkel φ ist die Seilspannung S am kleinsten, wenn ϱ der Reibungswinkel an der Gleitbahn ist?

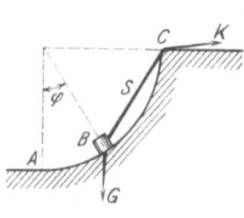
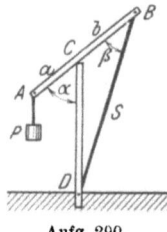

Aufg. 289.   Aufg. 290.

290. Ein gewichtloser Stab $\overline{AB} = l$ stützt sich bei C auf eine Säule, wird in B von einem in D befestigten Seil gehalten und in A belastet. Gegeben sind die Entfernungen a und b, die Winkel α und β. Wie groß muß die Reibungszahl f in C mindestens sein, damit Gleichgewicht besteht? Wie groß ist die Seilspannung S?

291. Die zwei Hälften eines Kreiszylinders vom Halbmesser r und dem Gesamtgewicht $2\,G$ stützen sich in der gezeichneten Art aneinander; der Boden ist glatt, die Schnittebenen der Halbzylinder sind rauh. Der Winkel α ist gegeben. Es sind für Gleichgewicht zu suchen: a) die Reibungszahl f; b) die Drücke in A und B; c) der Druck D zwischen den Halbzylindern; d) die Entfernung x, in welcher D wirkt.

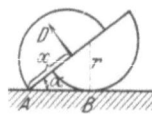

292. Ein Stab $\overline{AB} = 2\,l$ vom Gewicht G_1 lehnt sich an eine Halbkugel vom Gewicht G; der Boden ist glatt, die Berührungs-

fläche zwischen Stab und Halbkugel rauh (Reibungszahl f). Man wünscht, daß die Richtung des Druckes zwischen beiden durch den Schwerpunkt S_1 des Stabes gehen soll. Wie groß muß die Länge l gemacht werden?

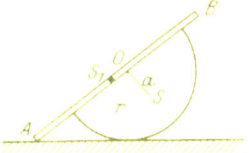

293. Ein Prisma und eine Platte werden von einer gespannten (glatten) Schnur umschlungen, die mit der Platte die Winkel α und β einschließt. Wie groß muß die Reibungszahl zwischen beiden Körpern sein, damit in dieser Stellung Gleichgewicht besteht? (Die Gewichte sind zu vernachlässigen.)

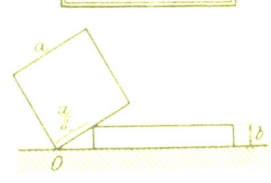

294. Ein glatter Würfel vom Gewicht G und der Kantenlänge a ist längs der Kante O drehbar befestigt und stützt sich auf eine Platte vom Gewicht G_1 und der Höhe $b = a/4$. Wie groß muß die Reibungszahl f zwischen der Platte und der wagrechten Unterlage sein, wenn in der gezeichneten Stellung Gleichgewicht besteht?

295. Ein Stab $AB = 2l$ vom Gewicht G ist in B drehbar gelagert und wird in C von einer Schnur von der Länge a gehalten, an deren anderem Ende ein Ring befestigt ist, der gegen den Stab die Reibungszahl f hat; $\overline{BC} = b$ ist gegeben. Wenn Gleichgewicht besteht, zwischen welchen Grenzen können der Winkel φ, der Druck in D und die Spannung S der Schnur schwanken?

296. Ein schwerer Stab $\overline{AB} = l$ stützt sich in A an den rauhen Boden, in C an einen lotrechten, glatten Pfosten von der Länge a. Der Stellungswinkel α des Stabes ist gegeben; wie groß muß die Reibungszahl f am Boden mindestens sein?

297. Eine Stange AB mit dem Schwerpunkt S stützt sich an einen rauhen Boden (f_1) und an eine rauhe lotrechte Wand (f_2). Bei welchem Winkel φ mit dem Boden wird die Stange das Gleichgewicht verlieren?

298. Eine schwere elliptische Scheibe ruht derart zwischen einer glatten Wand und dem rauhen Boden, daß ihre Achsen mit beiden 45° einschließen. Wie groß muß die Reibungszahl des Bodens sein, wenn die Scheibe in dieser Lage gerade zu gleiten beginnt? (Walton.)

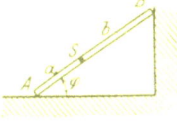

Aufg. 297.

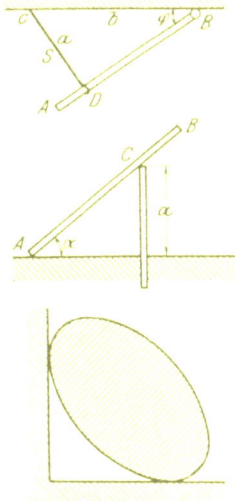

Aufg. 298.

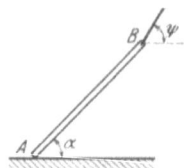

299. Ein Stab AB vom Gewicht G stützt sich bei A an den rauhen, wagrechten Boden (Reibungszahl f) und wird in B von einem Seil gehalten. Die Neigung des Stabes ist α. Bei welcher Neigung ψ des Seiles wird der Stab zu gleiten beginnen? Wie groß ist der Druck in A?

300. Ein schwerer Stab liegt zwischen zwei wagrechten Bolzen A und B, an denen er durch Reibung gehalten wird. Wie groß darf die Entfernung des Schwerpunktes des Stabes von A sein, damit der Stab nicht hinabgleitet? (Walton.)

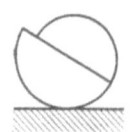

301. Zwei halbe Kreiszylinder mit den Halbmessern r und r_1, den Einheitsgewichten γ und γ_1, von gleicher Länge ruhen mit den rauhen, ebenen Flächen aufeinander. Wie groß muß deren Reibungszahl sein, wenn in der gezeichneten Lage eben noch Gleichgewicht bestehen soll?

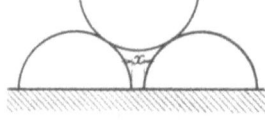

302. Ein halber Kreiszylinder vom Halbmesser r und dem Gewicht G ruht auf zwei anderen vom Halbmesser r_1 und dem Gewicht G_1. Die Mantelflächen sind glatt, der Boden rauh. Bei welcher Entfernung x beginnen die unteren Halbzylinder zu gleiten?

303. Zwei zylindrische Walzen mit den Gewichten G_1 und G_2

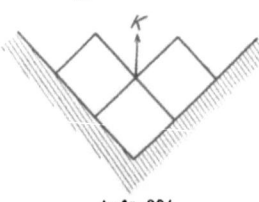

stützen sich sowohl aneinander, wie auch an Wand und Boden. Die Zahlen der hierbei auftretenden Reibungen seien f, f_1, f_2. Bei einem bestimmten Winkel φ bleiben die Walzen gerade noch im Gleichgewicht. Welche Minimalwerte müssen die Reibungszahlen haben? Wie groß werden die Drücke D, D_1, D_2 zwischen den Walzen und an Boden und Wand?

304. Auf zwei unter 45° geneigten Ebenen liegen drei Würfel von gleichem Gewicht G; der Reibungswinkel ϱ zwischen den Flächen sei bekannt. Welche Kraft K ist notwendig, um den untersten Würfel emporzuheben?

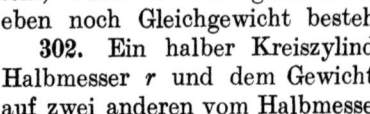

305. Bei der gezeichneten Reibungskupplung wird der Reibklotz L an den Reibkranz Z durch die

Aufg. 304.   Aufg. 305.

Einrückungskraft K angepreßt und dadurch die Welle W vom Reibkranz Z im Sinne des Pfeiles mitgenommen. An der Führung F

des Reibklotzes findet keine Reibung statt. Man suche auf zeichnerischem Wege die Größe der Umfangskraft U, die auf die Welle in der Berührungsfläche von R und Z übertragen wird, wenn der Reibungswinkel ϱ an dieser Stelle und die Kraft K gegeben sind.
(D. Thoma, Z. V. D. I. Bd. 61, 1917.)

306. Ein Stab AB liegt in einem lotrechten Kreis vom Halbmesser a und ist vom Mittelpunkt um b entfernt. Wie groß kann der Winkel φ im äußersten Fall sein? (f = Reibungszahl zwischen Stab und Kreis.)

307. Auf einer Walze ruhen zwei in O drehbar verbundene gleich lange Stäbe vom Gewicht G. Zwischen welchen Grenzen kann für Gleichgewicht der Winkel φ zwischen den Stäben schwanken, wenn die Reibung zwischen Stab und Walze berücksichtigt wird? Wie groß ist der Druck D zwischen beiden?

308. Ein gleichförmiger Stab AB stützt sich mit seinen Enden A und B auf zwei rauhe Ebenen, die gleiche Neigungswinkel α mit der Wagrechten einschließen; wenn ϱ ($\varrho < \alpha$) der Reibungswinkel der Ebenen ist, zeige, daß für Gleichgewicht die größte Neigung (φ) des Stabes gegen die Wagrechte durch die Gleichung gegeben ist:

$$\operatorname{tg}\varphi = \frac{\sin 2\varrho}{2\sin(\alpha - \varrho)\sin(\alpha + \varrho)}. \quad \text{(H. Lamb.)}$$

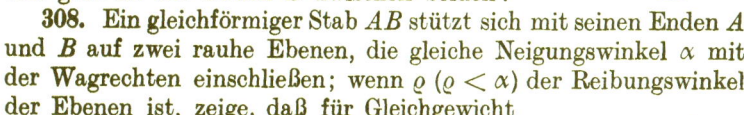

309. Zwei Gewichte G_1 und G_2 sind durch einen biegsamen, glatten Faden verbunden; das eine liegt auf einer rauhen schiefen Ebene, das andere auf einer rauhen Viertelwalze. Zwischen welchen Grenzen wird der Winkel φ schwanken dürfen, wenn Gleichgewicht bestehen soll? Die Reibungswinkel ϱ_1 und ϱ_2 sind bekannt.

310. An einem Faden, der in O befestigt ist und durch den Ring R geht, ist das Gewicht G befestigt. Der Ring kann an der rauhen Stange AB gleiten. Welchen größten und kleinsten Wert kann der Winkel φ annehmen?

311. Ein Stabwerk, das in den Gelenken B und C mit zwei gleichen Gewichten G belastet ist, hängt in A und D mittels zweier Ringe an zwei unter α gegen die Wagrechte geneigten rauhen Stangen. Zwischen welchen Grenzen kann der Winkel φ

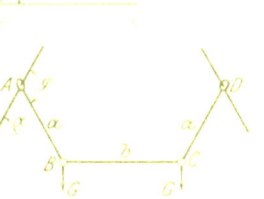

schwanken, wenn Gleichgewicht bestehen soll? Wie groß sind die Spannungen S_1 und S_2 der Stäbe AB und BC in den äußersten Stellungen?

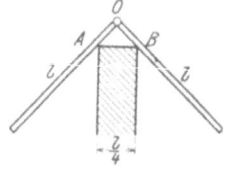

312. Zwei gleiche Stäbe, jeder vom Gewicht G, die gelenkig verbunden sind, werden in angegebener Weise gestützt. Wie groß muß die Reibungszahl bei A und B sein, wenn die Stäbe einen rechten Winkel miteinander einschließen sollen? Wie groß ist dann der Auflagerdruck in A und B?

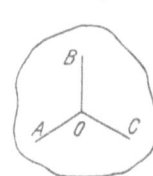

*313. An ein wagrecht gelagertes Prisma lehnt sich eine Stange vom Gewicht G und der Länge l. Bei B findet Reibung statt. Das Ende A der Stange wird langsam nach links gezogen. Wie groß muß das Gewicht Q des Prismas mindestens sein, damit das Kippen um O nicht eintritt? Bei welchem Winkel α muß Q am größten sein?

314. Ein schwerer Körper ruht auf drei Stützen A, B, C auf rauher, wagrechter Ebene; seine Drücke daselbst sind P, Q, R. Ein Kraftpaar, welches gerade hinreicht, die Reibung zu überwinden, sucht den Körper zu drehen. Um welchen Punkt O wird diese Drehung erfolgen? (Routh.)

315. Eine schwere Stange $\overline{OA} = l$ vom Gewicht G wird in O festgehalten und stützt sich in A auf eine rauhe Ebene, die um α gegen den Horizont geneigt ist. Wie groß ist der Winkel φ für die äußerste Gleichgewichtslage und die Auflagerdrücke in A und O? a sei die Entfernung des Punktes O von der Ebene, r der Halbmesser des von A beschriebenen Kreises, f die Reibungszahl der Ebene.

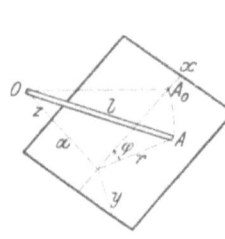

316. Ein homogener, schwerer Stab $\overline{AB} = l$ vom Gewicht G ist in A gelenkig festgehalten und stützt sich in B auf die Oberfläche einer rauhen Kugel. Wie groß sind für die äußerste Gleichgewichtsstellung des Stabes: a) der Winkel φ; b) der Normaldruck D der Kugel; c) der Gelenkdruck A in A?

14. Einfache Maschinen.

317. Mit welchem Gewicht P muß das Sicherheitsventil eines Dampfkessels belastet werden, wenn folgende Größen gegeben sind: $a = 1,0$ m, $b = 0,2$ m, $r = 1$ cm, $d = 6$ cm; Dampfspannung im Kessel $p = 7$ kg/cm² $= 7$ at, Zahl der Zapfenreibung $f_1 = 0,1$; Gewicht des Hebels $G = 8$ kg; $s = 45$ cm.

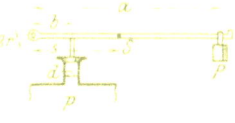

318. Es soll für die nebenan gezeichnete Robervalsche Wage bewiesen werden, daß $Pa = Qb$ ist, unabhängig von den Stellen, wo die Gewichte hängen. O und O_1 sind feste Drehpunkte; $\overline{OA} = a$, $\overline{OB} = b$.

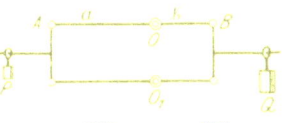

319. Bei dem von der Firma **Buchheimer** und **Heißer** gebauten **Reformprüfer** für Betonbalken wird der **Balken** AB zwischen die vier **Klauen** C, D, E, F eines Gestelles gelegt, das bei J von einem einarmigen Hebel KHG gedrückt wird. In den Angriffspunkten der vier **Klauen** C, D, E, F drücken gleiche **Kräfte** K auf den Balken; wie groß sind sie, wenn Q die Belastung bei G ist?
(Z. V. D. I. Bd. 56, 1912, S. 1719.)

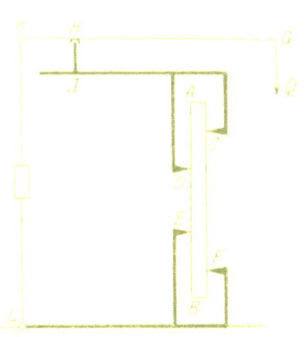

320. Die Hebelverbindung einer Brückenwage sei derart angeordnet, daß $a/b = f/e$, wobei $\overline{OA} = a$, $\overline{OB} = b$, $\overline{O_1E} = e, \overline{O_1F} = f, \overline{O_1G} = g$. Man zeige, daß die Beziehung gilt: $Pg = Qf$.

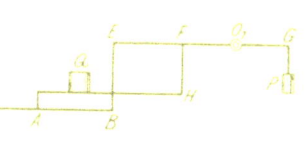

321. Eine Welle A vom Halbmesser r wird mit der Winkelgeschwindigkeit ω_0 gedreht. Eine Hohlwelle B, die an die Welle A angepreßt ist, wird durch die Reibung mitgenommen. Der ruhende Bremsklotz C umgibt die Hohlwelle mit gleicher Pressung, und seine Reibung verzögert die Bewegung. Die Reibung soll durchweg proportional sein der Reibungsfläche, dem Druck und der relativen Geschwindigkeit der sich reibenden Körper. Welche Winkelgeschwindigkeit ω_1 nimmt die Hohlwelle B an?

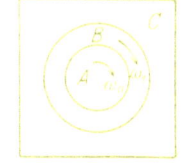

(H. Heimann, Z. f. Math. u. Physik Bd. 48, 1903.)

322. Auf einer Tretscheibe, deren Achse um 20° gegen die Lotrechte geneigt ist, steht bei P ein Pferd von 280 kg Gewicht in der Entfernung 7 m von der Achse. Die Welle hat 20 cm Durchmesser. Welche Last Q kann mit Hilfe des Seiles überwunden werden, wenn das Pferd die Scheibe durch Treten in Bewegung setzt? Die Nebenwiderstände sind nicht zu berücksichtigen. Der zu P gehörige Halbmesser der Scheibe ist wagrecht anzunehmen.

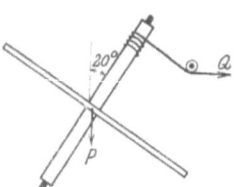

323. Auf einer schiefen Ebene, die unter dem Winkel $\alpha = 50°$ gegen den Horizont geneigt ist, befindet sich eine Last G, die von einer Kraft K gerade noch im Gleichgewicht erhalten wird; die Richtung von K ist um $\beta = 30°$ gegen die Lotrechte geneigt; die schiefe Ebene ist rauh, der Reibungswinkel beträgt $\varrho = 5°$. Die schiefe Ebene wird nun um $\gamma = 10°$ gesenkt; jetzt bleibt dieselbe Last G im Gleichgewicht, wenn die Kraft, deren Neigung gegen die Lotrechte sich nicht geändert hat, um $p = 10$ kg vermindert wird. Wie groß sind K und G?

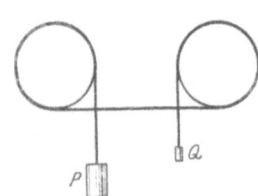

324. Über zwei gleiche, feststehende Walzen schlingt sich ein Seil, an dessen Enden zwei Lasten P, Q hängen, von denen die eine zehnmal so groß ist wie die andere. Wie groß muß die Reibungszahl f zwischen Seil und Walze sein, damit Gleichgewicht besteht?

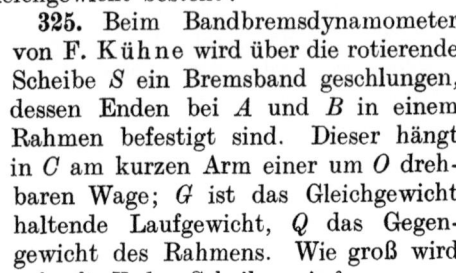

325. Beim Bandbremsdynamometer von F. Kühne wird über die rotierende Scheibe S ein Bremsband geschlungen, dessen Enden bei A und B in einem Rahmen befestigt sind. Dieser hängt in C am kurzen Arm einer um O drehbaren Wage; G ist das Gleichgewicht haltende Laufgewicht, Q das Gegengewicht des Rahmens. Wie groß wird die Umfangskraft K der Scheibe sein?

(Z. V. D. I. Bd. 61, 1917, S. 619.)

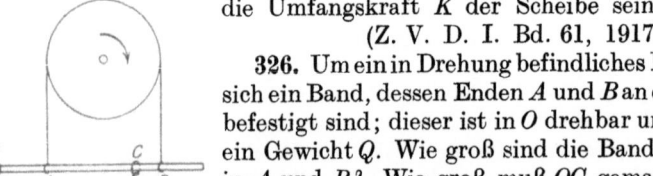

326. Um ein in Drehung befindliches Rad schlingt sich ein Band, dessen Enden A und B an einem Hebel befestigt sind; dieser ist in O drehbar und trägt in C ein Gewicht Q. Wie groß sind die Bandspannungen in A und B? Wie groß muß OC gemacht werden, wenn der Druck in O Null sein soll?

Einfache Maschinen.

327. Ein Träger AB, der in nebenan gezeichneter Weise belastet ist, wird wagrecht an zwei Seilen aufgehängt, die über zwei feststehende, walzenartige, rauhe Körper laufen und an den anderen Enden einen mit R belasteten wagrechten Stab tragen Wie groß muß R gemacht werden und in welchem Verhältnis müssen x und y stehen, wenn der Träger mit gleichbleibender Geschwindigkeit herabsinken soll?

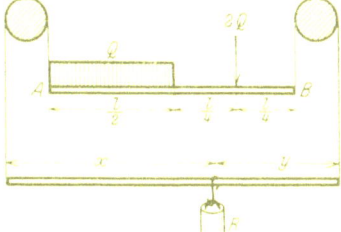

328. Ein Seil läuft über zwei Rollen A und B, von denen B durch irgendeinen Umstand steckengeblieben ist. Zwischen welchen Grenzen wird P schwanken dürfen, wenn es Q Gleichgewicht halten soll?

329. Es soll das Kraftverhältnis P/Q und das Güteverhältnis η für die unten gezeichneten Flaschenzüge ermittelt werden. In a) sind die drei die Last tragenden Seile als angenähert parallel, die Rollen gleich und das Seil überall gleich stark anzunehmen, ebenso in b) und d) die lotrecht und schräg gezeichneten Seilstücke.

Aufg. 328.

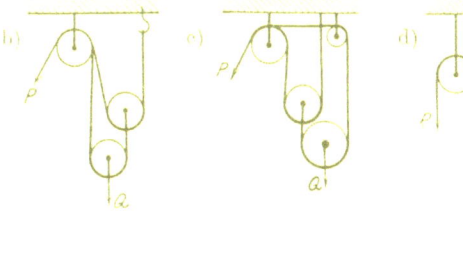

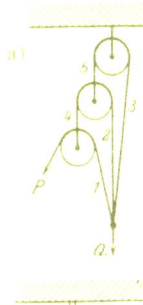

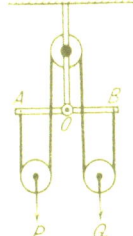

330. Ein Seil schlingt sich über drei gleiche Rollen und ist an den Enden eines um O drehbaren Hebels befestigt. Wie groß muß P mit Rücksicht auf den Rollenwiderstand gemacht werden, damit die linke Rolle gleichförmig sinkt? In welchem Verhältnis müssen die Arme $\overline{OA} = a$, $\overline{OB} = b$ stehen, wenn der Hebel im Gleichgewicht bleiben soll?

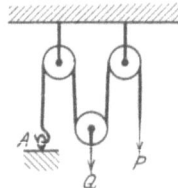

331. Ein Seil schlingt sich über drei gleiche Rollen und ist in A befestigt. Wie groß muß P mit Rücksicht auf den Rollenwiderstand gemacht werden, damit Q gehoben wird? Wie groß muß die Rollenziffer ζ gewählt werden, wenn P doppelt so groß sein soll wie die auf A wirkende Seilspannung?

332. Ein Seil, das in A befestigt ist, läuft über drei Rollen und trägt die Last P. Zwischen welchen Grenzen darf die Kraft K schwanken, wenn sie Gleichgewicht halten soll?

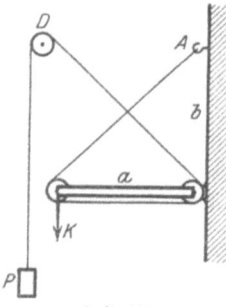

Aufg. 332.   Aufg. 333.

333. Ein Seil schlingt sich über drei gleiche Rollen; seine Enden sind in B befestigt. Wie groß muß P mit Rücksicht auf den Rollenwiderstand gemacht werden, wenn Q gehoben werden soll? Wie groß ist die an der Einspannungsstelle A auftretende Zugkraft Z?

334. An der Kurbel einer Schrauben-Keilpresse wird mit $P = 10$ kg gearbeitet. Welcher Widerstand Q kann durch die Presse überwunden werden, wenn folgende Einzelwiderstände berücksichtigt werden sollen: 1. die Reibung in den Schraubengewinden mit $f = 0,1$; 2. die Reibung zwischen den Keilen und der Preßplatte sowie zwischen den Keilen und der Unterlage mit

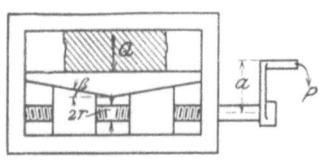

$f_1 = 0,08$. Wie groß ist das Güteverhältnis η? Gegeben sind: $a = 0,4$ m, $\beta = 10°$, α (Steigungswinkel der Schraube) $= 5°$, $r = 2$ cm.

335. Ein Keil, auf den eine Kraft P wirkt, treibt ein Mittelstück M an (gewichtlos), das auf einen zweiten Keil drückt. Welche Last Q kann durch diesen zweiten Keil gehoben werden, wenn 2α, 2β die Keilwinkel, ϱ, ϱ_1, ϱ_2 die drei Reibungswinkel sind?

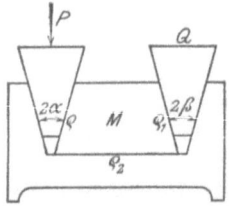

336. Auf ein Prisma von der Breite a und der Höhe h wirken oben und unten gleiche Drücke Q. Das Prisma wird in der Diagonale gespalten. Nach welcher Zeit

kommen seine Hälften in die nebenan gezeichnete Lage, wenn ϱ und ϱ_1 die Reibungswinkel der betreffenden Flächen sind? Bei welchem Verhältnis h/a wird die Verschiebung unterbleiben, also Selbstsperrung eintreten?

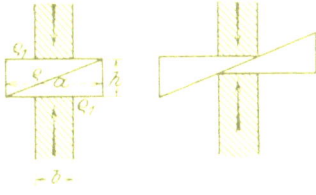

337. Zwei Keile A und B, die reibungslos geführt werden, die jedoch an ihrer Berührungsfläche die Reibungszahl $f = 0,2$ besitzen, schließen den Winkel $\beta = 7°$ miteinander ein. Die Schärfe des Keiles A ist tg $\alpha = 0,2$. Wenn der Keil B durch eine Kraft Q_1 angetrieben wird, in welcher Größe P_1 wird diese Kraft auf den Keil A übertragen? Wenn der Keil A durch die Kraft P_2 angetrieben wird, in welcher Größe Q_2 wird diese Kraft auf den Keil B übertragen? Wie groß ist das Güteverhältnis η? (D. Thoma, Z. V. D. I. Bd. 61, 1917.)

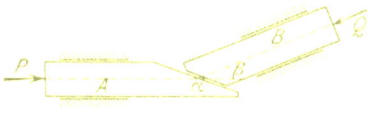

338. An einem Göpel arbeiten vier Mann mit je $P = 10$ kg; welche Last Q kann mit demselben gehoben werden, wenn die Reibung in den beiden Zapfen des Göpels, die Steifheit des Seiles und die Widerstände der Leitrolle L berücksichtigt werden sollen? Wie groß ist das Güteverhältnis η? Gegeben sind: $R = 3$ m, $R_1 = 20$ cm, $d = 4$ cm (Seilstärke), $r = 20$ cm (Halbmesser der Leitrolle), $\varrho_1 = \varrho_2 = 4$ cm (Zapfenhalbmesser), Reibungszahl $f_1 = 0,08$.

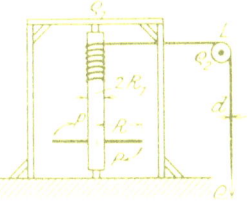

339. Ein Balken AB von der Länge $l = 3$ m und dem Gewicht $G = 400$ kg ist in A drehbar befestigt und wird in B mittels eines Hanfseiles von der Stärke $d = 3$ cm aufgezogen. Das Seil läuft über zwei gleiche feste Rollen C und D, welche den Halbmesser $R = 10$ cm und den Zapfenhalbmesser $\varrho = 2$ cm besitzen; die Entfernung $AC = a$ beträgt 4 m. Man berechne: a) In welcher Stellung des Balkens ist die Seilspannung S_2 am größten? Wie groß ist sie? b) Wie groß ist für diese Stellung die zum Heben notwendige Kraft K bei Berücksichtigung der Rollenwiderstände in C und D? Zapfenreibungszahl $f_1 = 0,1$.

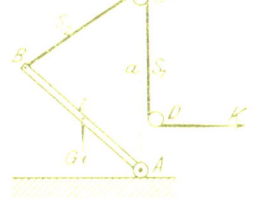

340. An den beiden Kurbeln eines Haspels arbeiten vier Mann mit je 8 kg; die Kurbellänge ist $R = 0,4$ m, der Halbmesser der

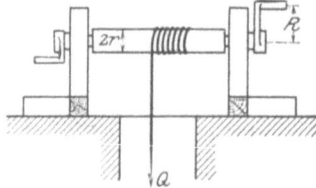

Welle $r = 8$ cm, die Stärke des Hanfseiles $d = 2$ cm; die Zapfenreibung verzehrt 4 v. H. der Gesamtleistung. Welche Last Q kann mit dem Haspel gehoben werden? Wie groß ist das Güteverhältnis η?

341. Auf einem Haspel (siehe Abbildung zu Aufgabe 340), dessen Arme $R = 60$ cm lang sind, dessen Welle $2\,r = 30$ cm Durchmesser und $\varrho = 2$ cm Zapfenhalbmesser hat, wird ein Hanfseil von $d = 2{,}5$ cm Stärke aufgewunden. Es läuft anfangs wagrecht, geht über eine feste Rolle von $r_1 = 15$ cm Halbmesser und $\varrho_1 = 2$ cm Zapfenhalbmesser. Daran hängt es lotrecht herab und trägt am Ende $Q = 50$ kg. Zapfenreibung ($f_1 = 0{,}08$) und Seilsteifigkeit (ξ) sind zu berücksichtigen. Wie groß ist die Kraft K am Arm zum Heben der Last und wie groß ist das Güteverhältnis?

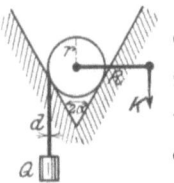

342. Eine Last Q wird mit Hilfe eines Seiles von der Stärke d gehoben, das über eine Walze geschlungen ist. Die Walze ist zwischen zwei rauhen schiefen Ebenen gelagert, deren jede mit der Lotrechten den Winkel α einschließt. Welche Kraft K ist am Ende des Armes R nötig, um die Last zu heben?

343. In Aufgabe 289 sei $G = 100$ kg, $\varphi = 45°$, $f = \operatorname{tg}\varrho = 0{,}2$. Bei C würde das Hanfseil (von $d = 2$ cm Stärke) über eine Rolle laufen, deren Halbmesser $R = 12$ cm, Zapfenhalbmesser $\varrho = 2$ cm, Zapfenreibungszahl $f_1 = 0{,}1$ sei. Wie groß ist die Kraft K, die das Gewicht hebt, und wie groß ist die Kraft K', die das Gewicht erhält?

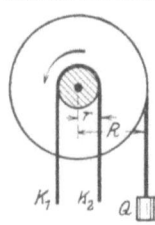

344. Eine Last Q hängt an einem vollkommen biegsamen Faden, der über eine Rolle vom Halbmesser R geschlungen wird. Über den rauhen Zapfen vom Halbmesser r wird ein anderer Faden gelegt und durch Ziehen und Spannen desselben die Rolle im angedeuteten Sinne bewegt. Wie groß müssen die Spannungen K_1 und K_2 des Fadens sein, damit die Last Q gehoben wird?

345. Wie ändert sich das Resultat der vorhergehenden Aufgabe, wenn auch die Reibung des Zapfens in seinem Lager (Reibungszahl f_1) berücksichtigt wird?

346. An eine feststehende Säule A wird eine Walze B mit einer Druckkraft D angepreßt und durch Rollung um den Berührungspunkt C weiterbewegt. Wie groß ist die rollende Reibung $\Re$ zwischen der Säule und der Walze und wie groß ist die Kraft K im Mittelpunkt der Walze, welche diese Reibung überwindet?

(P. Füsgen, Z. V. D. I. Bd. 58, 1914.)

Einfache Maschinen.

347. Ein Bremsband, das in C festgemacht ist, wird in A an dem kürzeren Arm a eines Winkelhebels befestigt, der durch eine Schraube mit Hilfe der Kurbel k angetrieben wird. Die Kraft K an der Kurbel drückt das Bremsband an den Umfang des Rades mit dem Halbmesser R; welches Bremsmoment wird auf dieses Rad ausgeübt, wenn von Widerständen nur die Reibung des Bremsbandes und die Schraubenreibung berücksichtigt wird?

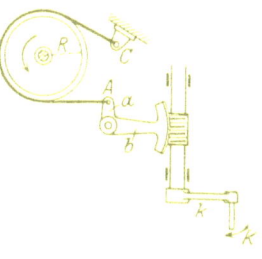

348. Bei der Bandbremse für eine Laufkatze werden die Räder 1 bis 4 zu je zweien von einem Bremsband umschlungen, das an den Enden eines gleicharmigen Hebels ACB befestigt ist. Das Gelenk C ist in D an eine Kurbel angeschlossen, die sich um das Gelenk O in der Laufkatze drehen kann. Die Parallelkurbel $O_1 D_1$ ist als Winkelhebel ausgebildet, an dessen Arm a die Zugkette hängt. Welche Gesamtreibung wird an den vier Rädern durch die Kraft K an der Kette ausgeübt?

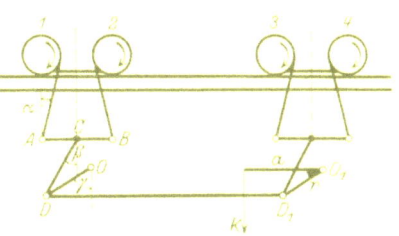

(Bergmann, Z. V. D. I. Bd. 57, 1913, S. 650.)

349. Eine Last $Q = 3000$ kg wird auf Rädern eine schiefe Ebene hinaufgezogen, welche 80 m lang und 4 m hoch ist. Das Hanfseil ist 2 cm stark und läuft über eine Rolle. Gegeben sind: Raddurchmesser $R = 0{,}5$ m; Radzapfendurchmesser $r = 5$ cm; Rollendurchmesser $R_1 = 1$ m; Rollenzapfendurchmesser $r_1 = 12$ cm; Zapfenreibungszahl $0{,}08$. Wie groß muß die Kraft K am Ende des Seiles sein, wenn a) die Last gehoben und b) die Last gehalten werden soll? Zahl für die Rollreibung $f_2 = 0{,}05$ cm.

350. Eine Last G wird auf Walzen eine schiefe Ebene von der Neigung $\alpha = 20°$ emporgezogen. Das Hanfseil ist 1,5 cm stark und läuft oben über die Welle eines Haspels (siehe Aufgabe 340), an dessen Kurbeln P zwei Arbeiter mit je 10 kg wirken. Außerdem

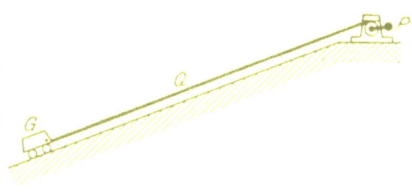

58 Summe von Kraftgruppen und Gleichgewicht.

sind folgende Größen gegeben: Walzenhalbmesser $R_1 = 5$ cm; Wellenhalbmesser $r = 10$ cm; Kurbellänge $R = 40$ cm; Zapfenhalbmesser $\varrho = 2$ cm; Zahl der Zapfenreibung $f_1 = 0,1$. Wie groß darf G im äußersten Falle sein?

15. Seil- und Kettenlinien.

351. Von dem Bogenstück AB (A und B liegen nicht notwendig in derselben Höhe) einer aufgehängten schweren Kette kennt man den Schwerpunkt S. Wo schneiden sich die Tangenten des Bogens in A und B?

352. Auf eine in zwei Punkten aufgehängte Kette wirken Kräfte, welche sämtlich durch einen festen Punkt O gehen. In welchem Verhältnis stehen die Kettenspannungen an zwei beliebigen Stellen? (Petersen.)

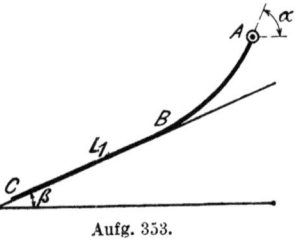

Aufg. 353.

353. Ein homogenes Seil $AC = l$ ist in A aufgehängt und liegt zum Teil auf einer schiefen Ebene. Es ist die Länge $BC = l_1$ zu suchen, wenn die Winkel α und β gegeben sind. (Walton.)

354. Ein schwerer homogener Faden ist an zwei Punkten in derselben Höhe befestigt; die Spannungen in diesen Punkten sind gleich dem Gewicht des Fadens. Welche Neigung φ haben die Tangenten in diesen Punkten gegen die Wagrechte und wie groß ist das Verhältnis zwischen der Länge des Fadens und der Entfernung der Aufhängepunkte? (Walton.)

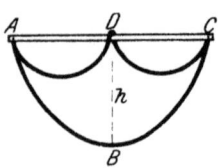

355. Eine homogene Kette ABC von der Länge $2l$, die zwischen zwei gleich hohen Punkten A und C mit der Durchsenkung h herabhängt, wird mit ihrer Mitte bis D gehoben. Wie ändert sich dadurch Richtung und Größe der Spannungen in A und C und wie groß ist sie jetzt?

356. Von einer homogenen Kette, deren Enden A und B auf einem wagrechten glatten Stabe festgeklemmt sind, wird ein Glied C auf den Stab (C') gesteckt. Welche Gestalt nehmen die beiden Teile der Kette an, wenn ihre Längen $AC = 2l_1$, $BC = 2l_2$ gegeben sind?

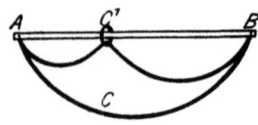

Seil- und Kettenlinien. 59

357. Eine homogene Kette AB von der Länge l und dem Gewicht G ist in einem Endpunkt B befestigt. Das andere Ende A soll so hoch über B gehoben werden, daß die Kette bei B einen Zug in wagrechter Richtung von gegebener Größe H ausübt. Welche Höhe η über B und welche wagrechte Entfernung ξ von B muß A erhalten?

358. Eine homogene Kette von nebenstehender Gestalt ist im Gleichgewicht. Gegeben ist $\overline{AB} = 2b$. Der Horizontalzug sei $H = 2ql$, wenn $2l$ die unbekannte Länge der Kette zwischen A und B, $2ql$ ihr Gewicht ist. Wie groß ist die frei herabhängende Länge h? (Walton.)

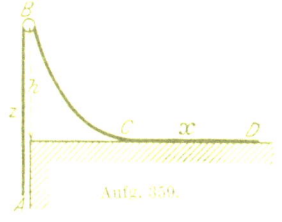

359. Von einer homogenen Kette, deren Länge l ist, liegt ein Stück auf einem rauhen, wagrechten Tische (Reibungszahl f). Wie

lang (z) darf das frei herabhängende Stück sein, damit Gleichgewicht besteht?

Aufg. 360.

360. Eine homogene Kette ruht mit ihren Enden auf zwei rauhen, wagrechten Ebenen (Reibungszahl f), welche die Entfernung b voneinander haben. Wie groß muß die Differenz $x - x_1$ der beiden wagrechten Stücke der Kette sein, damit Gleichgewicht besteht?

361. Eine homogene Kette vom Gewicht q für die Längeneinheit ist in A befestigt und geht durch einen glatten Ring B, der an jedem Punkt einer wagrechten Stange festgehalten werden kann. Das Ende C der Kette trägt das Gewicht Q. Man suche den Ort der Punkte C für alle möglichen Gleichgewichtslagen der Kette.

*362. Wie muß das Gewicht q der Längeneinheit einer Kette sich ändern, wenn die Kettenlinie ein Halbkreis sein soll? Wie groß ist die Spannung in jedem Punkt M? (Joh. Bernoulli.)

*363. Zwischen zwei Punkten, die in der gleichen Wagrechten liegen und die Entfernung $2b$ voneinander haben, hängt eine Kette von veränderlicher Dicke herab. Die Dicke ist dem Kosinus der Neigung φ der Kette gegen die Wagrechte proportional. Welche Gestalt nimmt die Kette an, wenn h ihre größte Einsenkung ist? (Jakob und Joh. Bernoulli.)

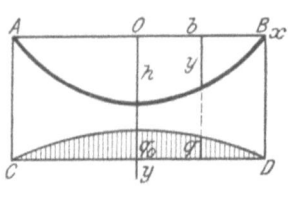

*364. Zwischen zwei Punkten A und B, die in derselben Wagrechten liegen, hängt eine gewichtlose Kette; sie trägt eine über die wagrechte Strecke $\overline{CD} = \overline{AB}$ ungleichförmig verteilte Belastung (q für die Längeneinheit). Wenn die Kette die Form $y = h \cos \dfrac{\pi x}{2b}$ annimmt, welchem Gesetz muß die Belastung q folgen?

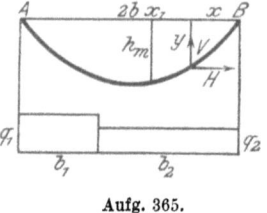

Aufg. 365.

*365. Eine gewichtlose Kette, die in zwei gleich hoch liegenden Punkten A und B befestigt ist, trägt über die Längen b_1 und b_2 ($b_1 < b_2$) zwei verschieden große, gleichförmig ausgebreitete Belastungen (q_1 und q_2 für die Längeneinheit der Wagrechten). Die hierdurch erzeugte größte Einsenkung der Kette sei h_m und werde gemessen. Wie groß ist der Horizontalzug der Kette?

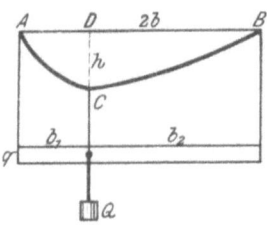

*366. Eine zwischen A und B herabhängende gewichtlose Kette trägt einen gleichförmig mit q auf die Längeneinheit belasteten Balken, der an einer Stelle überdies mit Q belastet ist. Wenn die Einsenkung der Kette an der Stelle dieser Last mit h ermittelt wird, wie groß ist der Horizontalzug H der Kette?

*367. Bei der Belastung einer gewichtlosen Kette wie in voriger Aufgabe kann $\overline{AD} = z$ geändert werden. Die Einsenkung h_1 der Kette in der Mitte von $\overline{AB} = 2b$ werde gemessen. Man suche die größte Einsenkung $h_{\max}$ der Kette und die Stelle, wo diese auftritt, ferner die Kettenspannung in A.

II. Bewegungslehre.

16. Geradlinige Bewegung des Punktes.

368. Zwei Punkte bewegen sich mit gleichbleibenden Geschwindigkeiten c_1, c_2 in einer Geraden hintereinander. Ihre Anfangslagen haben die Entfernung a. Nach welcher Zeit T stoßen sie zusammen? (Auch zeichnerisch zu lösen mit Hilfe der Schaulinien.)

369. Ein schwerer Punkt fällt ohne Anfangsgeschwindigkeit frei herab. Ein zweiter schwerer Punkt, der um a tiefer liegt, wird gleichzeitig mit der Anfangsgeschwindigkeit v_0 in derselben Lotrechten nach aufwärts geworfen. Nach welcher Zeit T treffen sich die Punkte? Wie weit (x) ist die Stelle des Zusammenstoßes von der Ausgangsstelle des oberen Punktes entfernt?

370. Ein schwerer Punkt, der ohne Anfangsgeschwindigkeit einen lotrechten Brunnen hinabfällt, wird nach t Sekunden aufschlagen gehört. Wie tief (x) ist der Brunnen, wenn die Geschwindigkeit des Schalles c Meter in der Sekunde beträgt und wenn der Widerstand der Luft außer acht gelassen wird?

371. Ein Punkt besitzt eine Anfangsgeschwindigkeit v_0 und eine gleichbleibende Verzögerung b_1; nach t_1 Sekunden hört die Verzögerung auf, um nach weiteren t_2 Sekunden mit der Größe b_2 wieder aufzutreten. Nach welchem Weg s kehrt der Punkt um und mit welcher Geschwindigkeit v_1 kommt er in die Anfangslage zurück? Man zeichne die Geschwindigkeit-Zeit-Linie.

372. Die Ventilstange einer Steuerung erhält durch das Steuerungsgetriebe eine Verzögerung von 120 m/sek². Nach welcher Zeit t kommt das Ventil zur Ruhe, wenn die Anfangsgeschwindigkeit 2,88 m/sek ist, und welchen Weg s beschreibt das Ventil?

373. Eine Lokomotive besitze 15 m Geschwindigkeit in der Sekunde. Auf eine Strecke von 34 m werde Gegendampf gegeben, worauf die Geschwindigkeit auf 5 m gesunken ist. Wie lange wurde Gegendampf gegeben? Wie groß war die durch ihn hervorgerufene Verzögerung b? Wie sieht die Geschwindigkeit-Zeit-Linie aus?

374. Welche Geschwindigkeit besaß ein Wagen, der unter Voraussetzung einer Verzögerung von 0,3 m/sek² noch 12 m weiter rollt? Wieviel Zeit vergeht, bis der Wagen zur Ruhe kommt? Wie sieht die Weg-Zeit-Linie aus?

375. Eine Lokomotive soll einem Zug von 80 t Gewicht binnen einer Minute eine Geschwindigkeit von 12 m/sek erteilen. Der Widerstand des Zuges ist 1/200 seines Gewichtes. Welche Kraft K muß die Lokomotive im Durchschnitt ausüben?

376. Von zwei Ventilen hat das eine die konstante Beschleunigung b_0, das andere die abnehmende Beschleunigung $b_0 - kt$, worin k eine Konstante und t die Zeit ist. Um wieviel ist der Weg des zweiten Ventils in einer bestimmten Zeit kleiner als der des ersten?

377. Zwei Punkte mit den Anfangsgeschwindigkeiten v_1 und v_2 und den gleichbleibenden Beschleunigungen b_1 und b_2 bewegen sich in einer Geraden hintereinander. Ihre Anfangslagen haben die Entfernung a. Nach welcher Zeit T treffen sie zusammen?

378. Ein schwerer Punkt wird in luftleerem Raume mit der Anfangsgeschwindigkeit v_0 lotrecht aufwärts geworfen; nach t Sekunden wird von derselben Stelle ein zweiter Punkt mit derselben Geschwindigkeit v_0 aufwärts geworfen. Nach welcher Zeit t_1, vom Abgang des zweiten Punktes gerechnet, treffen sich beide Punkte?

379. Zwei Punkte beginnen gleichzeitig ihre Bewegung, legen denselben Weg zurück und kommen gleichzeitig zur Ruhe. Der eine Punkt beginnt seine Bewegung mit der Geschwindigkeit c, er wird gleichförmig verzögert mit b_1 in der Sekunde. Der andere Punkt beginnt seine Bewegung mit $v_0 = 0$; er wird anfänglich mit b_2 gleichförmig beschleunigt und, sobald seine Geschwindigkeit gleich c geworden ist, gleichförmig verzögert mit der Verzögerung b bis zur Ruhe. Nach welcher Zeit T kommen beide Punkte zur Ruhe? Wie groß ist ihr gemeinsamer Weg s? Nach welcher Zeit t tritt die Verzögerung x ein? Wie groß ist sie? Man zeichne die Geschwindigkeit-Zeit-Linien.

380. Drei Punkte A, B, C bewegen sich hintereinander in einer Geraden und beginnen ihre Bewegung von derselben Stelle mit derselben Geschwindigkeit $v_0 = 246$ m/sek. Zuerst beginnt A seine Bewegung; er erleidet eine Verzögerung $b_1 = 10$ m/sek^2. Um $\tau_1 = 5$ sek später beginnt B seine Bewegung und bewegt sich gleichförmig. Wieder $\tau_2 = 3$ sek später beginnt C seine Bewegung und wird mit $b_2 = 4$ m/sek^2 beschleunigt. Nach welcher Zeit t sind die Entfernungen AB und BC einander gleich geworden und wie groß sind sie dann?

381. Zwei Punkte beginnen ihre Bewegung gleichzeitig in derselben Geraden. Der erste Punkt besitzt keine Anfangsgeschwindigkeit, jedoch eine Beschleunigung von 1 m/sek^2; sie dauert 3 sek, hört dann auf und setzt zu Beginn der 9. Sekunde wieder ein. Der zweite Punkt besitzt 8 m/sek Anfangsgeschwindigkeit und eine

Verzögerung von 0,5 m/sek²; sie dauert 5 sek, hört dann auf und setzt zu Beginn der 10. Sekunde wieder ein. Nach welcher Zeit t, vom Beginn der Bewegung gerechnet, haben beide Punkte gleiche Geschwindigkeiten? Wie groß ist sie? Man zeichne die Geschwindigkeit-Zeit-Linien.

*382. Zwei gleiche Punkte werden von einem Zentrum mit der Beschleunigung $b = k\,x^{-n}$ angezogen; der eine Punkt beginnt seine Bewegung in $x = \infty$, der andere in $x = a$, beide mit $v_0 = 0$. Wenn der erste Punkt nach $x = a$ und der zweite nach $x = a/4$ kommt, besitzen beide gleiche Geschwindigkeiten. Wie groß ist n? (Walton.)

*383. Ein Punkt bewegt sich derart, daß seine Geschwindigkeit $v = a\lg(e/t)$ ist, worin a und e Konstante, t die Zeit bedeuten. Es soll die Beschleunigung als Funktion der Geschwindigkeit dargestellt werden.

*384. Die Beschleunigung eines Punktes ist $b = \dfrac{k}{a-s}$, worin k und a konstante Größen, s den Weg des Punktes bedeuten. Man suche den Weg und die Beschleunigung durch die Geschwindigkeit v auszudrücken. Für den Anfang der Bewegung ist $s = 0$, $v = 0$.

*385. Ein Punkt m wird von einem Fixpunkt m_1 mit einer Kraft angezogen, welche den Massen m, m_1 der Punkte direkt und der dritten Potenz ihrer Entfernung verkehrt proportional ist. Nach welcher Zeit erreicht der bewegliche Punkt den Fixpunkt, wenn a die anfängliche Entfernung und die Anfangsgeschwindigkeit Null ist? (Walton.)

*386. Ein Punkt fällt aus einem Abstand a nach einem Fixpunkt mit der Beschleunigung $k^2\,r^{-3/2}$, worin k eine Konstante, r die Entfernung der beiden Punkte ist. Wie groß ist die ganze Fallzeit? Die Anfangsgeschwindigkeit ist Null. (Walton.)

*387. Ein Punkt bewegt sich nach dem Gesetz:
$$s = k\,v^3 - a,$$
worin s der Weg und v die Geschwindigkeit ist. Man berechne die Zeit, die seit Beginn der Bewegung ($s = 0$) verflossen ist, bis die Geschwindigkeit doppelt so groß geworden ist.

*388. Die Zugkraft K einer Lokomotive steht zu der Geschwindigkeit in der Beziehung
$$K = a - k\,v,$$
worin a und k Konstante sind. Man suche die Zugkraft durch die Zeit auszudrücken, wenn für $t = 0$: $K = K_0$, die Zugkraft am Anfang der Bewegung, gegeben ist.

*389. Ein Massenpunkt m liegt in der Mitte zwischen zwei gleichen Massenpunkten m_1, welche um $2a$ voneinander entfernt sind, und wird von beiden nach dem Newtonschen Gesetz angezogen. Nun wird der Punkt m mit einer Anfangsgeschwindigkeit v_0 gegen den einen der Massenpunkte m_1 in Bewegung gesetzt. Welche Geschwindigkeit v hat er erreicht, wenn er diese Annäherung zur Hälfte durchgeführt hat?

*390. Zwischen zwei festen Punkten O_1, O_2, welche die Entfernung a voneinander haben, liegt in der Mitte ein beweglicher Punkt anfangs in Ruhe. Er wird von O_1 und O_2 der Entfernung proportional angezogen; k_1, k_2 sind die Anziehungen nach O_1, O_2 in der Einheit der Entfernung. Wie groß muß das Verhältnis k_2/k_1 sein, wenn die nächste Ruhelage des Punktes in O_2 ist?

*391. Ein Punkt M beschreibt eine Gerade mit der Geschwindigkeit v und der Beschleunigung b. Er ist

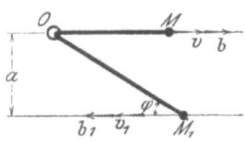

durch eine Schnur von der Länge l, die durch einen Ring O geht, mit einem zweiten Punkt M_1 verbunden, der eine parallele Gerade beschreibt. Welche Geschwindigkeit v_1 und welche Beschleunigung b_1 hat M_1?

*392. Eine Gerade g verschiebt sich parallel zu sich selbst mit der Geschwindigkeit v' und der Beschleunigung b'. Sie schneidet eine feste Gerade h, mit der sie den Winkel φ einschließt, in einem Punkt M. Mit welcher Geschwindigkeit v und Beschleunigung b rückt dieser Schnittpunkt auf h fort?

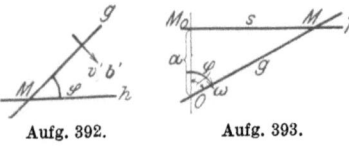

Aufg. 392.   Aufg. 393.

*393. Eine Gerade g dreht sich um den Punkt O mit gleichbleibender Winkelgeschwindigkeit ω und schneidet die feste Gerade h in einem Punkt M. Man soll die Beschleunigung b, mit der der Punkt M auf h fortrückt, durch den Weg $s = \overline{M_0 M}$ ausdrücken.

*394. Ein Kreis rotiert mit gleichbleibender Winkelgeschwindigkeit ω um einen Punkt O seines Umfanges und schneidet dabei eine durch O gehende feste Gerade h in einem Punkt M. Welche Art von Bewegung macht M auf h?

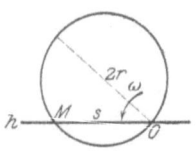

Man suche die Geschwindigkeit v und Beschleunigung b von M als Funktion von s.

*395. Um einen festen Punkt O dreht sich eine im Abstand r befindliche Gerade g mit gleichbleibender Winkelgeschwindigkeit ω. Man soll die Geschwindigkeit v und Beschleunigung b, mit der der

Schnittpunkt M auf einer festen Geraden h fortschreitet, durch den Drehungswinkel φ, die Entfernung a des Punktes O von h und durch ω darstellen.

*396. Zwei Türflügel OB und O_1C von gleicher Breite b drehen sich um lotrechte Achsen OO_1, deren Entfernung a ist. Der eine Türflügel schleift bei C an dem anderen OB, der mit gleichbleibender Winkelgeschwindigkeit ω gedreht wird. Man suche die Geschwindigkeit v, mit welcher C in OB gleitet, als Funktion von $\overline{OC} = x$. Wie groß wird v wenn C nach B kommt?

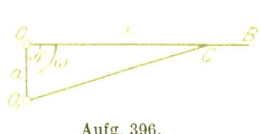

Aufg. 395.   Aufg. 396.

17. Schaulinien.

397. Die Weg-Zeit-Linie eines Punktes ist das unten gezeichnete Trapez; man zeichne die Geschwindigkeit-Zeit-Linie.

 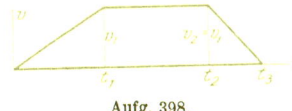

Aufg. 397.   Aufg. 398.

398. Die Geschwindigkeit-Zeit-Linie eines Punktes sei das oben gezeichnete Trapez; man zeichne die Weg-Zeit- und die Beschleunigung-Zeit-Linie.

399. Die Geschwindigkeit-Zeit-Linie eines Punktes sei die nebenan gezeichnete Halbellipse. Welche Geschwindigkeit c muß dieser Punkt erhalten, wenn er denselben Weg in der gleichen Zeit t_1 gleichförmig zurücklegen soll?

*400. Die Weg-Zeit-Linie eines bewegten Punktes ist eine Viertelellipse. Man ermittle die Geschwindigkeit-Zeit-Linie sowie die Beschleunigung-Zeit-Linie des Punktes. Zu welcher Zeit hat der Punkt die größte und die kleinste Beschleunigung und wie groß sind diese?

*401. Die Geschwindigkeit-Zeit-Linie eines Punktes ist die nebenan gezeichnete Parabel. Man ermittle die Beschleunigung-Zeit-Linie und die Weg-Zeit-Linie.

Aufg. 400.   Aufg. 401.

402. Die Geschwindigkeit-Zeit-Linie eines Punktes ist der nebenan gezeichnete Viertelkreis. Ein anderer gleichförmig beschleunigter

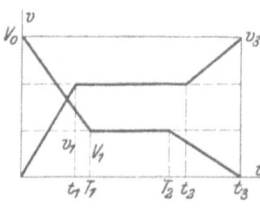

Punkt, der seine Bewegung in derselben Geraden, zu gleicher Zeit an derselben Stelle mit der Geschwindigkeit $v_0 = v_1/2$ beginnt, erreicht den ersten Punkt wieder nach der Zeit t_1. Wie groß muß die Beschleunigung b des zweiten Punktes sein?

403. Nebenstehende Abbildung gibt

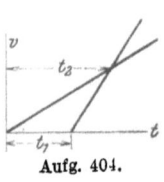

die Geschwindigkeit-Zeit-Linien zweier in derselben Geraden laufenden Punkte. Es ist $t_1 = t_3/4$, $t_2 = 3\,t_3/4$; $T_1 = t_3/3$, $T_2 = 2\,t_3/3$; $V_0 = v_3$, $v_1 = 2\,v_3/3$, $V_1 = V_0/3$. Man ermittle die Zeit t, nach welcher die Punkte wieder zusammentreffen, wenn sie ihre Bewegung im gleichen Punkt beginnen.

404. Von zwei in derselben Geraden und von der gleichen Anfangslage bewegten Punkten sind nebenan die Geschwindigkeit-Zeit-Linien gegeben. Bekannt sind die Zeiten t_1 und t_2. Nach welcher Zeit t treffen die Punkte zusammen?

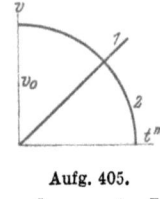

405. Zwei Punkte beginnen gleichzeitig aus derselben Anfangslage ihre geradlinige Bewegung. Die Geschwindigkeit-Zeit-

Aufg. 404.   Aufg. 405.

Linie der einen Bewegung ist eine Gerade, die der anderen ein Viertelkreis. Man soll: a) die Beschleunigung der zweiten Bewegung als Funktion der Zeit darstellen; b) die Beschleunigung der ersten Bewegung berechnen, wenn der erste Punkt den zweiten in dem Augenblick erreicht, in dem letzterer zur Ruhe kommt; c) die Zeit berechnen, nach welcher beide Punkte gleiche Geschwindigkeit besitzen.

406. Zwei Punkte beginnen gleichzeitig aus derselben Anfangslage ihre geradlinige Bewegung. Die Geschwindig-

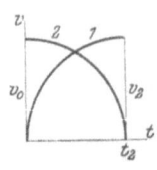

keit-Zeit-Linien sind zwei gleiche Viertelkreise in der gezeichneten Lage. a) Nach welcher Zeit hat die Beschleunigung der beiden Punkte dieselbe absolute Größe und wie groß ist sie? b) Nach welcher Zeit und welchem Weg treffen die Punkte wieder zusammen?

407. Suche für die Bewegung des Punktes *1* in der vorhergehenden Aufgabe die Beschleunigung und Geschwindigkeit als Funktion der Zeit auszudrücken.

18. Krummlinige Bewegung des Punktes.

408. Ein von A aus im luftleeren Raum geworfener schwerer Punkt trifft den im gleichen Horizont gelegenen Punkt B nach einer Zeit t; ein anderer von A aus unter dem doppelten Winkel geworfener Punkt trifft B nach einer Zeit t_1. Welche Entfernung x besitzen A und B voneinander?

409. Ein unter dem Winkel α geworfener schwerer Punkt geht durch eine Stelle A, welche von O aus mit derselben Anfangsgeschwindigkeit in geradliniger, gleichförmiger Bewegung nach τ sek erreicht werden kann. Wie groß ist die Flugzeit T des Punktes von O nach A? (Walton.)

410. Zwei schwere Punkte werden gleichzeitig von derselben Stelle aus mit den Geschwindigkeiten c_1, c_2 unter den Winkeln α_1, α_2 geworfen. In welcher Zeitdifferenz T durchlaufen sie hintereinander die Stelle, wo sich ihre Flugbahnen schneiden?

*411.** Ein schwerer Punkt wird von O aus mit gegebener Geschwindigkeit geworfen (Abbildung zu 409). Durch O geht eine unter dem Winkel β geneigte Ebene. An welcher Stelle A und nach welcher Zeit T wird diese Ebene getroffen? Unter welchem Winkel α_1 muß der Wurf geschehen, damit OA am größten ist?

412. Unter welchem Winkel α_2 muß der Wurf in der vorhergehenden Aufgabe erfolgen, wenn die geneigte Ebene senkrecht getroffen werden soll? An welcher Stelle A wird dies geschehen?

413. Von der Spitze eines Turmes werden zwei schwere Punkte mit derselben Geschwindigkeit v_0 unter den Wurfwinkeln α_1, α_2 geworfen. Es wird beobachtet, daß beide Punkte den Boden an derselben Stelle treffen. Wie hoch (H) ist der Turm?

414. Ein schwerer Punkt wird schief geworfen (Abbildung zu 409). Gegeben ist von der Anfangsgeschwindigkeit der Teil c, der zur Parabelsehne OA senkrecht steht. Wie groß ist in A der Geschwindigkeitsteil senkrecht zu OA? (Walton.)

*415.** Unter welchem Winkel α muß man von O aus einen schweren Punkt in luftleerem Raum werfen, damit er die Gerade g in der kürzesten Zeit erreicht?

416. Von A wird ein schwerer Punkt im luftleeren Raum mit der

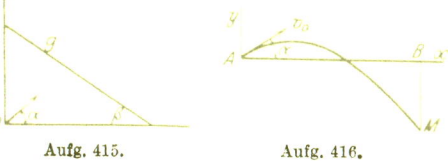

Aufg. 415. Aufg. 416.

Anfangsgeschwindigkeit v_0 unter dem Winkel α schief geworfen. τ sek später fällt von B ein schwerer Punkt ohne Anfangsgeschwindigkeit herab. Die beiden Punkte treffen sich in M. Welche Koordinaten (x, y) hat dieser Punkt?

417. Zwei Punkte beginnen ihre Bewegung gleichzeitig von A aus mit der Geschwindigkeit v_0. Der eine Punkt legt den Durchmesser AB gleichförmig verzögert $(-b_t)$ zurück, der andere den Halbkreis gleichförmig beschleunigt (b_t); die Beschleunigungen beider Punkte sind nur durch das Vorzeichen verschieden. Beide Punkte langen gleichzeitig in B an. a) Nach welcher Zeit t geschieht dies? b) Wie groß ist die Beschleunigung b_t? c) Wie groß ist die gesamte Beschleunigung b des zweiten Punktes in B und welchen Winkel φ schließt sie mit v_1 ein?

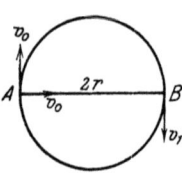

418. Von A ausgehend bewegen sich zwei Punkte auf dem Kreis mit derselben Anfangsgeschwindigkeit v_0 in entgegengesetzten Richtungen. Der eine Punkt wird mit b_t gleichförmig beschleunigt, der andere mit $-b_t$ gleichförmig verzögert. Die beiden Punkte treffen sich genau an der Stelle M, wo der zweite Punkt seine Bewegung umkehrt. Wie groß muß die Beschleunigung b_t gewählt werden? Welchen Winkel φ schließen die ganzen Beschleunigungen beider Punkte an der Stelle M miteinander ein?

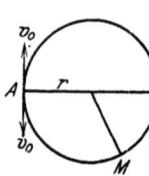

419. Dieselbe Aufgabe, doch ist die Beschleunigung b_t von beliebig gegebener Größe. Nach welcher Zeit t treffen sich die Punkte? Welchen Winkel φ schließen ihre Gesamtbeschleunigungen an der Stelle, wo die Punkte sich treffen, miteinander ein?

420. Ein beweglicher Punkt, dessen Anfangslage A ist, wird von einem festen Punkt C_1 proportional der Entfernung abgestoßen, von dem Punkt C_2 proportional der Entfernung angezogen. Es ist $\overline{AC_1} = a$ senkrecht zu $C_1 C_2$. Die Bahn des Punktes soll durch den Halbierungspunkt H dieser Strecke gehen; wie groß muß die Anfangsgeschwindigkeit v_0 sein, wenn angenommen wird, daß in der Einheit der Entfernung Anziehung und Abstoßung gleich k sind?

*421. Der Punkt M beschreibt die logarithmische Spirale $r = c\, e^{a\,\varphi}$; dabei drehe sich der Fahrstrahl r mit gleichbleibender Winkelgeschwindigkeit ω um den Mittelpunkt O der Spirale. P sei die Projektion des Punktes M auf die Polarachse Ox. Welche Gleichung besteht zwischen dem Ab-

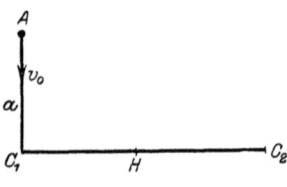

Aufg. 421.

stande x des Punktes P, seiner Geschwindigkeit v_x und seiner Beschleunigung b_x in der x-Richtung?

*422. Ein Punkt bewegt sich auf einer gemeinen Kettenlinie, deren Gleichung: $y = \dfrac{a}{2}(e^{x/a} + e^{-x/a}) = a \operatorname{\mathfrak{Cof}} \dfrac{x}{a}$
ist, mit gleichbleibender Geschwindigkeit c. Man suche die Beschleunigung b_y, mit der sich die Projektion Q des Punktes in der y-Achse bewegt, als Funktion von y.

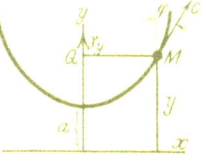

*423. Ein Punkt beschreibt die Kettenlinie $y = a \operatorname{\mathfrak{Cof}} x/a$ mit gleichbleibender Geschwindigkeit c. Man suche die Beschleunigung b als Funktion von x und y. Welche Richtung besitzt b?

*424. Ein Punkt beschreibt einen Halbkreis; die Projektion der Bewegung auf den Durchmesser ist eine gleichförmige Bewegung mit der Geschwindigkeit c. Man suche die Geschwindigkeit und Beschleunigung des Punktes als Funktionen des Winkels φ und bestimme die Richtung der Beschleunigung von M.

*425. Ein Punkt beschreibt eine Ellipse $\dfrac{x^2}{a^2} + \dfrac{y^2}{c^2} = 1$ unter der Wirkung einer Beschleunigung, welche die Richtung der negativen y-Achse hat. Die Anfangslage des Punktes ist $x = 0$, $y = c$; die Anfangsgeschwindigkeit v_0. Wie groß ist die Beschleunigung an jeder Stelle der Bahn? (Newton, Principia.)

*426. Ein Punkt, der anfangs in Ruhe ist und die Koordinaten $x = a$, $y = c$ besitzt, beschreibt die Parabel $y^2 = c^2 x/a$; von seiner Beschleunigung b ist der eine Teil $b_y = -k^2 y$ gegeben, worin k eine Konstante ist. Man suche x, y und die Geschwindigkeit v als Funktionen von t sowie den anderen Teil der Beschleunigung b_x als Funktion von x. Wo ist die nächste Ruhelage und wie bewegt sich der Punkt zwischen den beiden Ruhelagen? Welche Zeit T braucht der Punkt, um von einer Ruhelage zur nächsten zu kommen?

*427. Ein Punkt, der die Anfangslage $x = 0$, $y = c$ sowie die Anfangsgeschwindigkeit v_0 in der Richtung der x-Achse hat, wird senkrecht zu dieser mit einer Kraft angezogen, welche der Entfernung y proportional ist. Für $y = 1$ sei die Beschleunigung dieser Anziehung k^2. Man suche die Gleichung der Bahn des Punktes sowie die Geschwindigkeit als Funktion der Zeit. Wie oft und zu welchen Zeiten schneidet die Bahn die x-Achse? Wann befindet sie sich am weitesten von dieser Achse? (Riccati.)

*428. Ein Punkt besitzt in Richtung der x-Achse die gleichbleibende Verzögerung $-p$, in Richtung der y-Achse die gleichbleibende Beschleunigung $+p$; seine Anfangslage ist $x = 0$, $y = 0$; seine Anfangsgeschwindigkeit v_0 hat die Richtung der positiven x-Achse. Man ermittle die Bahn des Punktes sowie den Ort und die Größe seiner kleinsten Geschwindigkeit.

*429. Ein Punkt, dessen Anfangslage durch $x_0 = 0$, $y_0 = 0$ und dessen Anfangsgeschwindigkeit v_0 durch die Teile v_{ox}, v_{oy} gegeben ist, werde derart beschleunigt, daß $b_x = \dfrac{c_1}{v_x}$, $b_y = \dfrac{c_2}{v_y}$ sei, worin c_1 und c_2 Konstante sind. Man suche die Geschwindigkeit v an beliebiger Stelle als Funktion der Zeit und die Gleichung der Bahn.

*430. Ein Punkt M erleidet drei Anziehungsbeschleunigungen: die eine kx senkrecht zur y-Achse, die zweite ky senkrecht zur x-Achse, die dritte mr nach O gerichtet. k und m sind Konstante.

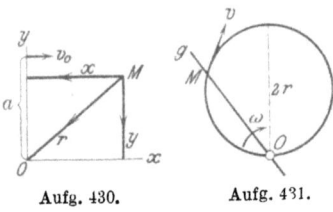

Aufg. 430.   Aufg. 431.

Die Anfangslage M_0 ist $x = 0$, $y = a$; die Anfangsgeschwindigkeit v_0 ist parallel zu Ox. Man suche die Bahn des Punktes, die Geschwindigkeit und die Umlaufzeit.

*431. Eine Gerade g dreht sich um den Punkt O mit gleichbleibender Winkelgeschwindigkeit ω und schneidet einen durch O gehenden Kreis in einem Punkt M. Welche Bewegung macht M auf dem Kreis? Man berechne die Geschwindigkeit und die Beschleunigung dieses Punktes.

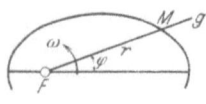

*432. Eine Gerade g dreht sich um den Punkt F mit gleichbleibender Winkelgeschwindigkeit ω und schneidet eine feste Ellipse, deren Halbachsen a, c sind und deren einer Brennpunkt F ist. Mit welcher Geschwindigkeit rückt M auf der Ellipse fort?

*433. Eine Gerade g bewegt sich parallel zu sich mit der konstanten Geschwindigkeit c. Sie schneidet hierbei einen festen

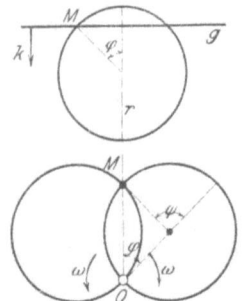

Kreis im Punkt M. Mit welcher Geschwindigkeit v und mit welcher Beschleunigung b bewegt sich M auf dem Kreis?

*434. Zwei gleich große Kreise drehen sich um den Punkt O mit gleichbleibenden Winkelgeschwindigkeiten ω nach entgegengesetzten Seiten. Welche Geschwindigkeit v und Beschleunigung b besitzt ihr Schnittpunkt M auf jedem der Kreise? Welche Geschwindigkeit v_1 und Beschleunigung b_1 besitzt M auf der Geraden MO?

435. Zwei Kreise mit den Halbmessern r_1, r_2, die einen Punkt O gemein haben, drehen sich um diesen nach entgegengesetzten Seiten mit den gleichbleibenden Winkelgeschwindigkeiten ω_1 und ω_2. Mit welchen Geschwindigkeiten v_1 und v_2 bewegt sich der Schnittpunkt M der beiden Kreise auf jedem derselben?

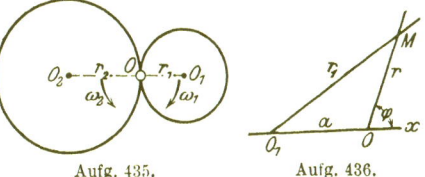

Aufg. 435.   Aufg. 436.

436. Zwei Gerade drehen sich mit gleichbleibenden Winkelgeschwindigkeiten ω und ω_1 um die Punkte O und O_1. Sie gehen gleichzeitig durch die Gerade x. Man ermittle die Differentialgleichung der Bahn ihres Schnittpunktes M. Wo schneidet die Bahn die Gerade x?

437. Ein Punkt M hat während seiner Bewegung gleichzeitig zwei gleichbleibende Geschwindigkeiten v_1 und v_2. Die erste bleibt stets senkrecht zu der festen Geraden Cx, die zweite bleibt senkrecht zu der beweglichen Geraden CM. Welchem Beschleunigungsgesetz gehorcht die Bewegung des Punktes M und welches ist seine Bahn? (M. Tolle, Z. f. Math. u. Physik, Bd. 56, 1908.)

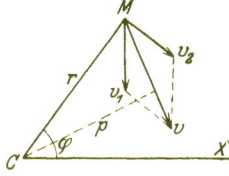

438. Ein Punkt beschreibt einen Kreis unter einer Anziehung, die von einem Punkt A des Kreises ausgeht. Die Flächengeschwindigkeit ist $c/2$. Man ermittle das Gesetz für die Beschleunigung b der Anziehung und für die Geschwindigkeit v des Punktes M. (Newton, Principia.)

439. Ein Punkt beschreibt einen Kreis unter dem Einfluß einer Anziehung, die vom festen Punkt C im Innern des Kreises ausgeht. Die Anfangslage ist A, die Anfangsgeschwindigkeit v_0 ist gegeben. Man berechne die Geschwindigkeit v an einer beliebigen Stelle M und insbesondere an der Stelle B.

440. Ein Punkt beschreibt eine Parabel infolge einer anziehenden Beschleunigung b, die ihren Sitz im Scheitel der Parabel hat. Die Flächengeschwindigkeit ist $c/2$. Wie groß ist die Beschleunigung b?

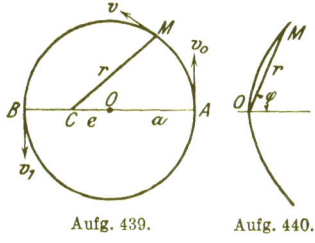

Aufg. 439.   Aufg. 440.

441. Ein Punkt beschreibt eine logarithmische Spirale mit der Polargleichung $r = k e^{a\varphi}$ unter einer Anziehung, deren Sitz der Pol ist. Für den Anfang der Bewegung ist $r = r_0$ und die Geschwindigkeit v_0. Wie groß ist die Beschleunigung der anziehenden Kraft und die Geschwindigkeit an beliebiger Stelle? (Walton.)

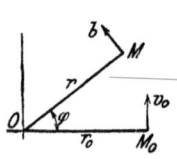

*442. Ein Punkt beschreibt eine Lemniskate, deren Polargleichung $r^2 = a^2 \cos 2\varphi$ ist, unter einer Anziehung, die von O ausgeht. Die Flächengeschwindigkeit ist $c/2$. Man suche die Beschleunigung b der Anziehung und die Zeit T, welche der Punkt braucht, um die Kurve zu durchlaufen. (Walton.)

*443. Ein Punkt beschreibt die Kurve $x^4 + y^4 = a^4$; das Anziehungszentrum liegt im Mittelpunkt. Es ist die Flächengeschwindigkeit $c/2$, die Punktgeschwindigkeit v und die Anziehungsbeschleunigung b zu suchen, wenn für den Anfang der Bewegung $x = a$, $y = 0$, $v = v_0$ gegeben sind. (Walton.)

*444. Bei einer Zentralbewegung gilt das Gesetz für die Geschwindigkeit $v = a/r$. Man ermittle den Fahrstrahl r und den Polarwinkel φ als Funktionen der Zeit, die Gleichung der Bahn und die Beschleunigung der Anziehung. Für den Anfangszustand $(t = 0)$ sei: $\varphi = 0$, $r = r_0$. Die Flächengeschwindigkeit ist $c/2$. (Riccati.)

*445. Ein Punkt bewegt sich derart um einen Festpunkt O, daß die Beschleunigung b stets senkrecht zu r bleibt und der Fahrstrahl r sich mit gleichbleibender Winkelgeschwindigkeit ω um O dreht. Wie lautet die Gleichung der Bahn und wie groß ist b? Für den Anfang sei $r = r_0$, $\varphi = 0$ und $v_0 \perp r_0$ gegeben. (Walton.)

19. Gezwungene Bewegung des Punktes.

*446. Ein Dach soll so geneigt werden, daß das Regenwasser in der kürzesten Zeit abfließt. Wie groß muß der Winkel φ gemacht werden, wenn angenommen wird, daß das Wasser seine Bewegung an der Spitze des Daches mit der Geschwindigkeit v_0 beginnt?

447. Ein schwerer Punkt bewegt sich von A aus auf einer schiefen Ebene AB. Wie muß diese durch A gelegt werden, damit die Gerade CB in der kürzesten Zeit erreicht werde?

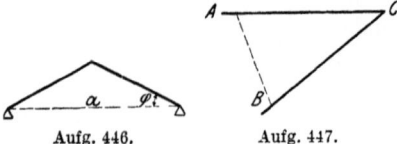

Aufg. 446.   Aufg. 447.

448. Ein schwerer Punkt bewegt sich von A aus auf einer schiefen Ebene AB. Wie muß diese durch A gelegt werden, damit der Kreis k in der kürzesten Zeit erreicht werde?

449. Ein schwerer Punkt gleitet auf glatter schiefer Ebene $\overline{AB} = a$ von A aus ohne Anfangsgeschwindigkeit und springt, in B angelangt, nach C, wobei $\overline{BC} = c$. In welchem Verhältnis müssen a und c stehen, wenn die Winkel α und β gegeben sind?

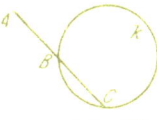
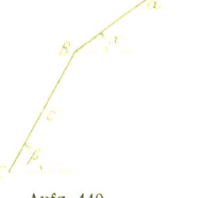

Aufg. 448.   Aufg. 449.

*450. Ein Faden AB berührt in A einen Kreis; in B befindet sich ein gewichtloser Punkt, der senkrecht zu $AB = l$ eine Geschwindigkeit v_0 erhält. Wie bewegt sich B, wie groß ist seine Geschwindigkeit v an beliebiger Stelle und nach welcher Zeit T erreicht der Punkt den Kreis?

451. Ein schwerer Punkt vom Gewicht $G = 1$ kg bewegt sich mit gleichbleibender Geschwindigkeit $v = 2,8$ m/sek

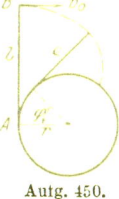
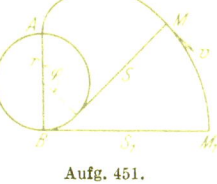

Aufg. 450.   Aufg. 451.

in einer wagrechten Ebene und beschreibt dabei eine Kreisevolvente. Der Grundkreis habe $r = 2$ m Halbmesser. Wie groß ist die Fadenspannung S an beliebiger Stelle M und wie groß (S_1) ist sie an der Stelle M_1 der Punktbahn, wo $\sphericalangle ABM_1 = 90°$ ist?

452. Ein schwerer Punkt gleitet ohne Anfangsgeschwindigkeit aus der Lage M_0 auf beliebiger, glatter Bahn herab und steigt auf der Innenseite eines Kreises empor. Man wünscht, daß der Punkt die Kreisbahn verläßt und bei seiner hierauf folgenden freien Bewegung durch den Mittelpunkt des Kreises geht. Wie groß muß die Fallhöhe h gemacht werden? Bei welchem Winkel α wird der Punkt den Kreis verlassen?

453. In einem glatten parabolischen Rohr von der Gleichung $y^2 = 2\,p\,x$ wird aus dem Scheitel eine kleine Kugel vom Gewicht G mit der Anfangsgeschwindigkeit v_0 geworfen. Es soll gezeigt werden, daß an jeder Stelle M der Bahn das Produkt aus Bahndruck D und Krümmungshalbmesser ϱ konstant ist. Wie groß ist dieses Produkt?

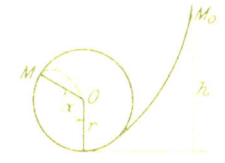

*454. Ein Punkt von der Masse M, der in der Seite AB eines gleichseitigen Dreiecks gleiten kann, wird von dessen drei Ecken proportional der Entfernung angezogen. Anfangs liegt der Punkt in A in Ruhe; nach welcher Zeit T kommt er nach B?

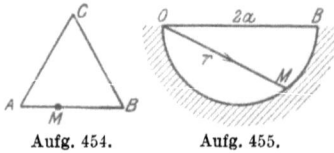

Aufg. 454.   Aufg. 455.

*455. Ein Punkt bewegt sich auf der Innenseite eines Halbkreises und wird hierbei von O aus mit einer Kraft abgestoßen, deren Beschleunigung $b = k^2 r$ ist. Der Punkt beginnt seine Bewegung nahe an O ohne Anfangsgeschwindigkeit. Wie groß ist die Geschwindigkeit v und der Bahndruck D an jeder Stelle der Bahn? (Walton.)

*456. Zwei Punkte A und B, die sich nur auf den Geraden x und y bewegen können, ziehen sich an mit einer Kraft, deren Beschleunigung $b = a/r^2$ ist. Nach welcher Zeit (T) treffen sie in O zusammen, wenn sie anfänglich in Ruhe sind und die Entfernung r_0 voneinander haben?

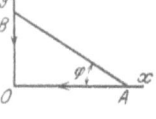

*457. Auf einer Lemniskate von der Gleichung $r^2 = 2\,a^2 \sin 2\varphi$ gleitet von O ein schwerer Punkt ohne Anfangsgeschwindigkeit abwärts. Berechne die Fallzeit von O bis M als Funktion von φ. Vergleiche sie mit der Fallzeit auf der Geraden OM. (L. Euler.)

*458. Die Ebene eines Kreises ist unter dem Winkel α gegen die Horizontalebene geneigt; sein Durchmesser sei $2\,r$. Von einem Punkt A der Wagrechten Ox durch den Mittelpunkt O fällt ein schwerer Punkt ohne Anfangsgeschwindigkeit auf einer Geraden s nach dem Umfang des Kreises. In welcher Beziehung besteht die Fallzeit t zum Weg s? Welchen Winkel φ_1 schließt s_1 mit Ox ein, wenn die Fallzeit am kürzesten ist, und wie groß ist dann s_1 und $t_{\min}$?

20. Bewegung mit Widerständen.

*459. Ein schwerer Punkt wird lotrecht nach aufwärts geworfen. Der Widerstand der Luft ist dem Quadrat der Geschwindigkeit proportional, die Anfangsgeschwindigkeit v_0. Man ermittle: a) die Geschwindigkeit v und den Weg s als Funktionen der Zeit; b) den Weg s als Funktion der Geschwindigkeit (direkt); c) die ganze Steigzeit T; d) die Steighöhe H.

*460. Ein Punkt erhält eine Anfangsgeschwindigkeit v_0 und bewegt sich in einem Mittel, dessen Widerstand der Quadratwurzel der Geschwindigkeit proportional, also $= k\sqrt{v}$ ist (k eine

Konstante). Nach welcher Zeit kommt der Punkt zur Ruhe? (Walton.)

*461. Zwei lotrecht übereinander befindliche, um a entfernte schwere Punkte A und B bewegen sich so, daß A ohne Anfangsgeschwindigkeit frei fällt, während B mit der Geschwindigkeit v_0 nach aufwärts geworfen wird. Der Widerstand des Mittels ist der Geschwindigkeit proportional ($= kv$). Nach welcher Zeit treffen sich die beiden Punkte? (Walton.)

*462. Ein Ballon, der in der Höhe h über dem Boden die wagrechte Geschwindigkeit v_0 besitzt, hat ein Schleppseil von der Länge $BD = l$ ausgeworfen, das auf dem Boden (Reibungszahl f) schleift. Welchen Weg ξ legt der Ballon noch zurück und welche Zeit T braucht er dazu, wenn der Luftwiderstand dem Quadrat der Geschwindigkeit proportional ist?

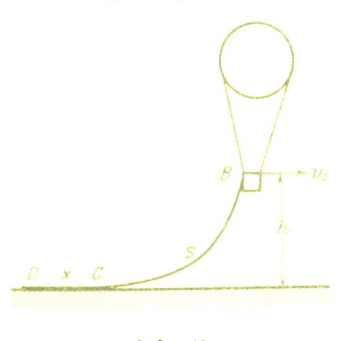
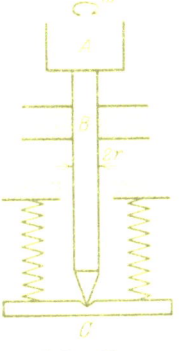

Aufg. 462.   Aufg. 463.

*463. Eine lotrechte Welle ABC vom Gewicht G ist in B gelagert und stützt sich in C auf ein von zwei Federn gehaltenes Querstück. Die Welle ist in B festgebremst in einer Höhenlage, in der die beiden Federn noch ungespannt sind. Wenn die gebremste Welle mit der Winkelgeschwindigkeit ω in rasche Umdrehungen versetzt, also die gleichbleibende Reibung $\mathfrak{R}$ in der Bremse überwunden wird, nach welchem Gesetz wird sich die Welle nach abwärts bewegen?
(Mies, Dingl. Polyt. Journ., Jg. 323, 1913.)

*464. Ein Punkt, der seine Bewegung mit der Geschwindigkeit v_0 beginnt, erfährt in einem ungleichmäßigen Mittel einen Widerstand, dessen Verzögerung durch $\dfrac{(a-1)v^2}{c+s}$ gemessen wird; hierin ist v die Geschwindigkeit des Punktes, s sein zurückgelegter Weg, a und c Konstante. Man soll den Weg s, die Geschwindigkeit v und die Beschleunigung b als Funktionen der Zeit ausdrücken.

*465. Ein schwerer Punkt bewegt sich frei in einem Mittel, dessen Widerstand eine Verzögerung $k\delta v^2$ hervorruft, worin k eine Konstante, δ die veränderliche Dichte des Mittels und v die Geschwindigkeit bedeuten. Die Bahn des Punktes ist ein Kreis $x^2 + y^2 = r^2$. Wie groß ist v an jeder Stelle und nach welchem Gesetz muß sich die Dichte verändern? (Newton, Principia.)

*466. Ein schwerer Punkt wird unter dem Winkel α gegen die Wagrechte mit der Anfangsgeschwindigkeit v_0 schief aufwärts geworfen und erfährt bei seiner Bewegung einen Widerstand des umgebenden Mittels, dessen Verzögerung $= kv$ ist. Welche Zeit verfließt, bis der Punkt die größte Höhe erreicht hat?

467. Ein schwerer Punkt wird von M_0 aus auf einer rauhen, schiefen Ebene a schief aufwärts geschleudert. Wie groß muß

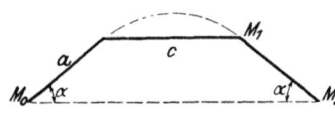

seine Anfangsgeschwindigkeit v_0 gemacht werden, wenn er, luftleeren Raum vorausgesetzt, nach M_1 gelangen und auch die zweite schiefe rauhe Ebene $M_1 M_2$ beschreiben soll, und mit welcher Geschwindigkeit v_2 trifft er in M_2 ein?

468. Von einem Punkt A aus kann ein schwerer Punkt ohne Anfangsgeschwindigkeit auf einer rauhen Geraden gleiten, deren Reibungswinkel (ϱ) gegeben ist. Wenn die Neigung α der Geraden verändert wird, auf welcher Kurve liegen alle Punkte B, die von A aus in gleicher Zeit t erreicht werden?

*469. Auf einer schiefen Ebene AB gleitet von A aus ein schwerer Punkt ohne Anfangsgeschwindigkeit abwärts; der Widerstand der Luft ist dem Quadrat der Geschwindigkeit proportional. Man suche für alle Winkel α den Ort der Punkte B, die nach einer Sekunde erreicht werden. (Abbildung zu Aufgabe **468**.)

(R. Mehmke, Math.-naturw. Mitteilungen Bd. 6, 1904.)

*470. Ein schwerer Punkt bewegt sich mit der Anfangsgeschwindigkeit v_0 eine schiefe Ebene aufwärts, die unter α gegen die Wagrechte geneigt ist, und erfährt den Widerstand der Reibung (Reibungszahl f) und den Widerstand der Luft. Die Verzögerung durch letzteren sei av^2, wo a eine Konstante ist. Nach welcher Zeit T kommt der Punkt zur Ruhe? Welchen Weg L hat er bis dahin zurückgelegt?

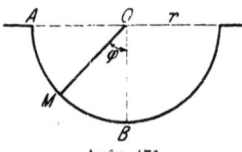

Aufg. 471.

*471. Ein schwerer Punkt wird ohne Anfangsgeschwindigkeit bei A in eine rauhe Halbkugel fallen gelassen. Mit welcher Geschwindigkeit v_1 durchläuft er ihre tiefste Stelle B?

472. In einer wagrechten Kreisrinne vom Halbmesser R bewegt sich eine kleine, schwere Kugel vom Gewicht G vom Halbmesser r mit der Anfangsgeschwindigkeit $v_0 = \sqrt{Rg}$. Auf die Reibung der rollenden Bewegung soll Rücksicht genommen werden. Nach welcher Zeit kommt die Kugel zur Ruhe?

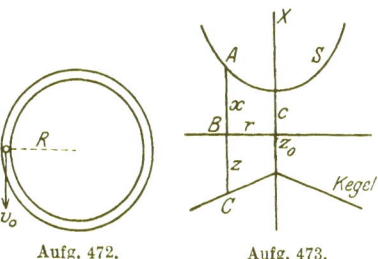

Aufg. 472.   Aufg. 473.

473. Aus einem Sieb S, das die Form einer Umdrehungsfläche mit der lotrechten Achse x hat, fallen Tropfen auf die Oberfläche einer Flüssigkeit und dringen in diese ein; sie gelangen in ihr bis zur Kegelfläche $z = ar + z_0$, an der sie zur Ruhe kommen. Welche Form $x = x(r)$ besitzt das Sieb, wenn die Luft keinen Widerstand, die Flüssigkeit einen dem Quadrat der Geschwindigkeit proportionalen Widerstand hervorruft?

21. Dreh- und Schraubenbewegungen des Körpers.

474. Ein sich um eine feste Achse gleichförmig drehender Körper macht 9500 Umdrehungen in der Stunde. Welche Winkelgeschwindigkeit besitzt er?

475. M sei ein Punkt eines um eine Achse rotierenden Körpers, r sein Abstand von der Achse, b seine Beschleunigung, δ der Winkel zwischen r und b. Zwischen welchen Grenzen kann der Wert von δ liegen?

476. Ein Körper, der anfangs in Ruhe ist, erhält eine gleichbleibende Winkelbeschleunigung $\lambda = a$ um eine Achse. Man soll den Winkel δ, den der Radius eines beliebigen Körperpunktes mit dessen Beschleunigung einschließt, als Funktion der Zeit darstellen. Nach welcher Zeit t_1 wird $\delta = 45°$?

477. Eine Scheibe dreht sich mit der Winkelgeschwindigkeit ω und der Winkelbeschleunigung λ um einen Punkt O in ihrer Ebene. Man suche den Ort aller Punkte der Scheibe, deren Beschleunigungen durch einen gegebenen Punkt A gehen.

*478. Ein Körper, der sich um eine Achse dreht und anfangs die Winkelgeschwindigkeit ω_0 besitzt, soll so beschleunigt werden, daß die Beschleunigung b jedes Punktes während der Bewegung einen unveränderlichen Winkel δ mit dem Radius einschließt, und zwar sei $\operatorname{tg}\delta = a$. Man soll die Winkelbeschleunigung λ als Funktion der Zeit darstellen.

479. Ein Körper vollführt eine Schraubenbewegung von gleichbleibendem Steigungswinkel σ und erhält eine zusätzliche Winkelbeschleunigung λ um die Schraubenachse. Welche Beschleunigung b erhält ein Punkt des Körpers, der von der Achse den Abstand r hat, in Richtung der Achse?

480. Zwei Körper werden mit gleicher Winkelgeschwindigkeit ω um dieselbe Achse geschraubt. Die Steigungswinkel der beiden Schrauben im Abstand r von der Achse seien σ und σ_1. In welchem Abstand x befinden sich zwei Punkte dieser beiden Körper nach der Zeit t, wenn sie zu Beginn der Bewegung an der gleichen Stelle lagen, um r von der Achse entfernt?

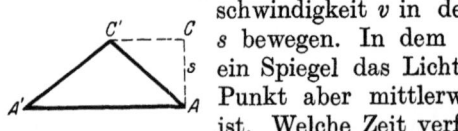

481. Ein Körper macht eine Schraubenbewegung c, ω um die Achse A. In welcher Beziehung müssen die Abstände r und r_1 zweier Körperpunkte M und M_1, die auf demselben Radius liegen, stehen, wenn die Bewegungsrichtungen beider Punkte aufeinander senkrecht stehen?

22. Gleichzeitige Bewegungen.

482. Von A geht das Licht mit der Geschwindigkeit c nach C in der Entfernung s, während sich sowohl A wie C mit der Geschwindigkeit v in der Richtung senkrecht zu s bewegen. In dem bewegten Punkt C wirft ein Spiegel das Licht nach A zurück, welcher Punkt aber mittlerweile nach A' gekommen ist. Welche Zeit verfließt zwischen dem Ausgange des Lichtes in A und seinem Eintreffen in A'?

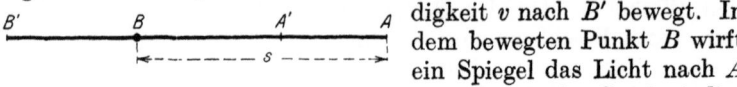

483. Zwei bewegliche Punkte A und B haben anfangs die Entfernung s voneinander. Von A geht das Licht mit der Geschwindigkeit c nach B, während sich dieser Punkt mit der Geschwindigkeit v nach B' bewegt. In dem bewegten Punkt B wirft ein Spiegel das Licht nach A zurück, welcher Punkt sich aber mittlerweile mit der Geschwindigkeit v nach A' bewegt hat. Welche Zeit verfließt zwischen dem Ausgange des Lichtes von A und seinem Eintreffen in A'?

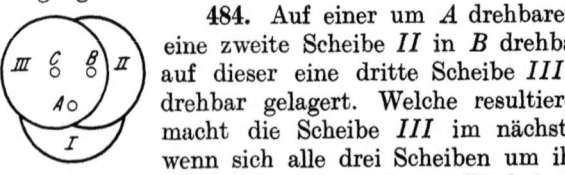

484. Auf einer um A drehbaren Scheibe I ist eine zweite Scheibe II in B drehbar gelagert und auf dieser eine dritte Scheibe III in C ebenfalls drehbar gelagert. Welche resultierende Bewegung macht die Scheibe III im nächsten Augenblick, wenn sich alle drei Scheiben um ihre Drehpunkte A, B, C mit gleichen und gleichgerichteten Winkelgeschwindigkeiten drehen? Wo liegen jene Punkte von *III*, welche sich im nächsten Augenblick senkrecht zu den Bewegungen der darunter liegenden Punkte der Scheibe *I* bewegen?

485. Ein Körper hat gleichzeitig sechs Winkelgeschwindigkeiten um parallele Achsen; fünf davon sind gegeben: $+\omega$, $-\omega_1$, $+\omega$, $-\omega_1$, $+\omega$, sie drehen um die Kanten eines regelmäßigen sechseckigen Prismas; die sechste ω_2 soll um die Achse M des Prismas drehen.

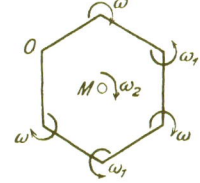

Wie groß muß ω_2 sein, damit die resultierende aus allen sechs Drehungen um die Kante O stattfindet? Wie groß ist diese resultierende Winkelgeschwindigkeit Ω um O?

486. Auf einer Scheibe, welche sich um O mit der Winkelgeschwindigkeit ω dreht, ist eine zweite kleinere gelagert, welche sich um ihren Mittelpunkt O_1 mit der Winkelgeschwindigkeit ω_1 dreht. Es sollen jene Punkte auf dem Umfang der kleinen Scheibe bestimmt werden, welche sich in diesem Augenblick parallel zu OO_1 bewegen. Mit welcher Geschwindigkeit v erfolgt diese Bewegung?

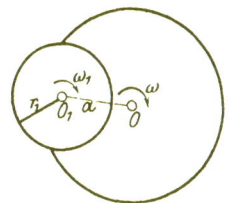

487. Eine Winkelgeschwindigkeit um die Achse O soll in drei Winkelgeschwindigkeiten ω_1, ω_2, ω_3 um parallele Achsen A, B, C zerlegt werden. Gegeben sind die Entfernungen $\overline{OA} = m$, $\overline{OB} = n$, $\overline{OC} = p$ und die Winkel $\sphericalangle BOC = \alpha$, $\sphericalangle COA = \beta$, $\sphericalangle AOB = \gamma$. Wie groß sind ω_1, ω_2 und ω_3?

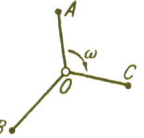

488. Ein Körper erhält gleichzeitig drei Winkelgeschwindigkeiten ω_1, $\omega_2 = 2\omega_1$, $\omega_3 = 3\omega_1$ um drei zueinander senkrechte Achsen, die sich in einem Punkt treffen. Welches ist die wirkliche Bewegung des Körpers?

489. Drei Drehungen mit den Winkelgeschwindigkeiten ω_1, ω_2, ω_3 um drei senkrechte Achsen, die sich nicht schneiden, sind in nebenstehender Art angeordnet. Man suche die Winkelgeschwindigkeit ω und die Translationsgeschwindigkeit τ der resultierenden Schraubenbewegung.

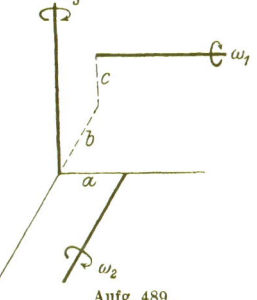

Aufg. 489.

490. Man suche die resultierende Bewegung von drei gleichzeitig stattfindenden Drehungen; zwei von diesen Winkelgeschwindigkeiten ω sind gleich groß und haben entgegengesetzten Drehungssinn, ihre

80　Bewegungslehre.

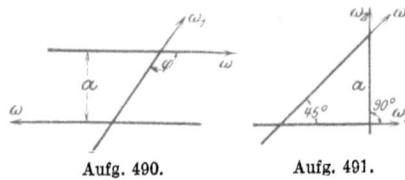

Aufg. 490.　　Aufg. 491.

Achsen sind um a entfernt; die dritte ω_1 schneidet beide unter beliebigem Winkel φ.

491. Ein Körper dreht sich gleichzeitig um drei Achsen, welche die gezeichnete Lage haben und sich schneiden. Gegeben ist die Entfernung a, die Winkel und die Winkelgeschwindigkeit ω_3. Wie groß müssen die beiden anderen ω_1 und ω_2 gemacht werden, damit die resultierende Bewegung des Körpers eine Translation ist? Wie groß ist deren Geschwindigkeit τ und wie ist sie gerichtet?

492. Welche Veränderung geschieht mit der Schraubenbewegung τ, ω eines Körpers, wenn eine Translationsgeschwindigkeit τ_1 unter beliebigem Winkel φ hinzutritt?

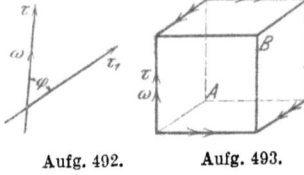

Aufg. 492.　　Aufg. 493.

493. Ein Würfel macht gleichzeitig um sechs seiner Kanten sechs gleiche Schraubenbewegungen τ, ω in der nebengezeichneten Weise. Welches ist seine resultierende Bewegung?

494. Ein Körper besitzt eine Schraubenbewegung τ, ω. Sie soll in zwei andere Bewegungen zerlegt werden, von denen die eine gegeben ist; sie ist eine Schraubenbewegung τ_1, ω_1, deren Achse die gegebene Achse unter $60°$ in O schneidet, und zwar ist $\tau_1 = 3\,\tau/2$, $\omega_1 = \omega/3$. Man suche die andere Teilbewegung.

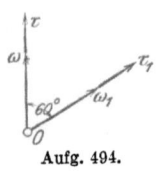
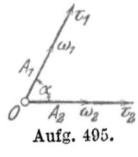

Aufg. 494.　　Aufg. 495.

495. Ein Körper besitzt gleichzeitig zwei Schraubenbewegungen um zwei sich unter dem Winkel α schneidende Achsen A_1, A_2, und zwar ist $\tau_1 = 2\,\tau_2$, $\omega_1 = \omega_2/2$. Man suche die resultierende Bewegung.

23. Ebene Bewegung von Scheiben.

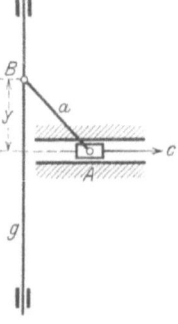

Aufg. 496.

*496. Eine Stange g wird in ihren Lagern hin und her geschoben durch einen Stab $\overline{AB} = a$, dessen Ende A eine wagrechte Bewegung mit gleichbleibender Geschwindigkeit c vollzieht. Man berechne die Geschwindigkeit v und die Beschleunigung b der Stange als Funktion von y.

Ebene Bewegung von Scheiben. 81

*497. Ein rechter Winkel XMY wird so bewegt, daß sein Scheitel M mittels der Kurbel $\overline{OM} = r$ in einem Kreis geführt wird, während die Schenkel X und Y stets durch zwei feste Punkte A und B gehen. Wenn die Geschwindigkeit des Punktes M konstant gleich c ist, zu berechnen: die Winkelgeschwindigkeit von X und Y um A und B und die Geschwindigkeiten v_A, v_B, mit denen die Geraden X, Y durch A, B gleiten.

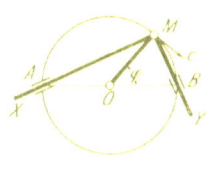

498. Um einen Punkt A dreht sich eine Gerade g. Welche Kurve umhüllen die Bewegungsrichtungen aller Punkte von g?

499. Auf einer Geraden rollt ein Kreis vom Halbmesser a; sein Mittelpunkt besitzt die Geschwindigkeit c. Man ermittle die Geschwindigkeitsrichtung eines beliebigen Kreispunktes M und die Größe der Geschwindigkeit als Funktion von φ.

500. In einem Kreis vom Halbmesser R wird durch eine Kurbel $\overline{OB} = r$ ein kleiner Kreis herumgeführt, der sich auf dem großen Kreis abwälzt. Die Winkelgeschwindigkeit ω der Kurbel sei gegeben. Man finde auf dem kleinen Kreis jenen Punkt M, dessen Geschwindigkeit v durch A geht, und berechne v ($AO \perp OB$).

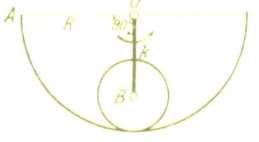

501. Ein aus vier Stäben gelenkig zusammengesetztes Kurbelviereck $ABCD$ dreht sich um B und C, welche Punkte fest sind. A besitzt gegenwärtig eine Geschwindigkeit v, welche die Richtung von CB hat. Man soll einen Punkt E durch zwei Stäbe x und y derart mit D und A verbinden, daß die Geschwindigkeit von E ebenso groß wie v, aber senkrecht zu CB gerichtet ist. Wie lang müssen x und y gemacht werden? Vorausgesetzt ist: $\overline{AB} = \overline{CD} = a$, $\overline{BC} = \overline{AD} = b$.

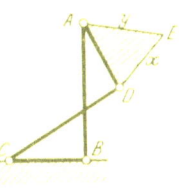

502. Eine Kurbel AD dreht sich mit der Winkelgeschwindigkeit ω um D, eine andere BC um C. Man ermittle jenen Punkt M der Koppel AB, dessen Bewegungsrichtung in AB hineinfällt und rechne die Geschwindigkeit dieses Punktes.

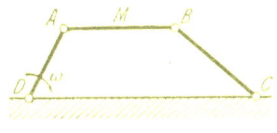

503. Von einem starren Dreieck ABC werden die Ecken A und B durch Kurbeln geführt, die in D und E gelagert sind.

Wittenbauer-Pöschl, Aufgaben. I. 5. Aufl. 6

82   Bewegungslehre.

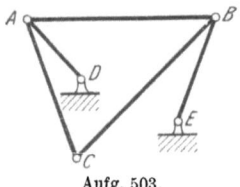

Aufg. 503.

Gegeben ist die Winkelgeschwindigkeit ω der Kurbel AD. Man zeichne die Richtung der Geschwindigkeit v des Punktes C und ermittle ihre Größe.

*504. Ein Stab AB (Lenker) bewegt sich derart, daß sich A um O mit gleichbleibender Geschwindigkeit c dreht, während B eine durch O gehende Gerade beschreibt. Zu berechnen die Geschwindigkeit v und die Beschleunigung b des Punktes B als Funktionen des Kurbelwinkels φ und des Lenkerwinkels ψ (Schubkurbelgetriebe).

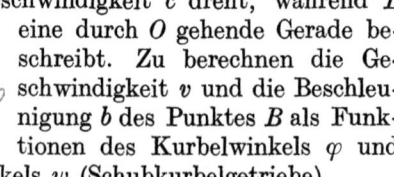

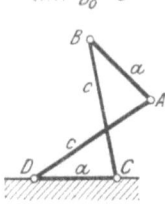

505. Ein gelenkiges Kurbelviereck $ABCD$, worin $\overline{AB} = \overline{CD} = a$, $\overline{DA} = \overline{BC} = c$ und $c > a$ vorausgesetzt ist, wird bewegt, indem DC festgehalten, A gedreht wird. Man bestimme die Rollkurven des Stabes AB.

506. In voriger Aufgabe sei $\sphericalangle ADC = 60°$ und v die bekannte Geschwindigkeit von A. Man berechne die Geschwindigkeit v_1 von B.

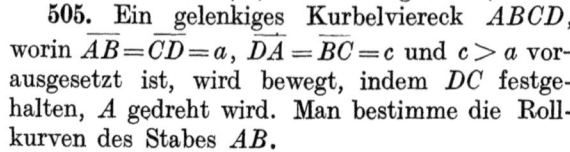

507. Ein gelenkiges Kurbelviereck $ABCD$, worin $\overline{AB} = \overline{CD} = a$, $\overline{DA} = \overline{BC} = c$ und $c < a$ vorausgesetzt ist, wird bewegt, indem DC festgehalten, A gedreht wird. Man bestimme die Rollkurven des Stabes AB.

*508. Ein Stab AG bewegt sich derart, daß der Punkt A mit gleichbleibender Geschwindigkeit c einen Kreis um O beschreibt, während die Gerade G stets durch einen festen Punkt B hindurchgeht (Schubschwinge). Wie groß ist die Winkelgeschwindigkeit ω der Geraden G um B? Für welche Stellungen φ der Kurbel ist ω am größten und kleinsten? Mit welcher Geschwindigkeit v gleitet die Gerade G durch den Punkt B?

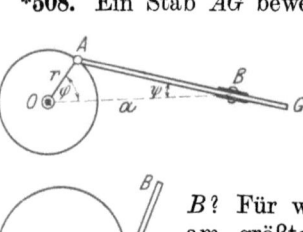

*509. Eine Stange AB bewegt sich derart, daß sie einen Kreis vom Halbmesser r fortwährend berührt und ihr Endpunkt A in der Geraden durch O bleibt. Wie groß ist die Winkelgeschwindigkeit ω der Stange, wenn die Geschwindigkeit v von A gegeben ist?

510. Ein starrer Winkel $XMY = \gamma$ bewegt sich in seiner Ebene derart, daß seine Schenkel X, Y stets durch zwei feste Punkte A, B gehen. Man suche die Rollkurven dieser Bewegung.

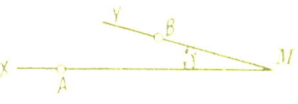

511. Eine Gerade AG bewegt sich derart, daß der Punkt A stets auf einer festen Geraden x bleibt, während die Gerade G stets durch einen festen Punkt B geht. Man suche die Gleichungen der beiden Rollkurven und die Gleichung der Bahn eines Punktes C der Geraden G, der von A um c entfernt ist.

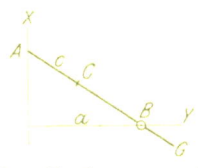

512. Ein rechter Winkel AMG bewegt sich derart, daß der Punkt A des einen Schenkels stets auf einer festen Geraden x bleibt, während der andere Schenkel G stets durch einen festen Punkt B geht. Man suche die beiden Rollkurven des Systems AMG sowie die Gleichung der Bahn des Punktes M. ($\overline{AM} = \overline{CB} = a$.)

513. Eine Gerade AB schleift mit dem Endpunkt A auf einer Geraden, mit dem Endpunkt B auf einem Kreis, den die Gerade berührt. Es ist $\overline{AB}$ gleich dem Durchmesser des Kreises $2r$. Man suche die Polargleichungen der beiden Rollkurven in bezug auf die Achsen Cx bzw. Bx_1 für die feste bzw. bewegliche Rollkurve.

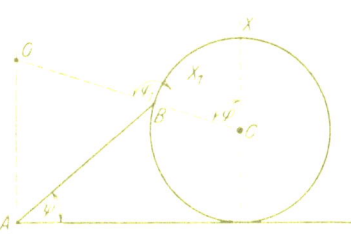

514. Von einer gleichschenkligen Doppelkurbel $ABCD$ wird der Stab $\overline{AD} = a$ festgehalten. Man suche die Rollkurven der ebenen Bewegung des Stabes $\overline{BC} = c$, und zwar die Polargleichung der festen Rollkurve in bezug auf die Achse AD und die Polargleichung der beweglichen Rollkurve in bezug auf die Achse BC.

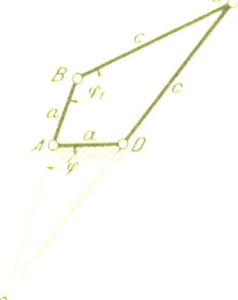

*515. Bei der gleichschenkligen Doppelkurbel (siehe vorige Aufgabe) seien ω_a und ω_c die Winkelgeschwindigkeiten der beiden Kurbeln AB und DC. Wie groß ist ihr Verhältnis in dem Augenblick, wenn alle vier Punkte A, B, C, D in eine Gerade fallen?

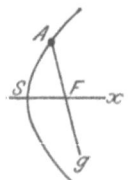

516. Eine Gerade g bewegt sich derart, daß sie stets durch den Brennpunkt F einer Parabel gleitet und ein Punkt A der Geraden auf der Parabel verbleibt. Man suche die Polargleichungen der beiden Rollkurven, und zwar der festen in bezug auf den Pol F und x als Polarachse, der beweglichen in bezug auf A als Pol und g als Polarachse. (Halbparameter der Parabel $= p$.)

517. Ein rechter Winkel bewegt sich derart, daß ein Schenkel KT desselben auf dem Kreis vom Halbmesser $\overline{AC} = R$ schleift

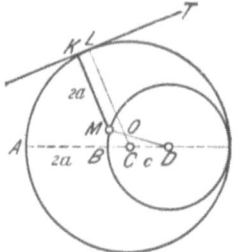

(der Berührungspunkt ist L), während ein Punkt M des anderen Schenkels auf dem Kreis vom Halbmesser $\overline{BD} = r$ bleibt. Die Kreise berühren sich; außerdem ist
$$\overline{KM} = \overline{AB} = 2a = 2(R-r).$$
Man suche die Polargleichungen der beiden Rollkurven, und zwar der festen in bezug auf den Pol C und die Polarachse CA, der beweglichen in bezug auf den Pol M und die Polarachse MK. Wo liegt der Drehpol O, wenn K in A ist?

518. Bei dem Kurbelantrieb für Kolbenpumpen von C. P. Holst findet sich folgendes Getriebe: Der Kolben K ist durch die Kolben-

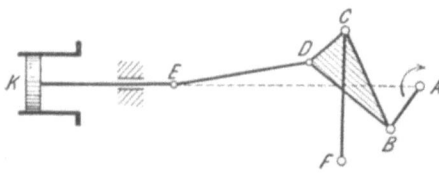

stange KE, welche gerade geführt wird, ferner durch die Lenkerstange ED und ein starres Dreieck BCD mit der Kurbel BA gelenkig verbunden. Der Punkt C dreht sich um den Festpunkt F. Gegeben ist die Geschwindigkeit v des Punktes B. Zu rechnen oder zu konstruieren die Geschwindigkeit v_2 des Kolbens K.

24. Endliche Bewegungen im Raume.

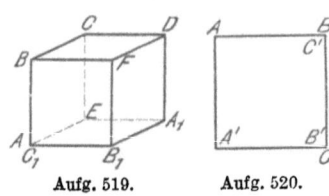

Aufg. 519.   Aufg. 520.

519. Ein Würfel bewegt sich derart, daß drei Punkte A, B, C desselben in die neuen Lagen A_1, B_1, C_1 kommen, welche wieder Ecken des Würfels sind. Durch welche einfachste Bewegung kann das erreicht werden?

520. Ein Quadrat bewegt sich derart, daß drei seiner Ecken die Anfangslagen A, B, C, die Endlagen A', B', C' haben. Durch welche einfachste Bewegung wird das erreicht?

521. Ein gleichseitiges Dreieck ABC bewegt sich in die neue Lage $A'B'C'$. Durch welche einfachste Bewegung kann dies erzielt werden, wenn die sechs Punkte ein regelmäßiges Sechseck bilden?

522. Ein Würfel bewegt sich derart, daß drei seiner Ecken, die anfänglich in A, B, C waren, nach A', B', C' kommen. Man suche die einfachste Bewegung, welche das erreicht.

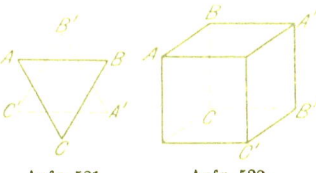

Aufg. 521.   Aufg. 522.

523. Ein regelmäßiges Vierflach (Tetraeder) von der Kantenlänge s bewegt sich derart, daß drei seiner Ecken die Anfangslagen A, B, C, die Endlagen A', B', C' haben. Zu suchen jene Schraubenbewegung (Lage der Achse, Translation und Drehung), welche das Tetraeder aus seiner Anfangslage in die Endlage bringt.

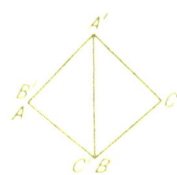

524. Ein unter dem Winkel α gegen die Lotrechte geneigtes Rad läuft auf der wagrechten Ebene im Kreise herum und benötigt zu einem Umlaufe die Zeit T. Man berechne die Geschwindigkeit der Punkte A und B des Radumfanges für die gezeichnete Stellung.

525. Ein Körper bewegt sich derart, daß eine seiner Geraden g_1 stets in der Ebene y—z, eine andere g_2 stets in der Ebene x—y bleibt. Die beiden Geraden schneiden sich in dem festen Punkt O und schließen einen Winkel δ miteinander ein. Man bestimme die feste Rollfläche des Körpers in bezug auf $Oxyz$.

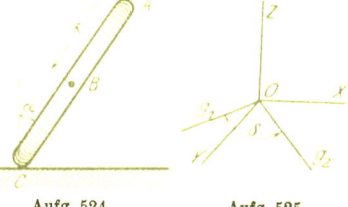

Aufg. 524.   Aufg. 525.

526. Eine Ebene bewegt sich derart, daß eine ihrer Geraden g stets in der Ebene yz bleibt, während die Ebene selbst stets durch die feste Gerade G geht; die Richtungskosinus der letzteren sind a, b, c. Man ermittle die feste Rollfläche der Bewegung in bezug auf $Oxyz$.

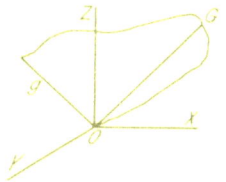

25. Relative Bewegung.

527. Auf einer rauhen, wagrechten Ebene bewegt sich ein glattes Prisma mit der Geschwindigkeit v und schiebt eine Walze vor sich her. Mit welcher Geschwindigkeit c gleitet der Punkt A der Walze am Prisma?

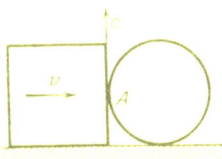

528. Drei Schiffe A, B, C fahren in parallelem Kurs; ihre Bahnen haben die Entfernungen a und b voneinander. Die Geschwindigkeiten v_1 und v_2 sind bekannt. Wie groß muß die Geschwindigkeit v_3 des Schiffes C gewählt werden, wenn es durch B immer gegen A gedeckt bleiben soll?

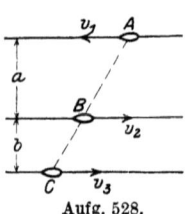
Aufg. 528.

529. Ein Lenkballon, der Wind von unbekannter Größe und Richtung empfängt, gelangt in der Zeit t_1 geradlinig von A nach B und fährt hierbei in wagrechter Richtung von A unter dem

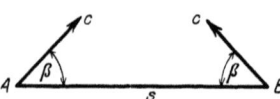

Winkel β gegen $\overline{AB} = s$ ab. Für die Rückfahrt von B nach A, die unter dem gleichen Winkel erfolgt, bedarf der Ballon der Zeit t_2. Man berechne die wagrechte Eigengeschwindigkeit c des Ballons, die Geschwindigkeit w des Windes und dessen Neigung α gegen AB.

(Z. f. Flugtechn. u. Motorluftsch. Bd. 4, 1913, S. 69.)

530. Ein Lenkballon, der die Eigengeschwindigkeit c besitzt, ist der Geschwindigkeit w des Windes ausgesetzt, deren Größe und Richtung bekannt sind. Wenn der Ballon am Ende der (vorgegebenen) Zeit t an die Stelle zurückkehren soll, von der er ausgegangen ist, wie sieht das Gebiet aus, das er erreichen kann? (Aktionsfeld des Ballons.)

531. Auf dem kleineren Wellenberge des Körpers $ABCD$ ist

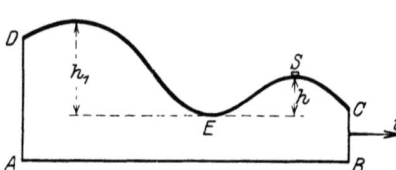

ein kleiner Schlitten S anfangs in Ruhe. Man erteilt dem Körper plötzlich eine nach rechts gerichtete Translation mit der Geschwindigkeit $v = \sqrt{2g(h_1 - h)}$. Wohin gelangt der Schlitten?

*__532.__ Auf einer schiefen Ebene AB gleitet ein schwerer Punkt von A aus ohne Anfangsgeschwindigkeit abwärts. Die schiefe

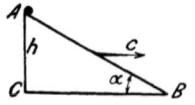

Ebene bewegt sich gleichzeitig mit gleichbleibender Geschwindigkeit c in wagrechter Richtung. Welches ist die absolute Bahn des Punktes und mit welcher absoluten Geschwindigkeit erreicht er die Verlängerung der Wagrechten CB? Unter welchem Winkel geschieht dies?

*__533.__ Auf einer schiefen rauhen Ebene AB gleitet ein schwerer Punkt von A aus ohne Anfangsgeschwindigkeit abwärts (siehe Abbildung zur vorhergehenden Aufgabe). Die schiefe Ebene be-

wegt sich gleichzeitig mit der gleichbleibenden Beschleunigung b_s ohne Anfangsgeschwindigkeit in wagrechter Richtung. Welches ist die absolute Bewegung des Punktes? Mit welcher Geschwindigkeit erreicht er die Wagrechte CB?

534. Eine Tafel fällt mit der Beschleunigung der Schwere lotrecht herab. Ein schweres Stück Kreide M wird mit der Geschwindigkeit c in wagrechter Richtung geschleudert und schreibt seine relative Bahn auf der Tafel an. Wie sieht diese Bahn aus?

535. Ein Punkt M bewegt sich mit gleichbleibender Geschwindigkeit c im Kreis. Hinter dem Kreis wird eine Ebene mit gleichbleibender Geschwindigkeit w vorbeigezogen. Welche Bahn beschreibt der Punkt M in bezug auf diese Ebene?

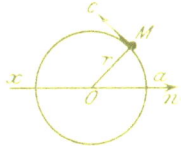

*536. Ein Punkt M bewegt sich im Kreis mit gleichbleibender Geschwindigkeit c. M_0 ist seine Anfangslage. Hinter dem Kreis wird eine Ebene mit gleichbleibender Beschleunigung b_s ohne Anfangsgeschwindigkeit vorbeigezogen. Man berechne bezüglich des Achsenkreuzes xy: die Teile der relativen Geschwindigkeit und Beschleunigung v_r und b_r sowie die Gleichung der relativen Bahn des Punktes M in bezug auf die beschleunigte Ebene.

*537. Ein gerades Rohr von der Länge a dreht sich in wagrechter Ebene mit der Winkelgeschwindigkeit ω um seinen Endpunkt. In der Mitte des Rohres befindet sich eine kleine Kugel anfangs in Ruhe. Welches ist die Gleichung der absoluten Bahn des Punktes in Polarkoordinaten bezüglich O? Mit welcher relativen (v_r) und mit welcher absoluten Geschwindigkeit (v_a) tritt der Punkt aus dem Rohr? (Joh. Bernoulli.)

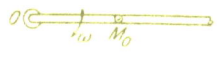

*538. In einer wagrechten Ebene dreht sich ein enges, kreisförmiges Rohr vom Halbmesser r um O mit der Winkelgeschwindigkeit ω. In diesem Rohr befindet sich eine kleine, glatte Kugel; sie ist anfangs in M_0 in Ruhe. Welche relative und welche absolute Geschwindigkeit besitzt diese Kugel, wenn sie nach M_1 gekommen ist? Welchen Normaldruck übt sie an dieser Stelle auf das Rohr aus? (Auf das Eigengewicht der Kugel ist keine Rücksicht zu nehmen.) (Nach Walton.)

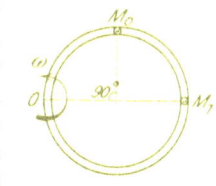

*539. Eine enge Röhre, welche die Form einer logarithmischen Spirale $r = a\,e^{m\varphi}$ hat, dreht sich in wagrechter Ebene um den Mittelpunkt O mit der Winkelgeschwindigkeit ω. In der Röhre befindet sich eine kleine, glatte Kugel von der Masse M; sie ist anfangs in A in Ruhe, $\overline{OA} = a$. Welche relative Geschwindigkeit gegen die Röhre wird die Kugel annehmen und welchen Druck wird sie auf die Röhre ausüben?

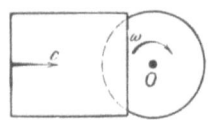

540. Über eine Scheibe, die um ihre Achse mit der Winkelgeschwindigkeit ω rotiert, wird ein ebenes Blatt mit der Geschwindigkeit c geradlinig hinweggezogen. Wie sind die Rollkurven der relativen Bewegung von Blatt und Scheibe beschaffen?

541. Über eine Scheibe, die um ihre Achse mit der Winkelgeschwindigkeit ω rotiert (siehe Abbildung zur vorhergehenden Aufgabe), wird ein ebenes Blatt mit der Geschwindigkeit c geradlinig hinweggezogen. Es läßt sich zeigen, daß die relativen Beschleunigungen $\overline{b}_r$ aller Punkte P des Blattes in bezug auf die Scheibe durch einen festen Punkt F gehen. Wo liegt dieser Punkt und in welcher Beziehung steht b_r zur Entfernung PF?

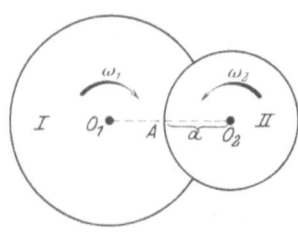

542. Zwei ebene Scheiben, deren Mittelpunkte O_1 und O_2 die Entfernung $2a$ voneinander haben, drehen sich mit den Winkelgeschwindigkeiten ω_1 und $\omega_2 = -2\,\omega_1$ dicht übereinander. Man berechne Größe und Richtung der relativen Geschwindigkeit $\overline{v}_r$ und der relativen Beschleunigung $\overline{b}_r$ des Randpunktes A der Scheibe II in bezug auf die Scheibe I.

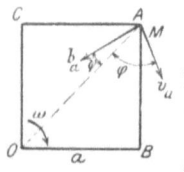

543. Ein Quadrat dreht sich um seine Ecke O in seiner Ebene mit der gleichbleibenden Winkelgeschwindigkeit ω einmal herum. Gleichzeitig bewegt sich ein Punkt M auf der Quadratseite AB gleichförmig von A nach B. Wie groß ist anfangs die Geschwindigkeit $\overline{v}_a$ des Punktes M und welchen Winkel φ schließt sie mit OA ein? Wie groß ist anfangs die Beschleunigung $\overline{b}_a$ des Punktes M und welchen Winkel ψ schließt sie mit OA ein?

*544. Eine Gerade g, die anfangs wagrecht liegt (g_0), wird mit gleichbleibender Winkelgeschwindigkeit um den Punkt O in einer lotrechten Ebene gedreht. Auf ihr gleitet ein schwerer Punkt von der Masse M abwärts, der anfangs in O ruht. Man suche die Polargleichung der absoluten Bahn des Punktes in bezug auf die Achse $O g_0$, die relative Geschwindigkeit v_r des Punktes auf der Geraden und seinen Druck D auf diese.

*545. Ein Massenpunkt M gleitet auf einer Stange OB, die sich in einer wagrechten Ebene um ihr Ende O mit gleichbleibender Winkelgeschwindigkeit ω dreht. Eine Schnur von der Länge l, die in O befestigt ist, läuft über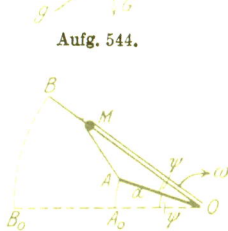

Aufg. 544.

M nach dem Endpunkt A der Kurbel $\overline{OA} = a$ und ist dort festgeknüpft. Diese Kurbel dreht sich in der gleichen Ebene mit der Winkelgeschwindigkeit $\omega/2$. A_0 und B_0 sind die Anfangslagen von A und B. Wie ändern sich mit dem Winkel ψ die Fliehkraft der Masse M, ferner die Geschwindigkeit v_r, mit der M auf OB gleitet, endlich der Druck D zwischen M und der Stange OB?

*546. In einer lotrechten Ebene Oxy, welche sich um die lotrechte Achse Ox mit der gleichbleibenden Winkelgeschwindigkeit ω dreht, wird von O aus ein schwerer Punkt (Masse M) in wagrechter Richtung geworfen. Welche relative Bahn zeichnet der Punkt in der Ebene? Welches ist die Projektion seiner absoluten Bahn auf die wagrechte Ebene Oyz? Wie groß ist die relative und die absolute Geschwindigkeit an beliebiger Stelle? Wie groß ist der Druck der Ebene auf den Punkt?

*547. In einer lotrechten Ebene Oxy, die sich um die lotrechte Achse Ox mit gleichbleibender Winkelgeschwindigkeit ω dreht, ist ein Massenpunkt M in O aufgehängt und wird in der Anfangslage $\varphi = \alpha$ seiner Schwere überlassen. Man berechne die Geschwindigkeit dieser Pendelbewegung um O, den Zug S im Pendelfaden und den Druck D der sich drehenden Ebene auf das Pendel.

548. Ein Würfel von der Kante a besitzt um eine seiner Kanten eine Schraubenbewegung c, ω, während ein Punkt die Gerade AB im Raum mit der absoluten Geschwindigkeit v beschreibt. Wenn dieser Punkt sich eben in B befindet, welche Geschwindigkeit v_r und welche Beschleunigung b_r besitzt er in bezug auf den Würfel? (Suche die Komponenten beider nach $x\,y\,z$.)

549. Ein Körper besitzt um die Achse A eine Drehung mit der Winkelgeschwindigkeit ω_1, ein anderer Körper um die Achse B eine Schraubenbewegung c_2, ω_2. Man suche die augenblickliche relative Bewegung des zweiten Körpers in bezug auf den ersten. Die Achsen A und B stehen senkrecht aufeinander.

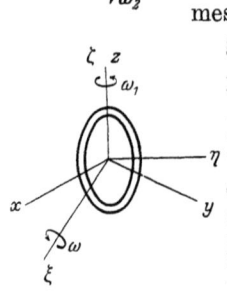

550. Ein Ring von der Masse M und dem Halbmesser r dreht sich um die Achse ξ mit der Winkelgeschwindigkeit ω. Gleichzeitig dreht sich die Achse des Ringes um die Achse z mit der Winkelgeschwindigkeit ω_1. Die Drehung des Ringes um ξ ist also nur seine relative Bewegung in bezug auf das Achsenkreuz $\xi\eta\zeta$; die absolute Bewegung des Ringes in bezug auf das feste Gestell $Oxyz$ erfordert Zusatzkräfte, die auf dieses Gestell ausgeübt werden. Man suche die Summe dieser Zusatzkräfte.

III. Dynamik.

26. Arbeit und Leistung.

551. In einer Getreidemühle dreht sich der Läufer zum Zermahlen des Getreides mit 100 Umdrehungen in der Minute; er hat 1 m Durchmesser und soll 2 PS Leistung ausüben. Welche Kraft K muß am Umfang des Steines wirken?

552. In einem Bach stürzen in der Sekunde 9 Raummeter durch eine Höhe von 2,5 m herab. Wieviel PS (N) kann das Wasser durch diesen Fall leisten?

553. Eine Dampfmaschine von 26 PS betreibt eine Pumpe, welche bei ununterbrochener Arbeit in der Woche 19,656 Millionen Kilogramm Wasser auf 36 m hebt. Wie groß ist der Wirkungsgrad dieser Maschinenanlage?

554. Eine Mühle bedarf 10 PS zum Betrieb. Das Wasser ihres Mühlganges fällt durch 4 m auf ein Rad, das einen Wirkungsgrad von 50 v. H. aufweist. Wieviel Raummeter muß der Mühlgang in der Sekunde dem Rad zuführen, damit die gewünschte Leistung erzielt wird?

555. Eine Feuerspritze soll in der Sekunde 10 l Wasser auf eine Höhe von 27 m werfen. Sie werde von 20 Mann bedient. Die Nebenhindernisse verzehren ein Drittel der zugeführten Leistung. Welche Arbeit hat ein Mann in der Sekunde zu verrichten?

556. Zwei Maschinen fördern in der Minute 5940 l Wasser auf eine Höhe von 25 m. Die eine Maschine leistet 15 PS bei einem Wirkungsgrad von 0,8; die andere leistet doppelt so viel. Wie groß ist ihr Wirkungsgrad?

557. Welchen Widerstand findet ein Dampfschiff, dessen Maschine 6000 PS leistet, wenn es in der Stunde $12^1/_2$ Knoten (zu 1850 m) zurücklegt?

558. Es soll eine Fabrik an einem Fluß angelegt werden; durch Legung eines Mühlganges kann ein Gefälle von 1,8 m erzielt werden. Die Fabrik bedarf 45 PS und soll mit einem Rad versehen werden, welches 60 v. H. Nutzleistung liefert. Wieviel Wasser ist in der Sekunde aus dem Fluß in den Kanal zu leiten?

559. Ein Wasserlauf, der in jeder Stunde 144 hl liefert, wird zu einem Motor geführt und erhält dort 3 m Gefälle. Der Motor, der einen Wirkungsgrad von 0,75 hat, soll nur eine Stunde täglich arbeiten; während der übrigen Zeit wird das Wasser gesammelt, um während jener Stunde verwendet zu werden. Welche Leistung ist vom Motor zu erwarten?

560. Ein Automobil von 800 kg Gewicht samt Belastung legt in drei Stunden 30 km Straße mit 40 m Steigung zurück. Die Widerstandszahl der Straße ist 1/50. Auf die Widerstände der Maschine entfallen 40 v. H. der Maschinenleistung. Wie groß ist diese in PS?

561. Ein Motorwagen, der nach Abzug der Maschinenwiderstände 4 PS Leistung besitzt, läuft mit 5 m/sek eine Straße hinauf, die unter 5° geneigt ist. Das Gewicht des Wagens beträgt 600 kg. Welche Widerstandszahl ($\varkappa$) hat die Straße?

562. Ein Motorwagen vom Gewicht G legt eine unter α geneigte Straße mit einer bestimmten Geschwindigkeit zurück. Auf wagrechter Straße kann noch ein Beiwagen vom Gewicht G_1 angehängt werden, ohne daß die Geschwindigkeit geändert wird. Wie groß darf G_1 sein, wenn $\varkappa$ die Widerstandszahl der Straße ist?

563. Ein Uhrgewicht von 300 g sinkt in 24 Stunden 120 cm herab. Welche Leistung erfordert die Uhr zu ihrem Betriebe und welche Leistung wird zum Aufziehen in einer halben Minute erforderlich sein, wenn die Widerstände des Uhrwerkes $^1/_3$ der Nutzleistung erfordern?

564. Eine Maschine von 4 PS mit dem Wirkungsgrad $\eta = 0,8$ zieht eine Last von 80 t eine unter 10° geneigte schiefe Ebene hinan. Die Widerstandszahl derselben sei 1/40. Wieviel Minuten werden vergehen, bis die Last um 5 m höher steht als in der Anfangslage?

565. Eine Dampfmaschine von 10 PS betreibt eine Pumpe, welche während 12 Stunden 8640 hl Wasser auf eine Höhe von 30 m hebt. Welche Leistung geht für die Widerstände in der Pumpe verloren? Wie groß ist der Wirkungsgrad?

566. Der Dampf in einem (doppeltwirkenden) Dampfzylinder hat 5 at Überdruck (1 at = 1 kg/cm²). Der Kolben besitzt 20 cm Durchmesser und 40 cm Hub, die Kurbel macht 100 Umdrehungen in der Minute. Welche Leistung N hat die Maschine?

567. Eine Dampfmaschine mit nebenstehenden Abmessungen wird benutzt, um eine Last mit einer Geschwindigkeit $v = 0{,}215$ m/sek zu heben. Zu berechnen: die Drehzahlen n und n_1 der Kurbel und der Trommel in der Minute; die Leistung N der Dampfmaschine; die Last Q.

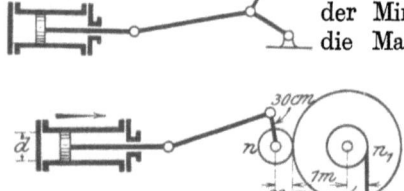

$d = 30$ cm; Dampfspannung hinter dem Kolben: 5 kg/cm²; vor dem Kolben: 1 kg/cm²; Wirkungsgrad der Maschine: $\eta = 0{,}7$.

568. Bei einem Bahnbau ist innerhalb eines Tages ein Einschnitt herzustellen, der einen Erdaushub von 600 m³ erfordert; die Erde muß auf Wagen geworfen werden, deren Rand im Mittel 2 m höher liegt als der Stand der Arbeiter. Wieviel Arbeiter müssen (außer jenen zur Auflockerung des Bodens) zur Verladung der Erde angestellt werden, wenn angenommen wird, daß jeder Arbeiter durchschnittlich 2 kgm in der Sekunde leistet, die Arbeitszeit 10 Stunden beträgt und die Erde ein Einheitsgewicht (γ) von 1,5 (kg/dm³) besitzt?

569. Ein Motor von 80 PS soll zur Hebung einer Last benutzt werden; die Fördergeschwindigkeit soll 1 m in der Minute betragen. Welche Last G wird gehoben werden können, wenn der Wirkungsgrad der Maschine 0,8 ist?

570. Ein Teich von 5000 m³ Inhalt soll mit einer Pumpe *ausgeschöpft* werden, die den Wirkungsgrad von 0,8 besitzt und von einem zweipferdigen Motor betrieben wird. Das Wasser muß auf 3 m Höhe gefördert werden. Nach welcher Zeit ist der Teich leer?

571. An dem Göpel in Aufgabe **338** arbeiten vier Mann. Sie haben eine Last $Q = 400$ kg in 50 sek 3 m hoch zu heben. Abmessungen und Reibungszahlen seien dieselben wie dort. Man berechne: a) die Drehzahl n des Göpels; b) die Leistung N, welche auf jeden Mann entfällt, wenn Seilsteifigkeit und Zapfenreibung an der Welle und an der Rolle berücksichtigt werden.

572. Ein Rad vom Halbmesser $R = 0,8$ m, zu dessen Umfang tangential der Widerstand $Q = 20$ kg wirkt, wird durch eine Kurbel bewegt, deren Länge $r = 20$ cm ist; die Triebkraft K an der Kurbel wirkt fortwährend in wagrechter Richtung. Der Zapfenhalbmesser des Rades ist $\varrho = 4$ cm, der ganze Zapfendruck $D = 80$ kg, die Reibungszahl $f_1 = 0,08$. Welche gleichbleibende Kraft K ist notwendig, wenn der Bewegungszustand nach jeder Umdrehung derselbe sein soll, und wie groß ist der Wirkungsgrad?

573. Eine Last $Q = 250$ kg soll mit Hilfe einer flachgängigen Schraube um 80 cm gehoben werden; gegeben sind: der Spindelhalbmesser $r = 3$ cm, der Arm der Triebkraft $R = 30$ cm, die Ganghöhe der Schraube $h = 0,988$ cm, die Reibungszahl $f = 0,06$. Welche Kraft K ist zum Heben der Last nötig? Welche Arbeiten werden von Kraft, Last und Reibung geleistet? Wie groß ist der Wirkungsgrad?

574. Eine Riemenscheibe von $r = 0,5$ m Halbmesser macht $n = 40$ Umdrehungen in der Minute; die größte Spannung S_1 des Riemens darf 125 kg betragen. a) Welche Kraft K kann durch den Riemen höchstens übertragen werden? (Reibungszahl $f = 0,28$, umspannter Bogen $\alpha = \pi$.) b) Wieviel Pferdestärken (N) können höchstens übertragen werden? c) Wieviel Leistung geht durch die Zapfenreibung verloren, wenn der Zapfenhalbmesser $\varrho = 5$ cm, die Zapfenreibungszahl $f_1 = 0,1$ und der Zapfendruck $D = 2 S_1$ angenommen werden?

575. Eine flußeiserne Welle habe 0,2 m Durchmesser, 200 m Länge und mache 30 Umdrehungen in der Minute. Die Reibung in den Lagern betrage 0,05 vom Gewicht der Welle. Welche Leistung N in PS nimmt die Reibung in Anspruch? (Einheitsgewicht des Eisens: 7,8.)

576. Zum Polieren eines Mosaikbodens werde ein Polierstein von 40 kg Gewicht durch einen Arbeiter zehnmal in der Minute hin und her geschoben, jedesmal um 1,2 m hin und ebensoviel zurück. Die Reibungszahl zwischen Boden und Stein beträgt 0,3. Welche Leistung verrichtet der Arbeiter?

577. Aus einem Mühlgang, der in der Sekunde 400 l Wasser führt, stürzt das Wasser 3 m hoch herab. Die Leistung des Wassers wird von einem Rad aufgefangen, das 4000 kg wiegt und 15 Umdrehungen in der Minute macht. Der Zapfen, in dem das Rad gelagert ist, hat 24 cm Durchmesser. Die Zapfenreibung verzehrt 3 v. H. der Leistung des Wassers. Wie groß ist die Reibungszahl des Zapfens?

94 Dynamik.

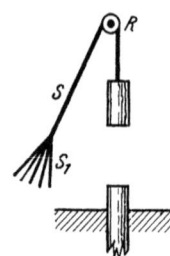

578. Ein Rammklotz von 300 kg Gewicht zum Einschlagen von Pfählen soll jede Minute 8 m hoch gehoben werden. Jeder Arbeiter hebt an einem Seil S_1. Der Arbeitsverlust infolge der Widerstände der Rolle R beträgt 10 v. H. Wieviel Arbeiter (x) sind nötig, wenn die Leistung eines Mannes 8 kgm/sek ist?

579. Ein in C aufgestelltes Lokomobil von $N = 20$ PS zieht drei Waggons zu je 4000 kg längs einer Eisenbahn ABC gleichförmig hinauf. Gegeben sind: $s_1 = 100$ m, $s_2 = 300$ m, $\alpha_1 = 30°$, $\alpha_2 = 15°$. Widerstandszahl der Waggons $\varkappa = 1/200$. Auf die Seilwiderstände ist keine Rücksicht zu nehmen. In welcher Zeit t wird der Weg ABC zurückgelegt?

580. Ein Radfahrer hat samt Rad das Gewicht G kg. Wenn er ohne Benutzung der Pedale eine unter α geneigte Straße hinabfährt, so kann er den Straßen- und Luftwiderstand (der in der Form: Reibungszahl $f \times$ Normaldruck anzunehmen ist) in gleich-

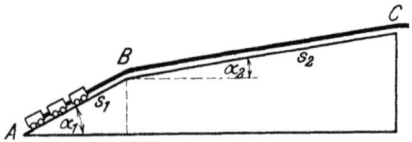

förmiger Bewegung überwinden. Derselbe Radfahrer fährt dann eine unter β geneigte Straße empor, hat eine Geschwindigkeit von C km in der Stunde und tritt die Pedale, deren Kurbel r m lang sei, mit n Umdrehungen in der Minute. Welchen Druck K wird der Radfahrer auf die Pedale ausüben und welche Leistung N in Pferdestärken wird er abgeben? (Nach Routh.)

*581. Von einer Drahtseilbahn sind gegeben: die Neigung α der Bahn, die Gewichte G_1 und G_2 der Wagen, das Gewicht q der

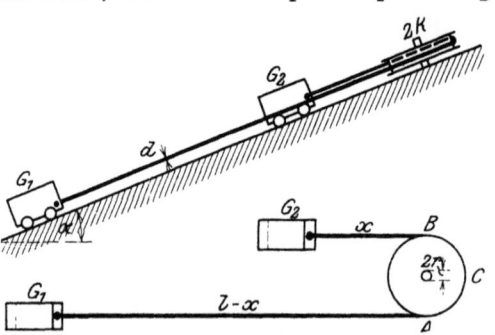

Längeneinheit des Drahtseils, der Seildurchmesser d und die Seillänge l (ohne den Teil ACB); ferner der Halbmesser R der Seilscheibe, ihr Zapfenhalbmesser r, endlich sämtliche Reibungs- und Widerstandszahlen. Die Bewegung geht gleichförmig vor sich. Welche Arbeit ist an der Seilscheibe zu leisten, wenn x anfangs Null ist und bis l zunimmt?

Arbeit und Leistung.

*582. Ein Punkt P mit der Masse M, dessen Anfangslage A und dessen Anfangsgeschwindigkeit Null ist, werde von einem Punkt O mit einer Kraft $K = k \cdot r$ angezogen, wobei k eine Konstante ist. Welche Arbeit **A** leistet die veränderliche Kraft, wenn sich der Punkt bis O bewegt hat?

Für welchen Wert von r ist die Leistung der Kraft am größten? Wie groß ist diese größte Leistung L_{max}?

583. Ein geradlinig bewegter Punkt von der Masse M hat die **Anfangsgeschwindigkeit** v_0; er wird einer Kraft $K = a - kv$ ausgesetzt, worin a und k Konstante sind. Welche Arbeit leistet die Kraft von der Anfangslage bis zur Gleichgewichtslage?

*584. Eine Last G wird mittels eines Seiles eine glatte Bahn emporgezogen, welche die Form eines Viertelkreises hat. Man berechne die Gesamtarbeit der hierzu notwendigen Kraft K aus deren Elementararbeit in einer kleinen Zeit.

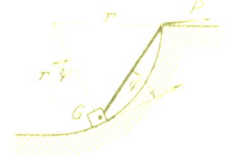

*585. Eine kleine Masse m am Ende eines Armes a, der um den Mittelpunkt eines Quadrates von der Seitenlänge s drehbar ist, wird von vier gleichen Massen m_1 in den Ecken des Quadrates nach dem Newtonschen Gesetz angezogen. Welche Arbeit muß aufgewendet werden, um den Punkt m aus seiner Gleichgewichtslage für $\varphi = 0$ in die gezeichnete Stellung zu bringen, in welcher er von den Ecken die Abstände r_1, r_2, r_3, r_4 hat? Welche Arbeit ist notwendig für eine Drehung um $45°$?

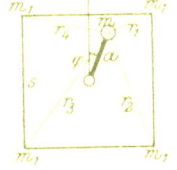

*586. Ein Punkt M, der sich in einer Geraden g bewegen kann, wird von einem außerhalb gelegenen Punkt O mit einer Kraft $K = k/r^2$ angezogen, wobei $\overline{OM} = r$ ist. Der Punkt M kommt aus der Unendlichkeit und gelangt bis M_1, wobei $\overline{OM_1} = a$; welche Arbeit hat K geleistet?

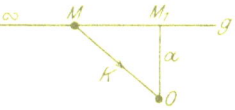

*587. Ein Punkt, der sich auf einem **Kreise** bewegt, wird von einem Punkt C des Kreises verkehrt proportional dem Quadrat der Entfernung angezogen. Wenn der Punkt von M_0 nach M_1 gelangt ist, welche Arbeit hat die Anziehungskraft geleistet?

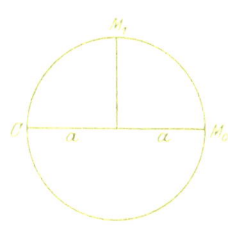

Aufg. 587.

588. Das **Riemendynamometer** von **Hefner-Alteneck** dient zur Bestimmung der Leistung einer Kraftübertragung und wird zwischen treibender und angetriebener Maschine geschaltet;

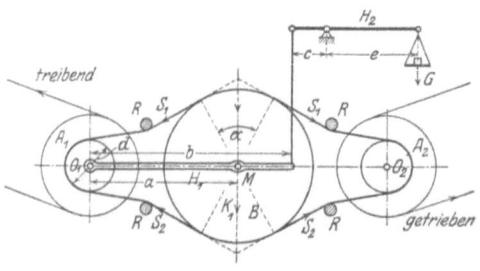

es besteht aus zwei festgelagerten Riemenscheiben A_1, A_2 vom Durchmesser d und einer in einem Hebel H_1 beweglich gelagerten größeren Scheibe B, die von den ziehenden und gezogenen Riemenstücken mit dem Winkel α umschlungen wird; die Führungsrollen R halten α konstant. Die Mittelkraft der vier an B angreifenden Seilspannungen, die B nach abwärts zu drücken sucht, wird mittels der beiden Hebel H_1 und H_2 durch das Gewicht G aufgehoben, so daß M für Gleichgewicht in die Verbindungslinie $O_1 O_2$ fällt. Wie ermittelt sich die übertragene Leistung aus G und der Drehzahl n von B?

27. Das Prinzip der virtuellen Arbeiten.

Man benutze dieses Prinzip zur Lösung folgender Gleichgewichtsaufgaben:

*589. Zwei ungleiche Gewichte P und Q sind an den Enden eines Fadens befestigt, der bei O über eine Rolle läuft. P hängt frei herab, Q liegt auf einer glatten schiefen Ebene, die in A beginnt und um α gegen die Lotrechte geneigt ist. In welcher Entfernung s von A bleibt Q im Gleichgewicht?

*590. Über eine Parabel $y^2 = 2px$ mit lotrechter Achse wird ein Faden gelegt, an dessen Enden zwei Gewichte P und Q befestigt sind. Das erstere P liegt in der Tiefe a unter dem Scheitel. Wie groß muß die Tiefe x des zweiten Q sein, wenn Gleichgewicht bestehen soll?

*591. Zwei schwere Punkte mit den Gewichten P und Q, welche auf einer Parabel mit lotrechter Achse gleiten können, sind durch eine undehnbare Schnur miteinander verbunden, die durch den Brennpunkt F der Parabel geht. An welchen Stellen sind die beiden Punkte im Gleichgewicht?

Aufg. 589.

Aufg. 590.   Aufg. 591.

592. Zwei schwere Punkte P und Q, welche längs einer Ellipse gleiten können, sind durch einen undehnbaren Faden, der über die Brennpunkte F_1, F_2 gelegt wird, miteinander verbunden. Die Ebene der Ellipse ist lotrecht, die große Achse wagrecht. Welche Beziehung besteht zwischen den Winkeln φ_1 und φ_2, wenn die Punkte im Gleichgewicht sind?

593. Ein undehnbarer Faden ist in A und D befestigt und läuft über zwei glatte Rollen B und C. Drei Gewichte P, Q, P hängen in glatten Ringen an dem Faden. In welcher Beziehung stehen die Winkel φ und ψ, wenn Gleichgewicht besteht?

594. Ein bei O drehbarer Stab $\overline{OB} = b$ ist in B mit einem Gewicht G belastet und wird in A durch einen elastischen Faden gehalten, der sich an den Rand einer kreisförmigen Scheibe vom Halbmesser $\overline{OA} = a$ legt. Bei welchem Winkel φ ist der Stab im Gleichgewicht? Die Kraft des Fadens ist seiner Länge proportional, und zwar gleich k für die Längeneinheit. (Euler.)

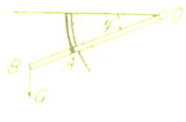

595. Ein in A mit dem Gewicht G belasteter Stab $\overline{OB} = b$ ist in O drehbar befestigt. Von seinem Ende B läuft ein undehnbarer Faden über eine kleine Rolle in C; er trägt ein Gewicht Q. Es ist $\overline{OA} = a$, $\overline{OC} = b$. Bei welchem Winkel φ besteht Gleichgewicht? Ist es sicher oder unsicher?

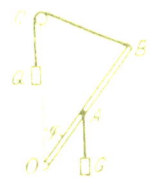

596. Ein homogener schwerer Stab von der Länge $2l$ stützt sich in A an eine lotrechte glatte Wand und wird in B von einem Faden gehalten, der in C befestigt ist. In welcher Beziehung müssen die Winkel φ und ψ stehen, wenn der Stab im Gleichgewicht ist? (St. Germain.)

597. Ein Fensterflügel AC vom Gewicht G ist durch zwei gleiche Stangen BD und CD mit der Wand verbunden. Es ist $\overline{AB} = \overline{AC} = a$. An einer beliebigen Stelle M der Stange CD soll eine Kraft K angreifen, die den Flügel öffnet. Man soll die kleinste hierzu nötige Kraft nach Größe und Richtung bestimmen.

Aufg. 596.   Aufg. 597.

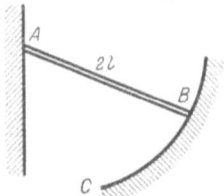

*598. Ein Stab AB vom Gewicht G stützt sich an den Boden und an die lotrechte Wand; beide sind glatt. Das Ende A wird von einem Seil gehalten, an dem das Gewicht Q hängt. Unter welchem Winkel φ bleibt der Stab im Gleichgewicht? Wie groß sind die Drücke in A und B?

599. Ein Stab AB stützt sich in A an eine glatte lotrechte Wand, in B an eine glatte Zylinderfläche mit Erzeugenden senkrecht zur Bildebene. Welchem Gesetze gehorcht der Schnitt c des Zylinders mit der Bildebene, wenn der Stab in jeder Lage im Gleichgewicht sein soll?

600. Auf den Schenkeln eines rechten Winkels gleiten zwei Ecken eines Dreiecks ABC. Man soll den dritten Eckpunkt C derart annehmen, daß die homogene schwere Dreiecksfläche ABC bei jeder Verschiebung im Gleichgewicht bleibt.

*601. Ein homogenes rechtwinkliges Dreieck liegt in einer hohlen Halbkugel vom Durchmesser d in nebenstehender Art. Welche Beziehung besteht zwischen den Winkeln φ und α für Gleichgewicht? Wie groß sind die Drücke in A, B, C?

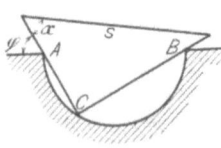
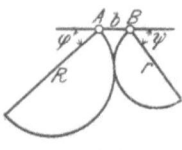

Aufg. 601. Aufg. 602.

*602. Zwei homogene Halbkreiszylinder mit den Halbmessern R, r und den Gewichten G_1, G_2 sind in A und B aufgehängt und berühren einander. Man suche eine Beziehung für die Winkel φ und ψ für Gleichgewicht.

*603. Zwei schwere Stäbe $\overline{OA}$ und $\overline{AC}$, von denen $\overline{AC}$ doppelt so lang und doppelt so schwer ist wie $\overline{OA}$, sind in A gelenkig verbunden. Der Stab $\overline{OA} = r$ ist in O drehbar gelagert, der Stab $\overline{AC}$ stützt sich an die Ecke B, wobei $\overline{OB} = r$ wagrecht ist. Wie groß wird der Winkel φ für Gleichgewicht?

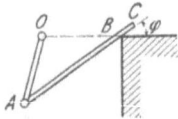

*604. Zwei gleiche Stangen OA und OB haben in O ein bewegliches Gelenk; ihre Enden A und B sind durch Stangen von der Länge b um ein festes Gelenk O_1

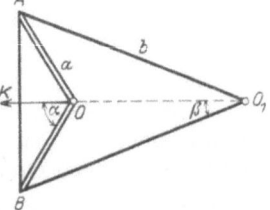

Das Prinzip der virtuellen Arbeiten. 99

drehbar und untereinander durch ein Seil AB verbunden. Wenn das Gelenk O durch die Kraft K nach links gezogen wird, welche Spannung S entsteht in dem Seil?

*605. Zwei gleich lange, gewichtlose Stäbe $\overline{AC} = \overline{BC} = b$ sind in C gelenkig verbunden und mit Q belastet. Ihre Enden A und B sind durch ein elastisches Band verbunden, dessen Länge im ungespannten Zustand l_0 und dessen Zugkraft der Längenänderung proportional ist. Wie groß muß Q sein, damit für Gleichgewicht der Winkel ACB ein rechter ist?

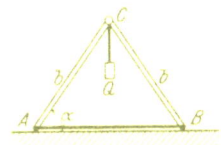

*606. Drei gleich dicke Stäbe aus demselben Material sind gelenkig miteinander verbunden; ihre Enden A und B liegen in derselben Wagrechten. Die Längen der Stäbe und der Linie AB sind in die Abbildung eingeschrieben. Welche Beziehung muß zwischen den Winkeln α, β und γ bestehen, wenn die Stäbe im Gleichgewicht sind?

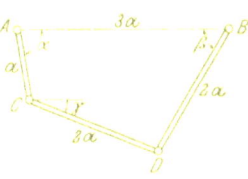

*607. Drei gewichtlose Stangen a, b und c sind in A und B gelenkig verbunden, in C stoßen sie frei aneinander. In B hängt ein Gewicht G. Wie groß ist der Druck D in der Stange AC?

*608. Fünf gleich lange, gleich schwere Stäbe sind gelenkig miteinander verbunden. Zwei von diesen Gelenken können auf einer glatten, wagrechten Geraden gleiten. In welcher Beziehung stehen die Winkel α und β, wenn die fünf Stäbe im Gleichgewicht bleiben? (Walton.)

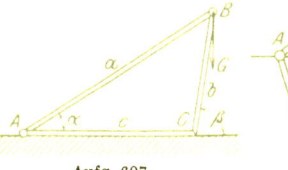

Aufg. 607.   Aufg 608.

*609. Vier gleich lange Stäbe a sind gelenkig miteinander verbunden; zwischen den Gelenken sind elastische Fäden gespannt, die im ungespannten Zustand die Länge a besitzen; ihre Spannung ist der Längenänderung proportional. Überdies wirken an zwei gegenüberliegenden Gelenken zwei gleiche Kräfte K; wie groß wird der Winkel φ, sobald Gleichgewicht eingetreten ist?

Aufg. 609.   Aufg. 610.

*610. Ein homogenes, gleichschenkliges Dreieck ABC ist in A und C an einer biegsamen Schnur von der Länge l befestigt, die über eine kleine glatte Rolle in O läuft. Man bestimme die

7*

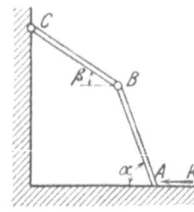

Differenz x der Längen der Schnurstücke $\overline{OC}$ und $\overline{AO}$ für Gleichgewicht.

*611. Zwei gleich lange, gleich schwere, gelenkig verbundene Stäbe sind in C gelenkig gelagert und stützen sich in A an den glatten Boden. Welche Kraft K ist in A in wagrechter Richtung anzubringen, um Gleichgewicht zu erhalten?

*612. Zwei in O drehbare Stangen von der Länge $\overline{CD} = l$ und der Dicke a werden mittels zweier wagrechter Walzen A und B

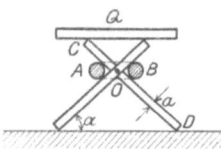

vom Halbmesser r, um die ein Seil geschlungen wird, im Gleichgewicht erhalten. Wenn die Belastung Q dieser Holzkonstruktion gegeben ist, wie groß wird die Seilspannung sein, wenn von allen Reibungen abgesehen wird?

*613. Eine Platte vom Gewicht Q ruht auf einem beweglichen Gestell vom Gewicht G, das aus vier gleichen Stangen von der Länge a besteht. Welche Kräfte K werden das Gestell im Gleichgewicht erhalten, wenn die Reibungszahlen f und f_1 unter der Platte und an dem Boden berücksichtigt werden?

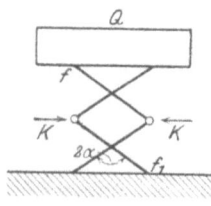

*614. Es ist an der einfachen Kniehebelpresse das Verhältnis zwischen der Kraft K und der Last Q zu ermitteln.

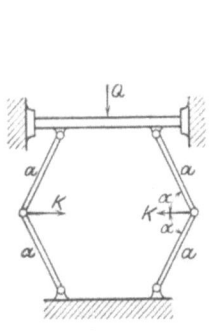 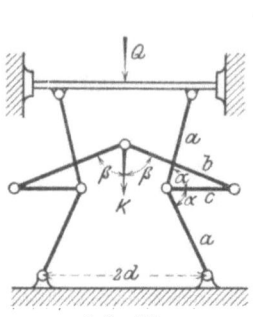 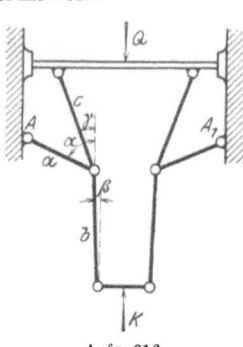

Aufg. 614.   Aufg. 615.   Aufg. 616.

*615. Man soll an der doppelten Kniehebelpresse das Verhältnis zwischen der Kraft K und der Last Q ermitteln.

*616. Es ist an der Baumwollpresse von Baldwin das Verhältnis der Kraft K zur Last Q durch die drei Winkel α, β, γ auszudrücken.

*617. Bei der Schützensteuerung zum selbsttätigen Anlassen von elektrischen Motoren wird das nebenstehende Kniegelenk verwendet. Durch eine in A wirkende magnetische Zugkraft Z wird D nach E gedrückt und der Kontakt hergestellt. Wenn $\overline{OA} = \overline{AB}$, $\overline{CD} = 3\overline{BC}$ und die Größe des Winkels OAB im Augenblicke des Kontaktes 2β ist, wie groß ist der Druck D in E? (H. Cruse, Z. V. D. I. Bd. 57, 1913, S. 743.)

*618. Ein niederlegbares Wehr hat die Form eines Doppelparallelogramms, das um die Punkte A_1, B_1, C_1 drehbar ist und mit Hilfe eines Seilzuges BD gehoben und gesenkt werden kann. Die Stangen AA_1, BB_1, CC_1 haben jede das Gewicht G, der Steg AC die Belastung Q. Wenn die Winkel α und β gegeben sind, wie groß ist die Spannung S des Seiles für Gleichgewicht?

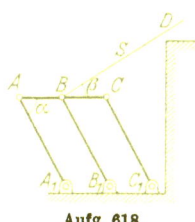
Aufg. 618.

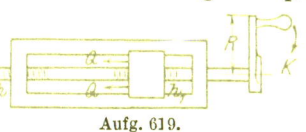
Aufg. 619.

619. Es soll das Verhältnis von Kraft K und Last Q bei einer Differentialschraube bestimmt werden, wenn R die Länge der Kurbel und h, h_1 die Ganghöhen der beiden Schraubengewinde auf derselben Spindel sind. (Ohne Rücksicht auf Reibungen.)

*620. Bei der Kniehebelpresse von Marsth wird auf die Preßplatte AB dadurch ein Druck Q ausgeübt, daß ein Handrädchen vom Halbmesser R eine Schraubenspindel dreht, welche bei festgehaltenen Punkten O und O_1 das Getriebe hinabdrückt. Wie groß muß die Kraft K am Handrädchen sein, wenn auf die Reibung in den Schraubengewinden Rücksicht genommen wird?

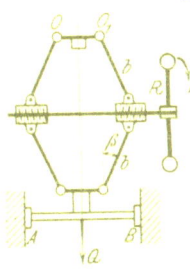
Aufg. 620.

*621. Die beiden Abbildungen zeigen das verdrehbare Rahmengestell einer Lokomotive in der Draufsicht, und zwar in normalem Zustand und nach einer Verdrehung um den Winkel φ. A ist ein im Gestell fester Drehpunkt, $\overline{AB} = a$ eine drehbare Kurbel; die Stäbe $\overline{BC} = \overline{BD} = b$ sind in C und D an Federn drehbar befestigt, die im normalen Zustand ungespannt sind und eine Länge l

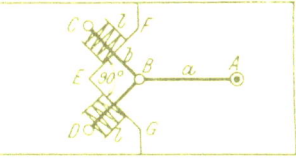

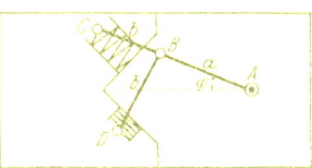

haben. Wenn die Verdrehung der Kurbel φ gegeben ist, sollen berechnet werden: a) die Verdrehungen γ und ε von BC und BD; b) die entstehenden Federdrücke in C und D, wenn k die Federkraft für die Einheit der Längenänderung ist; c) die aufzuwendende Verdrehungskraft K in B. (E. Brückmann, Z.V. D. I. Bd. 41, 1897, S. 96.)

28. Polare Trägheitsmomente ebener Flächen.

622. Man berechne das (geometrische) polare Trägheitsmoment eines gleichschenkligen Dreiecks von der Grundlinie b und der Höhe h in bezug auf die Spitze.

623. Suche das polare Trägheitsmoment einer regelmäßigen Vieleckfläche in bezug auf den Mittelpunkt.

624. Suche das polare Trägheitsmoment einer Dreiecksfläche F, deren Seiten a, b, c sind, in bezug auf den Schnittpunkt von b und c.

625. Wie groß ist das polare Trägheitsmoment einer Kreisfläche in bezug auf einen Punkt des Umfanges?

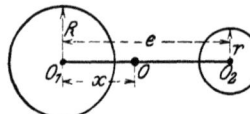

626. Die Mittelpunkte zweier Kreise von den Halbmessern R, r besitzen die Entfernung e voneinander. Welche Entfernung x besitzt O von O_1, wenn beide Kreisflächen in bezug auf O gleiches polares Trägheitsmoment haben sollen?

627. Ein Rechteck $OBAC$ von veränderlicher Größe steckt in der Ecke O eines Koordinatenkreuzes. Welches ist der Ort der Punkte A für alle Rechtecke, die in bezug auf O gleiches polares Trägheitsmoment haben?

628. Man ermittle das polare Trägheitsmoment eines Kreisbogens vom Halbmesser r und dem Zentriwinkel 2α in bezug auf seinen Halbierungspunkt.

629. Wie groß ist das polare Trägheitsmoment einer Ellipsenfläche F in bezug auf ihren Mittelpunkt und in bezug auf die Endpunkte der Achsen $2a$ und $2b$?

630. Verteile die Masse M eines dünnen prismatischen Stabes derart, daß $2M/3$ in den Schwerpunkt S, $M/6$ an jedes Ende kommt. Beweise, daß in bezug auf jeden beliebigen Punkt das polare Trägheitsmoment dieser drei Punkte mit dem polaren Trägheitsmoment des Stabes übereinstimmt.

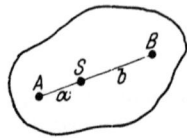

631. Die Masse M einer ebenen Fläche wird derart verteilt, daß in den Punkten A und B die Massen $m_1 = J_s/al$, $m_2 = J_s/bl$ und in dem Schwerpunkt S der Rest auf M, nämlich $m_s = M - (m_1 + m_2)$ vereinigt wird. Hierin ist

$l = a + b$ und J_s das polare Trägheitsmoment der Fläche in bezug auf den Schwerpunkt. Man beweise, daß die drei so verteilten Punktmassen m_1, m_2, m_s in bezug auf jeden Punkt O der Ebene das gleiche Trägheitsmoment haben wie die Fläche selbst.

632. Die Masse M einer ebenen Fläche wird in drei beliebig angenommene Punkte A, B, C und in den Schwerpunkt S verteilt. In die ersten kommen die Massen:

$$m_1 = \frac{J_s \sin \alpha}{a\,l}, \qquad m_2 = \frac{J_s \sin \beta}{b\,l},$$

$$m_3 = \frac{J_s \sin \gamma}{c\,l}.$$

Hierin ist J_s das polare Trägheitsmoment der Fläche in bezug auf den Schwerpunkt, ferner

$$\alpha = \sphericalangle CSB, \quad \beta = \sphericalangle ASC, \quad \gamma = \sphericalangle BSA$$

und
$$l = a \sin \alpha + b \sin \beta + c \sin \gamma.$$

In den Schwerpunkt kommt die Restmasse

$$m_s = M - (m_1 + m_2 + m_3).$$

Man beweise, daß diese vier Punktmassen m_1, m_2, m_3, m_s in bezug auf jeden Punkt O der Ebene das gleiche Trägheitsmoment haben wie die Fläche selbst.

(Beachte, daß in den letzten drei Beispielen die Ersatzpunkte auch denselben Schwerpunkt haben wie die gegebenen Massen.)

29. Trägheitsmomente von Körpern.

633. Eine Stange vom Gewicht G und der Länge l hat in bezug auf zwei Achsen, die senkrecht zu ihr sind und durch ihre Endpunkte A und B gehen, die Trägheitsmomente J_1 und J_2. Welche Entfernung x hat der Schwerpunkt der Stange von ihrem Mittelpunkt?

*634. Berechne das Trägheitsmoment eines dünnen Stabes von der Masse M und der Länge l für eine Achse x, die unter φ geneigt ist.

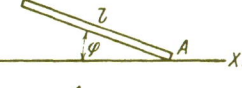

*635. Suche das Trägheitsmoment desselben Stabes für eine Achse x, die zum Stab senkrecht steht und von den Enden des Stabes die Abstände a und b hat.

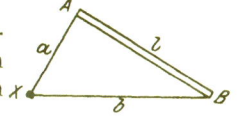

636. Ein rechtwinkliges Vierflach (Parallelepiped) von den Kanten a, b, c hat das Einheitsgewicht γ. Suche sein Trägheitsmoment bezüglich der Kante c.

637. Berechne das Trägheitsmoment eines geraden, regelmäßigen n-seitigen Prismas in bezug auf die geometrische Achse (J_0) und sodann in bezug auf eine beliebige, zu den Grundflächen parallele Schwerlinie (J_1).

*638. Die Trägheitsmomente einer geraden Pyramide mit rechteckiger Grundfläche $a \cdot b$ und der Höhe h sind zu berechnen in bezug auf folgende Achsen: a) geometrische Achse der Pyramide (J_0); b) Schwerlinie parallel zur Kante a (J_1); c) Kante a (J_2); d) Parallele zur Kante a durch die Spitze (J_3).

*639. Man berechne die Trägheitsmomente eines geraden Kreiskegels von der Höhe h und dem Halbmesser r der Grundfläche in bezug auf folgende Achsen: a) geometrische Achse des Kegels (J_1); b) Gerade durch die Spitze, senkrecht zur geometrischen Achse (J_2); c) Gerade durch den Schwerpunkt, senkrecht zur geometrischen Achse (J_0).

*640. Wie groß ist das Trägheitsmoment J eines regelmäßigen Tetraeders von der Kante a in bezug auf diese? (Dichte $= \mu$.)

*641. Welches Trägheitsmoment hat die Mantelfläche eines geraden Kegelstutzes (R, r, Halbmesser der Grundflächen), wenn auf ihr die Masse M gleichförmig ausgebreitet ist, für die Achse des Kegelstutzes?

*642. Suche das Trägheitsmoment einer homogenen Kugeloberfläche bezüglich eines Durchmessers (Masse M, Halbmesser r).

643. Eine Halbkugeloberfläche ist gleichförmig mit der Masse M belegt. Welche Gestalt besitzt das Trägheitsellipsoid dieser Masse für den Kugelmittelpunkt? (Kugelhalbmesser r.)

*644. Berechne das Trägheitsmoment eines homogenen, geraden Kegelstutzes in bezug auf die Achse (Masse M, Halbmesser R und r).

*645. Wie groß sind die Hauptträgheitsmomente eines Drehparaboloides (Höhe h, Grundfläche $a^2 \pi$) für den Scheitel?

*646. Suche die Hauptträgheitsmomente eines Drehellipsoides in bezug auf den Mittelpunkt. ($2a =$ Drehungsachse.)

647. J_x, J_y, J_z seien die Trägheitsmomente eines Körpers für drei senkrechte Achsen. Beweise, daß jedes kleiner ist wie die Summe der zwei anderen. (Routh.)

648. Ein Ring von rechteckigem Querschnitt besitzt die aus der Abbildung ersichtlichen Abmessungen R, r, a. Das Trägheitsmoment dieses Ringes um die Achse x soll durch Vergrößerung von R auf R_1 auf das Doppelte gebracht werden. Wie groß muß R_1 gemacht werden?

649. Es soll das Trägheitsmoment eines sehr dünnen Ringes vom Halbmesser a und der Masse M in bezug auf eine Achse x gesucht werden, die unter α gegen die Ebene des Ringes geneigt ist.

650. Es soll das Trägheitsmoment eines Schwungrades von folgenden Abmessungen in bezug auf die Achse x ermittelt werden: $R = 2$ m, $a = 0{,}4$ m, $b = 0{,}2$ m, $\varrho = 8$ cm, $r_1 = 0{,}4$ m, $r = 0{,}2$ m, $\beta = 0{,}4$ m; Einheitsgewicht $\gamma = 7{,}5$.

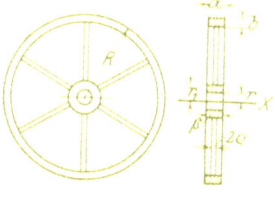

651. Berechne das Trägheitsmoment zweier eiserner Schwungkugeln, ihrer hölzernen Arme und der hölzernen ringförmigen Nabe um die Mittelachse x. Die Arme sind zylindrisch. Die Abmessungen sind: $R = 58$ cm, $a = 10$ cm, $\beta = 10$ cm, $r_1 = 8$ cm, $r = 5$ cm, $\varrho = 1$ cm; die Einheitsgewichte sind: $\gamma = 7{,}6$ für Eisen, $\gamma_1 = 0{,}5$ für Holz.

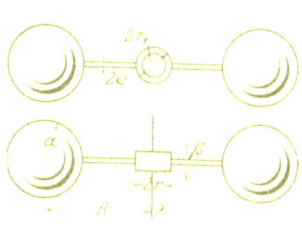

*__652.__ Bestimme das Trägheitsmoment eines dreiachsigen Ellipsoides von den Halbachsen a, b, c in bezug auf die Achse $2a$.

*__653.__ Ermittle das Trägheitsmoment einer unendlich dünnen elliptischen Schale, die zwischen zwei ähnlichen Ellipsoiden eingeschlossen ist, bezüglich der Achse $2a$. (Routh.)

654. Man suche ein Ellipsoid, welches bezüglich aller seiner Durchmesser dieselben Trägheitsmomente hat, wie ein massengleicher Körper bezüglich derselben Geraden. (Legendre.)

655. Die Dichte eines Ellipsoides von den Halbachsen A, B, C nimmt dem Abstand vom Mittelpunkt proportional ab; die Schalen gleicher Dichte sind ähnliche Ellipsoide. Wie groß ist das Trägheitsmoment bezüglich der Hauptachse $2A$?

*__656.__ Die Masse eines Stabes, der um eine senkrechte Achse rotiert, soll an das Ende A reduziert werden. Wo muß die Achse gewählt werden ($x = ?$), wenn die reduzierte Masse des Stabes ein Minimum werden soll, und wie groß ist dieses?

657. Eine Kugel ist durch einen Arm mit einer Achse verbunden, um die sie rotiert. Man reduziert die Massen M_1 und M_2 von Arm und Kugel nach dem Mittelpunkt der Kugel und findet die reduzierte Masse $\mathfrak{M} = M_1 + M_2$. In welchem Verhältnis müssen l und r stehen?

30. Bewegungsenergie.

658. Welche Bewegungsenergie hat ein Geschoß von 600 kg mit 400 m/sek Geschwindigkeit?

659. Zwei Eisenbahnzüge stoßen zusammen. Ihre Gewichte sind 120 t und 300 t, ihre Geschwindigkeiten 25 m/sek bzw. 15 m/sek. Welche Arbeit wird bei der Zertrümmerung geleistet?

660. Die Drehzahl einer zylindrischen Welle vom Gewicht G und dem Halbmesser r ist n in der Minute; welche Energie T besitzt die Welle?

661. Um wieviel ändert sich die Drehzahl n der Welle in voriger Aufgabe, wenn die Drehungsachse der Welle während der Bewegung um den zehnten Teil des Halbmessers von der Mittellinie abrückt?

662. Ein zylindrischer Körper macht um seine Achse eine Schraubenbewegung; α ist deren Steigungswinkel in der Mantelfläche des Zylinders. Wie muß α abgeändert werden ($\alpha_1 =\ ?$), wenn die Energie der Schraubenbewegung auf $1/n$ ihres Wertes herabsinken, an der Winkelgeschwindigkeit aber nichts geändert werden soll?

663. Eine Kugel von 50 cm Halbmesser und dem Einheitsgewicht $\gamma = 7{,}8$ macht $n = 120$ Umdrehungen in der Minute um eine durch ihren Mittelpunkt gehende Achse. Sie gibt von ihrer Energie 2464 kgm nach außen ab; wieviel (x) Umdrehungen in der Minute wird sie noch besitzen?

664. Eine Kugel vom Halbmesser r macht n Umdrehungen in der Minute. Wie groß (x) wird die Drehzahl werden, wenn der Halbmesser um δ kleiner wird, ohne daß das Gewicht der Kugel sich ändert?

665. Eine dünnwandige Kugelschale, deren Wandstärke $\delta = r/100$ des äußeren Halbmessers ist, dreht sich mit der Drehzahl n um ihren Durchmesser. Das Innere der Hohlkugel wird mit Sand gefüllt, dessen Einheitsgewicht halb so groß wie jenes der Schale ist. Wie ändert sich hierdurch die Drehzahl?

666. Eine Welle von $l = 4$ m Länge und $d = 10$ cm Durchmesser macht $n = 20$ Umdrehungen in der Minute. Sie wird mit einer anderen Welle aus gleichem Material, welche die Abmessungen $l_1 = 6$ m, $d_1 = 8$ cm besitzt und ruht, ohne Stoß gekuppelt. Wieviel (x) Umdrehungen machen die gekuppelten Wellen in der Minute?

667. Wie groß ist die Bewegungsenergie eines Kreiszylinders mit dem Halbmesser r und dem Gewicht G, wenn er sich um eine Erzeugende dreht, und zwar in der Sekunde einmal herum?

668. Ein Holzprisma besitzt drei aufeinander senkrecht stehende Kanten: $a = 30$ cm, $b = 20$ cm, $c = 10$ cm; es dreht sich um die

Kante a mit $n = 100$ Umdrehungen in der Minute. Wie groß ist die Bewegungsenergie T des Prismas? (Einheitsgewicht $\gamma = 0{,}5$.)

669. Ein Geschoß hat die Gestalt eines Rotationskörpers von nebengezeichnetem Meridian. Es besitzt eine Geschwindigkeit c, ferner macht es n Umdrehungen in der Sekunde. γ ist sein Einheitsgewicht. Wie groß ist seine Bewegungsenergie T?

670. Ein gerades Vierflach (Parallelepiped) mit den Kanten a, b, c und dem Einheitsgewicht γ dreht sich gleichzeitig um seine vier parallelen Kanten c, um jede mit der Winkelgeschwindigkeit ω. Welche Bewegungsenergie T besitzt es?

671. Um wieviel ändert sich die Bewegungsenergie in der vorigen Aufgabe, wenn die Drehung um eine der Kanten c aufhört?

672. Die Drehung eines Körpers um seine Schwerlinie A wird ersetzt durch zwei Drehungen um gleich weit von A entfernte Achsen A_1 und A_2. Wie groß muß a gemacht werden, wenn die Bewegungsenergie des Körpers durch diese Zerlegung keine Änderung erfahren soll?

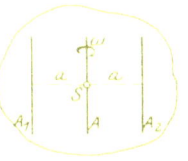

673. Ein gerader Kreiskegel (Masse M, Höhe h, Halbmesser der Grundfläche r) macht um eine seiner Erzeugenden n Umdrehungen in der Minute. Wie groß ist die Bewegungsenergie des Kegels?

674. Ein gerader Kreiskegel (Masse M, Höhe h, Halbmesser der Grundfläche r) rollt sich auf einer wagrechten Ebene gleichförmig ab. Er braucht τ Sekunden, um seine Anfangslage wieder zu erreichen. Wie groß ist die Bewegungsenergie dieses Kegels?

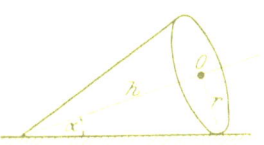

*675. Die gekoppelte gleichschenklige Schubkurbel besteht aus der Kurbel OA und der Stange BC, deren Mitte A mit der Kurbel drehbar verbunden ist; die Enden B und C schleifen auf einem rechtwinkligen Achsenkreuz. Es ist $\overline{OA} = \overline{AB} = \overline{AC}$. Man soll die vier Massen M_1, M_2, M_3, M_4 der beiden Schieber und der Stange nach A reduzieren. In welcher Beziehung müssen diese vier Massen stehen, wenn die reduzierte Masse in A unveränderlich sein soll?

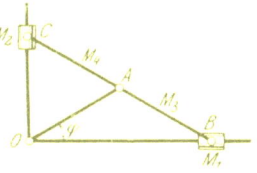

108   Dynamik.

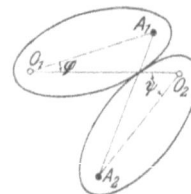

*676. Die Abbildung zeigt zwei kongruente elliptische Scheiben, die sich um ihre Brennpunkte O_1, O_2 drehen und hierbei immer in Berührung bleiben. Man soll die Masse M_2 der zweiten Scheibe nach dem Brennpunkt A_1 der ersten Scheibe reduzieren.

31. Das Prinzip d'Alemberts.

677. Eine ebene Platte fällt mit der Beschleunigung $b = 4$ m/sek^2 lotrecht nach abwärts. Auf ihr ruht ein Gewicht von 10 kg. Welchen Druck wird es während der Bewegung auf die Platte ausüben?

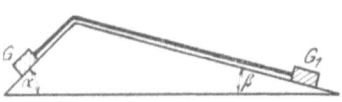

678. Auf zwei schiefen Ebenen liegen zwei schwere Körper, welche durch einen absolut biegsamen Faden miteinander verbunden sind. Mit welcher Beschleunigung b wird die Abwärtsbewegung erfolgen, wenn die Reibung an beiden Ebenen berücksichtigt wird? ($f = $ Reibungszahl.)

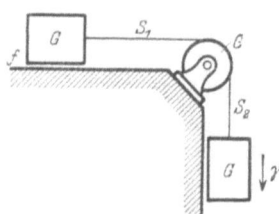

679. Zwei gleiche Gewichte G sind an den Enden einer Schnur befestigt, die über einen rauhen, drehbaren Kreiszylinder vom Halbmesser r und gleichem Gewicht G läuft. Man berechne mit Berücksichtigung der Reibungszahl f der wagrechten Ebene die Beschleunigung b der Bewegung und die Spannungen S_1 und S_2 in der Schnur.

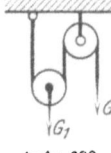

Aufg. 680.

680. An einem Flaschenzug hängen zwei Gewichte G und G_1. Welche Beschleunigung b wird G bei seiner Bewegung besitzen? (Auf die Masse der Rollen ist keine Rücksicht zu nehmen.)

681. Mit welcher Beschleunigung b sinkt bei nebenstehendem Flaschenzug das Gewicht G, wenn hierbei das Gewicht G_1 gehoben wird?

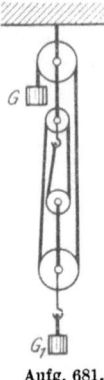

Aufg. 681.

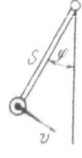

Aufg. 682.

682. Man rechne die Spannung S in Richtung des Aufhängefadens eines Pendels von der Länge l, wenn G das Gewicht des Pendels, v seine augenblickliche Geschwindigkeit und φ der Ausschlagwinkel ist. Auf die Masse des Fadens ist keine Rücksicht zu nehmen.

683. Ein biegsames Seil, das über eine Rolle läuft, trägt an den Enden zwei Gewichte P und Q; das zweite gleitet an einer glatten Stange. Man soll die Geschwindigkeit des Gewichtes Q als Funktion des Weges x darstellen, wenn angenommen wird, daß anfangs $x = 0$ und Q in Ruhe war. Die Rolle ist als sehr klein anzusehen.

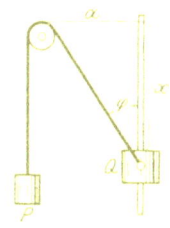

684. Zwei schwere Punkte G und G_1 sind durch zwei undehnbare Fäden a und b miteinander und an einem festen Punkt O befestigt. Sie rotieren um eine durch O gehende Lotrechte mit gleichbleibender Winkelgeschwindigkeit ω. Wie groß sind die Winkel φ und ψ? Wie groß sind die Spannungen S_a und S_b in den zwei Fadenstücken a und b?

685. Die Bewegung einer Rolle R, um die ein biegsamer Faden mit dem Gewicht G geschlungen ist, wird durch eine Scheibe vom Halbmesser a gebremst, um deren rauhen Umfang (Reibungszahl f) ebenfalls ein Faden geschlungen wird; dieser ist in A befestigt und wird am anderen Ende mit G belastet. Welche Beschleunigung b erhält das abwärts fallende Gewicht G, wenn $a = R/4$, r (Zapfenhalbmesser) $= R/10$, f_1 (Zapfenreibungszahl) $= 0{,}1$ ist?

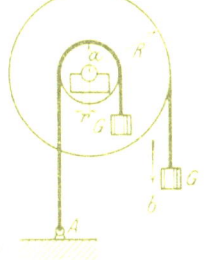

***686.** Eine schwere, vollkommen biegsame Kette von der Länge $ACB = l$ wird über zwei gleich geneigte schiefe Ebenen gelegt, deren Spitze C eine kleine Rolle trägt. Die Kette ist anfänglich im Gleichgewicht. Durch eine kleine Erschütterung gleitet sie rechts hinab. Welche Geschwindigkeit besitzt die Kette, wenn ihr Ende A nach C gelangt ist? (Poisson.)

687. Zwei Stäbe l und l_1 sind rechtwinklig miteinander verbunden und tragen an den Enden zwei kleine Kugeln mit den Gewichten G und G_1. Die Stäbe sind in O aufgehängt und drehen sich mit der Winkelgeschwindigkeit ω um eine lotrechte Achse durch O. Man berechne den Ausschlagwinkel φ und das Moment, das bei O den rechten Winkel zu brechen sucht unter der Voraussetzung, daß $l_1 = 2\,l$, $G_1 = G/2$ ist. (Auf die Masse der Stangen ist keine Rücksicht zu nehmen.)

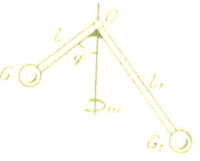

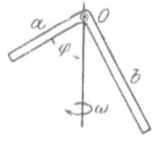

*688. Zwei schwere Stangen von den Längen a und b und den Gewichten G und G_1 sind zu einem rechten Winkel verbunden. Sie sind in O aufgehängt und drehen sich um eine durch O gehende lotrechte Achse mit der Winkelgeschwindigkeit ω. Welche Beziehung besteht zwischen ω und dem Ausschlagwinkel φ?

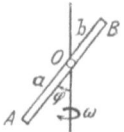

*689. Ein Stab AB ist in O drehbar gelagert und rotiert um eine durch O gehende lotrechte Achse mit der Winkelgeschwindigkeit ω; dabei ist $\overline{OA} = a$, $\overline{OB} = b$. Welchen Winkel φ wird er dabei mit der Achse einschließen?

*690. Welchen Winkel ψ schließt der in der vorigen Aufgabe in O auftretende Gelenkdruck D in O mit der Lotrechten ein?

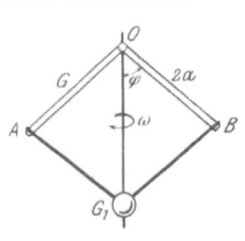

*691. Zwei gleiche Stäbe von der Länge $2a$ und dem Gewicht G sind in einer lotrechten Spindel drehbar gelagert. An den Enden A und B wird ein Faden von der Länge $4a$ befestigt, der ein Gewicht G_1 trägt. Wenn die Spindel in Drehung versetzt wird, welche Beziehung besteht zwischen der Winkelgeschwindigkeit ω und dem Winkel φ? (Routh.)

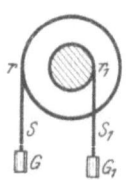

*692. Eine homogene, leicht biegsame Kette OA ist in O aufgehängt. Sie liegt dicht zwischen zwei glatten, lotrechten ebenen Platten, die auch die x-Achse einschließen und um sie mit der Winkelgeschwindigkeit ω rotieren. Man bestimme die Gleichung der Kurve, welche die Kette bildet.

693. An den Enden zweier gewichtloser Seile, welche um Rad und Welle eines Wellrades mit den Halbmessern r und r_1 geschlungen sind, hängen zwei Gewichte G und G_1. Das Wellrad würde sich unter ihrer Einwirkung nach rechts zu drehen beginnen. Welche Winkelbeschleunigung λ entsteht bei dieser Drehung? Welche Zeit t verfließt, bis G_1 durch die Höhe h herabgesunken ist? Welche Spannungen S, S_1 besitzen die beiden Seile? (Ohne Rücksicht auf die Masse des Wellrades.)

*694. Wie ändern sich die Resultate der vorigen Aufgabe, wenn auf die Masse des Wellrades Rücksicht genommen wird?

*695. Über eine Rolle vom Halbmesser r wird ein biegsamer Faden von der Länge $l + r\pi$ gelegt; er wiegt q für die Längeneinheit. An den Enden des Fadens hängen zwei Gewichte G und G_1. Das größere G_1 befindet sich anfangs in seiner höchsten Lage ($x = 0$) und sinkt sodann bis zu seiner tiefsten ($x = l$) herab, wo es mit der Geschwindigkeit v_1 ankommt. Wie groß ist die Beschleunigung b dieser Bewegung mit Rücksicht auf das Gewicht des Fadens, aber ohne Rücksicht auf die Masse der Rolle; wie groß ist v_1? Wie groß sind die Seilspannungen bei A und B für eine beliebige Stellung x des Fadens?

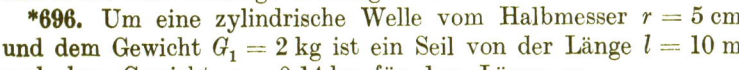

*696. Um eine zylindrische Welle vom Halbmesser $r = 5$ cm und dem Gewicht $G_1 = 2$ kg ist ein Seil von der Länge $l = 10$ m und dem Gewicht $q = 0,14$ kg für 1 m Länge gewickelt. Auf der Welle sitzt ein Rad vom Halbmesser $R = 40$ cm und dem Gewicht $G_2 = 20$ kg. An dem Ende des Seiles hängt ein Gewicht $G = 10$ kg. Mit welcher Geschwindigkeit v_1 erreicht dieses seine tiefste Lage bei der Abwicklung des Seiles?

*697. Ein Zylinder vom Gewicht G ist bei A und B auf gleichen Federn gelagert, für deren Widerstand die Gleichung gilt:

$$F_1 = k\,(l_0 - l_1),$$

worin l_1 die Länge der Federn im belasteten, l_0 die Länge in unbelastetem Zustand und k eine Konstante bedeutet. Ein Kolben vom Gewicht G_1 befindet sich anfangs in seiner höchsten Stellung und wird durch die darunter

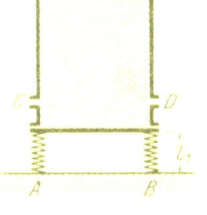

befindliche abgesperrte Luft getragen. Nun werden bei C und D Hähne geöffnet, die Luft im Zylinder entweicht, der Kolben sinkt mit einer Beschleunigung b_1, die gemessen wird. Um wieviel hebt sich der Zylinder?

32. Drehung um eine feste Achse.

698. Von einem Kugelpendel ist bekannt: $\overline{OS} = a = 40$ cm, $r = 5$ cm. Wie lang muß $\overline{OS} = x$ gemacht werden, wenn die Dauer einer kleinen Schwingung sich verdoppeln soll? (Auf die Masse der Stange ist keine Rücksicht zu nehmen.)

*699. Eine schwere Stange von der Länge l, die lotrecht herabhängt, soll um eine wagrechte Achse O kleine Schwingungen machen. Wie groß muß $\overline{AO} = x$ gemacht werden, damit die Schwingungsdauer den kleinsten Wert erhält?

112　Dynamik.

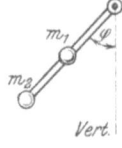

700. Auf einem gewichtlosen Stab, der um O drehbar ist, liegen zwei schwere Massenpunkte m_1, m_2 in den Entfernungen l_1, l_2 von O. Der Stab pendelt um O. Bestimme die Winkelbeschleunigung λ des Stabes und die Länge l des Punktpendels von gleicher Schwingungsdauer.

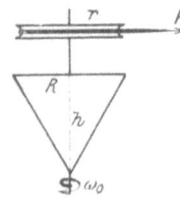

701. Ein Kegel vom Einheitsgewicht γ rotiert mit der anfänglichen Winkelgeschwindigkeit ω_0 um seine lotrechte Achse. Die Drehung wird durch einen Faden behindert, an dem mit der gleichbleibenden Kraft K am Umfang der Rolle r gezogen wird. Nach welcher Zeit t kommt der Kegel zur Ruhe (ohne Rücksicht auf die Masse der Rolle r)?

702. Auf den Wellen A und B sind zwei Schwungmassen aufgekeilt; die Wellen drehen sich mit den Winkelgeschwindigkeiten ω_1

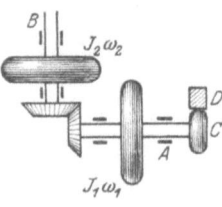

und ω_2 und übertragen die Bewegung durch ein Paar Kegelräder. Auf der Welle A ist ferner bei C eine Bremsscheibe aufgekeilt, auf die durch Anpressen des Bremsklotzes D ein verzögerndes Moment $\mathfrak{M}$ ausgeübt wird. Man ermittle die Winkelverzögerung λ_1 der Welle A, wenn J_1 und J_2 die Trägheitsmomente der beiden Schwungmassen samt den Wellen sind.

*703. Ein Stab AB vom Gewicht G ist in A gelenkig befestigt und dreht sich um eine durch A gehende lotrechte Spindel. Wie groß muß die Winkelgeschwindigkeit ω sein, wenn der Stab in B keinen Druck auf den Boden ausüben soll? Wie groß ist dann der Gelenkdruck D in A und welchen Winkel ψ schließt er mit der Lotrechten ein?

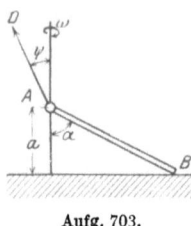

*704. Eine rechteckige Platte vom Gewicht G ist an einer lotrechten Spindel mit einer wagrechten Drehachse in A befestigt und

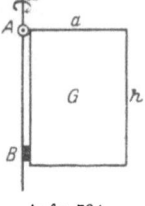

Aufg. 703.

Aufg. 704.

stützt sich in B frei an die Spindel. Wenn diese mit der Winkelgeschwindigkeit ω gedreht wird, wie groß ist der Druck in B? Es ist $\overline{AB} = h$.

*705. Ein Stab von quadratischem Querschnitt b^2 und der Länge l dreht sich um eines seiner Enden in einer wagrechten Ebene und erleidet dabei durch den Widerstand der Luft eine Verzögerung, welche an jeder Stelle dem Quadrat der Geschwindigkeit

proportional sei. Die Größe dieser Verzögerung
ist k für die Einheit der Geschwindigkeit und für
die Einheit der der Luft entgegenstehenden Fläche.
Die anfängliche Winkelgeschwindigkeit ist ω_0. Man
suche die Winkelgeschwindigkeit ω als Funktion
von φ und den Winkel φ als Funktion der Zeit. ($\gamma =$ Einheitsgewicht.)

*706. Ein Türflügel AC mit lotrechter Achse A von der Breite a,
der Höhe h und der sehr geringen Dicke d (Einheitsgewicht γ)
wird von einem Luftzug in wagrechter Richtung getroffen, der
senkrecht zu AB streicht und mit q kg auf
die Flächeneinheit drückt. Mit welcher Geschwindigkeit v kommt C nach B, wenn der
Türflügel anfänglich in Ruhe ist und nahezu
senkrecht zu AB steht?

*707. Um eine lotrechte Achse dreht sich eine
dünne Platte mit den Abmessungen a, h, d mit
einer anfänglichen Winkelgeschwindigkeit ω_0; ihre
Dicke d ist sehr klein, ihr Einheitsgewicht γ.
Der Drehung widersetzt sich der Widerstand W
der Luft, der für jede Stelle A proportional dem
Quadrat der dort herrschenden Geschwindigkeit
und der Fläche anzunehmen ist. Nach welcher
Zeit T ist die Winkelgeschwindigkeit auf die
Hälfte gesunken?

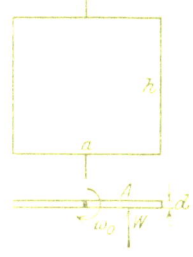

*708. Man berechne die Winkelgeschwindig-
keit ω eines anfangs ruhenden Windflügels von
nebenstehender Gestalt, der von einem Gewicht G um die lotrechte Spindel (Durchmesser
$2\,r$) in Drehung versetzt wird, als Funktion
der Zeit. Die Größe des Luftwiderstandes ist
wie in voriger Aufgabe anzunehmen; die
sehr kleine Dicke des Flügels ist d, seine
Dichte μ.

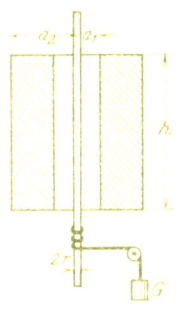

*709. Ein Stab $\overline{OA} = l$ vom Gewicht G ist
um O drehbar und wird aus der Anfangs-
lage OA_0 ohne Geschwindigkeit fallen gelassen. Man suche seine Winkelbeschleunigung λ und seine Winkelgeschwindigkeit ω
als Funktionen von φ. Wie groß sind die
Teile X und Y des Druckes in O während
der Bewegung? Welchen Winkel ψ schließt der Druck D mit
dem Stab ein?

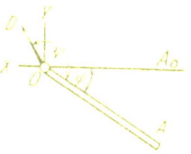

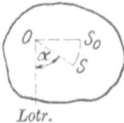

*710. Ein schwerer Körper kann sich um eine wagrechte Hauptachse des Punktes O drehen. Anfangs ist seine Schwerebene OS wagrecht, der Körper in Ruhe, $\overline{OS} = a$. Welchen Winkel φ schließt der von den Trägheitskräften und dem Eigengewicht herrührende Achsendruck mit der Ebene OS während der Bewegung ein? (Routh.)

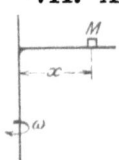

*711. An einer lotrechten Spindel befindet sich ein wagrechter Arm, an dem eine kleine Masse M gleiten kann. In welcher Beziehung stehen die Winkelgeschwindigkeit ω der Spindel und die Entfernung der Masse x während der Drehung, wenn die Anfangswerte $\omega = \omega_0$ und $x = a$ sind?

712. Über eine Rolle wird ein geschlossenes Seil gelegt, das frei herabhängt. Zwei Menschen von gleicher Masse hängen sich an das Seil und verharren im Gleichgewicht. Plötzlich beginnt der eine mit der Geschwindigkeit v_0 an dem Seil emporzuklettern; welche absoluten Geschwindigkeiten werden die beiden Menschen besitzen?

713. Der Leistungsregler von Weiß besteht aus zwei im Abstande c von der sich mit der Drehzahl n (in 1 Minute)

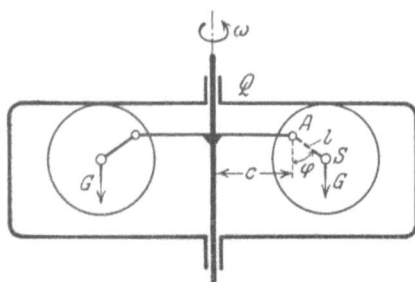

drehenden Reglerachse exzentrisch gelagerten zylindrischen Schwungmassen vom Gewicht G; auf ihnen ruht als Belastung das Reglergehäuse vom Gewicht Q, das durch ein Gestänge mit dem Regulierorgan in Verbindung steht. Welche Beziehung besteht zwischen ω und φ?

33. Ebene Bewegung von Scheiben.

714. Eine schwere Walze vom Halbmesser a, die eine Winkelgeschwindigkeit ω_0 um ihre wagrechte Achse besitzt, wird auf wagrechter rauher Unterlage (Reibungsziffer f) senkrecht zur Achse derart fortgestoßen, daß ihr Schwerpunkt die anfängliche Geschwindigkeit v_0 besitzt. Nach welcher Zeit t_1 beginnt die Walze zu rollen? Nach welcher Zeit t_2 kommt sie zur Ruhe?

*715. Ein homogener Stab $\overline{AB} = a$ vom Gewicht G gleitet längs des glatten Bodens x und der glatten Wand y. Wie groß ist die Winkelbeschleunigung λ und die Winkelgeschwindigkeit ω

Aufg. 715.

des Stabes? Wie groß sind die Drücke in A und B während der Bewegung? (Alles als Funktionen von φ darzustellen.) (Walton.)

716. Bei welchem Winkel φ_1 wird in voriger Aufgabe der herabgleitende Stab die Wand verlassen? (Weston.)

717. Ein homogener Stab von der Länge l ist auf zwei Stützen A und B symmetrisch gelagert. Wenn die Stütze B entfernt wird, soll sich der anfängliche Druck auf die Stütze A nicht ändern. Wie groß muß die Entfernung $2x$ der Stützen gewählt werden? (Walton.)

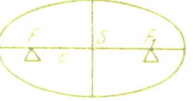

718. Ein homogener Stab vom Gewicht G ist an seinen Enden gelagert. Wenn eine seiner Stützen plötzlich entfernt wird, wie groß wird der Druck auf die andere Stütze?

719. Eine kreisrunde wagrechte Tischplatte vom Halbmesser r wird an drei gleich verteilten Punkten A, B, C ihres Randes gestützt. Wenn eine dieser Stützen plötzlich entfernt wird, wie groß ist der Druck auf jede der beiden anderen Stützen? (Walton.)

720. Eine homogene elliptische Platte, deren große Achse wagrecht ist, wird in ihren beiden Brennpunkten gelagert. Wenn die Stütze in F_1 plötzlich entfernt wird, wird sich im allgemeinen der Druck in der übrigbleibenden Stütze F verändern. Welche numerische Exzentrizität (ε) muß man der Ellipse geben, damit diese Veränderung des Druckes in F nicht stattfindet? (Walton.)

721. Ein homogener Körper von beliebiger Länge und nebenstehendem Querschnitt, der auf wagrechter Ebene ruht, wird der Schwerkraft überlassen. Wie groß ist seine Winkelbeschleunigung zu Beginn der Bewegung?

722. Eine schwere quadratische Platte ist in zwei Punkten B und D ihrer wagrechten, oberen Kante an zwei lotrechten Fäden aufgehängt. Der Faden CD wird zerschnitten. Wie groß ist im ersten Augenblick die Spannung des Fadens AB? (Walton.)

*723. Ein Balken $AB = a$ vom Gewicht G ist an zwei gleich langen Seilen in O aufgehängt. Das eine Seil wird durchschnitten; wie groß ist im ersten Augenblick die Spannung des anderen Seiles? (Walton.)

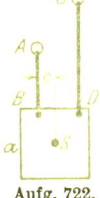 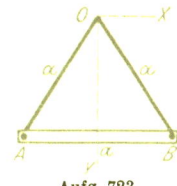

Aufg. 722.   Aufg. 723.

724. Auf einem dreiseitigen Prisma liegt eine homogene biegsame Kette derart, daß ihre Mitte über der höchsten Kante des Prismas liegt. Das Prisma befindet sich auf einer glatten, wagrechten Ebene. Welche wagrechte Beschleunigung muß dem Prisma mitgeteilt werden, wenn die Kette im Gleichgewicht verharren soll?

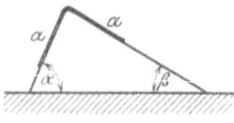

*725. Ein glatter Keil vom Gewicht G, dessen Winkel 2α ist, schiebt zwei gleich schwere Platten G_1 auseinander, die auf einem glatten, wagrechten Tisch anfangs in Ruhe sind. Welche Bewegung machen der Keil und die Platten, und wie groß ist der Druck D zwischen ihnen?

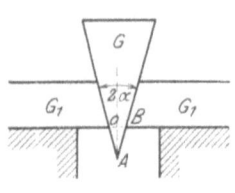

726. Eine schwere Walze vom Halbmesser r, die auf wagrechtem, rauhem Boden liegt, wird einer gleichbleibenden Zugkraft K ausgesetzt, die am Umfang einer Welle vom Halbmesser a wirkt und unter einem gleichbleibenden Winkel α gegen den Boden geneigt ist. Man ermittle die Bewegung des Mittelpunktes der Walze. Wie groß muß der Reibungswiderstand mindestens sein, damit die Walze rollt? (Budde.)

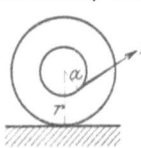

*727. Ein homogener Kreiszylinder vom Gewicht G und dem Halbmesser r ist in der Mitte seiner Achse an einen elastischen Faden SA geknüpft, dessen Spannung der Länge proportional ist; sie beträgt k für die Längeneinheit. Um die beiden Enden des Zylinders sind unelastische Fäden gewickelt, die in zwei gleichliegenden Punkten B des glatten Bodens befestigt sind. Man berechne: a) die Bewegung des Schwerpunktes S; b) die Spannung F in jedem der beiden wagrechten Fäden; c) wie groß muß das Gewicht G mindestens sein, wenn der Zylinder nicht vom Boden abgehoben werden soll? (Budde.)

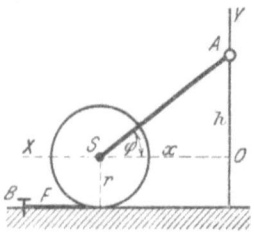

*728. Auf einer rauhen festen Kugel vom Halbmesser R rollt eine andere vom Halbmesser a, die anfangs sehr nahe bei B in Ruhe ist, herab. Wie groß ist der Druck D und die Reibung $\mathfrak{R}$ zwischen den beiden Kugeln in der gezeichneten Stellung? Wie groß muß die Reibungszahl f mindestens sein?. Bei welchem Winkel φ_1 verläßt die kleine Kugel die große? (Routh.)

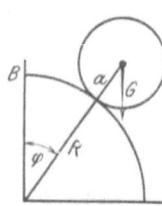

729. Zwei zylindrische Walzen, deren Gewichte G_1 und G_2 gegeben sind, rollen zwei schiefe Ebenen hinab. Um die Walzen schlingt sich ein biegsames, undehnbares Band, das über die Spitze der schiefen Ebenen geht und an jeder der Walzen befestigt ist. Wie groß ist die Spannung S dieses Bandes und mit welcher Beschleunigung b gleitet es über die schiefen Ebenen? (Walton.)

*730. Ein schwerer Stab AB vom Gewicht G wird in nebenan gezeichneter Art auf eine rauhe, wagrechte Ebene gestellt und sodann fallen gelassen. Mit welcher Geschwindigkeit v erreicht B die Ebene? Wie groß ist der Druck in A während der Bewegung? Kann der Stab die Ebene verlassen? (Routh.)

*731. Drei gleiche, glatte Walzen vom Gewicht G und dem Halbmesser r ruhen auf einer glatten, wagrechten Ebene derart, daß die unteren Walzen sich anfangs berühren. Durch Stäbe AB und BC sind die Walzen miteinander verbunden. Mit welcher Geschwindigkeit erreicht die mittlere Walze die Ebene, wenn sie hinabfällt?

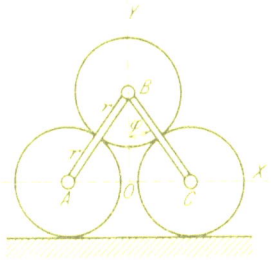

*732. Auf einer festen, glatten, schiefen Ebene, die unter dem Winkel α gegen die Wagrechte geneigt ist, liegt ein glatter Keil mit dem Winkel β an der Spitze und auf dessen oberer Fläche ein Gewicht G. Anfangs ist B in A und G in C in Ruhe. Wenn das Gewicht und der Keil der Schwere überlassen werden, zu suchen: a) die Bewegung des Keiles auf der schiefen Ebene; b) die Bewegung des Gewichtes auf der Keilfläche; c) die absolute Bahn des Punktes G; d) den Druck D zwischen dem Punkt G und dem Keil; e) den Druck D_1 zwischen dem Keil und der schiefen Ebene. (Euler.)

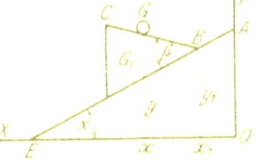

*733. Ein schwerer Stab $\overline{AB} = 2a$ vom Gewicht G wird durch ein sinkendes Gewicht Q über eine schiefe Ebene gezogen. Anfänglich ist der Stab in OC in Ruhe. Man bestimme die Geschwindigkeit v des fallenden Gewichtes Q als Funktion des Winkels φ.

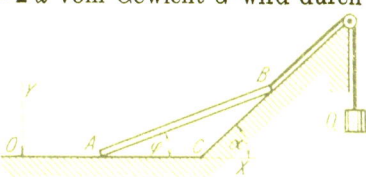

34. Das Prinzip der Bewegungsenergie.

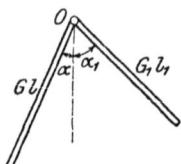

734. Zwei Stäbe mit den Gewichten G, G_1 und den Längen l, l_1 sind um denselben Punkt O drehbar und fallen aus ihren Ruhelagen α, α_1 herab. Sie sollen in der tiefsten Lage dieselbe Bewegungsenergie erhalten; in welcher Beziehung müssen α und α_1 stehen?

*735. Zwischen zwei festen Punkten O_1, O_2, welche die Entfernung a voneinander besitzen, liegt ein beweglicher Punkt in der Entfernung $a/4$ von O_1 anfangs in Ruhe. Er wird von O_1 und O_2 der Entfernung proportional angezogen. k ist die Anziehung in der Einheit der Entfernung von O_1; die Anziehung von O_2 ist doppelt so stark. Man suche die nächste Ruhelage M des Punktes und die Arbeiten A_1 und A_2 der beiden Anziehungskräfte zwischen den beiden Ruhelagen M_0 und M.

736. Ein Stab von der Länge l ist in O drehbar aufgehängt. Welche Geschwindigkeit v muß man seinem unteren Ende erteilen, damit er bis zur wagrechten Lage emporsteigt?

737. Zwei Scheiben, die sich an ihren rauhen Umfängen berühren, werden in Drehung versetzt, ohne aneinander zu gleiten. Nachdem $A = 67$ kgm Arbeit verbraucht wurden, werden ihre Drehzahlen n_1 und n_2 in der Minute gemessen. Wie groß werden sie sein, wenn die Gewichte der Scheiben $G_1 = 120$ kg und $G_2 = 30$ kg, ihre Durchmesser $d_1 = 2$ m und $d_2 = 1$ m sind?

Aufg. 736.

738. Eine Walze vom Gewicht G, deren Querschnitt ein Dreiviertelkreis ist, kann sich um die Achse O drehen. Der Halbmesser OA ist anfangs lotrecht. Die Walze, die in Ruhe ist, wird ihrem Eigengewicht überlassen; welche größte Geschwindigkeit nimmt der Punkt A an?

739. Ein Gewicht G wird in O mit einem elastischen Faden aufgehängt; das Gewicht wird unterstützt, der Faden ist infolgedessen spannungslos. Nun wird die Unterstützung fortgenommen. Man suche: Um wieviel (x_1) sinkt das Gewicht? In welcher Tiefe (x_2) bleibt das Gewicht im Gleichgewicht? Die Spannung des Fadens ist der Längenänderung proportional; k ist die Spannung, wenn der Faden sich um die Längeneinheit ausdehnt.

Das Prinzip der Bewegungsenergie.

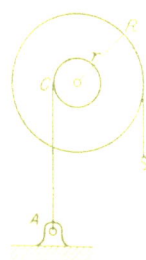

Aufg. 740.

Aufg. 741.

*740. In A und C ist ein spannungsloser elastischer Faden befestigt. Wenn an den Haken bei B ein Gewicht G gehängt wird, um welchen Winkel φ wird sich die Doppelrolle R, r drehen, bis sie wieder momentan zur Ruhe kommt? Die elastische Kraft des Fadens ist dessen Längenänderung proportional.

*741. Drei festliegende gleiche Massenpunkte m_1 ziehen den in der Symmetralen liegenden beweglichen Massenpunkt m mit Kräften an, die den Massen und ihren Entfernungen direkt proportional sind. Für die Einheit der Entfernung und der Massen ist die Anziehung k. Mit welcher Geschwindigkeit v kommt der Punkt m nach A, wenn er anfangs in Ruhe war?

*742. Drei festliegende gleiche Massenpunkte m_1, die in den Ecken eines gleichseitigen Dreiecks liegen, ziehen einen beweglichen Massenpunkt m nach dem Newtonschen Gesetz an. Die Anfangslage dieses Punktes ist rechts in der Symmetralen x in sehr großer Entfernung ($x = \infty$) in Ruhe. Wie groß ist der Abstand x für die nächste Ruhelage des Punktes m?

743. Ein aus zwei gleich dicken Stäben $\overline{AC} = 2a$, $\overline{BC} = 2b$ zusammengesetzter rechter Winkel ist in C drehbar befestigt. Wie groß ist der Winkel α für das Gleichgewicht? Wenn der Winkel in die Lage $A'CB'$ gebracht und dann sich überlassen wird, welchen größten Winkel α legt AC zurück? (Walton.)

744. Welche anfängliche Winkelgeschwindigkeit muß eine hohle schmiedeeiserne Walze von den Halbmessern $R = 20$ cm, $r = 10$ cm und der Länge $l = 3$ m haben, wenn sie imstande ist, ein Gewicht von $G = 10$ kg auf die Höhe $h = 5$ m zu heben? (Einheitsgewicht $\gamma = 7{,}8$.)

745. In einer festen, glatten Halbkugelfläche vom Durchmesser d gleitet ein schwerer Stab von der Länge l aus der gezeichneten Anfangslage hinab. Welche Geschwindigkeiten werden seine Enden haben, wenn der Stab die tiefste Lage erreicht? (Walton.)

120 Dynamik.

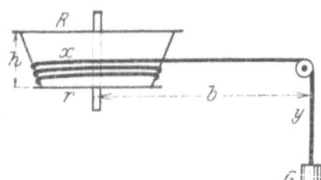

*746. Ein biegsames Seil, das auf einer konischen Trommel aufgewickelt ist, läuft über eine Rolle und trägt ein Gewicht G. Man soll die Geschwindigkeit v des Gewichtes als Funktion von y darstellen, wenn auf die Dicke d des Seiles und sein Gewicht Rücksicht genommen wird. (Anfangswerte: $y = 0$, $v = 0$.)

35. Das Prinzip der Bewegungsenergie mit Widerständen.

[Das Prinzip der Bewegungsenergie gilt im allgemeinen nur, wenn eine Arbeitsfunktion oder ein Potential existiert; bei Vorhandensein von Reibungen oder anderen Widerständen ist dies i. a. nicht der Fall; nur wenn diese Reibungen **konstant** sind, ist das Prinzip — wie bei allen **konstanten** Kräften — anwendbar und führt in diesen Fällen auf einfache Weise zum Ziel.]

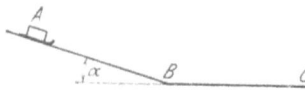

747. Ein Schlitten, der anfangs in A ruht, gleitet eine unter α geneigte Straße herab. An welcher Stelle C der wagrechten Strecke wird er zur Ruhe kommen, wenn $\overline{AB} = s$ und die Reibungszahl f gegeben sind?

748. Ein schwerer Körper gleitet von P eine schiefe Ebene herab. In A angekommen, zerfällt er in zwei Teile; der eine Teil

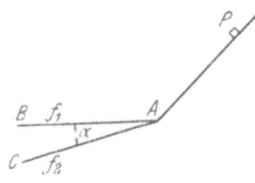

geht auf der wagrechten Ebene AB um s_1 weiter, bis er durch die Reibung zur Ruhe kommt; der andere Teil gleitet die schiefe Ebene AC um s_2 abwärts, bis er ebenfalls zur Ruhe kommt. Wenn diese Wege s_1 und s_2 gleich sein sollen, in welcher Beziehung müssen die Reibungszahlen f_1 und f_2 stehen?

749. Eine Welle vom Gewicht G und dem Halbmesser r macht n Umdrehungen in der Minute. Durch die Reibung in den Lagern sinkt die Drehzahl auf die Hälfte herab. Welche Arbeit (**A**$_r$) hat die Reibung verbraucht?

750. Eine Welle von $r = 5$ cm Halbmesser, welche $n = 40$ Umdrehungen in der Minute macht, wird von einem bestimmten Augenblick an sich selbst überlassen. Wie viele (x) Umdrehungen macht sie noch, wenn die Zapfenreibungszahl $f_1 = 0{,}08$ beträgt?

751. Ein Gewicht wird mit der Anfangsgeschwindigkeit von $v = 445$ cm/sek auf einer wagrechten Bahn vorwärts geschleudert. Die Reibungszahl der Bahn ist $f = 1/20$. Welchen Weg wird das Gewicht zurückgelegt haben, wenn seine Energie auf die Hälfte herabgesunken ist?

*752. Ein Schlitten soll die geradlinige wagrechte Bahn $\overline{AB} = l$ und sodann die Kreisbahn BC (Halbmesser r, Zentriwinkel α) zurücklegen. Die Reibungszahl f ist gegeben. Mit welcher Geschwindigkeit v muß die Bewegung begonnen werden, wenn der Schlitten in C seine Bewegung umkehren soll? (Ohne Rücksicht auf die Fliehkraft des Schlittens.)

753. Ein Eisenbahnwagen, dessen Räder 40 cm Halbmesser und 4 cm Zapfenhalbmesser haben, besitzt auf wagrechter Strecke eine Geschwindigkeit von 9 m/sek. Welche Strecke wird dieser Wagen bergan rollen, bis er zur Ruhe kommt, wenn die Steigung der Bahn $\sin \alpha = 1/60$ beträgt? (Zapfenreibungszahl 0,06, Zahl der rollenden Reibung 0,5 mm.)

754. Eine Kugel vom Halbmesser r, die auf einer rauhen, wagrechten Ebene rollt und deren Mittelpunkt anfangs die Geschwindigkeit v besitzt, schleppt eine gleichschwere Stange hinter sich. Welchen Weg x werden beide bis zum Stillstand zurücklegen, wenn der Zapfen bei A völlig glatt ist?

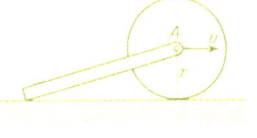

755. Eine in O und O_1 an parallelen Schnüren aufgehängte Stange AB wird aus der bezeichneten anfänglichen Ruhelage schwingen gelassen. Bei A liegt ein kleines Gewicht G. Wenn die Stange in die tiefste Lage kommt, wird sie plötzlich festgehalten; das Gewicht gleitet über die Stange hinweg und kommt in B zur Ruhe. Wie groß ist die Reibungszahl f zwischen Gewicht und Stange?

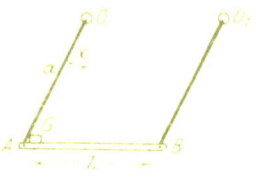

*756. Eine Kette von der Länge l ruht zum Teil auf einem rauhen, wagrechten Tisch (Reibungszahl f) und hängt zum anderen Teil (x) frei herab. Sie beginnt ihre Abwärtsbewegung in jener Stellung (x_1), wo sich Gewicht und Reibung gerade noch Gleichgewicht halten. Welche Geschwindigkeit v hat die Kette erreicht, wenn ihr oberes Ende an der Tischkante angelangt ist?

757. Eine Kugel vom Halbmesser r rollt auf wagrechter Ebene; die Rollreibungszahl sei f_2. Welchen Weg x wird die Kugel bis zur Ruhe zurücklegen, wenn c die Anfangsgeschwindigkeit ihres Mittelpunktes ist?

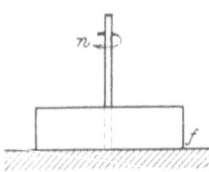

*758. Ein zylindrischer Körper vom Halbmesser r dreht sich um seine lotrechte Achse mit n Umdrehungen in der Minute. Er wird so weit gesenkt, daß seine Unterseite eine rauhe, wagrechte Fläche berührt. Wieviel Umdrehungen (x) macht er noch, vom Augenblick der Berührung an gezählt?

*759. Bei der Berechnung der Vorspannachse einer Lokomotive kommt folgende Aufgabe vor: In den Dampfzylinder Z,

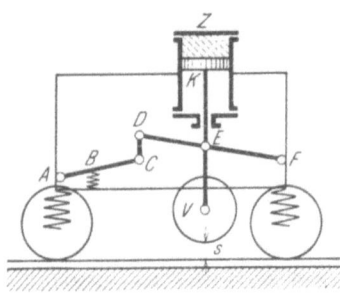

der mit dem Lokomotivgestell AF fest verbunden ist, wird Dampf von der Pressung $p = 12$ kg/cm² einströmen gelassen, welcher den Kolben K vom Durchmesser $d = 412$ mm herabpreßt, die Vorspannachse samt Rad V um die Strecke $s = 60$ cm herabschiebt und an die Schiene drückt. Dadurch werden die beiden anderen Achsen bei A und F, die auf Federn ruhen, entlastet und das ganze Lokomotivgestell hebt sich um x mm. Kolben K und Rad V werden gleichzeitig durch einen Hebelzug $ACDF$ mit einer Feder in B nach aufwärts gedrückt. Man berechne die Hebung x, wenn gegeben sind:

Federspannung in B: $F_1 = F_0 + k y_1$,
Federspannung in A und F: $F = G/2 - k y$,
$F_0 = 5420$ kg, $k = 531$ kg für 1 cm Zusammendrückung,
y bzw. y_1 Ausdehnung bzw. Zusammendrückung der Federn,
$G =$ Lokomotivgewicht,
$\overline{AB} = a = 300$ mm, $\overline{BC} = e = 500$ mm,
$\overline{DE} = c = 445$ mm, $\overline{EF} = d = 364$ mm.

(E. Brückmann, Z. V. D. I. 47. Bd., 1897, S. 96.)

36. Das Prinzip der Bewegung des Schwerpunkts.

760. Aus einem Kahn, der das Gewicht G_1 hat, springt ein Mann vom Gewicht G ein Stück s weit ans Ufer. Um wieviel (s_1) weicht in derselben Zeit der Kahn zurück, wenn der Widerstand des Wassers vernachlässigt wird?

Das Prinzip der Bewegung des Schwerpunkts.

761. Ein Zylinder ist in A und B auf Federn gelagert, sein Kolben wird durch eine Feder nach oben gepreßt. Über dem Kolben strömt Luft von bekannter Pressung (p für die Flächeneinheit) ein. Um wieviel (x) ändert sich die Höhenlage des Zylinders?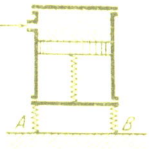

762. Eine Kanone steht auf einer rauhen, wagrechten Ebene (Reibungszahl f); das Geschoß verläßt die Kanone mit der relativen (wagrechten) Geschwindigkeit v. Um welches Stück (x) läuft die Kanone zurück, wenn M die Masse der Kanone, m jene des Geschosses ist?

763. Auf glatter Unterlage liegen zwei glatte Prismen von den Gewichten G und G_1, den Breiten b und b_1. Wenn das kleinere Prisma mit seiner lotrechten Kante bis zum Fuß des großen Prismas herabgeglitten ist, um wieviel hat sich dieses verschoben und wohin?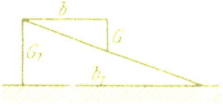

*764. Zwei schwere Punkte mit den Gewichten G und G_1 befinden sich in der Entfernung h lotrecht übereinander. G, das höher liegende Gewicht, wird ohne Anfangsgeschwindigkeit frei fallen gelassen, G_1 wird gleichzeitig mit der Geschwindigkeit c aufwärts geschleudert. Welche Anfangsgeschwindigkeit v_0 besitzt der Schwerpunkt beider Punkte? Nach welcher Zeit (T) erreicht er die Anfangslage von G_1?

765. Ein Turner vom Gewicht G, der ein Gewicht G_1 bei sich trägt, springt unter dem Winkel α mit der Geschwindigkeit c schief aufwärts. Sobald er die größte Höhe erreicht hat, wirft er das Gewicht G_1 mit der relativen Geschwindigkeit c_1 wagrecht nach rückwärts. Welche Geschwindigkeit v hat der Turner, sobald er das Gewicht fortgeschleudert, und um wieviel (x) vergrößert er dadurch seine wagrechte Sprungweite?

*766. Aus einem Kahn, der das Gewicht G_1 hat, springt ein Mann vom Gewicht G ans Ufer, indem er sich durch Abstoßen eine Geschwindigkeit c erteilt. Der Kahn weicht zurück, findet aber den Widerstand des Wassers $W = a v^2$, worin a eine Konstante, v die veränderliche Geschwindigkeit des Kahnes ist. Welche Anfangsgeschwindigkeit v_0 hat der Kahn und welche Geschwindigkeit hat er nach einer Zeit t?

767. In einem festen Kreis vom Halbmesser R befindet sich eine kleinere, schwere Kreisscheibe vom Halbmesser r berührend festgehalten. Reibung ist nicht vorhanden. Man ermittle ohne jede Rechnung die Bahn, welche der Punkt A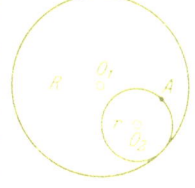

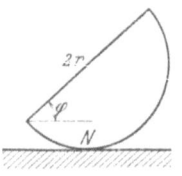

beschreibt, wenn die kleine Scheibe in der lotrecht stehenden Ebene der beiden Kreise losgelassen wird.

768. Eine homogene schwere Halbkugel wird in gezeichneter Stellung auf eine vollkommen glatte, wagrechte Ebene gelegt. Wo befindet sich die Momentanachse ihrer ersten Bewegung? (Routh.)

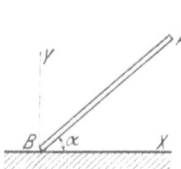

769. Ein homogener Stab AB von der Länge $2l$ stützt sich unter einem Winkel α gegen eine vollkommen glatte, wagrechte Ebene. Das andere Ende A des Stabes ist frei; der Stab fällt auf die Ebene herab. Man bestimme die Gleichung der Bahn des Punktes A in bezug auf das feste Koordinatenkreuz xBy und konstruiere die Bewegungsrichtung von A.

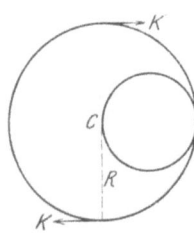

770. Auf einer wagrechten, vollkommen glatten Tischfläche liegt eine glatte Scheibe vom Halbmesser R vollkommen frei; auf ihr ist eine halb so kleine Scheibe befestigt, deren Gewicht ein Viertel des Gewichtes G der großen Scheibe ist. Diese wird am Umfang von einem Kraftpaar $2KR$ angeregt; welche Winkelbeschleunigung λ nimmt sie an und um welchen Punkt?

771. Eine schwere ebene Platte von beliebiger Form ist in zwei Punkten B und D mit lotrechten Fäden an zwei festen Punkten A und C aufgehängt. Der Faden CD wird zerschnitten. Welche Bewegung macht die Platte im ersten Augenblick?

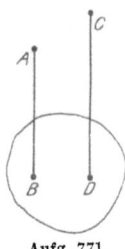

Aufg. 771.

*__**772.**__ Ein völlig glatter, dreiseitiger Keil ABC von der Masse M ruht auf einer glatten, wagrechten Ebene. Von dessen Spitze B wird eine Punktmasse m herabgleiten gelassen. Man ermittle:

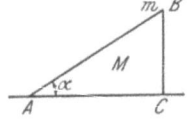

a) die Beschleunigung b, mit welcher der Keil nach rechts ausweicht; b) die absolute Beschleunigung b_1 der Punktmasse und ihre relative Beschleunigung b_r gegen den Keil; c) die absolute Bahn der Punktmasse; d) den Druck D zwischen Keil und Punkt; e) den Druck D_1 zwischen Keil und wagrechter Ebene. (Joh. Bernoulli, Euler.)

37. Stoß.

773. Eine Kugel von der Masse M_1 stößt eine ruhende von der Masse M_2 zentral. Nach dem Stoß bleibt M_1 in Ruhe. In welchem Verhältnis stehen die Massen M_1 und M_2?

774. Zwei elastische Kugeln laufen mit gleicher Geschwindigkeit gegeneinander; nach dem Stoß bleibt eine der Kugeln in Ruhe. In welchem Verhältnis stehen ihre Massen? (Walton.)

775. Die Mittelpunkte zweier gleich großer Kugeln bewegen sich in derselben Geraden. Die Geschwindigkeit der stoßenden Kugel hat nach dem Stoß dieselbe Größe, jedoch entgegengesetzte Richtung, wie vor dem Stoß. In welchem Verhältnis mußten die Geschwindigkeiten v_1 und v_2 der stoßenden und der gestoßenen Kugel vor dem Stoß gestanden haben?

776. Eine Kugel stößt eine zweite ruhende von doppelter Masse zentral. Die Bewegungsenergie beider Kugeln sinkt nach dem Stoß auf die Hälfte herab. Wie groß ist die Stoßzahl? Welche Geschwindigkeit besitzt die stoßende Kugel nach dem Stoß?

777. Eine Kugel von der Masse M_1 stößt auf eine schiefstehende, große, in Ruhe befindliche Platte. Der Stoß ist vollkommen elastisch. Wie groß ist er?

778. Gegen eine mit der Geschwindigkeit v_1 fallende Masse M_1 stößt eine schiefstehende große Platte, die sich wagrecht mit der Geschwindigkeit v_2 bewegt. Der Stoß ist vollkommen elastisch. Wie groß ist er?

Aufg. 777.   Aufg. 778.

779. Die Mittelpunkte von drei elastischen Kugeln liegen in einer Geraden; ihre Massen sind M_1, M_2 und M_3. Die erste Kugel stößt mit der Geschwindigkeit v_1, die beiden anderen ruhen. Es ist $M_1 = 5 M_2$. Nach dem Stoß bewegt sich die zweite Kugel mit der Geschwindigkeit $-v_1$. Wie groß ist die Masse M_3 der dritten Kugel?

780. Vier gleiche Kugeln berühren einander; ihre Mittelpunkte sind durch unelastische Fäden von beliebiger Länge miteinander verbunden. Der ersten Kugel wird eine Geschwindigkeit v_1 erteilt; sie nimmt der Reihe nach die anderen Kugeln mit. Mit welchen Geschwindigkeiten werden nach und nach die vier Kugeln laufen?

781. Auf zwei gleiche Wagschalen vom Gewicht G werden zwei ungleiche Gewichte G_1 und G_2 aus den Höhen h_1 und h_2 herabfallen gelassen. Mit welcher Geschwindigkeit w bewegen sich die Schalen nach dem gleichzeitigen Auftreffen der beiden Gewichte? Der Stoß sei unelastisch.

782. Zwischen zwei parallelen Wänden, deren Abstand a ist, stößt ein Ball vom Durchmesser d normal hin und her. Man beobachtet, daß in der Zeit t der Ball n-mal anschlägt. Welche Geschwindigkeit hat der Ball zuerst gehabt, wenn die Stoßzahl k beträgt?

*783. Eine Kugel von der Masse M_1 wird gegen zwei ruhende Kugeln von den Massen M_2, M_3 gestoßen; die Mittelpunkte aller drei Kugeln liegen in einer Geraden. In welcher Beziehung müssen die drei Massen stehen, wenn die letzte Kugel M_3 die größte Geschwindigkeit erhalten soll? (Huyghens.)

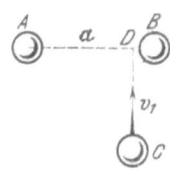

784. Zwei gleiche Kugeln A und B haben die Entfernung a voneinander und sind in Ruhe. Eine dritte gleiche Kugel C wird in normaler Richtung zu AB derart auf B gestoßen, daß sie nach dem Abprallen A zentral trifft. Nach welchem Punkt D auf der Verbindungslinie der Mittelpunkte von AB muß der Stoß gerichtet sein?

785. Auf eine in Ruhe befindliche Kugel stößt schief eine gleich große. In welcher Richtung muß der Stoß erfolgen, wenn die Geschwindigkeit v_1 der stoßenden Kugel nach dem Stoß auf v_1/n herabsinken soll?

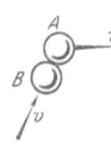

786. Auf einen Ball A, der mit der Geschwindigkeit v läuft, wird ein zweiter B mit gleicher Masse und Geschwindigkeit zentral gestoßen. Welchen Winkel α müssen die beiden Geschwindigkeiten miteinander bilden, wenn der Ball A durch den Stoß um $90°$ aus seiner Richtung gebracht wird?

787. In einer geraden Rinne befinden sich r gleich große elastische Kugeln hintereinander, von denen jede n-mal soviel Masse hat wie die nachfolgende. Die erste dieser Kugeln stößt mit der Geschwindigkeit v_1 an die Reihe der anderen; welche Geschwindigkeit erhält die letzte Kugel? (A. Ritter.)

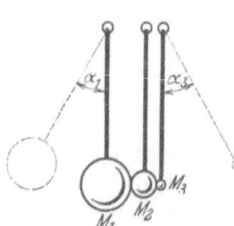

788. Drei Kugeln, die sich in einer Wagrechten berühren, werden in gleicher Höhe aufgehängt. Ihr Massenverhältnis ist $M_1 = 2 M_2 = 6 M_3$. Die Kugel M_1 wird um den Winkel $\alpha_1 = 20°$ erhoben und fallen gelassen; um welche Winkel α_2 und α_3 erheben sich die Kugeln M_2 und M_3, wenn die Stoßzahl $k = 0{,}9$ ist?

789. Ein Eisenstab von 2 m Länge und 1 cm² Querschnitt (Einheitsgewicht 7,8) ist an einem Ende O drehbar befestigt und schwingt aus wagrechter Anfangslage ohne Anfangsgeschwindigkeit in die lotrechte Lage, wo er ein Gewicht $G_2 = 300$ g stößt und auf wagrechter, rauher Bahn (Reibungszahl $f = 0{,}08$) fortschleudert. Welche Strecke x wird das Gewicht zurücklegen, wenn der Stoß unelastisch ist?

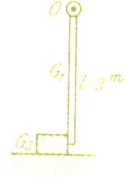

790. Ein Stab vom Gewicht G_1 und der Länge l ist in O_1 drehbar aufgehängt. Man läßt ihn aus der ruhenden Anfangslage I schwingen und in der lotrechten Lage II an den Rand eines Würfels stoßen, der das Gewicht G_2, die Kantenlänge s besitzt und in O_2 drehbar gelagert ist. Die Stoßzahl ist $k = 1/2$. Wenn der Würfel durch den Stoß zum Kippen um O_2 gebracht werden soll, wie groß muß α gewählt werden?

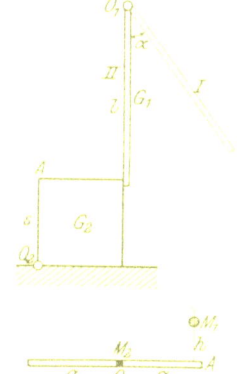

791. Auf einen Balken, der um seine wagrechte Schwerlinie O schwingen kann und anfangs in Ruhe ist, fällt am Ende bei A eine Masse M_1 durch die Höhe h herab. Der Stoß ist elastisch. Welche Geschwindigkeit c_1 besitzt die Masse M_1 nach dem Stoß und welche Winkelgeschwindigkeit ω_2 der Balken? (Routh.)

792. Auf eine Welle vom Halbmesser r, die zwischen zwei Reibungsklötzen gelagert ist, wird mittels der Schraube S ein Druck D ausgeübt. An der Welle befindet sich ein anfangs wagrecht liegender Arm von der Länge a und dem Gewicht G_2. Auf das Ende der Welle wird aus der Höhe h ein Gewicht G_1 fallen gelassen; der Stoß, den es auf die Stange ausübt, ist als unelastisch anzusehen. Man berechne den Verdrehungsbogen φ der Welle, der als klein anzunehmen ist.

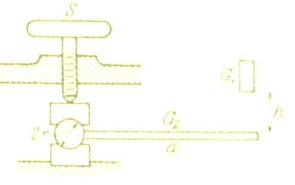

793. Drei Stäbe mit den Massen M_1, M_2, M_3 sind in O_1, O_2, O_3 drehbar gelagert und stützen sich in der nebengezeichneten Art. Auf das Ende des ersten Stabes stößt eine Kugel mit der Masse M und der Geschwindigkeit V; welche Geschwindigkeit w wird eine Kugel von der Masse m auf dem Ende des letzten Stabes erhalten, wenn die Stoßzahl k gegeben ist?

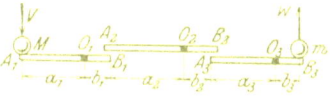

794. Ein Stab OA, der um sein Ende O drehbar ist, fällt aus seiner anfänglichen Ruhelage durch den Winkel α herab und stößt auf einen festen, wagrechten Stab B. Er prallt von diesem ab und erhebt sich wieder um den Winkel β. Wie groß ist die Stoßzahl k?

795. Eine dünne rechteckige Platte, die um die Achse x schwingen kann, wird in A von einer Masse gestoßen, die $1/10$ von jener der Platte ist. Diese schwingt infolge des Stoßes bis zur wagrechten Lage. Mit welcher Stärke erfolgte der Stoß, wenn er als völlig elastisch vorausgesetzt wird?

796. Eine gußeiserne Daumenwelle von $d = 10$ cm Dicke, den Halbmessern $R = 30$ cm, $r = 20$ cm, mit sechs Daumen von $\alpha = 10°$ Winkel, macht $n = 10$ Umdrehungen in der Minute und hebt hierbei eine Stampfe von $G_2 = 15$ kg ruckweise. Welche Geschwindigkeit v_2 wird der Stampfe im Augenblick des Anhebens erteilt? Der Stoß tritt in der Mitte des Daumens ein. (Einheitsgewicht des Gußeisens $\gamma = 7,5$.)

797. Ein in Translation mit der Geschwindigkeit v_1 begriffener Stab stößt an irgendeiner Stelle A an ein festes Hindernis. Es ist die Geschwindigkeit der Stoßstelle A des Stabes nach dem Stoß zu ermitteln, wenn die Stoßzahl k gegeben ist.

***798.** Eine ebene Platte von beliebiger Form fällt in wagrechter Lage herab und stößt bei H auf eine feste, wagrechte Querstange. Wie groß muß der Abstand x gemacht werden, wenn die Platte durch den Stoß die größte Winkelgeschwindigkeit erhalten soll? Wie groß ist diese?

799. Die Masse M eines Hammers ist durch einen Stiel von unbekannter Länge x in O drehbar aufgehängt. Die Masse des Stieles ist μ für die Längeneinheit. Wie lang muß x gemacht werden, wenn ein in der Mitte A von M eintretender Stoß in O keine Druckwirkung hervorruft?

Aufg. 799. Aufg. 800.

800. Eine Kreisscheibe ist um die wagrechte Gerade x drehbar. Ein im tiefsten Punkt A ausgeübter Stoß soll in der Achse x keine Druckwirkung hervorrufen. In welcher Entfernung y von O muß die Achse angenommen werden?

*801. Man ermittle die Koordinaten ξ, η des Stoßmittelpunktes eines rechtwinkligen Dreiecks, das sich um die wagrechte Seite a drehen kann.

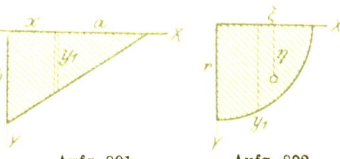

Aufg. 801.   Aufg. 802.

*802. Es sollen die Koordinaten ξ, η des Stoßmittelpunktes eines Viertelkreises gerechnet werden, der um die Achse x drehbar ist.

*803. Eine Dreiecksfläche kann sich um eine Achse x drehen, die zur Grundlinie $b = b_1 + b_2$ parallel ist und die Höhe h halbiert. Wo liegt der Stoßmittelpunkt (ξ, η) dieses Dreiecks?

804. Eine quadratische Scheibe dreht sich in einer wagrechten Ebene um ihren Eckpunkt A mit der Winkelgeschwindigkiet ω. Plötzlich wird der benachbarte Eckpunkt B des Quadrates festgehalten und A freigegeben; mit welcher Winkelgeschwindigkeit ω' dreht sich jetzt die Scheibe um B?

805. Drei gleiche Stäbe von der Länge a sind gelenkig verbunden und bewegen sich in geradliniger Translation mit der Geschwindigkeit v. Plötzlich wird der Mittelpunkt von CD festgehalten. Nach welcher Zeit treffen sich A und B, wenn die Bewegung in einer glatten wagrechten Ebene vor sich geht? (Routh.)

806. Eine quadratische Scheibe dreht sich mit der Winkelgeschwindigkeit ω um ihre Diagonale AC. Plötzlich wird die Ecke B des Quadrates festgehalten und die Diagonale AC freigegeben. Welcher Stoß wird hierdurch in B ausgeübt und mit welcher Winkelgeschwindigkeit ω' dreht sich nach dem Stoß das Quadrat um B? (Routh.)

807. Ein Würfel gleitet mit der Geschwindigkeit v auf wagrechtem Boden und stößt auf ein Hindernis H. Welche Geschwindigkeit w_s nimmt sein Schwerpunkt nach dem Stoß an? Wie groß muß v mindestens sein, wenn der Würfel überkippen soll?

808. Eine Masse M_1 wird in B an ein Prisma geworfen, das auf rauher Unterlage steht, trifft es in halber Höhe und bleibt haften. Wie groß muß die Geschwindigkeit v_1 der Masse sein, damit das Prisma, dessen Masse dreimal so groß ist, umkippt? (Routh.)

IV. Das Rechnen mit verschiedenen Einheiten und Dimensionen.

809. Die Geschwindigkeit eines Eisenbahnzuges beträgt 60 km in der Stunde; wie groß ist diese Geschwindigkeit in m/sek?

810. Wie groß (g') wäre die Beschleunigung der Schwere $g = 9,81$ m/sek^2, wenn man sie auf das Kilometer und die Stunde beziehen würde?

811. Eine Beschleunigung hat die Größe 80 m/sek^2; in einem anderen Maßsystem, in dem die Längeneinheit 1 km ist, hätte sie die Größe 288; wie groß ist in diesem System die Zeiteinheit?

812. Wie groß (g') würde der Zahlwert der Beschleunigung der Schwere $g = 9,81$ m/sek^2 werden, wenn als Zeiteinheit die Neusekunde eingeführt würde? (1 Tag = 20 Stunden, 1 Stunde = 100 Minuten, 1 Minute = 100 Sekunden.)

813. Wie muß das System der Grundeinheiten des technischen Maßsystems: Kraft, Länge, Zeit verändert werden, damit der Zahlwert einer Winkelbeschleunigung sich verhundertfachen soll?

814. Rechne den Wert einer Pferdestärke in englische Sekunden-Fuß-Pfund um, wenn 1 engl. Fuß = 0,305 m, 1 engl. Pfund = 0,454 kg (Krafteinheit) ist.

815. Wieviel Dyn enthält 1 engl. Pfund? (Vgl. vorhergehende Aufgabe.)

816. Die Krafteinheit des englischen Maßsystems ist 1 engl. Pfund $\times \dfrac{1 \text{ engl. Fuß}}{1 \text{ sek}^2}$. Wieviel Dyn enthält sie? (Vgl. Aufgabe 814.)

817. Wieviel mkg/sek wäre eine Pferdestärke, wenn das Kilogramm die Masseneinheit wäre, und nicht die Krafteinheit?

818. Das Trägheitsmoment eines Körpers ist J in einem Maßsystem, in dem das Kilogramm die Krafteinheit und das Meter die Längeneinheit ist; wie groß ist dasselbe Trägheitsmoment im C.G.S.-System?

819. Die Bewegungsenergie eines Körpers beträgt 64 285,71 Einheiten im Fuß-Pfund-Minuten-System; wie groß (x) ist sie im Meter-Kilogramm-Sekunden-System? (1 Fuß = 0,316 m, 1 Pfund = 0,56 kg.)

820. Eine Spannung beträgt 600 kg/cm²; wie groß (x) ist sie in **Pfund/Zoll²**? (1 Zoll = 2,63 cm, 1 Pfund = 0,56 kg.)

821. Die Anziehungskraft zweier Massenpunkte m_1, m_2 hat nach dem **Newton**schen Gesetz den Ausdruck:

$$K = k \cdot \frac{m_1 m_2}{r^2},$$

worin r die Entfernung der beiden Punkte ist. Man ermittle die Dimension der Konstanten k a) im technischen, b) im physikalischen (absoluten) Maßsystem.

822. Die Steifheit eines Seiles ist nach der Angabe **Grashofs** $S = \left(a \dfrac{Q}{R} + b\right) d^2$, worin Q die Last am Seil, R der Krümmungshalbmesser, d die Stärke des Seiles, S der Widerstand ist. Welche Dimensionen haben a und b?

823. Für Hanfseil ist in voriger Aufgabe: $a = 0{,}038$, $b = 0{,}054$, wenn Q in kg, R und d in cm eingesetzt werden. Wie groß werden a und b sein, wenn Q in Wiener Pfund, R und b in Wiener Zoll eingesetzt werden? (1 Zoll = 2,63 cm, 1 Pfund = 0,56 kg.)

824. Wenn eine Kugel vom Halbmesser r mit der Kraft K gegen eine ebene Platte aus gleichem Material gedrückt wird, so ist die größte Druckspannung, die zwischen beiden entsteht, nach **H. Hertz**:

$$\sigma = 0{,}388 \sqrt[3]{\frac{KE^2}{r^2}},$$

worin E, die Elastizitätszahl, die Dimension einer Spannung hat. Welche Dimension hat die Zahl vor der Wurzel?

825. Der Reibungswiderstand einer Rohrleitung wird nach **de Saint-Vénant** durch die Gleichung gefunden: $W = \alpha \pi d l v^n$, worin α eine Konstante, d der Durchmesser, l die Länge der Leitung, v die Geschwindigkeit des Wassers, n eine Zahl bedeuten. Welche Dimension besitzt α a) im technischen, b) im physikalischen Maßsystem?

826. Weisbach gibt für den Reibungswiderstand in einer Rohrleitung die Gleichung: $W = \left(\alpha + \dfrac{\beta}{\sqrt{v}}\right) \pi d l v^2$, worin α und β Konstante sind, d, l, v dieselbe Bedeutung wie in Aufgabe **825** haben. Welche Dimensionen besitzen α und β a) im technischen, b) im physikalischen Maßsystem?

827. Baumgarten hat vorgeschlagen, die Geschwindigkeit eines Flusses nach der Gleichung zu rechnen: $v = \alpha u + \sqrt{\beta + \gamma u^2}$, worin u die Anzahl der Umdrehungen eines Flügelrädchens in einer Sekunde, α, β, γ Konstante sind. Welche Dimensionen besitzen diese?

828. Die Geschwindigkeit eines Flusses wird nach Bazin durch die Formel gegeben: $v\,[\text{m/sek}] = \sqrt{\dfrac{RJ}{\alpha + \beta/R}}$, worin R eine Länge, J eine Verhältniszahl, und zwar das Gefälle des Flusses, α und β Konstante sind. Für Metermaß seien diese: $\alpha = 0{,}00028$, $\beta = 0{,}00035$; wie groß müssen α und β sein, wenn v in Wiener Fuß gerechnet werden soll? (1 Fuß = 0,316 m.)

829. Harder empfiehlt zur Berechnung der Geschwindigkeit eines Flusses die Gleichung: $v\,[\text{m/sek}] = \left(\alpha + \beta \sqrt{R}\right)\sqrt{RJ}$, worin die Buchstaben dieselbe Bedeutung haben wie in der vorigen Aufgabe. Für Meter ist $\alpha = 36{,}27$, $\beta = 7{,}254$; wie ändern sich diese Zahlen für Pariser Fuß? (1 m = 3,0784 Pariser Fuß.)

830. Die vielbenützte Formel der Schweizer Ingenieure Ganguillet und Kutter zur Berechnung der mittleren Geschwindigkeit eines Flusses lautet:

$$v\,[\text{m/sek}] = \frac{a + c/n + b/J}{1 + (a_1 + b_1/J)\,n/\sqrt{R}} \cdot \sqrt{RJ},$$

worin R eine Länge, J eine Verhältniszahl (Gefälle des Flusses), n eine Zahl und a, b, c, a_1, b_1 konstante Werte sind. Für Metermaß sind sie:

$$a = a_1 = 23\,, \quad b = b_1 = 0{,}00155\,, \quad c = 1\,.$$

Wie groß sind sie, wenn v in Wiener Fuß/sek angegeben werden soll? (1 Fuß = 0,316 m.)

831. Für die Anzahl A der zu einer Seiltransmission nötigen Seile gilt die Regel (vgl. K. Keller, Z. V. D. I. Bd. 25, 1885):

$$A = 1250 \cdot N/v\,d^2,$$

worin N die Anzahl der zu übertragenden Pferdestärken, v die Geschwindigkeit des Seiles, d seinen Durchmesser bedeutet. Man ermittle die Dimension der Zahl 1250.

832. Die Höhe eines Dampfkesselschornsteins wird nach H. v. Reiche (Anlage und Betrieb der Dampfkessel, 2 Bde., Leipzig, 1888) nach der Gleichung bestimmt:

$$h\,[\text{m}] = 0{,}00277\,(B/R)^2 + 6\,d\,.$$

Hierin ist B die Menge des verbrauchten Brennstoffes in kg/Stde; R die Rostfläche der Kesselanlage in m²; d der Durchmesser des Schornsteins in m. Wie muß diese Gleichung geändert werden, wenn Wiener Pfund und Fuß der Rechnung zugrunde gelegt sind? (1 Wiener Pfund = 0,56 kg, 1 Wiener Fuß = 0,316 m.)

833. Eine überschlägige Formel für die Höhe eines Dampfkesselschornsteins lautet:

$$h\,[\mathrm{m}] = \left(\frac{7B}{40+B}\right)^2$$

und eine andere für den Durchmesser

$$d\,[\mathrm{m}] = 0{,}06\,\sqrt{B},$$

worin B die verzehrte Brennstoffmenge in kg/Stde bedeutet. Wie ändern sich diese empirischen Gleichungen, wenn englische Pfund und Fuß der Rechnung zugrunde gelegt sind? (1 engl. Pfund = 0,454 kg, 1 engl. Fuß = 0,305 m.)

834. Nach den Hamburger Normen für Dampfkessel (1902) rechnet man den Durchmesser des Schraubenkerns nach der empirischen Gleichung

$$d\,[\mathrm{cm}] = 0{,}045\,\sqrt{P} + 0{,}5,$$

worin P den Zug auf den Kern in kg darstellt. Wie ändert sich diese Gleichung, wenn die Rechnung auf englische Zoll und Pfund bezogen wird? (1 engl. Pfund = 0,454 kg, 1 engl. Zoll = 2,54 cm.)

835. Die Geschwindigkeit der Heizgase in den Heizkanälen für Dampfkessel wird nach der Gleichung gerechnet:

$$v\,[\mathrm{m/sek}] = \frac{B}{R}\,\frac{r}{3600\,a}.$$

Hierin ist B die verbrauchte Kohlenmenge in kg/Stde, R die Rostfläche in m², r die aus 1 kg Kohle gebildete Gasmenge in m³, a eine Verhältniszahl. Welche Dimension besitzt die Zahl 3600 und wie ändert sie sich, wenn das Wiener Pfund und der Wiener Fuß als Einheiten eingeführt werden?

836. Für die Ermittlung des notwendigen Querschnittes eines Sicherheitsventils dient die Gleichung

$$f = 15\,\sqrt{\mathfrak{V}/p_0}.$$

Hier ist: f der Querschnitt des Ventils in mm² für 1 m² Heizfläche; p_0 der Dampfüberdruck in kg/cm²; $\mathfrak{V}$ das Volumen von 1 kg Wasserdampf in Litern. Wie wird diese Gleichung zu lauten haben, wenn alle Größen auf Meter, und wie wird sie lauten, wenn alle Größen auf Millimeter bezogen werden?

837. Der Luftwiderstand für die Stirnfläche einer Lokomotive kann nach Versuchen in der folgenden Form angesetzt werden (v. Borries, Z. V. D. I. Bd. 48, 1904):

$$W = 0{,}0052\, v^2,$$

wenn W den Widerstand für 1 t auf jeder Laufachse und für 1 m² Stirnfläche, v die Geschwindigkeit in km/Stde bezeichnet. Wie ändert sich die Zahl, wenn alle Größen der Gleichung in kg, m und sek ausgedrückt werden?

838. Der Widerstand einer Scheibe, die quer gegen die umgebende Luft bewegt wird, ist, abgesehen von einer Erfahrungszahl ξ, von der Fläche der Scheibe, der Dichte der Luft und der Geschwindigkeit abhängig. Man ermittle die Potenzen dieser Abhängigkeit.

839. Die Leistung der Luftschraube eines Flugzeuges ist vom Halbmesser der Schraubenflügel, der Winkelgeschwindigkeit der Schraube und der Luftdichte abhängig. Man ermittle die Potenzen dieser Abhängigkeit.

Zweiter Teil.
Resultate und Lösungen.

1. Zeichnerisch: Wähle einen Kraftmaßstab (z. B. 2 kg = 1 cm), trage die **Kräfte** in ihrer Richtung auf und ziehe die Schlußlinie des Kraftecks.
Rechnerisch: Wähle ein beliebiges rechtwinkliges Achsenkreuz (z. B. K_1 **als die eine Achse**), bilde die Teilkräfte von K_1 bis K_5 nach diesen Achsen **und addiere diese.** Ihre Summen nach x und y sind

$X = \Sigma X_i = 10 + 15 \cdot \cos 50° + 26 \cdot \cos 160° + 8 \cdot \cos 100° + 12 \cdot \cos 40° = 3{,}06\,\text{kg},$

$Y = \Sigma Y_i = \phantom{10 + {}}15 \cdot \sin 50° + 26 \cdot \sin 160° - 8 \cdot \sin 100° - 12 \cdot \sin 40° = 4{,}77\,\text{kg},$

daher ist

$$K = \sqrt{X^2 + Y^2} = 5{,}66\,\text{kg}, \quad \text{tg}(KK_1) = \frac{Y}{X}, \quad \sphericalangle(KK_1) = 57°\,19'\,10''.$$

2. Zeichnerisch: Zeichnen des Kraftecks und seiner Schlußlinie (Kraftmaßstab ist schon durch die Angabe festgelegt!).
Rechnerisch wie in **1.** K_3 ist als Achse zu wählen. Die Summe ist $K = 6\,K_1$ in Richtung von K_3.
3. Aus $K_1 : K_2 : K = \sin \alpha_2 : \sin \alpha_1 : \sin \alpha$ und $\alpha_2 = \alpha - \alpha_1$ folgt

$$\cotg \frac{\alpha}{2} = \cotg \alpha_1 - \frac{K_1 - K_2}{K} \cdot \frac{1}{\sin \alpha_1}$$

und mit den angegebenen Zahlenwerten:

$$\alpha = 60°\,50'\,5''; \quad K_1 = 209{,}67\text{ kg}; \quad K_2 = 109{,}67\text{ kg}.$$

4. Suche die Mittelkraft der sechs Kräfte mittels Krafteck, nimm den neuen **Angriffspunkt auf** der Mittelkraft an und zeichne über ihr als Hypotenuse ein gleichschenkliges, rechtwinkliges Dreieck.
5. Die Grundlinie aller Kraftdreiecke ist K selbst. Die dritten Ecken erfüllen einen Kreis, dessen Mittelpunkt auf der Verlängerung von K liegt und der die Strecke K im inneren und äußeren Verhältnis $1:2$ teilt.
6. Aus $K_1 : K_2 : K = \sin \alpha_2 : \sin \alpha_1 : \sin \alpha$ folgt $4 \sin \alpha_1 = 3 \sin \alpha_2$ und sodann aus $\alpha_2 = 2\,\alpha_1$:

$$\alpha_1 = \sphericalangle(K_1K) = 48°\,11'\,22{,}6'', \quad \alpha_2 = \sphericalangle(K_2K) = 96°\,22'\,45{,}2''.$$

Endlich $\alpha = \alpha_1 + \alpha_2 = 144°\,34'\,7{,}8''$ und

$$K_1 = \frac{\sin \alpha_2}{\sin \alpha} K = 1{,}7143\,K,$$

und ebenso $K_2 = 1{,}2857\,K$.

7. Aus $K_1 = K \dfrac{\sin x}{\sin \alpha}$, $K_2 = K \dfrac{\sin \alpha_1}{\sin \alpha}$. $\alpha = \alpha_1 + x$ folgt:

$S = K \dfrac{\cos(\alpha_1 - x)/2}{\cos(\alpha_1 + x)/2}; \quad S_{\min} = K$ für $x = 0$; dabei ist $K_1 = 0$, $K_2 = K$;

$S_{\max} = \infty$ für $x = 180° - \alpha_1$, $\alpha = \alpha_1 + x = 180°$; dabei ist $K_1 = K_2 = \infty$.

8—16.   Resultate und Lösungen.

8. Aus $K^2 = K_1^2 + K_2^2 + 2 K_1 K_2 \cos \alpha$ und $K_2 = n K_1$ folgt:

$$K_1 = \frac{K}{\sqrt{1 + n^2 + 2 n \cos \alpha}} = 6 \text{ kg},$$

$$K_2 = \frac{nK}{\sqrt{1 + n^2 + 2 n \cos \alpha}} = 15 \text{ kg},$$

$\alpha_1 = 28° 51' 57''$, $\alpha_2 = 11° 8' 3''$.

10. Mittelkraft $= K$ in der Diagonale DF. [Man füge in DF zwei sich tilgende Kräfte $= K$ hinzu.]

11. Mittelkraft $R = \sqrt{16 h^2 + r^2}$, $h =$ Höhe der Pyramide, $r =$ Halbmesser des dem Fünfeck umschriebenen Kreises, R, h und r im Kraftmaßstabe gemessen. R trifft die Grundfläche in jener Symmetralen, welche die kraftfreie Kante schneidet, $5 r/4$ von der Ecke entfernt. [Füge in der kraftfreien Kante zwei sich tilgende Kräfte $= K = \sqrt{h^2 + r^2}$ hinzu.]

12. $K = 15{,}78$,

$\sphericalangle(K, x) = 82° 43' 6{,}5''$, $\sphericalangle(K, y) = 152° 30' 31''$, $\sphericalangle(K, z) = 116° 20' 3{,}5''$.

13. Die Teilkräfte liegen in einer Ebene und haben die Größen:

$$K_1 = K/\sqrt{3}, \quad K_2 = 2 K/\sqrt{3}, \quad K_3 = K\sqrt{3};$$

ferner ist $\sphericalangle(K_1, K) = 150°$, $\sphericalangle(K_2, K) = -90°$, $\sphericalangle(K_3, K) = 30°$.

14. $K_1 = 0{,}2673 K$, $K_2 = 0{,}5346 K$, $K_3 = 0{,}8019 K$;

$\sphericalangle(K_1, K) = 74° 29' 55''$, $\sphericalangle(K_2, K) = 57° 41' 18''$, $\sphericalangle(K_3, K) = 36° 41' 57''$.

15. $K_1 = K \operatorname{ctg} \frac{\alpha}{2} \sqrt{1 + 2 \cos \alpha}$. [Zeichne das sphärische Dreieck durch die Endpunkte der drei Kräfte K; die Mittelkraft geht durch den Mittelpunkt dieses gleichseitigen Dreiecks. Bezeichnet h die „Höhe" und ϱ den Halbmesser des Inkreises dieses gleichseitigen sphärischen Dreiecks, so ist nach bekannten Formeln aus der sphärischen Trigonometrie (s. Abb.)

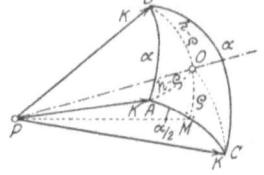

$$\cos h = \frac{\cos \alpha}{\cos \alpha/2}, \quad \sin h = \operatorname{tg} \alpha/2,$$

$$\operatorname{tg} \varrho = \sqrt{\frac{\sin^3 \alpha/2}{\sin 3 \alpha/2}} = \frac{\sin \alpha/2}{\sqrt{1 + 2 \cos \alpha}}$$

und aus dem rechtwinkligen Dreieck AOM:

$$\cos(h - \varrho) = \cos \varrho \cos \alpha/2.$$

Das Ergebnis folgt sodann aus der Bedingung der Gleichwertigkeit der beiden Kraftgruppen K und K_1:

$$3 K \cos(h - \varrho) = 3 K_1 \sin \varrho.]$$

Für $\alpha = 120°$ wird $K_1 = 0$; für $\alpha = 0$: $K_1 = \infty$.

16. Auf M wirkt eine Kraft $= 4 k \cdot \overline{MA}$ in der Richtung nach A, wenn k die Kraft des elastischen Fadens für die Einheit seiner Länge ist. [Wähle M als Mittelpunkt eines Koordinatenkreuzes, dessen Achsen den Seiten des Quadrates parallel sind.]

Resultate und Lösungen.   **17—22.**

17. Ist $dM = \mu\,dz$ ein Massenelement des Stabes, μ die Masse für die Längeneinheit, z der Abstand von m, so ist die gesuchte Gesamtanziehung
$$K = \int_a^{a+l} \frac{k\,m\,dM}{z^2} = k\,\mu\,m \int_a^{a+l} \frac{dz}{z^2} = \frac{k\,M\,m}{a(a+l)}.$$
Hierin ist k die Gravitationskonstante, d. i. die Anziehung der Masseneinheiten in der Einheit der Entfernung.

18. Nennt man $dM = \mu\,dz$ ein Massenelement des Stabes, μ seine Masse für die Längeneinheit, $CP = z$ den Abstand des Massenelementes von der Mitte des Stabes, ferner
$$\angle C\,m\,P = \varphi, \quad \overline{mP} = x,$$
so ist die gesuchte Gesamtanziehung
$$K = \int \frac{k\,m\,dM}{x^2} \cos\varphi = k\,m\,\mu\,a \int \frac{dz}{x^3},$$
und da
$$x^2 = a^2 + z^2,$$
so folgt mit Hilfe der Substitution $z = a\,\mathrm{tg}\,\varphi$:
$$K = 2\,k\,m\,\mu\,a \int_0^{l/2} \frac{dz}{(a^2 + z^2)^{3/2}} = \frac{k\,M\,m}{a\,c},$$
wenn $\overline{mA} = \overline{mB} = c$ gesetzt wird.

19. Ist $dM = \mu \cdot r\,d\varphi$ ein Massenelement in P, die ganze Masse $M = \mu\,r\cdot 2\,\alpha$, ferner $\angle C\,m\,P = \varphi$, so wird die gesuchte Anziehung
$$K = \int \frac{k\,m\,dM}{r^2} \cos\varphi = \frac{k\,m\,\mu}{r} \int_{-\alpha}^{+\alpha} \cos\varphi\,d\varphi = \frac{k\,M\,m}{r^2} \cdot \frac{\sin\alpha}{\alpha}.$$

20. Lösung ähnlich wie vorher. Ein unendlich dünner Flächenstreifen PQ der Halbkugel besitzt die Masse
$$dM = \mu \cdot 2\,r\sin\varphi \cdot \pi\,r\,d\varphi$$
und erleidet von m die Anziehung:
$$dK = k \cdot m \cdot \frac{dM}{r^2} \cos\varphi$$
in Richtung Cm. Die gesamte Anziehungskraft liegt in Cm und ist:
$$K = \frac{k\,m}{r^2} \int_0^{\pi/2} dM \cos\varphi = \frac{k}{2} \frac{M\,m}{r^2}.$$

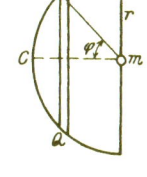

21. Wenn k die elastische Kraft des Fadens für die Einheit der Längenänderung ist, so ist für Gleichgewicht $k(l_0 - x) = G$ und
$$x = l_0 + G/k.$$

22. $x = \dfrac{a\sqrt{m_1}}{\sqrt{m_1} + \sqrt{m_2}}.$

23—38. Resultate und Lösungen.

23. Die beiden Gleichgewichtslagen liegen innerhalb von $\overline{m_1\,m_2} = a$ und sind vom Mittelpunkt dieser Strecke um $\sqrt{\dfrac{a^2}{4} - \dfrac{k_1}{k_2}}$ entfernt. Das Gleichgewicht ist unmöglich, wenn $a < 2\sqrt{k_1/k_2}$.

25. Betrachte die Summe der Kräfte in Richtung der Dreieckseiten.

26. Es ist $\operatorname{tg}\varphi = \dfrac{K}{G} = \dfrac{l}{p}$ und $p = l\sin\varphi$, daher
$$\sin^2\varphi = \cos\varphi, \quad \text{daraus:} \quad \varphi = 51°\,50';$$
$$S = 9/\cos\varphi = G(1 + \cos\varphi) = 1{,}618\,G.$$

27. $x = \dfrac{m_1 x_1 + m_2 x_2 + m_3 x_3}{m_1 + m_2 + m_3}, \quad y = \dfrac{m_1 y_1 + m_2 y_2 + m_3 y_3}{m_1 + m_2 + m_3}$. [Projiziere die drei Anziehungskräfte auf die Koordinatenachsen und setze die Summe der Teilkräfte gleich Null.]

28. Es ist $\dfrac{2}{r^2}\dfrac{x}{r} = \dfrac{1}{x^2}$ oder $2x^3 = r^3$ und $r^2 = a^2 + x^2$, woraus $x = 1{,}30\,a$.

29. $D = \dfrac{3\,S}{\sqrt{8}}, \quad D_1 = S\left(1 - \dfrac{1}{\sqrt{8}}\right)$. [Schneide das Seil oben und an den Seiten durch und setze jede Walze für sich ins Gleichgewicht.]

30. $AC : CB = (G^2 + Q^2 - P^2) : (G^2 + P^2 - Q^2)$. [Benutze das aus G und den beiden Seilspannungen P und Q gebildete Kraftdreieck.]

31. $\dfrac{P}{Q} = \sqrt{4 - \dfrac{a^2}{b^2}}$. [Die Spannung im Seil ist Q.]

32. $\operatorname{tg}\alpha/2 = 0{,}5$, $D = G$. [Projiziere die Kräfte auf die Richtungen parallel zur schiefen Ebene und senkrecht dazu.] Eine zweite Lösung gibt die wagrechte Lage der Ebene: $\cos\alpha/2 = 0$, $\alpha = \pi$.

33. $K = G\dfrac{\sin\alpha}{1 + \sin\alpha - \cos\alpha}, \quad D = G\dfrac{1 + \cos\alpha}{1 + \sin\alpha + \cos\alpha}$. [Lösung wie vorher.]

34. Gleichgewicht findet statt, entweder wenn $\overline{CM} = \sqrt[3]{\dfrac{k\,r}{G}}$ oder wenn $\overline{CM} = 2r$; die entsprechenden Drücke sind $D = G$ und $D = \dfrac{k}{4\,r^2} - G$. [Projiziere die Kräfte auf die Tangente und Normale von M.]

35. An allen Punkten des Halbkreises; überall ist $D = 2\,k\,r$. [Lösung wie vorher.]

36. $b : h = \sqrt{\sqrt[3]{4} - 1} = 0{,}766$. [Projiziere die drei Kräfte auf die Höhe des Dreiecks.]

37. Ist a die Dreieckseite, so ist $r_1 = 0{,}7265\,a$, $r_2 = 0{,}6009\,a$, $r_3 = 0{,}4410\,a$. [Benutze ein Achsenkreuz x, y durch eine Ecke des Dreiecks, von dem etwa die x-Achse mit einer Dreieckseite zusammenfällt, und führe die Koordinaten xy für die Gleichgewichtsstellung des Punktes als Unbekannte ein.]

38. Bezeichnet φ den Winkel von MM_1 mit der Führungsgeraden, so sind die Kräfte nach MM_1 und MM_2: $k\sin^2\varphi/a^2$ und $k\cos^2\varphi/b^2$; die

Resultate und Lösungen.   **39—47.**

Gleichheit der Teilkräfte nach der Führungsgeraden gibt $\operatorname{tg}\varphi = a^2/b^2$ und
$$c = a\operatorname{ctg}\varphi + b\operatorname{tg}\varphi = b^2/a + a^2/b \quad \text{oder} \quad a^3 + b^3 = abc.$$
Für den Druck findet man durch Projektion auf die Richtung lotrecht zur Führung:
$$D = k/\sqrt{a^4 + b^4}.$$

39. Durch Projektion von G und K auf die Tangente der Parabel findet man die Gleichung
$$y(G - kp) = 0;$$
d. h. hat die Parabel den Halbparameter $p = G/k$, so ist G an allen Stellen der Parabel im Gleichgewicht (astatisches Gleichgewicht); sonst nur im tiefsten Punkt.

Die Projektion der Kräfte auf die Normale liefert im ersten Falle
$$D = k\sqrt{p^2 + y^2};$$
im zweiten ist $D = kp = G$.

40. $k = \dfrac{G h l^3}{4(b^2 - h^2)}$, $D = \dfrac{G b l}{b^2 - h^2}$; Gleichgewicht ist unmöglich, wenn $b \leq h$. [Projiziere die Kräfte auf AB und senkrecht dazu.]

41. Gleichgewicht besteht für $\overline{MM_1} = a/2$; $D = kb$.

42. $z = x/4$; im besonderen folgt für $z = a$: $x = 4a$.

43. Die Gleichheit der Fadenspannungen an den beiden Punkten gibt unmittelbar $G_1\sin\varphi_1 = G_2\sin\varphi_2$, oder $\sin\varphi_1 : \sin\varphi_2 = G_2 : G_1$. Ferner ist $r(\varphi_1 + \varphi_2) = l$, $\varphi_2 = (l/r) - \varphi_1$ und in Verbindung mit der früheren Gleichung:
$$\operatorname{ctg}\varphi_1 = \frac{G_1 + G_2\cos(l/r)}{G_2\sin(l/r)}, \quad \operatorname{ctg}\varphi_2 = \frac{G_2 + G_1\cos(l/r)}{G_1\sin(l/r)}.$$
Man beachte, daß $0 < \varphi_1 \leq \pi/2$, $0 < \varphi_2 \leq \dfrac{\pi}{2}$ sein muß.

44. Die beiden Gleichgewichtslagen von M liegen in einer Geraden, die durch den Mittelpunkt des Kreises parallel zu M_1M_4 gezogen wird. Die Drücke an diesen zwei Stellen sind $D = 5{,}071\,ka$ und $D = 9{,}071\,ka$. [Projiziere die Kräfte des Punktes auf die Kreistangente und Kreisnormale und führe den $\sphericalangle \varphi$ zwischen MM_4 und der Tangente in M als unbekannte Koordinate ein; es folgt $\operatorname{tg} 2\varphi = 1$, d. h. $\varphi = 22{,}5°$ oder $= \pi + 22{,}5°$.]

45. In den Ecken des Sechsecks und in den Halbierungspunkten seiner Seiten. — Beachte den Unterschied der Gleichgewichtslagen M_1, M_2, M_3 und der drei anderen Ecken des Sechsecks.

46. $H = G\dfrac{y}{x}$, $D = \dfrac{G}{x}\sqrt{x^2 + y^2}$. [Projiziere die Kräfte auf Tangente und Normale des Hyperbelpunktes x, y.]

47. Ist l die Länge des gespannten Fadens für Gleichgewicht und k die Fadenkonstante, so ist die in ihm auftretende Spannung der Längenänderung proportional, also
$$S = k(l - l_0),$$
darin ist $l = 2r(\operatorname{ctg}\varphi + \varphi + \pi/2)$, $l_0 = 2r\pi$; ferner ist
$$G = 2S\cos\varphi,$$
woraus
$$\cos\varphi \cdot (\operatorname{ctg}\varphi + \varphi - \pi/2) = G/4kr.$$

48–50. Resultate und Lösungen.

48. Für jeden Winkel φ liegt die Gleichgewichtslage des Ringes R im tiefsten Punkt der Ellipse, deren Brennpunkte A, B sind und deren große Achse $2a$ ist. Die Lotrechte ist die Normale zur Ellipse und halbiert den

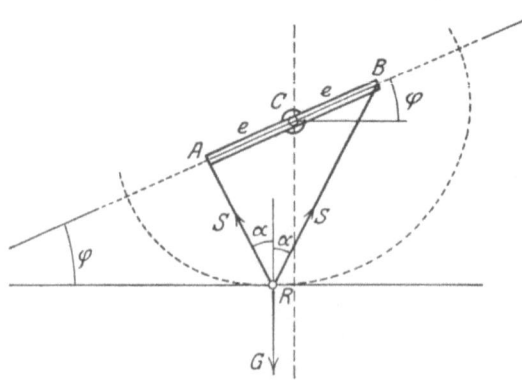

Seilwinkel, d. i. den Winkel zwischen RA und RB — eine bekannte elementare Eigenschaft der Ellipse. — Mit Benutzung der Ellipsengleichung findet man sodann (s. Abb.)

$$S = \frac{G}{2\cos\alpha} = \frac{G}{2} \cdot \frac{a}{\sqrt{a^2 - e^2 \cos^2\varphi}}.$$

49. In den Bezeichnungen der Abbildung ist:

$$S_1 : S_2 : G = \sin\alpha_2 : \sin\alpha_1 : \sin(\alpha_1 + \alpha_2),$$

ferner ist

$$\alpha_1 + \alpha_2 = 2\alpha, \quad \sin\alpha = e/a, \quad \cos\alpha = \sqrt{(a^2 - e^2)}/a,$$
$$\alpha_1 = \alpha - \varphi, \quad \alpha_2 = \alpha + \varphi,$$

und damit folgt:

$$S_1 = \frac{Ga}{2}\left[\frac{\cos\varphi}{\sqrt{a^2 - e^2}} + \frac{\sin\varphi}{e}\right],$$

$$S_2 = \frac{Ga}{2}\left[\frac{\cos\varphi}{\sqrt{a^2 - e^2}} - \frac{\sin\varphi}{e}\right].$$

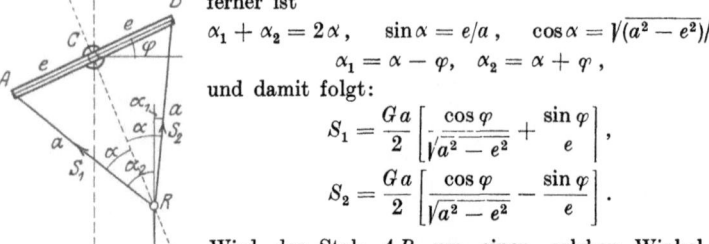

Wird der Stab AB um einen solchen Winkel φ gedreht, für den $\operatorname{tg}\varphi = e/\sqrt{a^2 - e^2}$ ist, so wird $S_1 = G$, $S_2 = 0$, d. h. G hängt nur an **einem** Seil. Bei großen Werten von $\operatorname{tg}\varphi$ würde S_2 negativ, d. h. das betreffende Seilstück schlaff werden.

50. m wird auf der Höhe des Dreiecks im Gleichgewicht sein. Nennt man h_1 und h_2 die Abstände des Punktes m von der Grundlinie und Spitze, so ist zunächst nach Aufgabe **18** die Anziehung der Grundlinie

$$K_1 = \frac{k\,m\,\mu\,a}{h_1\,c},$$

wenn $mA = mB = c$ und μa die Masse der Grundlinie ist.

Resultate und Lösungen. **51—67.**

Bezeichnet ferner $\overline{SP} = z$, $\overline{Pm} = x$, $\sphericalangle PmS = \varphi$, $\sphericalangle PSm = \alpha$, $dM = \mu\,dz$ das Massenelement in P, so ist die Anziehung der beiden Seiten b auf m in der Richtung der Höhe mS:

$$K_2 = 2\int \frac{k\,m\,dM}{x^2}\cdot\cos\varphi = 2\,k\,m\,\mu\int_0^b \frac{(h_2 - z\cos\alpha)\cdot dz}{(h_2^2 + z^2 - 2\,h_2\,z\cos\alpha)^{3/2}}$$

oder
$$K_2 = \frac{2\,k\,m\,\mu\,b}{h_2\,c}.$$

Setzt man nun $K_1 = K_2$, so erhält man:
$$h_1 : h_2 = a : 2\,b.$$

51. Die Mittelkraft ist gleich Q, rechts von der gegebenen Kraft Q, ihr parallel und gleichgerichtet, im Abstand $\dfrac{K}{Q}p$. [Drehe das Kraftpaar Kp und verwandle es nach der Gleichung: $Kp = Qq$.]

52. Erstens behandle man die gegebenen neun Kräfte mit Hilfe des Seilecks. Zweitens suche man die Mittelkraft der drei Kräfte und setze sie mit dem resultierenden der drei Kraftpaare zusammen, wie in Aufgabe **51**.

54. Suche erst die Wirkungslinien von $\overline{K}_{12} = \overline{K}_1 + \overline{K}_2$, und $\overline{K}_{34} = \overline{K}_3 + \overline{K}_4$ aus den gegebenen Verhältnissen, zerlege sodann K in diese beiden, endlich K_{12} in K_1 und K_2, K_{34} in K_3 und K_4.

55. Suche die Mittelkraft der drei gegebenen Kräfte und zerlege sie in zwei Kräfte in den gegebenen Geraden.

56. Ist $K_1 = K_2 + K_3 = K/2$, so kann die Wirkungslinie der Summe von K_2 und K_3 gezeichnet werden. Ihre Größe ist $K/2$.

57. Ist z. B. die Lage von K_1 und K_2 gegeben, so ist wegen $K_1 : K_2 = 1 : 2$ auch die Wirkungslinie ihrer Summe K_{12} bekannt und wegen $K_{12} = K_3 = K/2$ auch die Lage von K_3 zu ermitteln.

58. Das Moment des Kraftpaares ist der Fläche des Dreiecks proportional.

59. Ein Kraftpaar, dessen Moment gleich der doppelten Vieleckfläche ist.

60. Alle drei Teilkräfte sind gleich K; ihre Richtungen sind BC, DC, DA.

61. Die Mittelkraft ist $2K$, lotrecht aufwärts, rechts vom Quadrat, um K von dessen Mittelpunkt entfernt.

62. Die Mittelkraft hat die Größe $7{,}14$ kg, ihre Gleichung ist: $y = 3{,}67\,x - 5{,}22$; ihr Drehsinn ist gegen den Uhrzeiger.

63. Mittelkraft $2K$, Richtung von CD, außerhalb des Sechsecks, um $\overline{AC}/2$ von CD entfernt.

64. Mittelkraft $= -4$ kg, sie ist $19{,}25$ m von K_1, $6{,}25$ m von K_5 entfernt und ihnen parallel.

65. Entweder $\cos\alpha_1 = \cos\alpha_3 = \dfrac{n^2 + 3}{4n}$, $\cos\alpha_2 = \dfrac{n^2 - 3}{2n}$ oder $\cos\alpha_1 = -\cos\alpha_3 = \pm\dfrac{1}{2}\sqrt{n^2 + 3}$, $\cos\alpha_2 = n$. [Projiziere die drei Teilkräfte auf K und senkrecht zu K und bilde überdies die Momente um A_2.]

66. $K : Q = 5{,}8284$, Mittelkraft $= 6{,}8284\,Q$.

67. Ein Kraftpaar mit dem Moment $\mathfrak{M} = 12{,}0288\,k\,r^2$. [Rechne die Länge der Fäden nach der Verdrehung; die Fadenkräfte wirken tangential zur Walze.]

68—75. Resultate und Lösungen.

68. $R = K\sqrt{3}$, Richtung BA.

69. Der Mittelpunkt liegt zwischen C und O, um $0{,}526\,a$ von C entfernt; $a =$ Fünfeckseite. [Drehe die fünf Kräfte um $90°$, suche ihre Mittelkraft und deren Schnitt mit OC.]

70. Der Mittelpunkt liegt außerhalb des Dreiecks auf K_1, um $3{,}732\,a$ von A entfernt. [Drehe das Kraftsystem nach rechts und nach links, jedesmal um $60°$, suche die beiden Mittelkräfte und bringe sie zum Schnitt.]

71. Die Anziehung der rechten Seite auf die Punktmasse dM_1 links in Richtung von a ist

$$dK = \int \frac{k\,dM\,dM_1}{x^2}\cos\varphi = k\,dM_1\int\frac{\cos\varphi\cdot dM}{x^2}$$

und mit

$$dM = \mu\,dy, \quad \cos\varphi = \frac{a}{x}, \quad x^2 = a^2 + y^2:$$

$$dK = a\,k\,\mu\,dM_1\int_{-z}^{l-z}\frac{dy}{(a^2+y^2)^{3/2}} = \frac{k\,\mu\,dM_1}{a}\left[\frac{l-z}{\sqrt{a^2+(l-z)^2}} + \frac{z}{\sqrt{a^2+z^2}}\right].$$

Setzt man $dM_1 = \mu\,dz$ und integriert neuerdings von $z = 0$ bis $z = l$, so erhält man die Gesamtanziehung

$$K = \frac{2k\mu^2}{a}\int_0^l \frac{z\,dz}{\sqrt{a^2+z^2}} = \frac{2kM^2}{al^2}(\sqrt{a^2+l^2} - a).$$

worin $M = \mu l$ die Masse einer Seite ist.

72. $\sin\varphi = \dfrac{a}{b}\cdot\dfrac{G}{G+Q}$. [Setze die Summe der Momente um O gleich Null.] Der Druck D zwischen dem Zylinder und dem Seil geht durch M und den Schnittpunkt der beiden Seilstücke, die sich um den Zylinder herumlegen; bezeichnet α den Winkel bei M zwischen den Normalen zu den beiden Seilen, so ist

$$D = Q\sin\varphi/\cos(\varphi + \alpha/2).$$

73. Druck in $A = G\cdot\sqrt{1 + \dfrac{b^2}{a^2}\operatorname{ctg}^2\alpha}$,

Druck in $B = G\dfrac{b}{a}\operatorname{ctg}\alpha$; $\quad \operatorname{tg}\varphi = \dfrac{a}{b}\operatorname{tg}\alpha$.

[Zerlege den Gelenkdruck in A in einen lotrechten und einen wagrechten Teil.]

74. $\operatorname{tg}\varphi = 2\operatorname{tg}\alpha; \quad D = G\sqrt{1 + \dfrac{1}{4}\operatorname{ctg}^2\alpha}$. [Lösung wie zuvor.]

75. $K = G\cdot\dfrac{b\cos\alpha\sin\beta}{a\cos(\beta-\alpha)}$,

$A = G\cdot\left[1 - \dfrac{b\cos\alpha\cos\beta}{a\cos(\beta-\alpha)}\right]$, $\quad B = G\dfrac{b}{a}\cdot\dfrac{\cos\alpha}{\cos(\beta-\alpha)}$.

[Bilde die Momente um A und die Summen der Kräfte nach der Wagrechten und Lotrechten.]

Resultate und Lösungen.   **76—89.**

76. $S = G \dfrac{\cos \alpha}{2 \sin (\alpha - \omega)}$. [Zeichne die Drücke in A und B und bilde die Momente der Kräfte um deren Schnittpunkt.]
Zeichnerisch ergeben sich S, A, B durch Zerlegung von G nach den drei Geraden S, A, B.

77. $\cos \varphi = \dfrac{1}{8\,r} [a + \sqrt{a^2 + 32\,r^2}]$, $A = G \operatorname{tg} \varphi$, $C = G \dfrac{a}{2\,r}$.

78. $K = G \sin \alpha/2$, $A = G \cos \alpha/2$, $\varphi = \alpha/2$. [Die Spannung im Seilstück BC ist K; bilde die Momente um A.]

79. Es sind drei Lösungen möglich:
I. $\varphi = 0$, $A = B = G/\sqrt{2}$,
II. und III. $\cos \varphi = \dfrac{h}{3\,a}$, $A = \dfrac{G}{\sqrt{2}} (\cos \varphi \mp \sin \varphi)$,
$$B = \dfrac{G}{\sqrt{2}} (\cos \varphi \pm \sin \varphi).$$

[Wähle die Druckrichtungen in A und B als Achsenkreuz.]

80. $\cos \dfrac{\varphi}{2} = \sqrt[4]{\dfrac{p}{4\,a}}$, $A = G \dfrac{\cos \varphi}{\cos \varphi/2}$, $F = G \operatorname{tg} \dfrac{\varphi}{2}$, $p =$ Halbparameter. [Bilde die Momente um A und benutze die Polargleichung der Parabel $r = \dfrac{p}{1 + \cos \varphi}$, worin $\overline{AF} = r$, $\overline{SF} = p/2$.]

81. $S = G \dfrac{\cos \beta}{\sin \alpha}$, $D = G$, $\varphi = 2\,\beta$.

82. $A = G \dfrac{\sin \beta}{\sin (\alpha + \beta)}$, $B = G \dfrac{\sin \alpha}{\sin (\alpha + \beta)}$.

83. $\varphi = 30°$. [Bilde die Momente um O.]

84. $\operatorname{tg} \psi = \dfrac{G_1}{G} \operatorname{ctg} \alpha$, $D = (G + G_1) \cos \alpha$, $D_1 = (G + G_1) \sin \alpha$,
$S = \sqrt{G^2 \sin^2 \alpha + G_1^2 \cos^2 \alpha}$. [Wähle AOB als Achsenkreuz.]

85. Man erhält für z die Gleichung (mit $k = l/r$):
$z^4 - 2\,z^3 (k \sin \varphi + \cos \varphi) + z^2 [(k^2 - 1) \sin^2 \varphi + k \sin 2\,\varphi]$
$+ 2\,z \cos \varphi (k \sin \varphi \cos \varphi + 1) - \cos^2 \varphi (k^2 \sin^2 \varphi + 1 + k \sin 2\,\varphi) = 0$.
[Bilde die Momente um den Mittelpunkt der Walze und projiziere die Kräfte auf die Stabrichtung.]

86. Der Druck in B ist senkrecht zum Stab und hat die Größe $G \cos^2 \alpha \cdot l/a$. Der Druck in O besteht aus einem wagrechten Teil: $G \sin \alpha \cos^2 \alpha \cdot l/a$ und aus einem lotrechten Teil: $G [1 - \cos^3 \alpha \cdot l/a]$.

87. Die Kräfte A und G, B und C bilden zwei Kraftpaare, deren Momente sich tilgen. Hieraus folgt unmittelbar:
$$A = G, \quad B = C = G \cos \alpha \cdot a/b.$$

88. $x = \dfrac{G\,a}{2\,Q}$. Der Druck in C ist $N = G/2$.

89. Es sind zwei Lösungen möglich:
I. $\varphi = 0$, $N = 0$.   II. $\cos \varphi = \dfrac{G\,b}{4\,P\,a}$, $N = \sqrt{4\,P^2 - \dfrac{b^2}{4\,a^2}\,G^2}$.

[Bringe in A den Druck N nach beiden Seiten normal zu EC an und bilde für den Stab AB die Momente um O und für den Stab CE die Momente um C.]

Resultate und Lösungen.

90. $x = \dfrac{a\sqrt{G_2} + b\sqrt{G_1}}{\sqrt{G_1} + \sqrt{G_2}}$. [Das Fußende A jedes der beiden Stäbe erhält einen wagrechten und einen lotrechten Druck; die wagrechten Teile müssen einander gleich sein.]

91. $\cos\varphi = \sqrt[3]{a/2\,l}$. [Aus Symmetriegründen sind die in C auftretenden Gelenkdrücke, die die beiden Stäbe aufeinander ausüben, wagrecht gerichtet.] Es muß $a \leqq 2\,l$ sein.

92. $S = G\,\dfrac{a\,r(c^2 - 2\,r^2)}{c^3\sqrt{c^2 - r^2}}$.

93. $\operatorname{ctg}\varphi = \dfrac{G\,b^2}{Q\,a\,r} + \sqrt{\dfrac{b^2}{r^2} - 1}$.

94. $\operatorname{tg}\varphi = \dfrac{G_2\operatorname{ctg}\alpha - G_1\operatorname{ctg}\beta}{G_2 + G_1}$.

95. $\operatorname{ctg}\varphi = \dfrac{G_1 r_1 \cos\alpha_1 + G_2 r_2 + G_3 r_3 \cos\alpha_3}{G_1 r_1 \sin\alpha_1 - G_3 r_3 \sin\alpha_3}$. [Bilde die Momente um O.]

96. $S = \dfrac{Q\,r}{2\,a\sin^2\alpha} + \left(G + \dfrac{Q}{2}\right)\operatorname{tg}\alpha$. [Jeder Stab ist fünf Kräften ausgesetzt: der Fadenspannung, dem Druck der Walze, dem Eigengewicht, dem Druck des Bodens und dem wagrechten Gelenkdruck in O.]

97. $Q \lessgtr 2\,G\left(1 - \dfrac{r}{R}\right)$. [Bringe die Drücke zwischen den Kugeln und dem Zylinder an und bilde die Momente um den rechten Fußpunkt des Zylinders.]

98. $x = l\,\dfrac{G_2}{G_1 + G_2}$, $\quad S = l\sqrt{\dfrac{G_1 G_2}{l^2 - (r_1 + r_2)^2}}$. [Bilde die Momente um O.]

99. $\dfrac{\sin^3\varphi}{\cos\varphi} = \dfrac{r}{l}\left(\dfrac{P}{2\,Q} + 1\right)$. [Die Richtung der Gelenkdrücke, die die beiden Stäbe in O aufeinander ausüben, ist wagrecht.]

100. $\dfrac{G}{G_1} = \dfrac{l\,r}{a\sqrt{4\,r^2 - l^2}}$; $\quad A = 0$, $\quad C = G_1$, $\quad D = G + G_1$. [Der Schwerpunkt der Stange muß in C sein.] Die Bildung der Momente um O liefert die Gleichung:
$$\operatorname{tg}\varphi = G\,a/G_1\,r.$$

101. $\cos\dfrac{\psi}{2} = \dfrac{G\,a}{Q\,r}\sin\varphi - \cos\varphi = \dfrac{G_1}{Q}\cos\alpha\cdot\cos(\alpha + \psi - \varphi)$; dabei ist $\overline{OC} = r$, $\sphericalangle AOB = 2\alpha$. [Die Spannung in BC ist Q. Bilde für Stab und Halbzylinder die Momente um O.]

102. $\operatorname{tg}\dfrac{\varphi}{2} = \dfrac{Q\,r}{G\,a}$, $\quad G_1 = \dfrac{Q}{\cos\alpha\cdot\cos(\alpha + \varphi)}$,

$A = Q\,\dfrac{\operatorname{tg}(\alpha + \varphi)}{2\cos^2\alpha}$, $\quad B = Q\left[\dfrac{\operatorname{tg}(\alpha + \varphi)}{2\cos^2\alpha} - \operatorname{tg}\alpha\right]$,

$D = G + G_1 + Q$.

Resultate und Lösungen. **103–111.**

103. $\cos\varphi = \dfrac{G_1 r}{G a}\sin\varphi + \dfrac{2r}{l}\cos 2\varphi$, $\quad \operatorname{ctg}\psi = \dfrac{2aG}{G_1 l \cos\varphi} - \operatorname{tg}\varphi$,

$A = G_1 \dfrac{\sin(\varphi-\psi)}{\cos\varphi}$, $\quad C = G_1 \dfrac{\cos(2\varphi-\psi)}{\cos\varphi}$, $\quad D = G + G_1$.

104. $\operatorname{tg}\varphi_1 = \dfrac{1}{2}\cdot\dfrac{Q r_1}{G_1 a_1}$, $\quad \operatorname{tg}\varphi_2 = \dfrac{1}{2}\cdot\dfrac{Q r_2}{G_2 a_2}$,

$\sin\psi = \dfrac{1}{l}[r_1(1-\sin\varphi_1) - r_2(1-\sin\varphi_2)]$.

105. Bezeichnet $\sphericalangle BOC = \varphi$, $\sphericalangle B_1OC_1 = \varphi_1$, so ist
$$a = h(\operatorname{ctg}\varphi + \operatorname{ctg}\varphi_1),$$
und aus der Gleichheit der wagrechten Drücke in O folgt:
$$G\, l \sin 2\varphi \cdot \sin\varphi = G_1 l_1 \sin 2\varphi_1 \cdot \sin\varphi_1.$$
Aus diesen beiden Gleichungen können φ und φ_1 gerechnet werden; es ist dann
$$x = h\operatorname{ctg}\varphi, \quad x_1 = h\operatorname{ctg}\varphi_1.$$

106. $\operatorname{tg}\beta = \operatorname{tg}\alpha\left(1 + \dfrac{2G}{Q}\right)$.

107. Zunächst ist aus den in Aufgabe **86** angeführten Gründen:
$$A_1 = G_1, \quad A_2 = G_2, \quad B_1 = C_1, \quad B_2 = C_2.$$
Bildet man die Momente der Kräfte, welche den Zylinder beanspruchen (Eigengewicht, Drücke der Stäbe und der Unterlage), um seinen Mittelpunkt, so ergibt sich überdies
$$B_1 = C_1 = B_2 = C_2.$$
Bildet man die Momente der Kräfte des Stabes A_1C_1 um A_1, so folgt
$$G_1 \cdot l_1 \cos\varphi = C_1 \cdot 2r \quad \text{(Moment des Kraftpaares)}$$
und für den Stab A_2C_2:
$$G_2 \cdot l_2 \sin\varphi = C_2 \cdot 2r,$$
woraus
$$\operatorname{tg}\varphi = \dfrac{G_1 l_1}{G_2 l_2}$$
und jeder der vier Drücke
$$B_1 = C_1 = B_2 = C_2 = \dfrac{1}{2r}\dfrac{G_1 G_2 l_1 l_2}{\sqrt{G_1 l_1^2 + G_2 l_2^2}}.$$

108. Die Mittelkraft geht durch den Mittelpunkt der Kugel und ist gleich dem Durchmesser.

109. Die eine Kante ist die Summe der beiden anderen. [Nimm eine Ecke des Parallelepipedes als rechtwinkliges Achsenkreuz an und bilde die Summen X, Y, Z der Teilkräfte nach den drei Achsen und die Summen der Momente $\mathfrak{M}_x, \mathfrak{M}_y, \mathfrak{M}_z$ um diese Achsen. Wenn eine Einzelkraft übrigbleiben soll, so muß die Bedingung bestehen:
$$X\mathfrak{M}_x + Y\mathfrak{M}_y + Z\mathfrak{M}_z = 0.]$$

111. $K = \sqrt{K_1^2 + K_2^2} = 14{,}422$ kg.

$\mathfrak{M} = \dfrac{K_1 \cdot K_2}{K}\cdot p \sin\alpha = 8{,}653$ kgm.

$\operatorname{tg}\alpha_1 = \dfrac{K_2}{K_1} = \dfrac{3}{2}$, $\quad \operatorname{tg}\alpha_2 = \dfrac{K_1}{K_2} = \dfrac{2}{3}$.

112—122. Resultate und Lösungen.

Nennt man $\overline{AC} = p_1$, $\overline{BC} = p_2$, so ist
$$p_1 : p_2 = \operatorname{tg}\alpha_1 : \operatorname{tg}\alpha_2 = 9 : 4, \quad p_1 + p_2 = p = 1{,}3 \text{ m},$$
woraus $\quad p_1 = 0{,}9$ m, $\quad p_2 = 0{,}4$ m.

112. Beide Kraftpaare haben das Moment
$$\mathfrak{M} = K \cdot \sqrt{h^2 + \frac{a^2}{4}}.$$

113. Die Zentralachse der Kraftgruppe geht durch A und steht senkrecht zur gegenüberliegenden Fläche. Ihre Einzelkraft ist $R = K\sqrt{6}$ (Mittelkraft der in A zusammenstoßenden Kräfte K), ihr Moment $\mathfrak{M} = K\,a\sqrt{3}/2$. (Summe der Momente der drei übrigen Kräfte K.)

114. Alle vier Kräfte sind gleich $\mathfrak{M}/a$.

115. $K = 5{,}385$ kg, $\mathfrak{M} = 47{,}538$ mkg; $\alpha = 68°\,12'$, $\beta = 90°$, $\gamma = 158°\,12'$; $p = 14{,}054$ m.

116. Ein Kraftpaar vom Moment $44{,}721$ kgm; seine Achse liegt in einer zu AB parallelen, zur Bildfläche senkrechten Ebene und schließt mit AB einen Winkel ein, dessen Tangente gleich $1/2$ ist.

117. Es ist $Pp = Qq$ und $\operatorname{tg}\alpha = \dfrac{3}{2} \dfrac{pq}{p^2 + q^2}$.

118. Ein Kraftpaar vom Moment $\mathfrak{M} = 2K\,a\sqrt{3}$ in einer zu ABC parallelen Ebene. [Gruppiere die zwölf Kräfte nach den drei Quadraten des Oktaeders; die Kräfte jedes dieser Quadrate bilden je zwei Kraftpaare vom Moment Ka; die Achsen dieser Paare sind die Achsen des Oktaeders.]

119. $Q_2^2 = P_1^2 + 3\,P_2^2 + Q_1^2$; die Richtung von Q_2 geht durch C, liegt in der Ebene ACD und schließt mit P_2 einen Winkel ein, dessen Kosinus gleich $2\,P_2/Q_2$ ist. [Q_2 muß die Mittelkraft von P_1, P_2 und $-Q_1$ sein; um deren Größe zu finden, wähle in A ein rechtwinkliges Koordinatenkreuz; die Teilkräfte nach den drei Achsen sind: $P_1 \cos\alpha$, $-Q_1$ und $P_2 + P_1 \sin\alpha = 2\,P_2$. Dann ist Q_2^2 die Quadratsumme dieser drei Größen.]

120. Vergleiche die Bezeichnungen in Aufgabe **109**. Aus
$$X\mathfrak{M}_x + Y\mathfrak{M}_y + Z\mathfrak{M}_z = 0 \quad \text{folgt} \quad a + b - c = 0;$$
$$R = \sqrt{X^2 + Y^2 + Z^2} = K\sqrt{3};$$
$$\cos(Rx) = \cos(Ry) = \cos(Rz) = 1/\sqrt{3};$$
das Moment der drei Kräfte K in bezug auf O ist:
$$\mathfrak{M} = \sqrt{\mathfrak{M}_x + \mathfrak{M}_y + \mathfrak{M}_z} = K\sqrt{a^2 + b^2 + c^2};$$
$$p = \mathfrak{M}/R = \sqrt{(a^2 + b^2 + c^2)/3}.$$

121. Vergleiche die Bezeichnungen in Aufgabe **109**. Soll die Dyname durch O gehen, so muß $X : Y : Z = \mathfrak{M}_x : \mathfrak{M}_y : \mathfrak{M}_z$ sein; nun ist $X = K_1$, $Y = K_2$, $Z = K_3$; $\mathfrak{M}_x = K_3 b$, $\mathfrak{M}_y = K_1 c$, $\mathfrak{M}_z = K_2 a$, woraus
$$K_1 : K_2 : K_3 = \sqrt[3]{a\,b^2} : \sqrt[3]{b\,c^2} : \sqrt[3]{c\,a^2}.$$

122. $R = 2K\sqrt{6}$, $\mathfrak{M} = \dfrac{2}{3}\sqrt{6}\,Ka$. Die Achse trifft die Linie BD im ersten Drittel von B entfernt; sie ist der Ebene $ACGE$ parallel und schließt mit BF und AC Winkel α_1, α_2 ein, für die
$$\operatorname{tg}\alpha_1 = 1/\sqrt{2}, \quad \operatorname{tg}\alpha_2 = \sqrt{2}$$
ist.

Resultate und Lösungen.   **123—130.**

123. $a:b:c = K_1 l : K_2 m : K_3 n$. [Bilde die Summe der Momente um die x-Achse: $\Sigma(Zy - Yz) = K_2 c m - K_3 b n = 0$ und ähnlich für die anderen Achsen.]

124. Das Kraftpaar in jeder Seitenfläche des Vielflachs kann man durch Kräfte ersetzen, die in den Kanten wirken, durch die halbe Kantenlänge gemessen werden und positiven Umfahrungssinn der Seitenfläche geben. (Vergleiche Aufgabe 59.) Wenn man dies für jede Seitenfläche durchführt, wirken in jeder Kante zwei sich tilgende Kräfte.

125. $K = G \dfrac{a \sin \varphi}{2 \sqrt{b^2 + a^2 \sin^2 \varphi/2}}$;

K_{max} tritt für $\operatorname{tg} \dfrac{\varphi}{2} = \sqrt[4]{\dfrac{b^2}{a^2 + b^2}}$ auf.

[Die Projektion der Fadenspannung auf die wagrechte Ebene, die B zurückzuziehen sucht, hat die Richtung der Sehne BB_0.]

126. $D = \dfrac{G}{\sqrt{6}}$, $H = \dfrac{G}{3 \sqrt{2}}$. [Behandle jede Kugel für sich; die obere ist drei Kräften D und dem Gewicht G ausgesetzt; jede untere erleidet den Druck D, den Druck der Tischfläche D_1, das Gewicht G und die Kraft H.]

127. $S_1 = \dfrac{-Ka}{\sqrt{9a^2 - 3b^2}}$ (Druck); $S_2 = \dfrac{Kb}{3\sqrt{9a^2 - 3b^2}}$ (Zug). [Behandle die Spitze der Pyramide und eine Ecke für sich wie in der vorhergehenden Aufgabe.]

128. $r = 2a/\sqrt{3}$. [Die Auflagerdrücke des Randes wirken in den Verbindungslinien der Randpunkte mit dem Kugelmittelpunkt; nennt man deren Neigung gegen die Lotrechte α und bezeichnet ihre skalare Summe mit D, so ist

$$D \cos \alpha = G = \frac{4}{3} \gamma r^3 \pi,$$

woraus

$$D = \frac{4 \gamma \pi}{3} \frac{r^4}{\sqrt{r^2 - a^2}},$$

welcher Ausdruck zu einem Minimum zu machen ist.]

129. $\operatorname{tg} \varphi = \dfrac{b^2 - a^2}{3 \sqrt{r^2(4a^2 - b^2) - a^4}}$. [Der Schwerpunkt des Dreiecks muß unter dem Kugelmittelpunkt, die Enden der Grundlinie b in derselben Horizontalebene liegen. Lege eine lotrechte Ebene durch die Halbierungslinie des Dreiecks.]

130. Wählt man das Achsenkreuz x, y, z wie in der Abbildung angegeben, so haben die fünf Kräfte H, G, A, B, C folgende Teilkräfte:

$H \begin{cases} H \\ 0 \\ 0 \end{cases} \quad B \begin{cases} 0 \\ Y \\ Z \end{cases} \quad G \begin{cases} 0 \\ 0 \\ -G \end{cases} \quad A \begin{cases} 0 \\ -A \\ 0 \end{cases} \quad C \begin{cases} -C \cos \alpha \\ 0 \\ C \sin \alpha \end{cases}.$

131.

Ihre Angriffspunkte haben folgende Koordinaten:

$$B\begin{cases} 0 \\ 0 \\ 0 \end{cases} \qquad S\begin{cases} x_A/2 \\ y_A/2 \\ z_A/2 \end{cases} \qquad A\begin{cases} x_A = \dfrac{\sqrt{a(a+2r)}}{a+r}\sqrt{l^2-e^2} \\ y_A = e \\ z_A = \dfrac{r}{a+r}\sqrt{l^2-e^2} \end{cases}$$

$$C\begin{cases} x_C = a\,\dfrac{a+2r}{a+r} = a+r-r\cos\alpha \\ y_C = e\,\dfrac{\sqrt{a(a+2r)}}{\sqrt{l^2-e^2}} \\ z_C = r\sin\alpha, \end{cases}$$

worin $\cos\alpha = \dfrac{r}{a+r}$, ferner $l^2 = x_A^2 + e^2 + z_A^2$,

$$x_A : y_A : z_A = x_C : y_C : z_C.$$

Die sechs Gleichgewichtsbedingungen lauten:

$\Sigma X = H - C\cos\alpha = 0, \quad \Sigma Y = -A + Y = 0,$
$\Sigma Z = -G + Z + C\sin\alpha = 0,$
$\Sigma(yZ - zY) = -Ge/2 + Cy_C\sin\alpha + Az_A = 0,$
$\Sigma(zX - xZ) = Gx_A/2 - Cr\cos\alpha\sin\alpha - C\sin\alpha\cdot(a+r-r\cos\alpha) = 0,$
$\Sigma(xY - yX) = Cy_C\cos\alpha - Ax_A = 0,$

woraus sich ergeben:

$$H = \frac{G}{2}\cdot\frac{r\sqrt{l^2-e^2}}{(a+r)^2}, \qquad A = \frac{G}{2}\cdot\frac{er}{(a+r)\sqrt{l^2-e^2}}$$

$$B\begin{cases} Y = A \\ Z = \dfrac{G}{2}\left[2 - \dfrac{\sqrt{a(a+2r)}\cdot\sqrt{l^2-e^2}}{(a+r)^2}\right] \end{cases}$$

$$C = \frac{G}{2}\cdot\frac{\sqrt{l^2-e^2}}{a+r}.$$

131. Das Achsenkreuz xz wird in einer lotrechten Ebene, y ist wagrecht angenommen. Die Kräfte K und Q und die Auflagerdrücke in A und B haben folgende Teilkräfte:

$$K\begin{cases} 0 \\ K \\ 0 \end{cases} \qquad Q\begin{cases} -Q\sin\alpha \\ 0 \\ -Q\cos\alpha \end{cases} \qquad A\begin{cases} X_1 \\ Y_1 \\ Z_1 \end{cases} \qquad B\begin{cases} X_2 \\ Y_2 \\ 0. \end{cases}$$

Ihre Angriffspunkte haben folgende Koordinaten:

$$K\begin{cases} -a \\ 0 \\ b \end{cases} \qquad Q\begin{cases} 0 \\ r \\ q-\varepsilon \end{cases} \qquad A\begin{cases} 0 \\ 0 \\ 0 \end{cases} \qquad B\begin{cases} 0 \\ 0 \\ l, \end{cases}$$

worin ε eine kleine Strecke bedeutet, die von der Neigung des Seiles gegen die Achse des Wellrades herrührt und vernachlässigt werden kann, wenn α nicht viel von $90°$ verschieden ist.

Die sechs Gleichgewichtsbedingungen lauten:
$$\Sigma X = -Q \sin\alpha + X_1 + X_2 = 0,$$
$$\Sigma Y = K + Y_1 + Y_2 = 0,$$
$$\Sigma Z = -Q \cos\alpha + Z_1 = 0,$$
$$\Sigma(yZ - zY) = -Kb - Qr\cos\alpha - Y_2 l = 0,$$
$$\Sigma(zX - xZ) = -Qq\sin\alpha + X_2 l = 0,$$
$$\Sigma(xY - yX) = -Ka + Qr\sin\alpha = 0,$$

woraus sich ergeben:

$$K = Q\,\frac{r}{a}\sin\alpha,$$

$$A \begin{cases} X_1 = Q\,\dfrac{l-q}{l}\sin\alpha \\ Y_1 = Q\,\dfrac{r}{l}\left(\cos\alpha - \dfrac{l-b}{a}\sin\alpha\right), \\ Z_1 = Q\cos\alpha, \end{cases} \qquad B \begin{cases} X_2 = Q\,\dfrac{q}{l}\sin\alpha \\ Y_2 = -Q\,\dfrac{r}{l}\left(\dfrac{b}{a}\sin\alpha + \cos\alpha\right) \\ Z_2 = 0. \end{cases}$$

132. $S = \dfrac{G}{2\sqrt{3}}\,\dfrac{a}{\sqrt{3l^2 - a^2}}$; $\delta S = \dfrac{G\sqrt{3}\,l^2}{2}\,\dfrac{\delta a}{(3l^2 - a^2)^{3/2}}$. [Die beiden Spannungen S in A haben eine Mittelkraft $S_1 = 2S\cos 30°$, die in der Ebene der drei Fäden liegt; bilde von S_1 und G die Momente um O und setze ihre Summe gleich Null.]

133. Nimm die Ebene der Platte als x, y-Ebene an, die Normale in A nach aufwärts als z-Achse, dann ergeben die Gleichgewichtsbedingungen, wenn man X, Y, Z die Teilkräfte des Gelenkdruckes in A nennt:
$$X = 0, \quad Y + Q\cos\alpha = 0, \quad Z - Q\sin\alpha - K + D = 0,$$
$$-Ql\sin\alpha + Dy = 0, \quad Kb - Dx = 0,$$
woraus wegen $x^2 + y^2 = e^2$:
$$D = \frac{1}{e}\sqrt{P^2 b^2 + Q^2 l^2 \sin^2\alpha} = 4{,}27 \text{ kg}.$$
$$x = \frac{Pb}{D} = 1{,}87 \text{ m}, \quad y = \frac{Ql\sin\alpha}{D} = 2{,}34 \text{ m}.$$
$$A \begin{cases} X = 0 \\ Y = -Q\cos\alpha = -4{,}33 \text{ kg} \\ Z = K + Q\sin\alpha - D = 2{,}23 \text{ kg}. \end{cases}$$
$$A = \sqrt{Y^2 + Z^2} = 4{,}87 \text{ kg}.$$

134. Im Verhältnis 2 : 3. [Die Spannungen im Faden sind oben und unten die gleichen; rechne daraus die Neigung des oberen und des unteren Fadenstückes gegen die Kegelachse.]

135. Bildet man die Momente aller Kräfte der Platte um die Gerade BC, so wird für Gleichgewicht
$$Q = G\,\frac{\sqrt{R^2 - s^2}}{R - \sqrt{R^2 - s^2}},$$
wenn s die halbe Sehne BC ist.

Ferner ist $\qquad x = R + r - \sqrt{R^2 - s^2} - \sqrt{r^2 - s^2}.$

136—145.

Q erhält den kleinsten Wert, wenn $s = r$ wird, also für
$$x = R + r - \sqrt{R^2 - r^2},$$
und es ist:
$$Q_{\min} = G \frac{\sqrt{R^2 - r^2}}{R - \sqrt{R^2 - r^2}}.$$

136. Denkt man sich die Seifenblase längs einer Durchmesserebene aufgeschnitten, so ist die Summe der längs dieser Schnittlinie auftretenden Kräfte in der Richtung der Normalen zu dieser Ebene $S \cdot 2r\pi$, während die Belastung jeder Hälfte $(p - p_0) r^2 \pi$ ist; die Gleichsetzung beider Ausdrücke gibt
$$S = (p - p_0) r/2.$$

137. $x = \frac{6}{11} a$, $y = \frac{1}{11} a$, $C = \frac{11}{20} G$. [Bilde die Momente der Drucke A, B, C und des Gewichtes G um AB und AD.]

138. $\sin \alpha : \sin \beta : \sin \gamma = a : b : c$. [Bilde die Momente um die durch A und B gehenden Halbmesser der Scheibe.]

139. $\xi = \frac{3}{5} h$. [Ist v die Geschwindigkeit eines Punktes des Dreiecks, der den Abstand x von der Achse hat, und ω die Winkelgeschwindigkeit, so ist $v = x\omega$; ist ferner y die Breite des Dreiecks im Abstand x von der Achse, so ist der gesamte Luftwiderstand $W = k \cdot \int_0^h v^2 y \, dx$; der Angriffspunkt von W ergibt sich durch Bildung der Momente: $W\xi = k \cdot \int_0^h v^2 x y \, dx$; darin ist nun $y = \frac{b}{h}(h - x)$.]

140. $P = \frac{k a^{n+2}}{n+1}$, $\xi = \frac{n+1}{n+2} a$, $\eta = \frac{a}{2}$.

141. Ist d der Durchmesser des Kolbens, so ist
$$p \frac{\pi d^2}{4} = 2k \cdot \triangle l = k_1 \cdot \triangle l_1.$$
Der Kolben senkt sich also um
$$\triangle l_1 = \frac{p}{k_1} \frac{\pi d^2}{4},$$
während sich der Zylinder um
$$\triangle l = \frac{p}{2k} \frac{\pi d^2}{4}$$
hebt.

142. $\eta = \frac{b^2}{a + 2b}$.

143. $\eta = 0{,}369 \, a$.

144. $\xi = \frac{a(a + 2c)}{2(a + b + c)}$, $\eta = \frac{b^2 + c^2}{2(a + b + c)}$.

145. $\eta = 0{,}789 \, a$.

Resultate und Lösungen.

146. $\eta = \dfrac{2b^2 + ab\pi + a^2}{4b + 2a + a\pi}$.

147. $\eta = \dfrac{2b(b\sin\alpha + a\alpha) + a^2(1 - \alpha\operatorname{ctg}\alpha)}{4(b+c)\sin\alpha + 2a\alpha}$.

148. $\eta = \dfrac{a}{4(\alpha + \sin^2\alpha)}$.

149. $\xi = \dfrac{a^2 + b^2 - c^2 + 2bc}{2(a+b+c)}$, $\quad \eta = \dfrac{a^2 - b^2 + c^2}{\pi(a+b+c)}$.

150. $\xi = \dfrac{1}{2}(a - b)$, $\quad \eta = \dfrac{1}{2}(a - b)\left(\dfrac{1}{\alpha} - \operatorname{ctg}\alpha\right)$.

151. $\xi = 0$, $\quad \eta = \dfrac{2r}{\pi}$.

152. $\begin{cases}\xi = r\,\dfrac{\sin 2\alpha(1 + 2\cos\alpha) - \pi\sin^2\alpha + 2\alpha}{2N\cos\alpha}, \\ \eta = r\,\dfrac{\sin 2\alpha(1 + 2\sin\alpha) + \pi\sin^2\alpha - 2\alpha}{2N\sin\alpha},\end{cases}$

darin ist:
$$N = \pi\sin\alpha(1 + \cos\alpha) + 2\alpha(\cos\alpha - \sin\alpha).$$

153. Sei ϱ der Halbmesser des Inkreises des Dreiecks LMN, so ist der Abstand seines Mittelpunktes von der Seite a des gegebenen Dreiecks ABC:

$$\eta = \frac{b^2\sin\gamma + c^2\sin\beta}{2(a+b+c)} = \frac{b\sin\gamma\cdot(b+c)}{2(a+b+c)} = \frac{b}{2}\sin\gamma - \varrho$$

und ähnlich für die Abstände von b und c.

154. Rechne die Abstände des Schnittpunktes S von den drei Seiten des Dreiecks.

155. $x^2 + \dfrac{4}{3}x = 2 + \dfrac{8\pi}{27}$. [Der Halbmesser des kleinen Kreises ergibt sich gleich $R/3$.]

156. $\xi = \eta = \dfrac{5}{12}a$.

157. $\eta = \dfrac{7}{18}a$.

158. $\eta = \dfrac{3}{26}a(4 - \sqrt{3})$.

159. $\eta = 5{,}95$.
160. $\eta = 8{,}89$.
161. $\eta = 14{,}88$.
162. $\eta = 6{,}19$.
163. $\eta = 19{,}8$.
164. $\xi = 9{,}87$, $\quad \eta = 50{,}15$.
165. $\xi = 2{,}21$, $\quad \eta = 3{,}88$.
166. $\xi = 4{,}86$, $\quad \eta = 4{,}46$.
167. $\eta = 11{,}99$.

168. $\xi = -\dfrac{e\,r^2}{R^2 - r^2}$, $\eta = 0$.

169. $\xi = \eta = a\,\dfrac{10 - 3\pi}{12 - 3\pi}$.

170. $\xi = \dfrac{4}{3}\,\dfrac{R^3 - r^3}{R^2 - r^2}\,\dfrac{\sin\alpha/2}{\alpha}$, $\eta = 0$.

171. $\eta = 23{,}8$.

172. $\xi = a\,\dfrac{\sin^2\alpha\,\operatorname{ctg}\beta\cdot(2\beta - \sin 2\beta) - \sin^2\beta\,\operatorname{ctg}\alpha\cdot(2\alpha - \sin 2\alpha)}{\sin^2\beta\cdot(2\alpha - \sin 2\alpha) - \sin^2\alpha\cdot(2\beta - \sin 2\beta)}$.

173. $\xi = \eta = \dfrac{4r(r+\delta) + 2(a-\delta)(2r+a) + 4\delta^2/3}{\pi(2r+\delta) + 8(a-\delta)}$.

[Angenähert, wenn man die Ansätze als Rechtecke behandelt.]

174. $\xi = 2{,}14$, $\eta = 1{,}18$.

175. $\xi = \dfrac{5}{6}\,r$, $\eta = \dfrac{14}{9\pi}\,r$.

176. $\xi = r\left(\dfrac{16}{3\pi} - 1\right)$, $\eta = \dfrac{4r}{\pi}$.

177. $\xi = \dfrac{3}{5}\,r$, $\eta = \dfrac{4r}{\pi}$.

178. $\xi = 0$, $\eta = \dfrac{6R^3 - 8Rr^2\pi + 8r^3}{9\sqrt{3}\,R^2 - 12\,r^2\pi}$.

179. $\xi = \dfrac{\pi(R-r)(R+r-a)}{2b + \pi(R+r-a)}$, $\eta = \dfrac{(R-r)[\pi b + 4(R+r-a)]}{2b + \pi(R+r-a)}$.

180. $\xi = 9{,}76$, $\eta = 2{,}54$.

181. Zunächst ist das Viereck $A_1B_1C_1D_1 \sim ABCD$; ferner ist C_1 der Schwerpunkt des Dreiecks ABC, D_1 der des Dreiecks ABD. Die Parallelen zu BC durch C_1 und zu AC durch D_1 sind daher Schwerlinien des Vierecks und schneiden sich in dem gesuchten Schwerpunkt S.

183. $\eta = \dfrac{2a}{3}\cdot\dfrac{\sin^2\alpha\,(1 + 2\cos^2\alpha)}{4\alpha - \sin 4\alpha}$.

184. $x = \dfrac{a}{2}\,(3 - \sqrt{3})$.

185. $\xi = \eta = \dfrac{1}{2}\,\dfrac{(a-c)(b-c)}{a+b-c}$.

186. Es ist $OS_2 : OS_1 = 2 : 3$.

187. Es ist $ASO \sim AND$; daraus folgt $OS = \dfrac{rc}{AM}$, wenn $\overline{AB} = c$ ist. Die Fläche des Kreisabschnittes ist $f = \dfrac{1}{2}\,AM\cdot c\sin\alpha$. woraus $\overline{AM} = \dfrac{4fr}{c^2}$ und $\overline{OS} = \dfrac{c^3}{12f}$.

188. Parabelsegment: $\xi = \dfrac{3}{5}\,a$, $\eta = \dfrac{3}{8}\,b$.

Ergänzungsfläche: $\xi = \dfrac{3}{10}\,a$, $\eta = \dfrac{3}{4}\,b$.

Resultate und Lösungen. **189—204.**

189. Mache $\overline{OA} = \overline{AM}$, $AB \parallel OX$, dann ist $\overline{AS} = \dfrac{2}{5}\overline{AB}$.

190. $\xi = \dfrac{4a}{3\pi}$, $\eta = \dfrac{4b}{3\pi}$; a, b Halbachsen der Ellipse.

191. $\xi = \dfrac{4}{3\pi} \cdot \dfrac{a^2 b - a_1^2 b_1}{ab - a_1 b_1} = 11{,}51$ cm.

192. $\xi = \dfrac{2}{3}\dfrac{a}{\pi - 2}$, $\eta = \dfrac{2}{3}\dfrac{b}{\pi - 2}$.

193. $\xi = \eta = \dfrac{256}{315} \cdot \dfrac{a}{\pi}$.

194. $\xi = a/5$, $\eta = b/5$.

195. $\xi = \dfrac{a\pi}{2} + \dfrac{8a}{9\pi}$, $\eta = \dfrac{5}{6}a$.

196. $\xi = \dfrac{5}{6}a$, $\eta = 0$.

197. $\xi = a/4$, $\eta = 0$.

198. $\xi = \pi/2$, $\eta = \pi/8$.

199. Lege durch O eine beliebige Ebene; sind x die Abstande der gleichen Gewichte von ihr, so müßte $\Sigma x = 0$ sein, was für Gleichgewicht aller Kräfte in O tatsächlich zutrifft.

201. $\xi = \dfrac{3}{8}(1 + \cos\alpha)\dfrac{R^4 - r^4}{R^3 - r^3}$.

202. Verbinde die Spitzen S_1 und S_2 der beiden Kegelflachen und suche auf dieser Geraden einen Punkt P, der die Strecke $S_1 S_2$ innen im Verhältnis $h_2 : h_1$ teilt. Verbinde P mit dem Schwerpunkt S der Grundfläche; der gesuchte Schwerpunkt liegt auf SP, im ersten Viertelpunkt von SP, von S aus gezählt.

203. Schneide senkrecht zur x-Achse eine unendlich dünne Scheibe im Abstand x von O heraus; sind x, y, z die Koordinaten ihres Schwerpunktes, so ist der Inhalt der Scheibe

$$dV = 4z\sqrt{r^2 - x^2}\,dx,$$

$$z = \dfrac{a}{2} + \dfrac{x}{2}\operatorname{tg}\varphi, \quad V = \int_{-r}^{+r} dV = a r^2 \pi;$$

für die Koordinaten ξ, η, ζ des Schwerpunktes gilt dann

$$V\xi = \int_{-r}^{+r} x \cdot dV, \quad V\eta = \int_{-r}^{+r} y \cdot dV, \quad V\zeta = \int_{-r}^{+r} z \cdot dV,$$

woraus

$$\xi = \dfrac{r^2}{4a}\operatorname{tg}\varphi, \quad \eta = \dfrac{1}{8a}(4a^2 + r^2 \operatorname{tg}^2\varphi), \quad \zeta = 0.$$

204. Schneide den Keil in rechteckige Scheiben parallel der Grundfläche; eine solche Scheibe in der Entfernung z von der Grundfläche hat parallel zu a und b die Abmessungen:

$$x = a + \dfrac{a_1 - a}{h}z \quad \text{und} \quad y = \dfrac{b}{h}(h - z).$$

205—215. Resultate und Lösungen.

Der Rauminhalt des Keiles hat daher die Größe

$$V = \int_0^h xy \cdot dz = \frac{bh}{6}(a_1 + 2a),$$

und der Schwerpunktsabstand ζ von der Grundfläche ergibt sich aus

$$V\zeta = \int_0^h z \cdot dV \quad \text{mit} \quad \zeta = \frac{h}{2}\frac{a + a_1}{2a + a_1}.$$

205. Der Schwerpunkt halbiert die Höhe. [Rauminhalt des Paraboloides: $\pi r^2 h/2$, $r =$ Halbmesser der Grundfläche, $h =$ Höhe des Paraboloides. Schwerpunktsabstand des Paraboloides vom Scheitel: $2h/3$.]

206. Schneide den Obelisken in rechteckige Scheiben parallel den Grundflächen; eine solche Scheibe in der Entfernung z von der oberen Grundfläche hat parallel zu a und b die Abmessungen:

$$x = a_1 + \frac{a - a_1}{h}z \quad \text{und} \quad y = b_1 + \frac{b - b_1}{h}z.$$

Der Rauminhalt des Obelisken hat dann die Größe

$$V = \int_0^h xy \cdot dz = \frac{h}{6}[ab + a_1 b_1 + (a + a_1)(b + b_1)],$$

und der Schwerpunktsabstand ζ_1 von der oberen Grundfläche ergibt sich aus

$$V\zeta_1 = \int_0^h z \cdot dV$$

mit

$$\zeta_1 = \frac{h}{2}\frac{2ab + (a + a_1)(b + b_1)}{ab + a_1 b_1 + (a + a_1)(b + b_1)}.$$

207. $\xi = \frac{a}{3}\frac{p_1 + 2p_2}{p_1 + p_2}$.

208. $\eta = \frac{5}{12}b$.

209. $\xi = \eta = \zeta = 3r/8$.

210. Abstand vom Mittelpunkt $\xi = 3a/8$.

211. $\xi = \frac{h}{3}\frac{a^2 + 2b^2}{a^2 + b^2}$.

212. $e = \frac{l}{n} - \frac{b}{2} + \frac{r^2 l^2}{b(R^2 - r^2)}\left(\frac{1}{n} - \frac{1}{2}\right)$.

213. $\xi = \frac{1}{4}\frac{3R_1^2 h^2 + 6r^2 l(2h + l) + 8R_2^3(h + l) - 3R_2^4}{R_1^2 h + 3r^2 l + 2R_2^3}$.

214. Der Schwerpunkt liegt im ersten Drittelpunkt der Verbindungslinie des Kreismittelpunktes mit dem Mittelpunkt der Geraden CD.

215. Für z ergibt sich die Gleichung vierten Grades:
$$z^4 - 4nz^3 + 6n^2 z^2 - 4z + 1 = 0.$$

Resultate und Lösungen. **216—226.**

216. $x = \dfrac{3V}{r^2\pi}\left(\dfrac{2a}{r} - 1\right),\ y = \dfrac{6V}{r^2\pi}\left(2 - \dfrac{3a}{r}\right),$
$\eta = \dfrac{3V}{r^2\pi}\left[\dfrac{3}{2} - \dfrac{4a}{r} + \dfrac{3a^2}{r^2}\right].$

217. Für tgφ ergibt sich die Gleichung $\operatorname{tg}^3\varphi - {}^9/_8\operatorname{tg}^2\varphi + \operatorname{tg}\varphi - {}^3/_8 = 0$, woraus $\varphi = 28°\,44'\,28''$; ferner ist

$$\begin{cases} \xi = r - \dfrac{r}{4}\,\dfrac{\cos 2\varphi \cdot \sin 2\varphi}{2 - \sin 2\varphi}\,, \\ \eta = \dfrac{r}{4}\,\dfrac{3 - \sin^2 2\varphi}{2 - \sin 2\varphi}\,. \end{cases}$$

[Verbinde die Schwerpunkte der Halbkugel und des Kegels; der Schnitt dieser Verbindungslinie mit OS ist der gesuchte Schwerpunkt.]

218. $\psi = 56°\,39^1/_2{}'$. [Der Schwerpunkt der Fläche muß lotrecht unter A liegen.]

219. $\operatorname{tg}\varphi = 2{,}172\,\dfrac{r}{l}$. [Der Schwerpunkt des Zylinders muß in der Lotrechten durch O liegen.]

220. $\operatorname{tg}\varphi/2 = 1/\sqrt{2}$. [Der Schwerpunkt des Kegels muß in den Kugelmittelpunkt fallen.]

221. $\dfrac{\sin \alpha/2}{\sin \beta/2} = \sqrt[3]{\left(\dfrac{r}{R}\right)^4}$. [Sind V_1, V_2 die Rauminhalte, ξ_1, ξ_2 die Schwerpunktsabstände der Kugelausschnitte von der Lotrechten durch O, so muß $V_1\xi_1 = V_2\xi_2$ sein.]

222. $S = \dfrac{G\sqrt{2}}{4}\left(1 - \dfrac{4}{3\pi}\right) = 0{,}203\,G,\ B = 0{,}868\,G,$
$$\operatorname{tg}\varphi = -\,\dfrac{9\pi + 4}{3\pi - 4}\,.$$

[Zerlege den Druck in B in einen wagrechten und lotrechten Teil.]

223. $a^2 + 3\,\alpha^2 = b^2 + 3\,\beta^2 = c^2 + 3\,\gamma^2$. [Fälle von O das Lot auf das Dreieck und berechne es; der Fußpunkt ist der Schwerpunkt des Dreiecks.]

224. $K = \dfrac{5}{6}\,\gamma\,l\,r^2\,\operatorname{tg}\varphi$. [Bilde die Momente um O.]

225. $\pi\sin^2\alpha = (1 + 3\operatorname{ctg}\alpha)(2\alpha - \sin 2\alpha)$. [Bilde die Momente um eine durch O gehende, zu AB parallele Gerade. Nennt man ξ den Abstand des Schwerpunktes der Platte von dieser Geraden, so ist

$$\left(\pi - \dfrac{2\alpha - \sin 2\alpha}{\sin^2\alpha}\right)\xi = r\,\pi\,\operatorname{ctg}\alpha;$$

aus der Gleichheit der Auflagerdrücke ergibt sich außerdem:

$$\xi = \dfrac{r}{3}\,(1 + 3\operatorname{ctg}\alpha)\,.$$

Entferne r und ξ aus diesen zwei Gleichungen.]

226. $x = a/3$ oder $2a/3$. [Der Schwerpunkt der Platte hat die Entfernung $\dfrac{1}{2}\,\dfrac{a^3 - x^3}{a^2 - x^2}$ von der oberen Kante. Bilde die Momente um diese.]

227. Für x ergibt sich die Gleichung $x^2 - \left(\dfrac{3\pi}{8} - 1\right) x\, r = \left(\dfrac{3\pi}{8} - 1\right) r^2$;
aus ihr folgt $x = 0{,}288\, r$. [Bilde die Momente um AB.]

228. a) $A = 29{,}5$ kg, $B = 31{,}5$ kg.
b) $A = 155{,}5$ kg, $B = 189{,}5$ kg.
c) $A = 2200$ kg, $B = 2800$ kg.

229. $x = \dfrac{n\,l}{m+n} - \dfrac{K_2\,a + K_3(a+b)}{K_1 + K_2 + K_3}$.

230. Die Auflagerdrücke sind:

in A und B: $K\dfrac{l}{l_1}$, in C und D: $K\dfrac{l}{\sqrt{a^2 + d_1^2} - d^2}$.

[Sowohl erste wie letzte bilden je ein Kraftpaar, dessen Arm sich aus der Zeichnung ergibt.]

231. $B = G\dfrac{a}{b}\dfrac{\cos\gamma}{\sin\alpha}$, $\varphi_1 = \alpha$;

$$C = G\sqrt{1 - \dfrac{2a}{b}\cos\gamma + \dfrac{a^2}{b^2}\dfrac{\cos^2\gamma}{\sin^2\alpha}}, \quad \operatorname{tg}\varphi_2 = \dfrac{b - a\cos\gamma}{a\cos\gamma\,\operatorname{ctg}\alpha}.$$

232. $V = G/2 + q\sqrt{b^2 + h^2} = 325$ kg,

$H = \dfrac{b}{2h}\left[G + q\sqrt{b^2 + h^2}\right] = 366{,}7$ kg, $\quad R = \sqrt{H^2 + \dfrac{G^2}{4}} = 430{,}2$ kg,

Neigung von R gegen die Wand: $\alpha = 58°\,30'$. [Betrachte A, B und C als Gelenke, bringe die wagrechten und lotrechten Drücke in ihnen an und benutze die Gleichgewichtsbedingungen für AB und BC.]

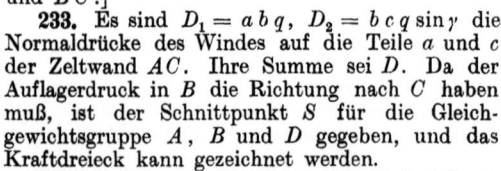

Lösung 233.

233. Es sind $D_1 = a\,b\,q$, $D_2 = b\,c\,q\sin\gamma$ die Normaldrücke des Windes auf die Teile a und c der Zeltwand AC. Ihre Summe sei D. Da der Auflagerdruck in B die Richtung nach C haben muß, ist der Schnittpunkt S für die Gleichgewichtsgruppe A, B und D gegeben, und das Kraftdreieck kann gezeichnet werden.

234. Suche aus P zuerst den Gelenkdruck in C, sodann aus C die Belastung Q.

235. Wenn der Druck in E Null sein soll, muß die Lotrechte durch S durch den Schnitt der Stangen AC und BD gehen. Überdies muß das Gewicht G der mittleren Stange durch die Gelenkdrücke W, W (sie sind einander gleich, da α rechts und links gleich!) in C und D allein getragen werden; es ist daher

$$G = 2\,W\sin\alpha\,;$$

außerdem gibt die Gleichung der Momente um D für die mittlere Stange:

$$W\cdot \overline{CD}\cdot \sin\alpha = G\cdot \overline{SD}\cdot \sin(2\alpha - 90°),$$

woraus

$$\sin\alpha = \sqrt{2/3}.$$

236. Man bringe AD zum Schnitte S mit BC und ziehe durch S die Lotrechte, die CD in dem gesuchten Punkt E schneidet. Damit der Wagen

Resultate und Lösungen. **237—246.**

nicht umkippt, muß das Moment von K um O kleiner bleiben als das Moment des **Gegengewichts** in der Lage 2, vermehrt um das Moment des Wagengewichts um O.

237. Nennt man A und B die an den Enden der Hebel ausgeübten **Bremskräfte**, C die Spannung des kleinen Verbindungsstückes, so bestehen die Gleichungen
$$A a = C c = B b, \quad A(a-c) = S_1 c, \quad B(b-c) = S_2 c,$$
woraus
$$\frac{S_2}{S_1} = \frac{a(b-c)}{b(a-c)}.$$

238. Suche den Schnitt von AC und BD; lotrecht darunter muß die Last K angebracht werden. Das Biegungsmoment in O ist:
$$\mathfrak{M} = K l \, \frac{\cos \alpha \cos \beta}{\sin(\alpha + \beta)}.$$

239. $P:Q = 9:2$; $B = P$, $D = Q$. [Bilde die Momente um C.]

240. $\operatorname{tg}\varphi = \dfrac{4}{3}$, $Q_{\min} = \dfrac{2}{15} P$. [Zerlege Q in zwei Teile X in Richtung DH und Y in Richtung DF, bilde die Momente um C, woraus zunächst $2P = 12X + 9Y$; sodann mache $Q^2 = X^2 + Y^2$ zu einem Minimum, d. h. $X dX + Y dY = 0$; es wird $X = 8P/75$, $Y = 2P/25$, woraus $\operatorname{tg}\varphi = X/Y$ und Q zu rechnen sind.]

241. Der Druck D zwischen Bockgerüst und Stange ist zu letzterer senkrecht; er muß durch B gehen, wenn in A kein Druck entstehen soll. Dann ist OCB ein bei C rechtwinkliges Dreieck, daher $x = \overline{OA} = a$. Das Gleichgewicht der Stange verlangt dann, daß $G l \cos 30° = D \cdot 2a \cos 30°$, das Gleichgewicht der Kräfte in B gibt $K = D \cos 60°$; daraus folgt
$$K = G l/4 a.$$

242. $\overline{AO_1} : \overline{O_1 C} = 5:2$. [Bringe die Drücke in A, B, C an und bilde die Momente um O_1 und O_2; man findet zunächst $A = B = G/\sqrt{3}$, $C = G \dfrac{5\sqrt{3}}{6}$, woraus obiges Verhältnis folgt.]

243. $A = \dfrac{6}{5} G$, $B = G$, $C = -\dfrac{14}{25} G$ (der Stab BC drückt nicht auf die Walze, sondern sucht sich von ihr zu entfernen und muß an der Walze festgehalten werden); $\sin \psi = 24/25$. [Zerlege B in einen wagrechten und lotrechten Teil und wende auf die Stäbe AB und BD die Gleichgewichtsbedingungen an.]

244. $x = \dfrac{25}{18} r$, $B = \dfrac{5}{3} G$, $S = \dfrac{4}{3} G$.

245. $\operatorname{tg}\alpha = \left(1 + \dfrac{G_1}{G_2}\right) \operatorname{tg}\beta$. [Benutze die Gleichgewichtsbedingungen der Knoten G_1 und G_2 nach Anbringung der unbekannten Stabspannungen und entferne diese aus der Rechnung.]

246. Da die Kennzeichnung einer Kraft in der Ebene **drei Bestimmungsstücke** verlangt, so sind, wie in der Angabe ausgeführt, **drei Messungen** nötig. Sei K die unbekannte Luftkraft in der ersten Lage von P und a, b ihre gleichfalls unbekannten Abstände von A, B. In der umgekehrten Lage

247–257. Resultate und Lösungen.

ist die Luftkraft K' offenbar symmetrisch zu K und gleich K, so daß die Momente um A, B, A für die drei Messungen die Gleichungen geben:
$$Ka = G_1 l, \quad Kb = G_2 m, \quad Ka' = G_3 l;$$
worin G_1, G_2, G_3 die an C wirkenden Stangenkräfte bedeuten, die den Gewichten Q_1, Q_2, Q_3 in der Wagschale entsprechen. — Aus diesen Gleichungen erhält man:
$$\frac{a}{b} = \frac{G_1}{G_2} \cdot \frac{l}{m}, \quad \frac{a}{a'} = \frac{G_1}{G_3},$$
wodurch die Punkte M und M' und damit auch K bestimmt sind.

247. $R = \sqrt{r^2 + K/2\pi r \gamma}$.

248. $x = r\sqrt{2}$. [Der Schwerpunkt des Körpers muß in O sein.]

249. $x = r\sqrt{3}$. [Wie zuvor.]

250. $x = r/\sqrt{2}$. [Der Gesamtschwerpunkt des Körpers muß in den Kugelmittelpunkt fallen.]

251. $x^3 = 4\dfrac{\gamma}{\gamma_1}(R-r)[3h^2 - 2(R^2 + Rr + r^2)]$. [Beachte, daß der untere Teil des Körpers sowie die Flüssigkeit ein Zylinder ist.]

252. $\dfrac{l}{2} + \dfrac{G}{G_1}\dfrac{a}{2} > x > \dfrac{l}{2} - \dfrac{G}{G_1}\dfrac{a}{2} - a$. [Bilde die Momente um die beiden möglichen Kippunkte des Achtecks am Boden.]

253. $\dfrac{G}{Q} + 3 > n > \dfrac{1}{3}\left(1 - \dfrac{G}{Q}\right)$. [Bilde die Momente um die beiden möglichen Kippunkte des Sechsecks am Boden.]

254. $\dfrac{x}{y} = \dfrac{(b+c)(3a+b-c)}{(b+a)(3c+b-a)}$. [Der Schwerpunkt der Mauer muß über der Mitte von $a+b+c$ liegen.]

255. $x_1 = l$, $x_2 = \dfrac{l}{2}$, $x_3 = \dfrac{l}{3}$, allgemein $x_n = \dfrac{l}{n}$. [Beginne mit dem Gleichgewicht des obersten Brettes.]

256.

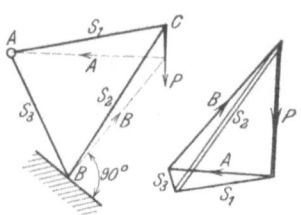

257. $S = S_2 = S_3$
$= -\dfrac{Q}{\sqrt{2}}$.
$S_1^* = P + Q$.

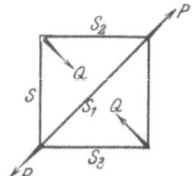
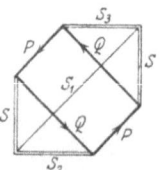

Resultate und Lösungen.

258. Gleichung der Geraden S_1 in bezug auf das Achsenkreuz xy:
$$\frac{x}{n} + \frac{2y}{b} = 1.$$
Gleichung der Geraden S_2:
$$\frac{x}{m} + \frac{2y}{b} = -1.$$
Schnittpunkt M beider Geraden:
$$x_1 = -\frac{2mn}{n-m}, \quad y_1 = \frac{b}{2} \cdot \frac{n+m}{n-m}.$$
Momentengleichung um M:
$$Py_1 + (S-Q)\cdot(-x_1) + S_1 \cdot 0 + S_2 \cdot 0 = 0,$$
woraus
$$S = Q - P\frac{b}{4}\left(\frac{1}{m} + \frac{1}{n}\right).$$

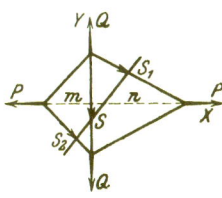

259. $Q = 2P/\sqrt{3}$, $D = P\sqrt{13/3}$, $\operatorname{tg}\varphi = 2\sqrt{3}$;
$S_1 = -P/\sqrt{3}$, $S_2 = S_4 = 2P/\sqrt{3}$,
$S_3 = S_5 = -2P/\sqrt{3}$.

260. $P = 2Q$, $D = Q\sqrt{5}$, $\operatorname{tg}\varphi = 3$;
$S_1 = Q$, $S_2 = Q/\sqrt{2}$, $S_3 = S_5 = -Q/\sqrt{2}$,
$S_4 = -3Q/\sqrt{2}$.

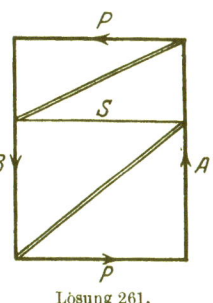

Lösung 261.

261. $A = B = P\dfrac{a+b}{l}$, $S = P$.

262. $S_1 = +P$, $\qquad S_2 = +P$,
$S_3 = -P\sqrt{3}/2$, $\qquad S_4 = +P/2$,
$S_5 = -P/2$, $\qquad S_6 = +P/2$,
$S_7 = +P\sqrt{3}/2$, $S_8 = 0$, $S_9 = 0$.

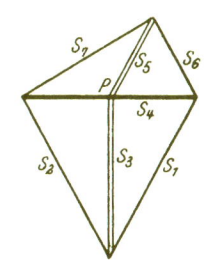

Lösung 262.

263. Setzt man $\overline{AB} = y$, so ist:
$$y^2 = a^2 + \frac{b^2}{2} + ab.$$
$$Q = P\frac{b(a+b)}{2ay}.$$
$$S_1 = S_9 = -\frac{P}{\sqrt{2}} \cdot \frac{a+b}{y}.$$
$$S_2 = S_8 = -\frac{P}{\sqrt{2}} \cdot \frac{a}{y}.$$
$$S_3 = S_7 = +\frac{P}{2} \cdot \frac{a+b}{y}.$$
$$S_4 = S_6 = -\frac{P}{2} \cdot \frac{a+b}{y}.$$
$$S_5 = +P\frac{b\sqrt{a^2+b^2}}{2ay}.$$

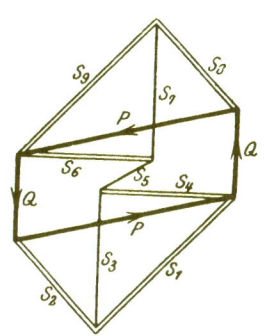

264–267. Resultate und Lösungen.

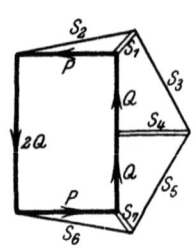

264. $S_1 = S_7 = -P\dfrac{\sin(\alpha - 60)}{\sin 2\alpha}$

$= -\dfrac{3}{4} P\left(1 - \sqrt{\dfrac{3}{8}}\right) = -5814$ kg.

$S_2 = S_6 = +P\dfrac{\sin(\alpha + 60)}{\sin 2\alpha}$

$= +\dfrac{3}{4} P\left(1 + \sqrt{\dfrac{3}{8}}\right) = +24186$ kg.

$S_3 = S_5 = \dfrac{2}{\sqrt{3}}\left[Q + P\dfrac{\sin(\alpha - 60)\sin(\alpha + 60)}{\sin 2\alpha}\right]$

$= \dfrac{2}{\sqrt{3}}\left[Q + P\dfrac{5}{8\sqrt{8}}\right] = +22424$ kg.

$S_4 = -\dfrac{1}{\sqrt{3}}\left[Q + 2P\dfrac{b}{a}\sin(\alpha - 60)\right]$

$= -\dfrac{1}{\sqrt{3}}\left[Q + \dfrac{P}{2}(\sqrt{8} - \sqrt{3})\right] = -14990$ kg.

265. Auflagerdrucke:

$A = B = 600$ kg. $S_1 = S_2 = -808$ kg.
$H_1 = H_2 = +750$ kg. $V = P = +600$ kg.

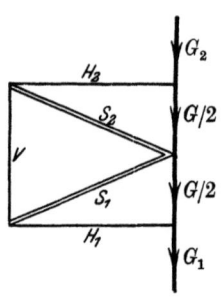

Losung 265

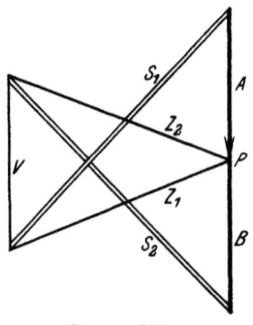

Losung 266.

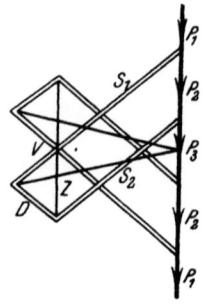

Losung 267

266. $A = B = 325$ kg, $S_1 = S_2 = -689$ kg,
$Z_1 = Z_2 = +514$ kg, $V = +325$ kg.

267. $A = B = 5000$ kg, $S_1 = -7467$ kg, $S_2 = -5333$ kg,
$Z = +5950$ kg, $D = -2033$ kg, $V = +4666$ kg.

268. $A = B = \dfrac{3}{2} P$.

$S_1 = S_4 = S_8 = S_{11} = -\dfrac{2P}{\sqrt{3}}$.

$S_2 = S_{10} = +\dfrac{P}{\sqrt{3}}$.

$S_3 = S_6 = S_9 = +\dfrac{2P}{\sqrt{3}}$.

$S_5 = S_7 = 0$.

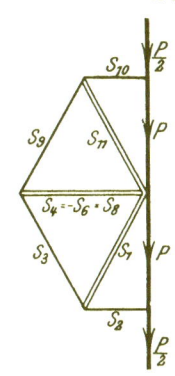

269. $A = B = 2P$.

$S_1 = S_{13} = -\dfrac{3P}{2\sin\alpha}$.

$S_2 = S_{10} = S_{12} = +\dfrac{3P}{2}\operatorname{ctg}\alpha$.

$S_3 = +\dfrac{3P}{2}$.

$S_4 = -\dfrac{3P}{2}\operatorname{ctg}\alpha$.

$S_5 = -\dfrac{P}{2\sin\alpha}$.

$S_6 = +2P\operatorname{ctg}\alpha$.

$S_7 = +P/2$.

$S_8 = -2P\operatorname{ctg}\alpha$.

$S_9 = +\dfrac{P}{2\sin\alpha}$.

$S_{11} = +P$.

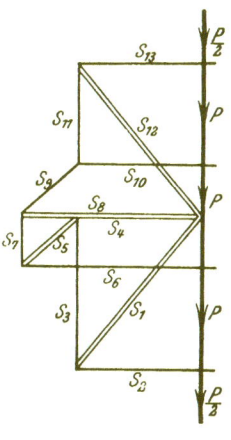

270. $A = B = 2P$.

$S_1 = S_3 = S_9 = S_{13} = -2P\dfrac{a}{h}$,

$S_2 = S_{12} = +2P\dfrac{l}{h}$.

$S_4 = S_{10} = 0$.

$S_5 = S_7 = S_{11} = -P$.

$S_6 = S_8 = +2P\dfrac{l_1}{h}$.

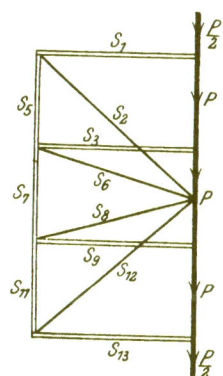

271–274. Resultate und Lösungen.

271. $A = B = P/2 = 5$ t.
$S_1 = -3{,}1623$ t. $S_2 = -2{,}2361$ t.
$S_3 = +5{,}5903$ t. $S_4 = -4{,}0312$ t.
$S_5 = -14{,}2304$ t. $S_6 = +17{,}5$ t.

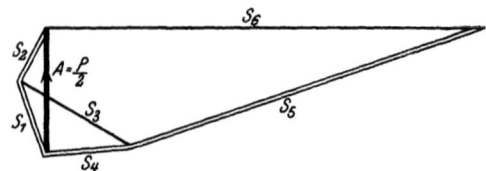

272. $A = B = Q = 10$ t.

$S_1 = -\dfrac{7\sqrt{5}}{19} Q = -8{,}238$ t. $S_4 = -\dfrac{147\sqrt{73}}{418} Q = -30{,}046$ t.

$S_2 = -\dfrac{\sqrt{74}}{19} Q = -4{,}526$ t. $S_5 = +\dfrac{7\sqrt{2}}{22} Q = +4{,}50$ t.

$S_3 = +\dfrac{7\sqrt{101}}{22} Q = +31{,}976$ t. $S_6 = -3{,}5\, Q = -35$ t.

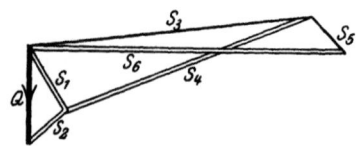

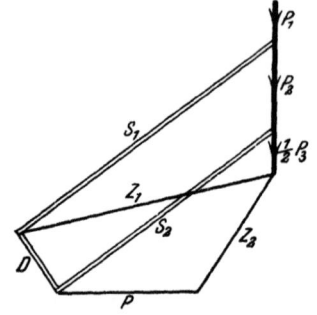

273. $A = B = 7{,}2$ t.
$S_1 = -13{,}915$ t.
$S_2 = -11{,}666$ t.
$D = -2{,}811$ t.
$Z_1 = +11{,}354$ t.
$Z_2 = +6{,}308$ t.
$P = +6{,}000$ t.

274. Rechnung: Für die Winkel findet man:
$$\alpha = 67°\,30', \quad \beta = 33°\,41'\,24''.$$
Auflagerdrücke:
$$A = 6232 \text{ kg}, \quad B = 9768 \text{ kg}.$$

Resultate und Lösungen.   275—278.

Spannungen:

$S_1 = -A \dfrac{\cos\beta}{\sin(\alpha-\beta)} = -9320$ kg.

$S_2 = +A \dfrac{\cos\alpha}{\sin(\alpha-\beta)} = +4286$ kg.

$S_3 = -2 S_4 \cos\alpha - P_1(\sqrt{2}-1) = +4133$ kg.

$S_4 = -\dfrac{1}{\sin\alpha}\left[A\dfrac{r-h}{r-h\sqrt{2}} - \dfrac{P_1\sqrt{2}}{2}\right] = -7023$ kg.

$S_5 = S_2 - S_6 \dfrac{r-h\sqrt{2}}{2\sqrt{2}\, r \cos\alpha \sin(\alpha-\beta)} = -655$ kg.

$S_6 = \dfrac{r}{r-h}\left[A - \dfrac{P_1\sqrt{2}}{2}\right] = +6852$ kg.

$S_7 = S_{11} - S_6 \dfrac{r-h\sqrt{2}}{2\sqrt{2}\, r \cos\alpha \sin(\alpha-\beta)} = +1777$ kg.

$S_8 = -\dfrac{1}{\sin\alpha}\left[B\dfrac{r-h}{r-h\sqrt{2}} - \dfrac{P_3\sqrt{2}}{2}\right] = -8483$ kg.

$S_9 = -2 S_8 \cos\alpha - P_3(\sqrt{2}-1) = +3179$ kg.

$S_{10} = -B \dfrac{\cos\beta}{\sin(\alpha-\beta)} = -14606$ kg.

$S_{11} = +B \dfrac{\cos\alpha}{\sin(\alpha-\beta)} = +6718$ kg.

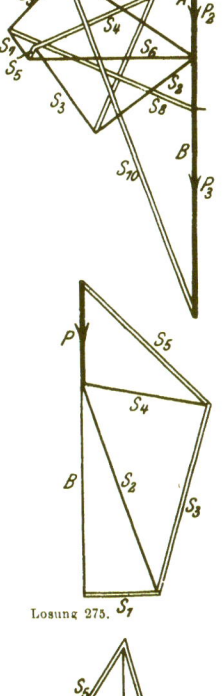

275.
$A = 13{,}049$ t.
$B = 9{,}049$ t.
$S_1 = -3{,}016$ t.
$S_2 = +9{,}538$ t.
$S_3 = -7{,}176$ t.
$S_4 = +5{,}742$ t.
$S_5 = -8{,}179$ t.

Losung 275.

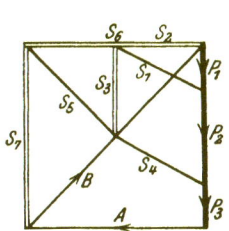

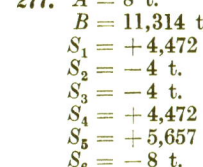

276. $A = 3{,}33$ t.
$B = 6{,}0$ t.
$S_1 = +9{,}14$ t.
$S_2 = -10{,}42$ t.
$S_3 = -8{,}22$ t.
$S_4 = -11{,}30$ t.
$S_5 = +5{,}81$ t.

277. $A = 8$ t.
$B = 11{,}314$ t.
$S_1 = +4{,}472$ t.
$S_2 = -4$ t.
$S_3 = -4$ t.
$S_4 = +4{,}472$ t.
$S_5 = +5{,}657$ t.
$S_6 = -8$ t.
$S_7 = -8$ t.

278. $A = 6$ t.
$B = 10$ t.
$S_1 = +18{,}144$ t.
$S_2 = -19{,}829$ t.
$S_3 = -7{,}453$ t.
$S_4 = -16{,}564$ t.
$S_5 = -9{,}792$ t.
$S_6 = -22{,}400$ t.
$S_7 = +13{,}581$ t.

279—282. Resultate und Lösungen.

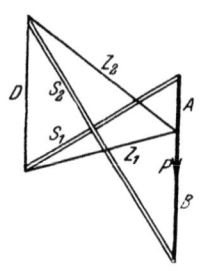

279. $A = 600$ kg. $B = 1400$ kg.

$$S_1 = -A \frac{\cos\beta_1}{\sin(\alpha_1 - \beta_1)} = -2419 \text{ kg.}$$

$$S_2 = -B \frac{\cos\beta_2}{\sin(\alpha_2 - \beta_2)} = -3500 \text{ t.}$$

$$Z_1 = +A \frac{\cos\alpha_1}{\sin(\alpha_1 - \beta_1)} = +2184 \text{ kg.}$$

$$Z_2 = +B \frac{\cos\alpha_2}{\sin(\alpha_2 - \beta_2)} = +2524 \text{ kg.}$$

$$D = Z_1 \sin\beta_1 + Z_2 \sin\beta_2 = P = 2000 \text{ kg.}$$

280. $A = P \dfrac{a+b}{L} = 5{,}6$ t. $B = P \dfrac{a}{L} = 2{,}4$ t.

$$S = -\frac{P(a+b)^2}{L\, l_1 \sin\alpha} = -17{,}667 \text{ t.}$$

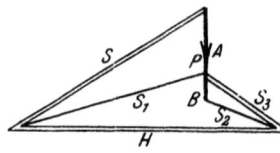

$$S_1 = \frac{P a (a+b)}{L\, l \sin\alpha} = +15{,}288 \text{ t.}$$

$$S_2 = \frac{P a^2}{L\, l \sin\alpha} = +6{,}552 \text{ t.}$$

$$S_3 = -\frac{P a (a+b)}{L\, l_1 \sin\alpha} = -7{,}571 \text{ t.}$$

$$H = -\frac{P a (a+b)}{b\, h} = -21 \text{ t.}$$

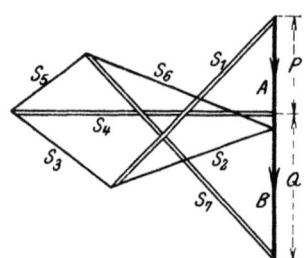

281. $A = 9{,}25$ t.
$B = 10{,}75$ t.
$S_1 = -20{,}930$ t.
$S_2 = +15{,}806$ t.
$S_3 = +12{,}259$ t.
$S_4 = -25$ t.
$S_5 = +9{,}375$ t.
$S_6 = +18{,}370$ t.
$S_7 = -24{,}324$ t.

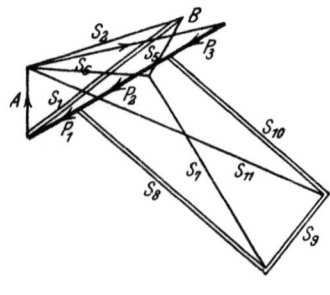

282. Rechnung. Für die Winkel findet man:

$\alpha = 37°\,52'\,30''$.
$\beta = 19°\,26'\,24''$.
$\varphi = 13°\,25'\,11''$.

Auflagerdrücke:

$$A = R \frac{\sin(\alpha + 30)}{4\cos\alpha} = 235 \text{ kg.}$$

$$B = \frac{R}{\sin\alpha}\left[\sin 30 - \frac{\sin(\alpha+30)}{4\cos\alpha}\right] = 712 \text{ kg.}$$

worin: $R = P_1 + P_2 + P_3 = 800$ kg.

Resultate und Lösungen. **283.**

Spannungen:
Schnitt I. Drehpol D: $S_1 = -A \dfrac{\cos\beta}{\sin(\alpha-\beta)} = -700$ kg.

Drehpol C: $S_2 = A \dfrac{\cos\alpha}{\sin(\alpha-\beta)} = +586$ kg.

$S_3 = 0$.
$S_4 = S_1 = -700$ kg.

Schnitt II. Drehpol X: $S_5 = \dfrac{h_1}{h} S_2 = +234$ kg.

Drehpol E: $S_6 = A \dfrac{l}{2h} = +422$ kg.

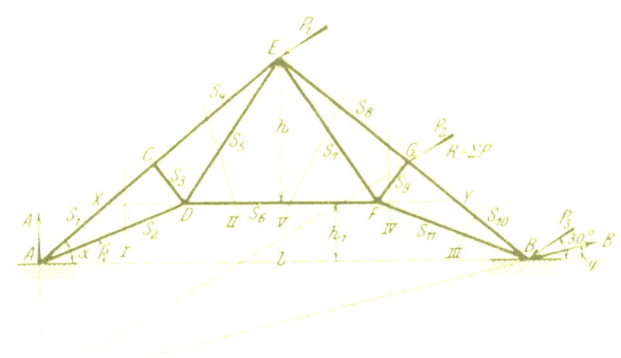

Schnitt III. Drehpol F:
$S_{10} = -\dfrac{1}{\sin(\alpha-\beta)} [B \sin(\beta+\varphi) - P_3 \sin(\beta+30)] = -741$ kg.

Drehpol G:
$S_{11} = +\dfrac{1}{\sin(\alpha-\beta)} [B \sin(\alpha+\varphi) - P_3 \sin(\alpha+30)] = +117$ kg.

Schnitt IV. Drehpol B: $S_9 = -P_2 \sin(\alpha+30) = -371$ kg.
Drehpol F: $S_8 = S_{10} - P_2 \cos(\alpha+30) = -892$ kg.

Schnitt V. Drehpol Y:
$S_7 = \dfrac{1}{\sin(\alpha-\beta)} \left[\sin(\alpha+30) \left(P_2 \dfrac{h-h_1}{2h} - P_3 \dfrac{h_1}{h} \right) + B \dfrac{h_1}{h} \sin(\alpha+\varphi) \right]$
$= +815$ kg.

283. Rechnung. Für die Winkel ergibt die Rechnung folgende Werte:

$\alpha = 52° 17' 48''$ $\psi = 12° 59' 27''$
$\beta = 46° 13' 0''$ $\eta = 60°$
$\gamma = 28° 57' 18''$ $\xi = 75° 31' 21''$
$\delta = 12° 58' 58''$ $\varphi = 50° 28' 44''$
$\varepsilon = 24° 1' 35''$ $\lambda = 109° 28' 16''$
$\mu = 39° 50' 5''$ $\zeta = 70° 12' 55''$.

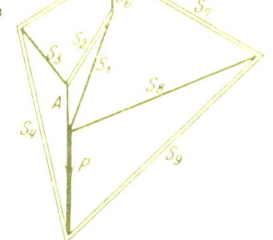

283.

Resultate und Lösungen.

Auflagerdrucke: $A = P\dfrac{p}{l} = 1945$ kg, $p = 4{,}86$ m.

$$B = P\dfrac{p+l}{l} = 5945 \text{ kg}.$$

Spannungen:

Schnitt I. Drehpol C: $S_1 = A\dfrac{\cos\alpha}{\sin\delta} = +5296$ kg.

Drehpol D: $S_2 = -A\dfrac{\cos(\alpha+\delta)}{\sin\delta} = -3621$ kg.

Schnitt II. Drehpol E: $S_3 = B\dfrac{\cos(\beta+\gamma)}{\sin\gamma} = +3143$ kg.

Drehpol C: $S_4 = -B\dfrac{\cos\beta}{\sin\gamma} = -8498$ kg.

Schnitt III. Drehpol D:
$$S_5 = -P\dfrac{e\sin\zeta}{d\sin\eta} - S_4\dfrac{\sin(\eta+\xi)}{\sin\eta} = -5077 \text{ kg}.$$

Drehpol E:
$$S_6 = P\dfrac{f\cos\mu}{d\sin\eta} - S_1\dfrac{\sin(\eta+\varepsilon)}{\sin\eta} = +1898 \text{ kg}.$$

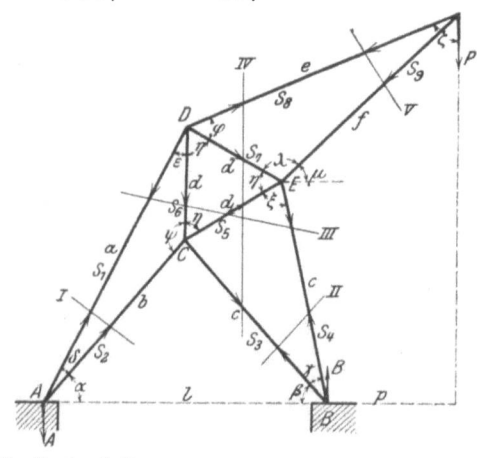

Schnitt IV. Drehpol E:
$$S_8 = A\dfrac{l - c\cos(\beta+\gamma)}{d\sin\varphi} + S_3\dfrac{c\sin\gamma}{d\sin\varphi} = +8959 \text{ kg}.$$

Drehpol C:
$$S_7 = A\dfrac{b\cos\alpha}{d\sin\eta} - S_8\dfrac{\sin(\eta+\varphi)}{\sin\eta} = -7184 \text{ kg}.$$

Schnitt V. Drehpol D:
$$S_9 = -P\dfrac{e\sin\zeta}{d\sin\lambda} = -10\,978 \text{ kg}.$$

284.

$A = 13{,}628$ t.
$B = 11{,}033$ t.
$S_1 = +\ 6{,}932$ t.
$S_2 = -19{,}641$ t.
$S_3 = -\ 3{,}612$ t.
$S_4 = +13{,}166$ t.
$S_5 = +11{,}236$ t.
$S_6 = -\ 6{,}541$ t.
$S_7 = -\ 1{,}241$ t.
$S_8 = +20{,}618$ t.
$S_9 = -23{,}723$ t.

285.
$A = 21{,}244$ t.
$B = 41{,}244$ t.
$S_1 = +50{,}118$ t.
$S_2 = -53{,}886$ t.
$S_3 = -22{,}162$ t.
$S_4 = +43{,}502$ t.
$S_5 = -\ 8{,}535$ t.
$S_6 = -48{,}548$ t.
$S_7 = -12{,}059$ t.
$S_8 = +33{,}063$ t.
$S_9 = -18{,}624$ t.
$S_{10} = -39{,}128$ t.
$S_{11} = -\ 4{,}475$ t.

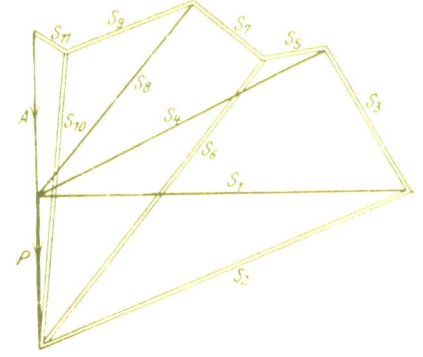

286.
$A = 9{,}9$ t. $B = 7{,}8$ t.
$S_1 = K = 6$ t.
$S_2 = S_3 = 0$.
$S_4 = S_5 = 4{,}8$ t.
$S_6 = 0$.
$S_7 = -S_8 = 2{,}4$ t.
$S_9 = -S_{12} = 3{,}7$ t.
$S_{10} = S_{11} = -3{,}5$ t.
$S_{13} = -S_{14} = 2$ t.
$S_{15} = -S_{18} = 6{,}3$ t.
$S_{16} = -S_{17} = 2{,}5$ t.
$S_{19} = 3$ t.

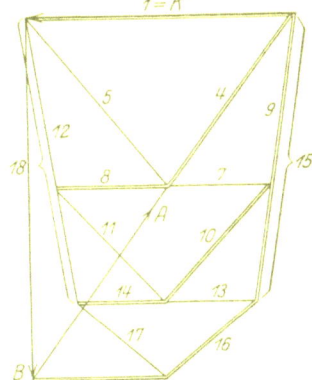

287. $f \lessgtr 0{,}577$, $N = 3\,k\,r\sqrt{3}/2$. [D ergibt sich, wenn man die drei Anziehungskräfte auf die Normale in m projiziert und addiert. Ist $\overline{m\,m_3} = x$, so wird die Kraft, welche m nach m_3 treibt: $K = 3\,k\,(x - r/2)$; sie ist am größten für $x = r$, $K = 3\,k\,r/2$. Nun setze man die Reibung $fN \lessgtr K$.]

288. Für alle Werte von tg φ zwischen 1 und 1,5. [Sind r_1, r_2 die Entfernungen $\overline{m\,m_1}$ und $\overline{m\,m_2}$, so ist der Normaldruck des Kreises

$$N = k_1\,r_1\,\cos\varphi + k_2\,r_2\,\sin\varphi$$

und die den Punkt m bewegende Kraft in Richtung der Tangente

$$K = k_1\,r_1\,\sin\varphi - k_2\,r_2\,\cos\varphi\,.$$

Man setze $K \lessgtr fN$, woraus

$$\operatorname{tg}\varphi \lessgtr 0{,}6 + 0{,}4\,\operatorname{tg}^2\varphi\,.$$

Nun löse man die Gleichung nach tg φ auf; ihre Wurzeln sind die verlangten Grenzen.]

289. $S = G\,\dfrac{\sin(\varphi + \varrho)}{\cos(45 - \varphi/2 - \varrho)}$; $S_{\min}$ für jenen Winkel φ, welcher der Gleichung $\operatorname{tg}(45 - \varphi/2 - \varrho)\cdot\operatorname{tg}(\varphi + \varrho) = 2$ genügt. [Bilde die Projektionen der vier Kräfte G, S, N, fN in B auf Tangente und Normale und entferne den Druck aus den Gleichungen.]

290. $f = \dfrac{a}{a+b}\operatorname{ctg}\beta + \dfrac{b}{a+b}\operatorname{ctg}\alpha$, $S = P\cdot\dfrac{a\sin\alpha}{b\sin\beta}$.

[Um S zu finden, bilde die Momente der Kräfte um C. Ferner ist der Druck in C: $N = S\sin\beta + P\sin\alpha$, die Reibung $R = S\cos\beta + P\cos\alpha$; setze $R = fN$ und bestimme daraus f.]

291. $f = \operatorname{tg}\alpha$, $A = G(1 - \sin\alpha)$, $B = G(1 + \sin\alpha)$,

$$D = G\sin\alpha\cos\alpha,\quad x = r\left(\dfrac{1}{\sin\alpha} - \dfrac{4}{3\pi}\dfrac{1}{\cos\alpha}\right).$$

[Auf jeden der beiden Halbzylinder wirkt der Druck der Unterlage, das Gewicht, der Druck und die Reibung in der Schnittfläche. Man bilde für jeden Halbzylinder die Gleichgewichtsbedingungen (Momente um A) und erhält:

$$G\cos\alpha - A\cos\alpha - D = 0,\quad G\sin\alpha - A\sin\alpha - fD = 0,$$
$$G\cos\alpha - B\cos\alpha + D = 0,\quad G\sin\alpha - B\sin\alpha + fD = 0,$$
$$Dx = Gr\left(\cos\alpha - \dfrac{4}{3\pi}\sin\alpha\right) = Br\operatorname{ctg}\alpha - Gr\left(\operatorname{ctg}\alpha + \dfrac{4}{3\pi}\sin\alpha\right).]$$

292. Nennt man D den Druck zwischen Stab und Halbkugel und ψ den Winkel der Stange gegen die Wagrechte und projiziert die Kräfte der Stange auf die Wagrechte, so folgt:

$$D\sin\psi - fD\cos\psi = 0,$$

also ist die Neigung des Stabes gegeben durch:

$$\operatorname{tg}\psi = f\,.$$

Nennt man x die Entfernung des Druckes D vom Punkt O und bildet die Momente der Kräfte der Halbkugel um O, so ist

$$Ga\sin\psi - Dx = 0\,.$$

Resultate und Lösungen.

Ebenso folgt durch Bildung der Momente der Kräfte des Stabes um A:
$$G_1 l \cos\psi - D\left(\frac{r}{\sin\psi} - x\right) = 0,$$
woraus:
$$x = \frac{G a r}{G_1 l \cos\psi + G a \sin\psi}.$$

Soll nun die Druckrichtung D durch S_1 gehen, so muß $x = \frac{r}{\sin\psi} - l$ sein, woraus:
$$l = r\frac{\sqrt{1+f^2}}{f} - \frac{G}{G_1} a f.$$

293. $f \lessgtr \operatorname{tg}(\beta - \alpha)/2$. [Projiziere die auf das Prisma wirkenden Kräfte parallel und senkrecht zur Berührungsebene, K und N, und setze $K \leq fN$.]

294. $f = \dfrac{G}{G\sqrt{3} + 2G_1(1+\sqrt{3})}$. [Bilde für den Würfel die Momente um O und für die Platte die Kräfte nach der Wagrechten.]

295. $\sin\varphi$ schwankt zwischen $\dfrac{a}{b}$ und $\dfrac{a}{b}\cos\varrho$, letzterer Wert entspricht den äußersten Gleichgewichtslagen des Ringes. Für diese ist
$$S = G\frac{l\cos\varphi}{b\cos(\varphi \pm \varrho)}, \quad D = G\frac{l\cos\varphi\cos\varrho}{b\cos(\varphi \pm \varrho)}.$$
[S ist die Summe aus Reibung und Normaldruck in D. Bilde für den Stab die Momente um B.]

296. $f = \dfrac{l\sin^2\beta\cos\alpha}{2a - l\sin\alpha\cos^2\alpha}$. [Bilde die Momente der Kräfte um A und die Summen der wagrechten und lotrechten Teilkräfte.]

297. Wenn $\operatorname{tg}\varphi < \dfrac{a - bf_1f_2}{(a+b)f_1}$. [Führe an den Stützpunkten die Drücke A, B und die Reibungen f_1A (nach rechts), f_2B (nach aufwärts) ein und bilde die wagrechten und lotrechten Teilkräfte und die Momente um a.]

298. $f = \varepsilon^2/2$, $\varepsilon = e/a$ = numerische Exzentrizität der Ellipse.

299. $\operatorname{tg}\psi = 2\operatorname{tg}\alpha + \dfrac{1}{f}$, $A = \dfrac{G}{2(1 + f\operatorname{tg}\alpha)}$. [Bilde die Momente um B und die Summen der wagrechten und lotrechten Teilkräfte.]

300. $x = \dfrac{a}{2}\left(\dfrac{\operatorname{tg}\alpha}{f} - 1\right)$.

301. $f = \dfrac{3\pi}{4} \cdot \dfrac{(r-r_1)r_1^2\gamma_1}{r^3\gamma - r_1^3\gamma_1}$. [Bilde die Momente um den Mittelpunkt des größeren Halbkreises mit dem Halbmesser r und die Summen der wagrechten und lotrechten Teilkräfte; führe den Abstand des Druckes der beiden Zylinder gegeneinander als Unbekannte x ein.]

302. $x = \dfrac{2f(r+r_1)(G + 2G_1)}{\sqrt{G^2 + f^2(G + 2G_1)^2}} - 2r_1$. [Setze den oberen und unteren Halbzylinder für sich ins Gleichgewicht und suche den Winkel φ, den die Verbindungslinie der Kreismittelpunkte mit der Lotrechten einschließt; man findet
$$\operatorname{tg}\varphi = f(1 + 2G_1/G) \quad \text{und} \quad x = 2(r+r_1)\sin\varphi - 2r_1'.]$$

303—312. Resultate und Lösungen.

303. $D = G_2 \dfrac{1 + \sin\varphi}{1 + \sin\varphi + \cos\varphi}$, $\quad D_1 = G_1 + D$,

$D_2 = G_2 \dfrac{\cos\varphi}{1 + \sin\varphi + \cos\varphi}$, $\quad f = \dfrac{\cos\varphi}{1 + \sin\varphi}$,

$f_1 = \dfrac{G_2 \cos\varphi}{G_1(1 + \sin\varphi + \cos\varphi) + G_2(1 + \sin\varphi)}$, $\quad f_2 = 1$.

[Aus den Momenten um die Mittelpunkte der Walzen folgt zunächst $fD = f_1 D_1 = f_2 D_2$. Das übrige ergibt sich, wenn man die Summen der wagrechten und lotrechten Teilkräfte für jede Walze gleich Null setzt.]

304. $K = G(2 + \sin 2\varrho)$. [Der linke Würfel erleidet zwei Reibungen: links fD nach abwärts gerichtet, rechts fD_1 nach aufwärts gerichtet; D und D_1 sind nicht gleich.]

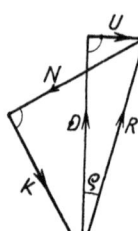

305. Man trage maßstablich die Kraft K in ihrer Richtung auf, ziehe die Normale D an der Berührungsstelle von L und Z und trage an dieser den Reibungswinkel ϱ an; ist N der zu K senkrechte Führungsdruck, R der gesamte zwischen F und Z auftretende Druck, so müssen die Kräfte K, R, N im Gleichgewicht sein. Damit sind N und R gefunden und durch Zerlegung in D und $U \perp D$ auch die Umfangskraft U.

306. $\operatorname{ctg}\varphi = \pm\left[\dfrac{b^2}{a^2}\dfrac{1+f^2}{f} - f\right]$. [Bilde die Momente um O.]

307. $\sin\dfrac{\varphi}{2}\operatorname{tg}\dfrac{\varphi}{2}\sin\left(\dfrac{\varphi}{2}\pm\varrho\right) = \dfrac{2r}{l}\cos\varrho$,

$D = G - \dfrac{\cos\varrho}{\sin(\varphi/2 \pm \varrho)}$, $\quad \varrho = $ Reibungswinkel.

[Bilde die Momente um O und projiziere die Kräfte eines Stabes auf die Lotrechte. Der Gelenkdruck in O ist wagrecht.]

308. Bringe in den Endpunkten des Stabes die Normaldrücke A, B und die (maximalen) Reibungen fA, fB mit den aus der Abbildung ersichtlichen Pfeilen an. Die Aufstellung der drei Gleichgewichtsbedingungen und die Entfernung von A, B liefert sodann unmittelbar das gesuchte Ergebnis.

309. $\cos(\varphi \pm \varrho_2) = \dfrac{G_1}{G_2}\dfrac{\cos\varrho_2}{\cos\varrho_1}\sin(\alpha \pm \varrho_1)$. [Führe auf beiden Seiten die Fadenspannung ein und stelle für jedes der beiden Gewichte die zwei Gleichgewichtsbedingungen auf.]

310. $\varphi = 90° - \alpha \pm 2\varrho$, wenn ϱ der Reibungswinkel bei R ist. Wenn $\alpha \gtreqless 45° + \varrho$ angenommen wird, ist die obere Grenzlage des Fadens OR wagrecht. [Setze die Seilspannung, die gleich G ist, den Normaldruck der Stange und die Reibung in Richtung der Stange ins Gleichgewicht.]

311. $\varphi = 90 \pm \varrho$, $\quad S_1 = \dfrac{G}{\cos(\alpha \mp \varrho)}$, $\quad S_2 = G\operatorname{tg}(\alpha \mp \varrho)$.

312. $f = 1 - 1/\sqrt{2}$, $D = 2G$. [Der Gelenkdruck in H muß wagrecht gerichtet sein. Bilde die Momente um O und die Projektionen der Kräfte auf die Lotrechte.]

Resultate und Lösungen. **313—316.**

313. $Q = G \dfrac{l}{b} \sin\alpha \cos\alpha (f \cos\alpha - \sin\alpha)$. Q_{max} tritt ein für $\mathrm{tg}\, 2\alpha = 2\,\mathrm{tg}(\varrho - \alpha)$. Hierin ist $f = \mathrm{tg}\,\varrho$ die Reibungszahl bei B. [Aus dem Moment um A ergibt sich zunächst der Druck in B: $G \dfrac{l}{2a} \sin\alpha \cos\alpha$. Sodann nimm die Momente der Kräfte des Prismas um O.]

314. Die drei entstehenden Reibungen fP, fQ, fR in A, B, C stehen senkrecht zu OA, OB, OC und bilden untereinander ein Kraftpaar, da sie durch ein Kraftpaar hervorgebracht werden. Ihre Projektionssumme muß somit verschwinden, auch nachdem man sie um 90° gedreht hat, d. h. denkt man sich die Kräfte P, Q, R in den Richtungen OA, OB, OC wirken, so müssen sie Gleichgewicht halten. O muß also derart liegen, daß
$$\sin(BOC) : \sin(COA) : \sin(AOB) = P : Q : R.$$

315. Die Stange wird von vier Kräften beansprucht, deren Teilkräfte nach dem gewählten Achsenkreuz x, y, z sind:

Gelenkdruck in O: $W \begin{cases} X \\ Y \\ Z \end{cases}$, Druck in A: $D \begin{cases} 0 \\ 0 \\ D \end{cases}$

Reibung in A: $\mathfrak{R} \begin{cases} \mathfrak{R}\sin\varphi \\ -\mathfrak{R}\cos\varphi \\ 0 \end{cases}$, Gewicht: $G \begin{cases} -G\sin\alpha \\ 0 \\ -G\cos\alpha \end{cases}$

Die Angriffspunkte dieser Kräfte haben die Koordinaten:
$$O \begin{cases} 0 \\ 0 \\ a \end{cases} \qquad A \begin{cases} r\cos\varphi \\ r\sin\varphi \\ 0 \end{cases} \qquad S \begin{cases} (r\cos\varphi)/2 \\ (r\sin\varphi)/2 \\ a/2 \end{cases}$$

Die Gleichgewichtsbedingungen lauten:
$\Sigma X = X + \mathfrak{R}\sin\varphi - G\sin\alpha = 0$,
$\Sigma Y = Y - \mathfrak{R}\cos\varphi = 0$,
$\Sigma Z = Z + D - G\cos\alpha = 0$,
$\Sigma(yZ - zY) = -Ya + Dr\sin\varphi - (Gr/2)\cos\alpha\sin\varphi = 0$,
$\Sigma(zX - xZ) = Xa - Dr\cos\varphi - (Ga/2)\sin\alpha + (Gr/2)\cos\alpha\cos\varphi = 0$,
$\Sigma(xY - yX) = -\mathfrak{R}r\cos^2\varphi - \mathfrak{R}r\sin^2\varphi + (Gr/2)\sin\alpha\sin\varphi = 0$.

Hierzu kommt die Reibungsgleichung für die äußerste Gleichgewichtslage:
$$\mathfrak{R} = fD.$$

Die Auflösung dieser Gleichungen liefert:
$r\sin\varphi - af\cos\varphi = rf\,\mathrm{ctg}\,\alpha$,
$D = G\sin\alpha\sin\varphi/2f$,
$X = G\sin\alpha(2 - \sin^2\varphi)/2$,
$Y = G\sin\alpha\sin\varphi\cos\varphi/2$,
$Z = G(2f\cos\alpha - \sin\alpha\sin\varphi)/2f$.

316. $\mathrm{tg}\,\varphi = \dfrac{a\sqrt{r^2 - x^2}}{fr(a-x)}$,

worin
$x = \overline{OP} = (a^2 + r^2 - l^2)/2a$,
$D = G\cos\varphi/2f$,
$A \begin{cases} X = -Gx\cos\varphi/2fr, \\ Y = Gx\sin\varphi\cos\varphi/2a, \\ Z = G\left(1 + \dfrac{x}{a}\sin^2\varphi\right)/2. \end{cases}$

317—326.

317. $P = (p-1)\dfrac{\pi d^2}{4} \cdot \dfrac{b - f_1 r}{a - f_1 r} - G \dfrac{s - f_1 r}{a - f_1 r} = 30{,}2$ kg.

319. $K = \dfrac{2a(b+c)}{b(d-e)} Q$,

worin $\overline{JA} = a$, $\overline{KH} = b$, $\overline{HG} = c$, $\overline{CF} = d$, $\overline{DE} = e$ ist.

320. Hat Q von A die Entfernung x, von H die Entfernung y, so erzeugt es in A den Druck $Q\dfrac{y}{x+y}$, in H den Zug $Q\dfrac{x}{x+y}$; in E und F wirken also die Lasten $Q\dfrac{y}{x+y} \cdot \dfrac{a}{b}$ und $Q\dfrac{x}{x+y}$, deren Momentensumme um O_1 gleich Qf ist.

321. Nennt man $\Re_1$ und $\Re_2$ die Reibungen an der Innenseite und an der Außenseite der Hohlwelle B, so ist der Annahme gemäß

$$\Re_1 = cf_1 p \cdot r(\omega_0 - \omega_1), \qquad \Re_2 = cf_2 p \cdot R\omega_1,$$

worin $f_1 = 2r\pi \cdot l$, $f_2 = 2R\pi \cdot l$ die Reibungsflächen und $r(\omega_0 - \omega_1)$ die relative Geschwindigkeit an der Innenseite, $R\omega_1$ an der Außenseite ist. Für das Gleichgewicht der Hohlwelle (d. h. hier: für Umlauf mit gleichbleibender Geschwindigkeit) ist

$$\Re_1 r = \Re_2 R,$$

woraus $\omega_1 = \omega_0 \cdot r^3/(R^3 + r^3)$.

322. $Q = 6703$ kg. [Aus 280 kg $\cdot 7$ m $\cdot \sin 20° = Q \cdot 0{,}1$ m.]

323. $P = p\big/\!\left(1 - \dfrac{ad}{bc}\right)$, $\qquad G = p\big/\!\left(\dfrac{b}{a} - \dfrac{d}{c}\right)$,

worin
$$a = \sin(\alpha + \beta - \varrho), \qquad b = \sin(\alpha - \varrho),$$
$$c = \sin(\alpha + \beta - \gamma - \varrho), \qquad d = \sin(\alpha - \gamma - \varrho).$$

Es folgt: $P = 73{,}8$ kg, $\qquad G = 100{,}8$ kg.

324. $f = \dfrac{1}{3\pi} \lgn\!\left(\dfrac{P}{Q}\right) = 0{,}244$. [Ist S die Spannung des wagrechten Seilstückes, so ist $P = S e^{f\alpha}$, $S = Q e^{f\alpha}$, worin $\alpha = 3\pi/2$ der umspannte Bogen ist.]

325. $P = Gb/a$. [Die Umfangskraft ist die Differenz der in A und B angreifenden Bandspannungen S_1 und S_2; es wird also $P = S_1 - S_2$ direkt abgewogen.]

326. Setzt man $\overline{OA} = a$, $\overline{OB} = b$, $\overline{OC} = c$ und nennt f die Reibungszahl zwischen Band und Rad, so ist die Spannung in A:

$$S_1 = Q\,\dfrac{c e^{f\pi}}{a e^{f\pi} + b}$$

und in B:

$$S_2 = Q\,\dfrac{c}{a e^{f\pi} + b}.$$

Der Druck ($D = S_1 + S_2 - Q$) in O wird Null, wenn

$$c = \dfrac{a e^{f\pi} + b}{e^{f\pi} + 1}.$$

Resultate und Lösungen. **327—335.**

327. Wenn der Träger mit gleichbleibender Geschwindigkeit herabsinken soll, so muß der Überschuß an Triebkraft gerade hinreichen, um die Reibung an den Walzen zu überwinden. Man erhält

$$R = 3\,Q\,e^{-f\pi}, \quad x:y = 7:5\,.$$

328. Zwischen den Grenzen $Q \cdot \dfrac{1}{1+\zeta}\,e^{-f\pi}$ und $Q\,\dfrac{\zeta}{1+\zeta}\,e^{f\pi}$. Darin ist f die **Reibungszahl** zwischen dem Seil und der Walze und ζ die sogenannte **Rollenziffer**, d. i. das Verhältnis von Kraft und Last an der festen Rolle; infolge der Zapfenreibung und Seilsteifheit ist $\zeta > 1$.

329. a) Bezeichnet man mit S_1 bis S_5 die in den Seilstücken 1 bis 5 herrschenden Spannungen, so bestehen die Gleichungen

$$S_1 + S_2 + S_3 = Q, \qquad P = \zeta S_1,$$
$$S_4 = P + S_1 = \zeta S_2, \qquad S_5 = S_4 + S_2 = \zeta S_3\,.$$

Aus diesen Gleichungen erhält man:

$$P = Q\,\frac{\zeta^3}{(1+\zeta)^3 - \zeta^3}\,, \quad \eta = \frac{(1+\zeta)^3 - \zeta^3}{7\,\zeta^3}\,.$$

b) $\eta = \dfrac{3}{4}\left(\dfrac{1+\zeta}{\zeta}\right)^2 \dfrac{1}{2+\zeta}\,.$

c) $\eta = \dfrac{3}{4}\,\dfrac{[1+\zeta]^2}{\zeta^2(1+\zeta+\zeta^2)}\,.$

d) $P = \dfrac{\zeta^4}{(1+\zeta)^3}\,Q; \quad \eta = \dfrac{(1+\zeta)^3}{8\,\zeta^4}\,.$

330. $P = \zeta^2\,Q; \quad b/a = \zeta^3\,.$

331. $P = \dfrac{\zeta^2}{1+\zeta}\,Q; \quad \zeta = \sqrt{2}\,.$

332. Zwischen $\dfrac{b}{\sqrt{a^2+b^2}}\,P\zeta^3$ und $\dfrac{b}{\sqrt{a^2+b^2}}\,P\zeta^{-3}\,.$

333. $P = \zeta^2\,Q\,, \quad Z = Q(1+\zeta^2)\cos\alpha\,.$

(Bezüglich ζ siehe Lösung zu 328.)

334. $Q = P\,\dfrac{a}{r}\,\dfrac{1}{\operatorname{tg}(\alpha+\varrho)\,[\operatorname{tg}(\beta+\varrho_1)+f_1]} = 3110$ kg.

$\eta = 0{,}24$, worin $\operatorname{tg}\varrho = f$, $\operatorname{tg}\varrho_1 = f_1$.

Ist K die Kraft, die ein Keil in wagrechter Richtung ausübt, so ist

$$P\,a = 2\,K\,r\,\operatorname{tg}(\alpha+\varrho);$$

ferner ist zum Heben von Q notwendig, daß

$$K = \frac{Q}{2}\,[\operatorname{tg}(\beta+\varrho_1)+f_1]\,.$$

335. $Q = P\,\dfrac{\operatorname{ctg}(\alpha+\varrho)-\operatorname{tg}\varrho_2}{\operatorname{ctg}(\beta-\varrho_1)+\operatorname{tg}\varrho_2}\,.$ [Der linke Keil übt auf das Mittelstück M eine Kraft $K = \dfrac{P}{2}\operatorname{ctg}(\alpha+\varrho)$ aus; diese, um die Reibung $\left(\dfrac{P}{2}+\dfrac{Q}{2}\right)\operatorname{tg}\varrho_2$ verkleinert, drückt den rechten Keil nach aufwärts.]

336. Nach der Zeit $t = \sqrt{\dfrac{(a-b)M}{P}}$, worin $P = Q\,[\mathrm{tg}(\alpha - \varrho) - \mathrm{tg}\,\varrho_1]$,
M die Masse des halben Prismas und $\mathrm{tg}\,\alpha = h/a$ bedeutet. Die Verschiebung unterbleibt für $\alpha < \varrho + \varrho_1$. [Suche aus dem Gleichgewicht der auf die Keile wirkenden Kräfte die wagrechte Kraft P; jeder Keil wird durch P gleichförmig beschleunigt, der Weg ist $(a-b)/2$.]

337. Für den Antrieb des Keiles B ist
$$Q_1 = D_1\,[\sin(\alpha + \beta) - f\cos(\alpha + \beta)],$$
$$P_1 = D_1\,[\sin\alpha - f\cos\alpha] = 0,$$
wenn D_1 der Keildruck ist. Das Keilgetriebe ist selbstsperrend.

Für den Antrieb des Keiles A ist auf ähnliche Weise zu finden:
$$Q_2 = P_2\,\frac{\sin(\alpha + \beta + \varrho)}{\sin(\alpha + \varrho)}, \quad f = \mathrm{tg}\,\varrho.$$
Mit den gegebenen Zahlwerten wird $Q_2 = 1{,}297\,P_2$,
$$Q_0 = P_2\,\frac{\sin(\alpha + \beta)}{\sin\alpha} = 1{,}60\,P_2, \quad \eta = \frac{Q_2}{Q_0} = 0{,}81.$$

338. Mit Rücksicht auf Zapfenreibung und Seilsteifigkeit ist zunächst
$$4\,PR = Q'\,(R_1 + f_1\varrho_1 + \xi),$$
weil sich das Seil an der Trommel nur aufwickelt, ferner
$$Q' = Q\left(1 + 2f_1\,\frac{\varrho_2}{r}\cos 45° + \frac{2\xi}{r}\right),$$
weil sich das Seil an L auf- und abwickelt. Für Hanfseil kann $\xi = 0{,}06\,d$ gesetzt werden. Es folgt:
$$Q = 504\text{ kg}, \quad Q_0 \text{ (ohne Widerstände)} = 4\,PR/R_1 = 600\text{ kg},$$
$$\text{Güteverhältnis } \eta = Q/Q_0 = 0{,}84.$$

339. a) In wagrechter Stellung:
$$\max S_2 = G\sqrt{l^2 + a^2}/2\,a = 250\text{ kg},$$
b) $\max K = \zeta_1 S_1 = \zeta_1\zeta_2 S_2 = 325{,}5\text{ kg}.$
Die Widerstandszahlen der Rollen sind:
$$\zeta_1 = 1 + 2f_1\cos\left(\frac{CDP}{2}\right)\cdot\frac{\varrho}{R} + \frac{2\xi}{R} = 1{,}136 \quad (\sphericalangle CDP = 90°),$$
$$\zeta_2 = 1 + 2f_1\cos\left(\frac{DCB}{2}\right)\cdot\frac{\varrho}{R} + \frac{2\xi}{R} = 1{,}146 \quad (\sphericalangle DCB = 36°\,50'),$$
$$\xi \text{ wie in Lösung } \mathbf{338}.$$

340. Es ist $(1 - 0{,}04)\,KR = Q\,(r + \xi)$. Hierin ist $K = 4 \times 8$ kg und $\xi = 0{,}06\,d^2$ (vgl. Lösung **338**), woraus $Q = 149{,}1$ kg; ohne Widerstände ist $Q_0 = KR/r = 160$ kg; daher das Güteverhältnis $\eta = Q/Q_0 = 0{,}93$.

341. Nennt man Q' die Spannung im wagrechten Seil, so ist
$$Q' = Q\left(1 + 2f_1\,\frac{\varrho_1}{r_1}\cos 45° + \frac{2\xi}{r_1}\right) = 1{,}065\,Q,$$
worin $\xi = 0{,}06\,d^2$ (vgl. Lösung **338**); ferner
$$P = \frac{r}{R}\,Q'\left(1 + \frac{\xi}{r}\right) + f_1\,D\,\frac{\varrho}{R}.$$

Zapfendruck $D = P + Q'$ im ungünstigsten Falle, woraus $P = 13,82$ kg, ferner ohne Widerstände: $P_0 = Q\, r/R = 12,5$ kg;

Güteverhältnis $\eta = P_0/P = 0,90$.

342. Es ist wegen Seilsteifheit und Reibung der Walze
$$P = \frac{r}{R} Q \left(1 + \frac{\xi}{r}\right) + D \frac{r}{R} \frac{\sin 2\varrho}{2 \sin \alpha},$$
worin $\xi = 0,06\, d^2$ (vgl. Lösung **338**), D der gesamte Druck auf die Walze in lotrechter Richtung ϱ der Reibungswinkel an den schiefen Ebenen ist. Im ungünstigsten Falle wird
$$D_{\max} = P + Q;$$
setzt man
$$\frac{\sin 2\varrho}{2 \sin \alpha} = f_1,$$
so wird
$$P = Q\, \frac{r(1 + f_1) + \xi}{R - f_1 r}.$$

343. Es ist nach Aufgabe **289** für das Heben von G:
$$S = G\, \frac{\sin(\varphi + \varrho)}{\cos(45 - \varphi/2 - \varrho)} = 84,8 \text{ kg},$$
daher
$$K = S\zeta = S\left[1 + 2 f_1 \frac{\varrho}{R} \cos\left(\frac{PCB}{2}\right) + \frac{2\xi}{R}\right] = 89,7 \text{ kg},$$
worin $\xi = 0,06\, d^2$ (Seilsteifheit für Hanf) und $\zeta = 1,058$ (Rollenziffer); ferner ist für das Halten von G:
$$S' = G\, \frac{\sin(\varphi - \varrho)}{\cos(45 - \varphi/2 + \varrho)} = 66,8 \text{ kg},$$
und
$$K' = S' \cdot \frac{1}{\zeta} = 63,1 \text{ kg}.$$

344. Es ist $K_1 = K_2\, e^{f\pi}$, wenn f die Reibungszahl zwischen Zapfen und Faden ist. Die Reibung beträgt $\Re = K_1 - K_2$. Soll Q gehoben werden, so muß $\Re\, r \geqq QR$ sein; daraus folgt:
$$K_1 \geqq \frac{R}{r} Q\, \frac{e^{f\pi}}{e^{f\pi} - 1}, \qquad K_2 \geqq \frac{R}{r} Q\, \frac{1}{e^{f\pi} - 1}.$$

345. Es muß $\Re\, r \geqq QR + f_1 (K_1 + K_2 + Q)\, r$ sein; daraus wird
$$K_2 \geqq \left(\frac{R}{r} + f_1\right) Q\, \frac{1}{e^{f\pi}(1 - f_1) - (1 + f_1)}, \qquad K_1 = K_2\, e^{f\pi}.$$

346. Sind r_1 und r_2 die Halbmesser von A und B, f_2 die Reibungszahl der Rollreibung (Dimension der Länge), so ist für Gleichgewicht
$$K(r_1 + r_2) = \Re\, r_1,$$
ferner
$$K = \frac{f_2}{r_2} D, \quad \text{somit} \quad \Re = f_2 D \left(\frac{1}{r_1} + \frac{1}{r_2}\right).$$

347. Ist S_1 die obere, S_2 die untere Spannung im Bremsband, so ist das Bremsmoment
$$\mathfrak{M} = (S_1 - S_2) R = S_2 (e^{f\alpha} - 1) \cdot R,$$
wenn α der umspannte Bogen, f die Reibungszahl zwischen Rad und Bremsband ist.

348–350.

Nennt man ferner Z den Zahndruck der Schraube in Richtung der Schraubenspindel, so ist
$$P = Z \operatorname{tg}(\beta + \varrho) \cdot r/k,$$
wenn r der Halbmesser der Spindel, β der Steigungs- und ϱ der Reibungswinkel der Schraube ist.

Endlich ist $S_2 \cdot a = Z \cdot b$. Daraus wird das Bremsmoment:
$$\mathfrak{M} = \frac{PRbk}{ar\operatorname{tg}(\beta+\varrho)}(e^{f\alpha} - 1).$$

348. Ist S die Spannung in dem bei A befestigten Ende des Bremsbandes, S_2 in dem bei B befestigten Ende und S_1 in dem Bremsbandstück zwischen den beiden Rädern, so ist
$$S_1 = S e^{f(\alpha + 3\pi/2)}, \quad S_2 = S_1 e^{f(\alpha + 3\pi/2)} = S e^{f(3\pi + 2\alpha)}$$
und somit die Reibung an allen vier Rädern
$$\mathfrak{R} = 2[S_1 - S + (S_2 - S_1)] = 2S(e^{f(3\pi + 2\alpha)} - 1).$$

Wenn vorausgesetzt wird, daß der Hebel ACB sich nur so in der Laufkatze verschieben kann, daß er wagrecht bleibt, so wird, wenn S_3 die Spannung in CD bezeichnet:
$$S_3 \cos\beta = (S + S_2)\cos\alpha.$$
Ist endlich Z die Spannung in DD_1, so ist
$$S_3 \sin(\gamma - \beta) = Z\cos\gamma$$
und endlich für das Gleichgewicht des in O_1 drehbaren Winkelhebels:
$$Ka = 2Zr\cos\gamma.$$
Man erhält schließlich
$$\mathfrak{R} = K \frac{a\cos\beta}{r\cos\alpha \sin(\gamma - \beta)} \cdot \frac{e^{f(3\pi + 2\alpha)} - 1}{e^{f(3\pi + 2\alpha)} + 1}.$$

349. Zum Heben: $K = 184$ kg, zum Halten: $K' = 117$ kg. [Es ist
$$K = \zeta Q(\sin\alpha + \varkappa\cos\alpha),$$
worin
$$\varkappa = \frac{f_1 \cdot r + f_2}{R} = \frac{0{,}08 \cdot 2{,}5 \text{ cm} + 0{,}05 \text{ cm}}{25 \text{ cm}} = 0{,}01$$
die Widerstandszahl der Zapfen- und Rollreibung der Räder ist,
$$\zeta = 1 + 2 \cdot 0{,}08 \cdot \frac{6 \text{ cm}}{50 \text{ cm}} \cdot \cos\left(\frac{90 - \alpha}{2}\right) + \frac{2\xi}{50 \text{ cm}} = 1{,}024$$
die Widerstandszahl der Rolle, $\xi = 0{,}06\, d^2$ für Hanfseil. (Siehe Lösung zu Aufgabe **338**.) Ebenso ist
$$K' = \frac{1}{\zeta} Q(\sin\alpha - \varkappa\cos\alpha).]$$

350. Nennt man Q die Seilspannung, so wird
$$Q = G(\sin\alpha + \varkappa\cos\alpha),$$
$\varkappa = $ Widerstandszahl beim Transport auf Walzen $= \dfrac{0{,}1 \text{ cm}}{2R_1} = 0{,}01$, woraus
$$Q = 0{,}351\, G.$$

Ferner wird
$$K = \frac{r}{R} Q\left(1 + \frac{\xi}{r}\right) + f_1 D \frac{\varrho}{R},$$
$\xi = 0{,}06\, d^2$ (Seilsteifheit für Hanf), $D = P + Q$ (im ungünstigsten Fall) woraus mit $K = 20$ kg folgt: $Q = 77$ kg und $G = 219$ kg.

351. In der Lotrechten durch S. [Das Gewicht und die Spannungen in A und B bilden eine Gleichgewichtsgruppe.]

352. Im umgekehrten Verhältnis der Abstände der Spannungen von O. [Bringe die Spannungen S und S_1 an den Enden eines beliebigen Kettenstückes an und bilde die Momente aller an dem Kettenstück angreifenden Kräfte um O.]

353. Ist q das Gewicht des Seiles für die Längeneinheit, so ist die Spannung S_1 in B:
$$S_1 = l_1\, q \sin\beta = \frac{a\,q}{\cos\beta}.$$

Nennt man a den Parameter der Kettenlinie, K ihren Scheitel, so ist ferner

Bogen $AK = a\,\text{tg}\,\alpha$, Bogen $BK = a\,\text{tg}\,\beta$

und $AB = l - l_1 = AK - BK = a(\text{tg}\,\alpha - \text{tg}\,\beta)$,

woraus mit $a = l_1 \sin\beta \cos\beta$ durch Entfernung von a folgt:
$$l_1 = \frac{l \cos\alpha}{\cos\beta \cos(\alpha - \beta)}.$$

354. Nennt man A und B die Aufhängepunkte, K den Scheitel der Kettenlinie, a ihren Parameter, s den Bogen AK, so ist

$$2\,q\,s = q\sqrt{a^2 + s^2},$$

woraus $3\,s^2 = a^2$, $\quad s = a/\sqrt{3}$

und $\text{tg}\,\varphi = s/a = 1/\sqrt{3}$.

Nennt man ferner $\overline{AB} = 2\,x$, so ist
$$s = \frac{a}{2}(e^{x/a} - e^{-x/a}) = a\,\mathfrak{Sin}\,\frac{x}{a},$$

und wegen $y^2 = a^2 + s^2 = 4\,s^2$:
$$s = \frac{y}{2} = \frac{a}{4}(e^{x/a} + e^{-x/a}) = \frac{a}{2}\,\mathfrak{Coj}\,\frac{x}{a},$$

woraus durch Gleichsetzung: $2\,x = a \lg n\,3$, $\mathfrak{Coj}\,x/a = 2/\sqrt{3}$ und das gesuchte Verhältnis
$$\frac{2\,s}{2\,x} = \frac{2}{\sqrt{3}\,\lg n\,3}.$$

355. Ist a die Höhe von B über der x-Achse der Kettenlinie, so gilt für den Punkt C der Kettenlinie
$$y^2 = (a + h)^2 = a^2 + l^2,$$

woraus
$$a = \frac{l^2 - h^2}{2\,h}$$

und die Spannung in C
$$S = q\,y = q(a + h) = q\,\frac{l^2 + h^2}{2\,h}.$$

Da die Länge der neuen Kettenlinie und die Entfernung DC selbst halb so groß sind wie bei der ursprünglichen, so sind die beiden Kettenlinien

kongruent; es tritt $e/2$, $h/2$, $a/2$ an die Stelle von l, h, a, und die neue Spannung in C ist
$$S_1 = S/2.$$
Die Richtung der Spannung in A und C ändert sich nicht, da
$$\operatorname{tg}\alpha = b/a = \frac{b}{2} \Big| \frac{a}{2}.$$

356. Soll das Kettenglied in C' im Gleichgewicht sein, so müssen beide Kettenlinien gleichen Horizontalzug ausüben, also
$$H = a_1 q = a_2 q, \quad a_1 = a_2 = a$$
sein, d. h. beide Kettenlinien besitzen denselben Parameter a und somit gleiche Gestalt.

Nennt man y_1, y_2 die Abstände von C' von den x-Achsen der beiden Kettenlinien, ferner $\overline{AC'} = 2\,b_1$, $\overline{C'B} = 2\,b_2$, $\overline{AB} = 2\,b$, so ist
$$y_1^2 = a^2 + l_1^2, \quad y_1 + l_1 = a\,e^{b_1/a},$$
$$y_2^2 = a^2 + l_2^2, \quad y_2 + l_2 = a\,e^{b_2/a},$$
woraus die Gleichung
$$(l_1 + \sqrt{l_1^2 + a^2})(l_2 + \sqrt{l_2^2 + a^2}) = a^2\,e^{b/a}$$
zur Bestimmung von a folgt.

Das Beispiel **355** ist ein Sonderfall dieses Beispiels.

357. B ist der tiefste Punkt der Kettenlinie. Ist a die Höhe von B über der x-Achse, so ist
$$l^2 + a^2 = (\eta + a)^2,$$
$$l = \frac{a}{2}(e^{\xi/a} - e^{-\xi/a}) = a\,\mathfrak{Sin}\,\xi/a,$$
ferner ist
$$H = a\,q, \quad G = l\,q \quad \text{(Gewicht der Kette).}$$
Daraus folgt:
$$\begin{cases} \eta = l\left[\sqrt{\dfrac{H^2}{G^2} + 1} - \dfrac{H}{G}\right], \\ \xi = \dfrac{Hl}{G}\lgn\left[\sqrt{\dfrac{H^2}{G^2} + 1} + \dfrac{H}{G}\right]. \end{cases}$$

358. Die Wagrechte, welche die freien Enden der Kette verbindet, ist die x-Achse der Kettenlinie; a sei ihre Entfernung vom tiefsten Punkt derselben. Dann ist:
$$a^2 + l^2 = h^2, \quad H = a\,q = 2\,q\,l,$$
woraus
$$a = 2\,l, \quad h = l\sqrt{5}, \quad a = 2\,h/\sqrt{5}.$$
Ferner ist
$$h + l = a(\mathfrak{Cos}\,b/a + \mathfrak{Sin}\,b/a) = a\,e^{b/a},$$
woraus
$$h = \frac{b\sqrt{5}}{2\lgn[(1 + \sqrt{5})/2]}.$$

359. Bezeichnet man
$$BC = s, \quad \overline{CD} = x,$$
so ist C der Scheitel der Kettenlinie, ihr Parameter $a = z - h$; ferner
$$z^2 = a^2 + s^2$$
und für Gleichgewicht zwischen Horizontalzug und Reibung
$$H = a\,q = f\,x\,q \quad \text{oder} \quad a = f\,x.$$

Endlich ist die Länge der Kette
$$l = z + s + x.$$
Hieraus erhält man durch Entfernung von s, x und a:
$$z^2(1+f)^2 - 2z[(1+f)(h+fl) + hf^2] + (h+fl)^2 + f^2h^2 = 0.$$

360. Da die Spannung in einer Kettenlinie $S = qy$ ist und die beiden Kettenlinien bei A gleiche Spannung haben müssen, so ist $y = y_1$, d. h. die x-Achse für beide Linien ist die gleiche, und für ihre Parameter gilt die Gleichung: $a - a_1 = b$. Nun sind die Horizontalzüge in B und C:
$$H = aq = fqx, \quad H_1 = a_1 q = fqx_1,$$
woraus
$$x - x_1 = \frac{a - a_1}{f} = \frac{b}{f}.$$

361. Ersetzt man Q durch ein Kettenstück von der Länge $m = Q/q$, so reicht die Kette bis zur x-Achse der Kettenlinie hinab, und es ist
$$y = z + m;$$
ist $2s$ die Länge der Kette zwischen A und B, so gilt weiters
$$y^2 = a^2 + s^2, \quad 2s + z = l, \quad y + s = a\,e^{x/2a},$$
wenn a der Parameter der Kettenlinie und $\overline{AB} = x$ ist. Entfernt man aus diesen Gleichungen y, s und a, so bleibt für den Ort von C die Gleichung
$$x = \sqrt{(z+l+2m)(3z-l+2m)}\,\lg n\sqrt{\frac{z+l+2m}{3z-l+2m}}.$$

362. Nennt man V und H die Vertikal- und Horizontalspannung der Kette in M, so ist
$$\operatorname{tg}\varphi = \frac{V}{H} = \frac{1}{H}\int_C^M q\,ds$$
oder
$$q\,ds = H \cdot d\operatorname{tg}\varphi = H\frac{d\varphi}{\cos^2\varphi}, \quad \text{und da} \quad \frac{d\varphi}{ds} = \frac{1}{r},$$
so folgt
$$q = \frac{H}{r\cos^2\varphi};$$
und wenn man q_0 das Gewicht der Längeneinheit der Kette bei C nennt:
$$q = \frac{q_0}{\cos^2\varphi}.$$
Aus $S^2 = V^2 + H^2$ folgt die Spannung der Kette in M:
$$S = \frac{r\,q_0}{\cos\varphi}.$$

363. Setzt man $q = k\cos\varphi$, so folgt für die Vertikalspannung an irgendeiner Stelle x, y:
$$V = \int q\,ds = k\int ds\cos\varphi = kx$$
und
$$\operatorname{tg}\varphi = \frac{dy}{dx} = \frac{V}{H} = \frac{kx}{H},$$

woraus (wenn für $x=0 : y=0$)
$$y = \frac{k}{2H} x^2,$$
und wenn $2b$ und h bekannt sind:
$$h = k/2H \cdot b^2, \quad k/2H = \frac{h}{b^2}$$
und
$$x^2 = \frac{b^2}{h} y.$$
Die Kettenlinie ist eine Parabel.

364. Es ist
$$\frac{dy}{dx} = -\frac{h\pi}{2b} \sin\frac{\pi x}{2b},$$
$$\frac{V}{H} = \frac{\int q\,dx}{H} = \frac{h\pi}{2b}\sin\frac{\pi x}{2b},$$
woraus durch Differenzieren:
$$q = H\left(\frac{\pi}{2b}\right)^2 y,$$
und wenn q_0 die Belastung in der Mitte von $\overline{CD}$ ist:
$$q = q_0 \frac{y}{h}.$$

365. Für die Kettenlinie des Feldes b_2 ist:
$$\frac{dy}{dx} = \frac{V}{H} = \frac{B - q_2 x}{H}, \quad B = \text{Vertikalspannung in } B,$$
woraus
$$Hy = Bx - \frac{1}{2} q_2 x^2.$$

Für die größte Einsenkung ist
$$\frac{dy}{dx} = 0, \quad x_1 = \frac{B}{q_2}$$
und
$$H y_{\max} = \frac{B^2}{2 q_2} = H h_m.$$

Sucht man noch die lotrechte Teilspannung B (nach der Regel der Auflagerdrücke), so wird
$$H = \frac{[q_1 b_1^2 + q_2 b_2(2b_1 + b_2)]^2}{32 q_2 b^2 h_m}.$$

366. Nennt man A die lotrechte Teilspannung am linken Auflager, so ist (nach der Regel der Auflagerdrücke):
$$A = qb + Q\frac{b_2}{2b},$$
ferner
$$\frac{dy}{dx} = \frac{V}{H} = \frac{A - qx}{H},$$
woraus
$$Hy = Ax - qx^2/2;$$
und für $x = b_1$, $y = h$·
$$Hh = Ab_1 - qb_1^2/2,$$
somit
$$H = \frac{b_1 b_2}{2h}\left(q + \frac{Q}{b}\right).$$

Resultate und Lösungen. **367—378.**

367. Solange $z \leqq \dfrac{2qb^2}{Q+2qb}$ ist, wird die größte Einsenkung der Kette:
$$h_{max} = \frac{h_1}{4qb^2} \frac{(Qz+2qb^2)^2}{Qz+qb^2}$$
und ihre Entfernung von A:
$$x_1 = b - \frac{Qz}{2qb}.$$

Wenn hingegen $z > \dfrac{2qb^2}{Q+2qb}$ wird, so ist:
$$h_{max} = h_1\left(q + \frac{Q}{b}\right)\frac{z(2b-z)}{Qz+qb^2}$$
und
$$x_1 = z.$$

Die Spannungen in A sind:

$H = \dfrac{Qz+qb^2}{2h_1}$ wagrecht

$A = qb + Q\dfrac{2b-z}{2b}$ lotrecht

$\Bigg\}$ Gesamtspannung $S = \sqrt{H^2 + A^2}$.

368. $T = \dfrac{a}{c_1 - c_2}$.

369. $T = a/v_0, \quad x = ga^2/2v_0^2$.

370. $x = \dfrac{c}{g}\left[c + gt - \sqrt{c^2 + 2cgt}\right]$.

371. $s = v_0(t_1 + t_2) - b_1 t_1\left(\dfrac{t_1}{2} + t_2\right) + \dfrac{1}{2b_2}(v_0 - b_1 t_1)^2, \quad v_1 = \sqrt{2b_2 s}$.

(Voraussetzung ist dabei $2v_0 > b_1 t_1$, sonst würde der Punkt in seine Anfangslage zurückgekehrt sein, bevor b_2 eingesetzt hätte.)

372. $t = 0{,}024$ sek, $s = 0{,}0346$ m.
373. $t = 3{,}4$ sek, $b = -2{,}941$ m/sek².
374. $v = 2{,}683$ m/sek, $t = 8{,}94$ sek.
375. $K = 2031$ kg. [Es ist $v = bt$ und $b = g\dfrac{K-W}{G}$, worin $W = G/200$ ist. Es folgt $K = G\left[\dfrac{b}{g} + \dfrac{1}{200}\right]$.]

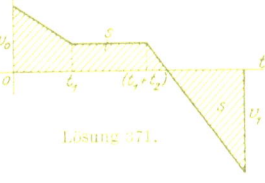

Lösung 371.

376. Um $kt^3/6$.
377. T ist die positive Wurzel der Gleichung
$$T^2(b_1 - b_2) + 2T(v_1 - v_2) = 2a.$$

378. Der erste Punkt erreicht in der Zeit v_0/g die Höhe $v_0^2/2g$ und sinkt dann in der Zeit τ bis zum Zusammentreffen mit dem zweiten um $g\tau^2/2 = x$, während der zweite Punkt um $y = v_0 t_1 - gt_1^2/2$ steigt; es ist
$$\frac{v_0}{g} + \tau = t + t_1, \quad \frac{v_0^2}{2g} = x + y,$$
woraus
$$t_1 = \frac{v_0}{g} - \frac{t}{2}.$$

379—388. Resultate und Lösungen.

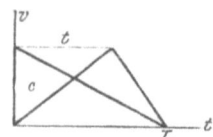

379. $T = \dfrac{c}{b_1}$, $s = \dfrac{c^2}{2\,b_1}$,

$t = \dfrac{c}{b_2}$, $b = \dfrac{b_1 b_2}{b_2 - b_1}$.

380. Man rechne die Wege der drei Punkte von der Anfangsstelle O aus und setze $\overline{OA} - \overline{OB} = \overline{OB} - \overline{OC}$. Man erhält für t die Gleichung:

$$t^2(b_1 - b_2) - 2 b_2 t (\tau_1 + \tau_2) = b_2(\tau_1 + \tau_2)^2 + 2 v_0(\tau_1 - \tau_2).$$

Im besonderen folgt:

$t = 10$ sek, $\overline{AB} = \overline{AC} = v_0 \tau_1 - \dfrac{1}{2} b_1 t^2 = 730$ m.

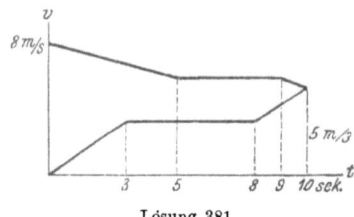

Lösung 381.

381. $t = 10$ sek, $v = 5$ m/sek.

382. $n = 3/2$.

383. $b = -\dfrac{a}{e} e^{v/a}$. $\left[\text{Aus } b = \dfrac{dv}{dt} = -\dfrac{a}{t}.\right]$

384. $s = a [1 - e^{-t^2 \cdot 2k}]$, $b = \dfrac{k}{a} e^{\frac{t^2}{2k}}$. $\left[\text{Aus } v\,dv = b\,ds = \dfrac{k\,ds}{a-s}\right]$

385. Nach der Zeit $a^2/\sqrt{m_1}$.

386. Nach der Zeit $\dfrac{3\pi}{8 k} a^{1/4}$.

387. Die anfängliche Geschwindigkeit ist (für $s = 0$):

$$v_0 = \sqrt[3]{a/k}.$$

Aus $dt = ds/v$ folgt: $dt = 3 k v\,dv$

und nach Integration: $t = 3 k v^2/2 + C$.

Für $t = 0$ ist $v = v_0$, somit

$$t = 3 k (v^2 - v_0^2)/2.$$

Setzt man nun $v = 2 v_0$, so bleibt

$$t = \dfrac{9}{2} \sqrt[3]{k a^2}.$$

388. Ist M die bewegte Masse, so ist die Beschleunigung:

$$b = \dfrac{K}{M} = \dfrac{a - kv}{M}.$$

Setzt man $b = \dfrac{dv}{dt}$, so erhält man die Differentialgleichung:

$$dt = M \dfrac{dv}{a - kv},$$

woraus nach Integration

$$t = -\dfrac{M}{b} \lg(a - kv) + C.$$

Für $t=0$ sei $v=v_0$, woraus
$$t = \frac{M}{b}\lgn\frac{a-kv_0}{a-kv}$$
und somit
$$K = K_0\, e^{-k\,t/M}.$$

389. $v^2 = v_0^2 + 4km_1/3a$. [Ist x die Entfernung des Punktes m von der Anfangslage und k die Anziehungskonstante, so ist seine Beschleunigung
$$b = \frac{km_1}{(a-x)^2} - \frac{km_1}{(a+x)^2}.$$
Aus $v\,dv = b\,dx$ folgt
$$v^2 = v_0^2 + 4km_1 a\left(\frac{1}{a^2-x^2} - \frac{1}{a^2}\right)$$
und für $x=a/2$ obiger Wert.]

390. $k_2/k_1 = 3$.

391. $v_1 = v/\cos\varphi$, $b_1 = b/\cos\varphi + v^2 \cdot \operatorname{tg}^3\varphi/a$. [Sind M' und M_1' die Nachbarlagen von M und M_1 und nennt man $\overline{MM'} = ds$, $\overline{M_1 M_1'} = ds_1$, so ist $ds_1 = ds/\cos\varphi$ und $v_1 = v/\cos\varphi$. Differenziere diese Gleichung nach t und benutze die Beziehung $l = \overline{OM} + \overline{M_1 O} = s + a/\sin\varphi$, woraus:
$$0 = v - \frac{a\cos\varphi}{\sin^2\varphi} \cdot \frac{d\varphi}{dt}.]$$

392. $v = v'/\sin\varphi$, $b = b'/\sin\varphi$. [Zeichne die Nachbarlage von g; ist ds' die Verrückung von g, ds jene von M, so ist $ds' = ds\sin\varphi$.]

393. $b = 2s\omega^2\left(1+\frac{s^2}{a^2}\right)$. [Es ist $s = a\operatorname{tg}\varphi$, $\dfrac{d\varphi}{dt} = \omega$; differenziere die erste Gleichung zweimal nach t.]

394. Der Punkt M macht eine schwingende Bewegung um O. Es ist $v = \omega\sqrt{4r^2 - s^2}$, $b = -\omega^2 s$. [Aus $s = 2r\cos\varphi$ durch Differenzieren nach t; dabei ist $-\dfrac{d\varphi}{dt} = \omega$.]

395. $v = \omega\dfrac{a - r\cos\varphi}{\sin^2\varphi}$, $b = \omega^2\dfrac{2a\cos\varphi - r(1+\cos^2\varphi)}{\sin^3\varphi}$. [Aus $s = a\operatorname{ctg}\varphi - \dfrac{r}{\sin\varphi}$ durch Differenzieren nach t; dabei ist $-d\varphi/dt = \omega$.]

396. $v = \dfrac{\omega x\sqrt{4a^2 x^2 - (x^2 + a^2 - b^2)^2}}{x^2 + b^2 - a^2}$;

im besonderen ist für $x = b$:
$$v = \frac{ab\omega\sqrt{4b^2 - a^2}}{2b^2 - a^2}.$$

[Es ist $b^2 = x^2 + a^2 - 2ax\cos\varphi$; differenziere nach t und setze $dx/dt = v$, $-d\varphi/dt = \omega$.]

397.

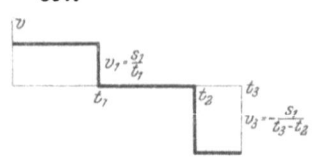

398.

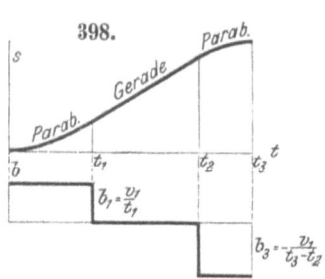

399. Der Weg des Punktes ist die Fläche zwischen der v-t-Linie und der Zeitachse. Daher ist
$$s = v_0\, t_1 - \pi\, v_0\, t_1/4 = c\, t_1 \quad \text{und} \quad c = v_0(1 - \pi/4).$$

400. Die Gleichung der Weg-Zeit-Linie ist
$$s^2 = s_1^2 (2\, t\, t_1 - t^2)/t_1^2.$$

Man erhält durch Differenzieren
$$v = \frac{ds}{dt} = \frac{s_1}{t_1}\, \frac{t_1 - t}{\sqrt{2\, t\, t_1 - t^2}}$$
$$b = \frac{dv}{dt} = -\frac{s_1\, t_1}{\sqrt{(2\, t\, t_1 - t^2)^3}}.$$

Versuche diese beiden Linien zu zeichnen.

Für $t = 0$ ist $b_{\min} = -\infty$, für $t = t_1$ ist $b_{\max} = -s_1/t_1^2$.

401. Die Gleichung der Geschwindigkeit-Zeit-Linie ist
$$v = 4\, v_1 (1 - t/t_2)\, t/t_2,$$

woraus durch Differenzieren nach t:
$$b = \frac{dv}{dt} = \frac{4\, v_1}{t_2}\left(1 - 2\, \frac{t}{t_2}\right),$$

während aus $s = \int v \cdot dt$:
$$s = \frac{2\, v_1}{t_2}\left(1 - \frac{2}{3}\, \frac{t}{t_2}\right) t^2$$

folgt.

Lösung 401.

402. Setzt man die Flächen zwischen der v-t-Linie und der Zeitachse für die Bewegungen beider Punkte einander gleich, so ist der Weg der Punkte
$$s = v_1\, t_1 (1 - \pi/4) = v_0\, t_1 + b\, t_1^2/2,$$
woraus
$$b = -\frac{v_1}{t_1}\left(\frac{\pi}{2} - 1\right).$$

403. Lösung ähnlich wie vorher.
$$s = v_1\, t_1/2 + v_1(t - t_1) = (V_0 + V_1)\, T_1/2 + V_1(t - T_1),$$
woraus
$$t = 7\, t_3/12.$$

Versuche die Lösung mit Hilfe der Weg-Zeit-Linien.

404. Lösung wie in **402**. Nennt man α und β die Neigungen der beiden Geraden, so ist
$$s = \tfrac{1}{2} t^2 \operatorname{tg} \alpha = \tfrac{1}{2}(t-t_1)^2 \operatorname{tg}\beta \quad \text{und} \quad t_2 \operatorname{tg}\alpha = (t_2 - t_1)\operatorname{tg}\beta,$$
woraus
$$t = t_2 + \sqrt{t_2(t_2 - t_1)}.$$

405. a) Aus dem Dreieck OMP folgt:
$$\cos\alpha = v/v_0, \quad \sin\alpha = t/t_2,$$
weil $\overline{OM}$ ebensowohl durch v_0 wie durch t_2 ersetzt werden kann. Also ist:
$$\frac{v^2}{v_0^2} + \frac{t^2}{t_2^2} = 1,$$
woraus die Geschwindigkeit der zweiten Bewegung als Funktion von t:
$$v = v_0 \cdot \sqrt{t_2^2 - t^2}/t_2.$$
Die Beschleunigung dieser Bewegung ist
$$b = -\operatorname{tg}\alpha = -v/t_1,$$
wenn $PQ = t_1$ bezeichnet wird. Da $\overline{OQ}:\overline{OM} = \overline{OM}:\overline{OP}$ oder $t + t_1 : t_2 = t_2 : t$, so ist:
$$t_1 = \frac{t_2^2 - t^2}{t}$$
und
$$b = -\frac{v}{t_1} = -\frac{v\,t}{t_2^2 - t^2} = -\frac{v_0\, t}{t_2 \sqrt{t_2^2 - t^2}}.$$

b) Der zweite Punkt kommt zur Ruhe, wenn $v = 0$ ist oder $t = t_2$. Der zurückgelegte Weg wird durch die Fläche des Viertelkreises gemessen, also ist
$$s = \frac{\pi}{4} OM \cdot OM = \frac{\pi}{4} v_0 t_2$$
(mit Rücksicht auf die Dimensionen).

Der erste Punkt bewegt sich gleichförmig beschleunigt, sein Weg in der Zeit t_2 ist also: $b\, t_2^2/2$. Setzt man
$$\pi v_0 t_2 / 4 = b\, t_2^2 / 2,$$
so folgt
$$b = \frac{\pi}{2} \frac{v_0}{t_2}$$
für die (gleichbleibende) Beschleunigung des ersten Punktes.

c) Die Geschwindigkeit des ersten Punktes ist $b\,t$ oder $\dfrac{\pi}{2} \dfrac{v_0}{t_2} \cdot t$; die des zweiten Punktes wurde mit $v_0 \sqrt{t_2^2 - t^2}/t_2$ ermittelt. Setzt man die beiden gleich, so folgt für die fragliche Zeit $2\,t_2/\sqrt{4 + \pi^2}$.

406. a) Nach $t_2/2$, d. h. im Schnittpunkt der beiden v-t-Linien; denn hier haben die Tangenten der Kreisbögen gleiche Neigung gegen die Achse (vom Vorzeichen abgesehen), daher haben die Beschleunigungen die gleiche absolute Größe. Für die Beschleunigung des zweiten Punktes wurde in der vorhergehenden Aufgabe gefunden: $b = -\dfrac{v_0\, t}{t_2 \sqrt{t_2^2 - t^2}}$; für $t = \dfrac{t_2}{2}$ ist also $\dfrac{v_0}{t_2 \sqrt{3}}$ die absolute Größe der Beschleunigungen beider Punkte.

b) Die Punkte treffen sich wieder, wenn ihr Weg der gleiche geworden ist. Da die Fläche der v-t-Linie den Weg darstellt, so treffen sich die Punkte nach der Zeit t_2; der Weg, d. h. die Fläche der v-t-Linie ist dann $\pi v_0 t_2/4$.

407. Lösung ähnlich wie für Aufgabe 405.

$$v = \frac{v_2}{t_2}\sqrt{2tt_2 - t^2}, \qquad b = \frac{v_2(t_2 - t)}{t_2 \sqrt{2tt_2 - t^2}}.$$

408. $x = \dfrac{g}{2} \dfrac{t_1 t^2}{\sqrt{t_1^2 - 2t^2}}$. [Sind v_0, V_0 die Anfangsgeschwindigkeiten, so setze für B:

$$\begin{cases} x = v_0 \cos\alpha \cdot t = V_0 \cos 2\alpha \cdot t_1, \\ y = v_0 \sin\alpha \cdot t - g t^2/2 = V_0 \sin 2\alpha \cdot t_1 - g t_1^2/2 = 0 \end{cases}$$

und entferne v_0, V_0 aus den Gleichungen.]

409. Flugzeit von O nach A: $T = \tau \cdot \cos\beta/\cos\alpha$.

410. Zeitdifferenz T: $T = \dfrac{2}{g} \cdot \dfrac{c_1 c_2 \sin(\alpha_1 - \alpha_2)}{c_1 \cos\alpha_1 + c_2 \cos\alpha_2}$.

411. $\overline{OA} = \dfrac{2 v_0^2}{g} \cdot \dfrac{\sin(\alpha - \beta)\cos\alpha}{\cos^2\beta}$, $\quad T = \dfrac{2 v_0}{g} \cdot \dfrac{\sin(\alpha - \beta)}{\cos\beta}$.

$\alpha_1 = \beta/2 + 45°$.

412. $\operatorname{tg}\alpha_2 = 2\operatorname{tg}\beta + \operatorname{ctg}\beta$, $\quad \overline{OA} = \dfrac{2 v_0^2}{g} \cdot \dfrac{\sin\beta}{1 + 3\sin^2\beta}$.

413. $H = \dfrac{2 v_0^2}{g} \cdot \dfrac{\cos\alpha_1 \cos\alpha_2 \cos(\alpha_1 + \alpha_2)}{\sin^2(\alpha_1 + \alpha_2)}$.

414. $-c$. [Nimm Oy senkrecht zu OA an und bilde $b_y = -g\cos\beta$, $v_y = c - g\cos\beta \cdot t$, $y = ct - \dfrac{1}{2}gt^2\cos\beta$; setze für A: $y = 0$, rechne daraus t, so folgt $v_y = -c$.]

415. Für den geworfenen Punkt gilt:

$$x = v_0 \cos\alpha \cdot t, \qquad y = v_0 \sin\alpha \cdot t - g t^2/2,$$

wenn v_0 die Anfangsgeschwindigkeit ist. Die Gleichung der Geraden g kann in der Form angesetzt werden:

$$y = a - x \operatorname{tg}\beta.$$

Entfernt man aus diesen Gleichungen x und y, so bleibt

$$v_0 t(\sin\alpha + \cos\alpha \operatorname{tg}\beta) - gt^2/2 - a = 0.$$

Bildet man hier $dt/d\alpha$ und setzt diesen Differentialquotienten gleich Null, so bleibt

$$\operatorname{tg}\alpha \operatorname{tg}\beta = 1$$

oder $\quad \alpha = 90 - \beta$.

416. $x = \dfrac{\tau^2 g v_0 \cos\alpha}{2(\tau g - v_0 \sin\alpha)}$, $\quad y = -\dfrac{\tau^2 g}{8}\left(\dfrac{2 v_0 \sin\alpha - \tau g}{\tau g - v_0 \sin\alpha}\right)^2$.

Resultate und Lösungen. **417–423.**

417. $t = \dfrac{r}{v_0} \dfrac{\pi + 2}{2}$, $b_t = \dfrac{v_0^2}{r} \cdot \dfrac{4(\pi - 2)}{(\pi + 2)^2}$, $v_1 = v_0 \dfrac{3\pi - 2}{\pi + 2}$.

$b = \sqrt{b_t^2 + \dfrac{v_1^4}{r^2}} = \dfrac{v_0^2}{r} \cdot \dfrac{1}{(\pi + 2)^2} \sqrt{16(\pi - 2)^2 + (3\pi - 2)^4}$,

$\operatorname{tg}\varphi = \dfrac{(3\pi - 2)^2}{4(\pi - 2)}$.

418. $b_t = \dfrac{v_0^2}{r\pi}$, $\operatorname{tg}\varphi = 4\pi$. [Die gesamte Beschleunigung des zweiten Punktes an der Stelle M hat die Richtung der Tangente, weil die Normalbeschleunigung verschwindet.]

419. $t = \dfrac{r\pi}{v_0}$; $4\pi \operatorname{ctg}\varphi = 1 + \pi^2 \left[\dfrac{v_0^2}{b_t r \pi} - \dfrac{b_t r \pi}{v_0^2} \right]^2$.

420. Zeichne den bewegten Punkt M in einer beliebigen Lage und suche die Summe seiner beiden Kräfte. Sie ist parallel zu $\overline{C_1 C_2}$ und hat die Größe $k \cdot \overline{C_1 C_2}$, ist also konstant. Die Bahn ist somit eine Parabel, die in A ihren Scheitel hat und deren Achse parallel zu $C_1 C_2$ ist. Führt man die Bedingung ein, daß H ein Punkt dieser Parabel sein muß, so folgt

$$v_0 = a\sqrt{k/m},$$

wenn m die Masse des Punktes ist.

421. $b_x - 2a\omega v_x + (1 + a^2)\omega^2 x = 0$. [Man differenziere $x = r\cos\varphi$ zweimal nach der Zeit, setze $d\varphi/dt = \omega$, $d^2\varphi/dt^2 = d\omega/dt = 0$ und entferne r und φ aus den Gleichungen.]

422. $b_y = \dfrac{c^2 a^2}{y^3}$. [Es ist $\dfrac{dx}{dt} = c\sin\varphi$, $\dfrac{dy}{dt} = c\cos\varphi$, $\dfrac{d^2 y}{dt^2} = -\operatorname{tg}\varphi \dfrac{d^2 x}{dt^2}$ und durch Differentiation der Gleichung der Kettenlinie

$$\dfrac{dy}{dx} = \operatorname{ctg}\varphi = \operatorname{\mathfrak{Sin}} \dfrac{x}{a}, \qquad \dfrac{dy}{dt} = \operatorname{\mathfrak{Sin}} \dfrac{x}{a} \cdot \dfrac{dx}{dt},$$

$$\dfrac{d^2 y}{dt^2} = \dfrac{y c^2}{a^2} \sin^2\varphi - \operatorname{ctg}^2\varphi \dfrac{d^2 y}{dt^2},$$

woraus $b_y = \dfrac{d^2 y}{dt^2} = \dfrac{y c^2}{a^2}\sin^4\varphi$, und wegen $\sin\varphi = \dfrac{a}{y}$ der oben angegebene Ausdruck.]

423. Vgl. Aufgabe 422. Durch Differenzieren der Gleichung der Kettenlinie nach der Zeit erhält man mit $\sin\varphi = a/y$:

$$v_x = \dfrac{ac}{y}, \qquad v_y = c\,\dfrac{e^{x/a} - e^{-x/a}}{e^{x/a} + e^{-x/a}},$$

$$\begin{cases} b_x = -\dfrac{a^2 c^2}{2 y^3}(e^{x/a} - e^{-x/a}), \\[2mm] b_y = \dfrac{a^2 c^2}{y^3}, \qquad b = \sqrt{b_x^2 + b_y^2} = \dfrac{a c^2}{y^2}. \end{cases}$$

Die Beschleunigung ist nach dem Krümmungsmittelpunkt gerichtet. Der Ausdruck für b kann auch direkt aus $b = c^2/\varrho$ gefunden werden, da der Krümmungshalbmesser der Kettenlinie $\varrho = y^2/a$ ist.

424. $v = \dfrac{c}{\sin\varphi}$; $b = \dfrac{c^2}{r}\cdot\dfrac{1}{\sin^3\varphi}$, senkrecht zu AB. [Die Tangentialbeschleunigung ist
$$b_t = \frac{dv}{dt} = -\frac{c\cos\varphi}{\sin^2\varphi}\cdot\frac{d\varphi}{dt}$$
und wegen
$$v = r\frac{d\varphi}{dt} = \frac{c}{\sin\varphi},$$
$$b_t = -\frac{c^2}{r}\cdot\frac{\cos\varphi}{\sin^3\varphi}.$$
Die Normalbeschleunigung ist
$$b_n = \frac{v^2}{r} = \frac{c^2}{r}\cdot\frac{1}{\sin^2\varphi},$$
daraus die Gesamtbeschleunigung
$$b = \sqrt{b_t^2 + b_n^2} = \frac{c^2}{r}\cdot\frac{1}{\sin^2\varphi}$$
und
$$\cos(b\,b_n) = \frac{b_n}{b} = \sin\varphi\,.]$$

425. Differenziere die Gleichung der Ellipse zweimal nach t und setze
$$b_x = \frac{d^2x}{dt^2} = 0, \qquad \frac{dx}{dt} = v_0;$$
es wird
$$\frac{dy}{dt} = -v_0\frac{c^2 x}{a^2 y} \quad\text{und}\quad b = b_y = -\frac{v_0^2 c^4}{a^2 y^3}.$$

426. Aus $v_y\cdot dv_y = b_y\cdot dy = -k^2 y\cdot dy$ folgt
$$v_y = -k\sqrt{c^2 - y^2} = dy/dt$$
und
$$y = c\cos k t.$$
Sodann aus der Parabelgleichung
$$x = a\cos^2 k t$$
und
$$v_x = dx/dt = -a k\sin 2 k t,$$
ferner
$$v = \sqrt{v_x^2 + v_y^2} = k\sin k t\sqrt{c^2 + 4 a^2\cos^2 k t},$$
$$b_x = dv_x/dt = -2 a k^2\cos 2 k t = -2 k^2(2x - a).$$
Die nächste Ruhelage folgt aus $v = 0$:
$$\sin k t = 0, \quad T = \pi/k, \quad x = a, \quad y = -c.$$
Zwischen den beiden symmetrisch zur x-Achse gelegenen Ruhelagen macht der Punkt eine schwingende Bewegung.

427. $y = b\cos\dfrac{k x}{v_0}$, $v^2 = v_0^2 + b^2 k^2\sin^2 k t$. Die Bahn schneidet die x-Achse unendlich oft, und zwar nach den Zeiten: $\dfrac{\pi}{2k}, \dfrac{3\pi}{2k}, \dfrac{5\pi}{2k}$ usf. Der Punkt befindet sich am weitesten von der Achse nach den Zeiten: $0, \dfrac{\pi}{k}, \dfrac{2\pi}{k}, \dfrac{3\pi}{k}$ usf.

428. Es ist $v_x = v_0 - p\,t$, $v_y = p\,t$;
$$x = v_0\,t - p\,t^2/2, \quad y = p\,t^2/2,$$
woraus die Gleichung der Bahn des Punktes:
$$(x+y)^2 = \frac{2\,v_0^2}{p} \cdot y \quad \text{(Parabel)}$$
und seine Geschwindigkeit
$$v^2 = v_0^2 + 2\,p\,(y-x).$$
Setzt man $dv/dt = 0$, so folgt
$$v_\text{min} = \frac{1}{2}\,v_0\sqrt{2}$$
an der Stelle
$$x_1 = \frac{3}{8}\,\frac{v_0^2}{p}, \quad y_1 = \frac{1}{8}\,\frac{v_0^2}{p}.$$

429. Aus $b_x = \dfrac{dv_x}{dt} = \dfrac{c_1}{v_x}$ wird $v_x^2 = v_{0x}^2 + 2\,c_1\,t$;
ebenso
$$v_y^2 = v_{0y}^2 + 2\,c_2\,t$$
und
$$v^2 = v_0^2 + 2\,(c_1 + c_2)\,t.$$
Aus $\dfrac{dx}{dt} = v_x = \sqrt{v_{0x}^2 + 2\,c_1\,t}$ ergibt sich durch Integration:
$$3\,c_1\,x + v_{0x}^3 = (v_{0x}^2 + 2\,c_1\,t)^{3/2},$$
ebenso erhält man:
$$3\,c_2\,y + v_{0y}^3 = (v_{0y}^2 + 2\,c_2\,t)^{3/2}$$
und hieraus die Gleichung der Bahn:
$$c_2\,(3\,c_1\,x + v_{0x}^3)^{2/3} - c_1\,(3\,c_2\,y + v_{0y}^3)^{2/3} = c_2\,v_{0x}^2 - c_1\,v_{0y}^2$$

430. Es ist $b_x = -(k+m)\,x$, $b_y = -(k+m)\,y$,
$$v_x^2 = v_0^2 - (k+m)\,x^2, \quad v_y^2 = (k+m)\,(a^2 - y^2),$$
woraus
$$v^2 = v_x^2 + v_y^2 = v_0^2 + (k+m)\,(a^2 - r^2).$$
Die Bahn ist eine Ellipse mit den Halbachsen $v_0/\sqrt{k+m}$ in Ox und a in Oy. Die Umlaufzeit ist $T = 2\,\pi/\sqrt{k+m}$.

431. Der Punkt M bewegt sich gleichförmig auf dem Kreis mit der Geschwindigkeit $v = 2\,r\,\omega$. Seine Beschleunigung ist
$$b = b_n = v^2/r = 4\,r\,\omega^2,$$
nach dem Mittelpunkt des Kreises gerichtet. [Bei der Drehung der Geraden um $d\varphi$ rückt M um $ds = 2\,r\,d\varphi$ auf dem Kreis weiter.]

432. Es ist $v^2 = \left(\dfrac{dr}{dt}\right)^2 + r^2 \left(\dfrac{d\varphi}{dt}\right)^2$; die Polargleichung der Ellipse lautet:
$$r = \frac{p}{1 - \varepsilon\cos\varphi}.$$
Ferner ist:
$$\omega = \frac{d\varphi}{dt} = \text{konst.}$$
Man erhält
$$v = \frac{r\,\omega}{c}\sqrt{r\,(2\,a - r)}.$$

433—436. Resultate und Lösungen.

433. Aus $v = c/\sin\varphi$ folgt (weil $v = r \cdot d\varphi/dt$, $d\varphi/dt = c/r \sin\varphi$) die Tangentialbeschleunigung

$$b_t = \frac{dv}{dt} = -\frac{c^2}{r} \cdot \frac{\cos\varphi}{\sin^3\varphi},$$

ferner ist die Normalbeschleunigung

$$b_n = \frac{v^2}{r} = \frac{k^2}{r} \cdot \frac{1}{\sin^2\varphi}.$$

endlich

$$b = \sqrt{b_t^2 + b_n^2} = \frac{k^2}{r} \cdot \frac{1}{\sin^3\varphi}.$$

Die Beschleunigung $\bar{b}$ liegt in der Geraden g.

434. Es ist $\psi = 2\varphi$, $v = r\dfrac{d\psi}{dt} = 2r\omega$, konstant; daher ist

$$b = v^2/r = 4r\omega^2,$$

nach dem Mittelpunkt des Kreises gerichtet. Ferner ist

$$\overline{OM} = x = 2r\cos\varphi,$$

$$v_1 = -\frac{dx}{dt} = 2r\omega\sin\varphi = \omega\sqrt{4r^2 - x^2}, \quad b_1 = \frac{dv_1}{dt} = x\omega^2.$$

435. Nennt man φ_1, φ_2 die Drehungswinkel der beiden Kreise nach der Zeit t, so ist

$$v_1 = 2r_1\frac{d\psi_1}{dt}, \quad v_2 = 2r_2\frac{d\psi_2}{dt},$$

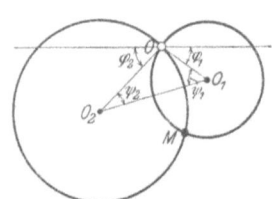

$$\psi_1 + \psi_2 = \varphi_1 + \varphi_2,$$

$$\omega_1 = \frac{d\varphi_1}{dt}, \quad \omega_2 = \frac{d\varphi_2}{dt}.$$

$$r_2 \sin\psi_2 = r_1 \sin\psi_1,$$

woraus die Gleichungen folgen:

$$\frac{v_1}{r_1} + \frac{v_2}{r_2} = 2(\omega_1 + \omega_2), \quad \frac{v_2}{v_1} = \frac{\cos\psi_1}{\cos\psi_2}$$

und somit

$$v_1 = \frac{2r_1 r_2 (\omega_1 + \omega_2)}{r_1^2 + r_2^2 + 2r_1 r_2 \cos\varphi} (r_2 + r_1 \cos\varphi),$$

$$v_2 = \frac{2r_1 r_2 (\omega_1 + \omega_2)}{r_1^2 + r_2^2 + 2r_1 r_2 \cos\varphi} (r_1 + r_2 \cos\varphi),$$

worin
$$\varphi = (\omega_1 + \omega_2) t \text{ ist.}$$

436. Bezeichnet man $\overline{OM} = r$, $\overline{O_1 M} = r_1$, $\sphericalangle xOM = \varphi$, $\sphericalangle xO_1 M = \varphi_1$ so wird

$$r \sin\varphi = r_1 \sin\varphi_1,$$
$$r \cos\varphi + a = r_1 \cos\varphi_1,$$
$$r \sin(\varphi - \varphi_1) = a \sin\varphi_1.$$

Differenziert man die letzte Gleichung, setzt

$$d\varphi/dt = \omega, \quad d\varphi_1/dt = \omega_1$$

und entfernt φ_1 mit Hilfe der beiden anderen Gleichungen, so ergibt sich für die Differentialgleichung der Bahn:

$$\frac{dr}{d\varphi} a\omega \sin\varphi + (\omega - \omega_1) r (r + a \cos\varphi) = a \omega_1 (a + r \cos\varphi).$$

Wenn beide Gerade gleichzeitig durch x gehen, so wird

$$\varphi = 0, \quad \frac{dr}{d\varphi} = 0$$

und

$$r = a \frac{\omega_1}{\omega - \omega_1}$$

der Abstand der Schnittpunkte der Bahn mit x von O. Außerdem geht die Bahn durch O und O_1.

437. v_1 veranlaßt keine Beschleunigung; da v_2 der Größe nach konstant bleibt, erfordert nur seine Richtungsänderung Beschleunigung, die senkrecht zu v_2 sein wird. Die Bewegung ist also eine Zentralbewegung mit dem Zentrum C.

Die Beschleunigung ergibt sich aus obiger Bemerkung mit

$$b \cdot dt = v_2 \cdot d\varphi;$$

nennt man $c/2$ die konstante Flächengeschwindigkeit der Zentralbewegung, so ist allgemein

$$c = r^2 \cdot \frac{d\varphi}{dt}$$

und somit das Beschleunigungsgesetz:

$$b = \frac{c v_2}{r^2} = \frac{\text{konst.}}{r^2}.$$

d. i. das **Newton**sche Anziehungsgesetz.

Um die Bahn des Punktes zu finden, benutze man den Momentensatz; es ist

$$v p = v_1 r \cos\varphi + v_2 r.$$

Nun ist aber die Flächengeschwindigkeit des Punktes

$$c/2 = v p/2,$$

somit

$$r = \frac{c}{v_1 \cos\varphi + v_2}$$

die Gleichung der Bahn; sie ist ein Kegelschnitt. (Vgl. Aufgabe 432.)

438. Die Größen v und b folgen aus den Gleichungen für die Geschwindigkeit:

$$v^2 = c^2 \left[\frac{1}{r} + \left(\frac{d \, 1/r}{d\varphi} \right)^2 \right] \ldots \quad c = \text{doppelte Flächengeschwindigkeit,}$$

und für die Beschleunigung für Zentralbewegungen:

$$b = \mp c^2 \frac{1}{r^2} \left[\frac{1}{r} + \frac{d^2 \, 1/r}{d\varphi^2} \right] \ldots \begin{cases} - \text{ Abstoßung} \\ + \text{ Anziehung.} \end{cases}$$

Es ist hier $r = 2a \cos\varphi$, woraus

$$v = \frac{2 a c}{r^2}, \quad b = \frac{8 a^2 c^2}{r^5}.$$

439—443. Resultate und Lösungen.

439. Wie in **438**, wobei $r^2 = a^2 - e^2 + 2re\cos\varphi$, wenn $\overline{OA} = a$, $\overline{OC} = e$ bezeichnet wird. Man findet

$$v = v_0 \frac{2a(a+e)}{r^2 - e^2 + a^2},$$

und für die Geschwindigkeit in B:

$$v_1 = v_0 \frac{a+e}{a-e}.$$

[Die Flächengeschwindigkeit $c/2$ wird aus der Anfangsbedingung bestimmt.]

440. Wie in **438**, wobei $r = 2p\dfrac{\cos\varphi}{\sin^2\varphi}$, wenn $p =$ Halbparameter der Parabel. Man findet:

$$b = \frac{c^2}{4p^3} \cdot \frac{\sin^4\varphi}{\cos^5\varphi}.$$

441. Wie in **438**. $v = \dfrac{r_0 v_0}{r}$, $b = \dfrac{r_0^2 v_0^2}{r^3}$.

442. Wie in **438**. $b = \dfrac{3a^4 c^2}{r^7}$. Ist F die Fläche der rechten Hälfte der Lemniskate, so ist

$$F = \int_{\pi/4}^{-\pi/4} \frac{1}{2} r^2 \cdot (-d\varphi) = \frac{a^2}{2};$$

die Flächengeschwindigkeit ist $c/2$, die Zeit zum Durchlaufen der Hälfte der Fläche $\dfrac{2F}{c} = \dfrac{a^2}{c}$, und die Umlaufzeit daher $\dfrac{2a^2}{c}$.

443. Setzt man $v_x = \dot{x}$, $v_y = \dot{y}$, $b_x = \ddot{x}$, $b_y = \ddot{y}$, so ist für die Zentralbewegung allgemein

$$\dot{x} y - \dot{y} x = c, \qquad \ddot{x} y - \ddot{y} x = 0.$$

Differenziert man die gegebene Gleichung der Bahn, so wird

$$x^3 \dot{x} + y^3 \dot{y} = 0,$$

woraus

$$\dot{x} = \frac{c}{a^4} y^3, \qquad \dot{y} = -\frac{c}{a^4} x^3;$$

diese geben nochmals differenziert

$$\ddot{x} = -\frac{3c^2}{a^8} y^2 x^3, \qquad \ddot{y} = -\frac{3c^2}{a^8} x^2 y^3.$$

Dann wird

$$v = \sqrt{\dot{x}^2 + \dot{y}^2} = \frac{c}{a^4}\sqrt{x^6 + y^6},$$

$$b = \sqrt{\ddot{x}^2 + \ddot{y}^2} = \frac{3c^2}{2a^8} r(r^4 - a^4);$$

für den Anfangszustand wird $v_0 = c/a$, somit $c = a v_0$ und

$$v = \frac{v_0}{a^3}\sqrt{x^6 + y^6}, \qquad b = -\frac{3 v_0^2}{2 a^6} r(r^4 - a^4).$$

Resultate und Lösungen.

444. Setzt man wie in **438:** $v^2 = c^2 \left[\dfrac{1}{r^2} + \left(\dfrac{d(1/r^2)}{d\varphi}\right)^2\right]$ und $v = a/r$, so wird

$$\frac{d\,1/r}{d\varphi} = -\frac{\sqrt{a^2-c^2}}{c}\cdot\frac{1}{r}$$

und daraus

$$r = r_0 \cdot e^{\sqrt{a^2-c^2}\cdot\varphi/c};$$

die Bahn ist eine logarithmische Spirale.

Aus $b = c^2\dfrac{1}{r^2}\left[\dfrac{1}{r} + \dfrac{d^2\,1/r}{d\varphi^2}\right]$ wird $b = \dfrac{a^2}{r^3}$.

Endlich folgt aus der Gleichung für die Flächengeschwindigkeit $c = r^2\,d\varphi/dt$:

$$\varphi = \frac{c}{2\sqrt{a^2-c^2}}\,\lgn(2t\cdot\sqrt{a^2-c^2}/r_0^2 + 1)$$

und

$$r^2 = 2t\sqrt{a^2-r_0^2} + c^2.$$

445. Es ist $\dfrac{d\varphi}{dt} = \omega$ und $b_x\cos\varphi + b_y\sin\varphi = 0$, weil $b \perp r$; differenziert man

$$x = r\cos\varphi, \quad y = r\sin\varphi$$

zweimal nach t und setzt die Werte für b_x, b_y oben ein, so erhält man

$$\frac{d^2 r}{dt^2} = r\omega^2 \quad\text{oder}\quad r = A e^\varphi + B e^{-\varphi}.$$

Für den Anfang ist $\varphi = 0$, $r = r_0$, d. h.

$$r_0 = A + B, \quad \frac{dr}{dt} = 0 = A - B,$$

also

$$A = B = r_0/2 \quad\text{und}\quad r = r_0(e^\varphi + e^{-\varphi})/2$$

die Gleichung der Bahn. Die Beschleunigung wird

$$b = b_y\cos\varphi - b_x\sin\varphi = 2\omega\,dr/dt$$

und mit Hilfe der Bahngleichung

$$b = 2\omega^2\sqrt{r^2 - r_0^2}.$$

446. $(1 - \text{tg}^2\varphi)^2 = \dfrac{4 v_0^2}{ag}\,\text{tg}\,\varphi$. [Die Länge eines Dachsparrens ist

$$\frac{a}{2\cos\varphi} = v_0 t + \frac{1}{2}g\sin\varphi\cdot t^2,$$

wenn t die Zeit bedeutet, welche das Wasser zum Abfluß braucht. Differenziere die Gleichung nach φ, setze $\dfrac{dt}{d\varphi} = 0$ und entferne t aus den Gleichungen.]

447. Es muß $\overline{AC} = \overline{BC}$ sein. [Ziehe den Kreis, der in A und B berührt, und zeige mit Hilfe der isochronen Kreissehnen, daß $\overline{AB}$ von allen durch A gehenden Geraden die kleinste Fallzeit beansprucht.]

448. AB muß durch den tiefsten Punkt C von k gehen. [Ziehe den Kreis, der k berührt und dessen Mittelpunkt lotrecht unter A liegt; sein Berührungspunkt B liegt in AC. Mit Hilfe der isochronen Kreissehnen kann dann gezeigt werden, daß AB die kleinste Fallzeit erfordert.]

449. $\dfrac{c}{a} = \dfrac{4 \sin\alpha \cos\alpha \sin(\beta - \alpha)}{\cos^2\beta}$.

450. Der Punkt bewegt sich in einer Kreisevolvente; es ist $v = v_0$ und $T = l^2/2\, r\, v_0$. [Als einzige Kraft ist die Spannung des Fadens vorhanden, daher ist die Tangentialbeschleunigung des Punktes $dv/dt = 0$.

Für eine beliebige Stelle ist das Wegelement
$$ds = \varrho\, d\varphi = (l - r\varphi)\, d\varphi,$$
woraus
$$s = \frac{1}{2} \frac{l^2}{r} = v_0\, T.]$$

451. $S = \dfrac{G v^2}{g\, r\, \varphi}$, $\quad S_1 = 0{,}1272$ kg.

452. $h = r(1 + \sqrt{3}/2)$, $\cos\alpha = -1/\sqrt{3}$. [Die Geschwindigkeit an der Stelle M, wo der Druck zwischen Punkt und Bahn Null wird, ist $v_1^2 = 2g(h - r + r\cos\alpha)$; wähle M als Anfangspunkt eines schiefen Wurfes, der mit der Geschwindigkeit v_1 beginnt und durch den Mittelpunkt des Kreises geht.]

453. $D\varrho = G(p - v_0^2/g) = $ konst. [Der Druck der Kugel auf das Rohr ist an beliebiger Stelle
$$D = G \cos\psi - \frac{M v^2}{\varrho}.$$

ψ ist der Winkel zwischen der Normalen zur Parabel und der Lotrechten; benutze die Gleichung $v^2 = v_0^2 + 2gx$ für die Geschwindigkeit und $\varrho \cos\psi = p + 2x$ für den Krümmungshalbmesser der Parabel.]

454. Nennt man a die Dreieckseite, ferner
$$\overline{AM} = x, \quad \overline{CM} = r, \quad \sphericalangle CMB = \varphi.$$
so ist die Mittelkraft K aller auf m wirkenden Anziehungskräfte in Richtung von AB:
$$K = -kx + k(a - x) + kr\cos\varphi$$
oder
$$K = 3k(a - 2x)/2.$$
Setzt man
$$v\, dv = b\, dx = \frac{K}{M} dx,$$
so wird
$$v\, dv = \frac{3k}{2M}(a - 2x)\, dx$$
und nach Integration
$$v = \sqrt{3k/M}\, \sqrt{ax - x^2},$$
wenn für den Anfang der Bewegung $x = 0$ und $v = 0$ angenommen wird.

Setzt man nun $v = dx/dt$, so wird
$$\sqrt{\frac{3k}{M}} \cdot dt = \frac{dx}{\sqrt{ax - x^2}}$$
und
$$t = \sqrt{\frac{M}{3k}} \int \frac{dx}{\sqrt{ax - x^2}} = C - \sqrt{\frac{M}{3k}}\, \arcsin \frac{a - 2x}{a}$$

oder, wenn für $t=0$: $x=0$ gesetzt wird:

$$t = \sqrt{\frac{M}{3k}} \left[\frac{\pi}{2} - \arcsin \frac{a-2x}{a} \right]$$

oder

$$t = \sqrt{\frac{M}{3k}} \arccos \frac{a-2x}{a} ;$$

für $x = a$ erhält man dann für die gesuchte Zeit:

$$T = \pi \sqrt{M/3k}.$$

455. Nennt man φ den Zentriwinkel, welcher der Sehne $\overline{OM} = r$ entspricht, so ist $r = 2a \sin\varphi/2$, das Bogenelement des Kreises $ds = a\,d\varphi$ und

$$v\,dv = b_t \cdot ds = k^2 r \cos\frac{\varphi}{2} \cdot a\,d\varphi$$
$$= a^2 k^2 \sin\varphi\,d\varphi,$$

woraus mit Rücksicht auf die Anfangsbedingung $\varphi = \pi$, $v = 0$:

$$v = 2ak \sin(\varphi/2).$$

Der Bahndruck wird

$$D = Mv^2/a + mk^2 r \sin(\varphi/2) = 3Mk^2 r^2/2a.$$

Darin ist M die Masse des Punktes.

456. Denkt man sich einen Punkt M konstruiert, dessen Koordinaten OA, OB sind, so sind dessen Projektionsbewegungen die Bewegungen von A und B; seine Beschleunigungen sind

$$b_x = -\frac{a}{r^2} \cos\varphi \quad \text{und} \quad b_y = -\frac{a}{r^2} \sin\varphi,$$

d. h. er bewegt sich in der Geraden MO mit der nach O hin gerichteten Beschleunigung $b = ka/r^2$. Nennt man v seine Geschwindigkeit, so wird

$$v\,dv = \frac{a}{r^2}(-dr),$$

woraus

$$v^2 = 2a \left(\frac{1}{r} - \frac{1}{r_0} \right).$$

Nun ist

$$v = -\frac{dr}{dt},$$

also wird

$$\sqrt{2a}\,dt = -\frac{\sqrt{r}\cdot dr}{\sqrt{1-r/r_0}}$$

und mit $r/r_0 = x^2$:

$$\sqrt{2a}\,T = -\int_{r_0}^{0} \frac{\sqrt{r}\,dr}{\sqrt{1-r/r_0}} = 2r_0^{3/2} \int_0^1 \frac{x^2\,dx}{\sqrt{1-x^2}},$$

woraus die gesuchte Zeit bis zum Eintreffen der beiden Punkte in O:

$$T = \frac{\pi}{\sqrt{a}} \left(\frac{r_0}{2} \right)^{3/2}.$$

457. Die Geschwindigkeit des gleitenden Punktes ist, wenn er nach M kommt:
$$v = \sqrt{2\,g\,r\,\sin\varphi} = ds/dt\,.$$
Das Bogenelement ds ergibt sich aus
$$ds^2 = dr^2 + r^2 d\varphi^2$$
mit
$$ds = a\,d\varphi\,\sqrt{2/\sin 2\varphi}\,;$$
also ist
$$dt = \frac{1}{2}\sqrt{\frac{a}{g}}\,\sin^{-5/4}\varphi\,\cos^{-3/4}\varphi\,d\varphi\,.$$

Zur Integration setze $\operatorname{ctg}\varphi = x^4$.
Die gesuchte Fallzeit wird:
$$t = 2\sqrt{\frac{a}{g}}\,\sqrt[4]{\operatorname{ctg}\varphi}\,.$$

Ebenso groß ist die Fallzeit auf der Geraden OM.

458. Ist O der Mittelpunkt des Kreises, $\overline{OA} = a$ und φ der Neigungswinkel der Geraden gegen Ox, so wird allgemein
$$r^2 = a^2 + s^2 + 2\,a\,s\cos\varphi\,.$$

Nennt man ψ den Winkel zwischen s und der Lotrechten y, so ist die Beschleunigung des Falles
$$b = g\cos\psi = g\sin\varphi\sin\alpha\,,$$
letzteres aus dem sphärischen Dreieck sxy. Es wird also
$$s = \tfrac{1}{2}g\,t^2\sin\varphi\sin\alpha\,.$$
Nach Entfernung von φ folgt mit $1/s^2 = x$:
$$[(r^2 - a^2)x - 1]^2 - 4a^2 x + \frac{16\,a^2}{g^2\sin^2\alpha}\cdot\frac{1}{t^4} = 0\,.$$

Differenziert man nach x und setzt $\dfrac{dt}{dx} = 0$, so wird $x = x_1 = \dfrac{a^2 + r^2}{(r^2 - a^2)^2}$, also
$$s_1 = \frac{1}{\sqrt{x_1}} = \frac{r^2 - a^2}{\sqrt{r^2 + a^2}}$$
und damit
$$t^2_{\min} = \frac{2(r^2 - a^2)}{g\,r\sin\alpha}\,,\qquad \sin\varphi_1 = \frac{r}{\sqrt{r^2 + a^2}}\,.$$

459. a) $v = k\cdot\dfrac{v_0\cos g t/k - k\sin g t/k}{k\cos g t/k + v_0\sin g t/k}$, $\quad s = \dfrac{k^2}{g}\cdot\operatorname{lgn}\left(\dfrac{v_0}{k}\sin\dfrac{g t}{k} + \cos\dfrac{g t}{k}\right)$,

b) $s = \dfrac{1}{2a}\cdot\operatorname{lgn}\dfrac{g + a\,v_0^2}{g + a\,v^2}$, c) Steigzeit $T = \dfrac{1}{\sqrt{g a}}\operatorname{arc tg}(v_0/k)\,.$

d) Steighöhe $H = \dfrac{1}{2a}\operatorname{lgn}\dfrac{g + a\,v_0^2}{g}\,.$

Darin bedeutet: $k = \sqrt{g/a}$, Verzögerung infolge des Widerstandes $= a\,v^2$.

460. Nach der Zeit $T = \dfrac{2}{k}\sqrt{v_0}$, $k = $ Konstante.

461. Nach der Zeit $T = \dfrac{1}{k}\operatorname{lgn}\dfrac{v_0}{v_0 - k a}$, $k = $ Konstante.

462. Das Stück $BC = s$ des Schleppseiles nimmt die Form einer Kettenlinie mit dem Scheitel in C an. Es ist dann mit den Bezeichnungen der Aufgabe **359**:
$$l = s + x, \quad z^2 = a^2 + s^2, \quad a = fx, \quad z = h + a,$$
woraus die Länge $CD = x$ des auf dem Boden schleppenden Seiles:
$$x = l + fh - \sqrt{2fhl + f^2h^2 + h^2}.$$
Der Ballon erleidet die Verzögerung des Luftwiderstandes kv^2 und die Verzögerung der Reibung $g\dfrac{fxq}{G + lq} = k_1$, worin q das Gewicht der Längeneinheit des Seiles und G das Gewicht des Ballons samt Gondel ist.

Die Beschleunigung des Ballons ist dann:
$$b = -(kv^2 + k_1)$$
und ähnlich wie in Aufgabe **459** ist der Weg bis zum Stillstand:
$$\xi = \frac{1}{2k}\lgn\left(1 + \frac{k}{k_1}v_0^2\right)$$
und die Zeit bis dahin:
$$T = \frac{1}{\sqrt{kk_1}}\arctg\left(v_0\sqrt{\frac{k}{k_1}}\right).$$

463. Ist $v = r\omega$ die Umfangsgeschwindigkeit der Welle in der Bremse und sinkt sie während der Drehung mit der Geschwindigkeit $v_1 = \dfrac{dx}{dt}$, so hat ein Punkt am Umfange der Welle die Geschwindigkeit
$$V = \sqrt{v^2 + v_1^2},$$
und die Reibung in der Bremse ist dieser Geschwindigkeit entgegengesetzt; es ist also
$$\Re : \Re_1 = V : v_1,$$
wenn $\Re_1$ die Reibung der Welle für die Abwärtsbewegung ist. Die Bewegungsgleichung der Welle lautet:
$$\frac{G}{g}\frac{d^2x}{dt^2} = G - cx - \Re_1,$$
worin x der Weg der Welle nach abwärts, von der genannten Anfangslage gezählt, und cx die Federkraft ist. Wenn man v_1 als klein gegen v vernachlässigt, so bleibt
$$\frac{G}{g}\frac{d^2x}{dt^2} = G - cx - \frac{\Re}{r\omega}\cdot\frac{dx}{dt}.$$
Setzt man $x = Ce^{\alpha t} + k$ in diese Gleichung ein, so erhält man die Gleichungen:
$$G - ck = 0, \quad \frac{G}{g}\alpha^2 + \frac{R}{r\omega}\alpha + c = 0;$$
die Wurzeln dieser quadratischen Gleichung sind:
$$\begin{cases}\alpha_1 = -\dfrac{\Re g}{2Gr\omega} + \sqrt{\left(\dfrac{\Re g}{2Gr\omega}\right)^2 - \dfrac{gc}{G}},\\[2mm]\alpha_2 = -\dfrac{\Re g}{2Gr\omega} - \sqrt{\left(\dfrac{\Re g}{2Gr\omega}\right)^2 - \dfrac{gc}{G}},\end{cases}$$

464—465. Resultate und Lösungen.

und daher ist: $\quad x = C_1 e^{\alpha_1 t} + C_2 e^{\alpha_2 t} + G/c$.

Solange die Reibung $\Re > 2r\omega\sqrt{Gc/g}$, sind α_1 und α_2 reell und negativ, also nähert sich x asymptotisch (d. h. für $t = \infty$) dem Werte G/c.

Die Konstanten C_1 und C_2 erhält man aus der Bedingung, daß anfangs $t = 0$, $x = 0$, $\dfrac{dx}{dt} = 0$ ist, somit aus den Gleichungen

mit:
$$\begin{cases} 0 = C_1 + C_2 + \dfrac{G}{c}, \\ 0 = C_1\alpha_1 + C_2\alpha_2 \end{cases}$$
$$C_1 = \frac{G}{c}\cdot\frac{\alpha_2}{\alpha_1 - \alpha_2}, \quad C_2 = -\frac{G}{c}\cdot\frac{\alpha_1}{\alpha_1 - \alpha_2}.$$

464. Es ist $v\,dv = b\,ds = -\dfrac{(a-1)v^2}{c+s}\cdot ds$, woraus $\dfrac{dv}{v} = -\dfrac{(a-1)\,ds}{c+s}$ und durch Integration und bei Berücksichtigung, daß anfangs $v = v_0$, $s = 0$ ist:
$$v = v_0\left(\frac{c}{c+s}\right)^{a-1}.$$

Setzt man $v = \dfrac{ds}{dt}$, so wird
$$(c+s)^{a-1}\,ds = v_0 c^{a-1}\,dt.$$

Nach Integration und Berücksichtigung, daß anfangs $t = 0$, $s = 0$ ist, folgt:
$$s = b\left[\left(\frac{a v_0 t}{c} + 1\right)^{1/a} - 1\right]$$
und durch Differentiation nach t
$$v = v_0\left(\frac{a v_0 t}{c} + 1\right)^{\frac{1-a}{a}},$$
$$b = -\frac{a-1}{c}v_0^2\left(\frac{a v_0 t}{c} + 1\right)^{\frac{1}{a} - 2}.$$

465. Setzt man die Koordinaten des Punktes
$$x = r\sin\varphi, \quad y = r\cos\varphi,$$
so wird die Normalbeschleunigung
$$b_n = \frac{v^2}{r} = g\cos\varphi,$$
also
$$v^2 = gy,$$
ferner ist die Tangentialbeschleunigung
$$b_t = \frac{dv}{dt} = g\sin\varphi - k\delta v^2;$$
aus der vorhergehenden Gleichung folgt durch Differentiation nach
$$2v\frac{dv}{dt} = g\cdot\frac{dy}{dt},$$
daher
$$v_y = \frac{dy}{dt} = -v\sin\varphi,$$
und schließlich
$$\delta = \frac{3}{2kr}\cdot\frac{x}{y}.$$

Resultate und Lösungen.

466. Es ist die Beschleunigung nach der aufwärts gerichteten y-Achse
$$b_y = -g - kv\sin\varphi = -(g + kv_y),$$
woraus
$$dt = -\frac{dv_y}{g + kv_y}$$
und
$$t = \frac{1}{k}\lgn\frac{g + kv_0\sin\alpha}{g + kv_y}.$$
Für die höchste Stelle der Bahn ist $v_y = 0$, also
$$T = \frac{1}{k}\lgn\left(1 + \frac{k}{g}v_0\sin\alpha\right).$$

467. $v_0^2 = 2ag(\sin\alpha + f\cos\alpha) + \dfrac{cg}{\sin 2\alpha},$

$v_2^2 = 2ag(\sin\alpha - f\cos\alpha) + \dfrac{cg}{\sin 2\alpha}.$

[Nennt man v_1 die Geschwindigkeit, mit welcher der Punkt am Ende von a ankommt, so ist
$$v_1^2 = v_0^2 - 2ag(\sin\alpha + f\cos\alpha);$$
ferner die Wurfweite
$$h = \frac{v_1^2}{2g}\sin 2\alpha$$
und endlich
$$v_2^2 = v_1^2 - 2ag(\sin\alpha - f\cos\alpha).]$$

468. Auf einem durch A gehenden Kreis vom Durchmesser $gt^2/2\cos\varrho$; seine Tangente in A ist nach rechts um ϱ gegen die Wagrechte geneigt. [Man beachte, daß nur jenes Stück dieses Kreises als Lösung in Betracht kommt, das auf der Seite der Lotrechten liegt, nach der die geneigten Geraden liegen; für die Lotrechte ist die Reibung null, und daher ist der Weg nach t sek in der Lotrechten $gt^2/2$.]

469. Setzt man $\overline{AB} = r$, so wird der Ort
$$r = \frac{1}{a}\lgn\frac{e^{ak} + e^{-ak}}{2} = \frac{1}{a}\lgn\mathfrak{Cof}\, ak = \frac{1}{a}\lgn\mathfrak{Cof}\sqrt{ag\sin\alpha}.$$
Hierin ist av^2 die Verzögerung infolge des Luftwiderstandes und
$$k = \sqrt{g\sin\alpha/a}.$$

470. Es ist die Beschleunigung des Punktes
$$b = -g(\sin\alpha + f\cos\alpha) - av^2 = -(k + av^2),$$
woraus
$$dt = -\frac{dv}{k + av^2}$$
und
$$t = \frac{1}{\sqrt{ak}}\left(\operatorname{arc\,tg} v_0\sqrt{\frac{a}{k}} - \operatorname{arc\,tg} v\sqrt{\frac{a}{k}}\right);$$
für $v = 0$ wird:
$$T = \frac{1}{\sqrt{ak}}\operatorname{arc\,tg}\left(v_0\sqrt{\frac{a}{k}}\right).$$

471—472.

Ferner ergibt sich aus: $v\,dv = b\,ds = -(k+av^2)\cdot ds$:

$$ds = -\frac{v\,dv}{k+av^2},$$

$$s = \frac{1}{2a}\lg n\frac{k+av_0^2}{k+av^2}$$

und für $v = 0$:

$$L = \frac{1}{2a}\lg n\left(1 + \frac{a}{k}v_0^2\right).$$

471. Für irgendeine Zwischenlage M des Punktes in φ ist der Druck D zwischen Punkt und Bahn:

$$D = G\cos\varphi + \frac{G}{g}r\omega^2,$$

wenn ω die Winkelgeschwindigkeit um O ist. Die Tangentialbeschleunigung des Punktes wird

$$b_t = r\cdot\frac{d\omega}{dt} = g\sin\varphi - f\frac{D}{M}$$

und die Winkelbeschleunigung

$$\lambda = \frac{d\omega}{dt} = -f\omega^2 + \frac{g}{r}(\sin\varphi - f\cos\varphi).$$

Aus $\omega\,d\omega = \lambda\cdot(-d\varphi)$ wird

$$\omega\,d\omega = \left[f\omega^2 - \frac{g}{r}(\sin\varphi - f\cos\varphi)\right]d\varphi.$$

Die Integration dieser Differentialgleichung liefert

$$\omega^2 = C\,e^{2f\varphi} + \frac{2g}{r(1+4f^2)}[3f\sin\varphi + \cos\varphi(1-2f^2)].$$

Aus $\varphi = \pi/2$, $\omega = 0$ folgt für die Integrationskonstante C der Wert:

$$C = -\frac{6fg}{r(1+4f^2)}e^{-f\pi},$$

und daher ist

$$\omega^2 = \frac{2g}{r(1+4f^2)}\left[3f\sin\varphi + \cos\varphi(1-2f^2) - 3fe^{f(2\varphi-\pi)}\right].$$

Endlich wird für $\varphi = 0$:

$$v_1^2 = r^2\omega_1^2 = \frac{2gr}{1+4f^2}(1-2f^2-3fe^{-f\pi}).$$

472. Ist G das Gewicht der Kugel, $MR\omega^2$ ihre Fliehkraft, so ist der Druck zwischen Kugel und Rinne

$$D = \sqrt{G^2 + M^2R^2\omega^4};$$

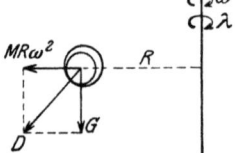

ferner ist $\Re = f_2 D/r$ die Reibung der rollenden Bewegung, worin f_2 eine Konstante ist, und die Winkelbeschleunigung der Kugel um die durch den Mittelpunkt der Rinne gehende Achse:

$$\lambda = -\frac{\Re R}{MR^2} = -\frac{f_2 g}{Rr}\sqrt{1+\frac{R^2\omega^4}{g^2}} = \frac{d\omega}{dt}.$$

Die Differentialgleichung lautet, wenn $R^2\omega^4/g^2 = z^4$ gesetzt wird:

$$dt = -\frac{r}{f_2}\sqrt{\frac{R}{g}}\cdot\frac{dz}{\sqrt{1+z^4}}.$$

Mit $z = \operatorname{tg} \dfrac{\varphi}{2}$ wird diese Gleichung:

$$dt = -\frac{r}{2f_2}\sqrt{\frac{R}{g}}\,\frac{d\varphi}{\sqrt{1 - \dfrac{1}{2}\sin^2\varphi}};$$

für $t = 0$ ist $v_0 = R\omega_0 = \sqrt{Rg}$, $\omega_0 = \sqrt{g/R}$, $z_0 = 1$, $\varphi = \dfrac{\pi}{2}$;
für $t = T$ ist $v = 0$, $\omega = 0$, $z = 0$, $\varphi = 0$. Es wird somit

$$T = \frac{r}{2f_2}\sqrt{\frac{R}{g}}\int_0^{\pi/2}\frac{d\varphi}{\sqrt{1 - \dfrac{1}{2}\sin^2\varphi}},$$

ein elliptisches Integral erster Gattung.

Vergleicht man damit die Schwingungsdauer des mathematischen Pendels:

$$T = 2\sqrt{\frac{l}{g}}\int_0^{\pi/2}\frac{d\varphi}{\sqrt{1 - e^2\sin^2\varphi}}, \quad e = \sin\frac{\alpha}{2},$$

so erkennt man, daß die Zeit bis zum Stillstand der Kugel ebenso groß ist wie die Schwingungsdauer eines Pendels von der Länge $l = R r^2/16 f_2^2$, das aus wagrechter Lage zu schwingen beginnt.

473. Der Tropfen kommt an der Oberfläche der Flüssigkeit mit der Geschwindigkeit $v_0 = \sqrt{2gx}$ an; von hier an ist seine Beschleunigung $b = g - kv^2$. Aus der Gleichung

$$v \cdot dv = b\,dz = (g - kv^2)\,dz$$

erhält man nach Integration

$$z = \frac{1}{2k}\lg n\frac{g - kv_0^2}{g - kv^2};$$

der Kegelmantel wird erreicht mit $v = 0$, also

$$z = \frac{1}{2k}\lg n\left(1 - \frac{k}{g}v_0^2\right) = ar + z_0.$$

Hieraus ergibt sich die Form des Siebes:

$$e^{2kar} = \frac{1 - 2kx}{1 - 2kc},$$

da für $r = 0$, $x = c$ sein soll.

474. $\omega = 16{,}58$ sek^{-1}.
475. Zwischen $+90°$ und $-90°$.
476. $\operatorname{tg}\delta = 1/at^2$; $t_1 = \sqrt{1/a}$. [Es ist $\operatorname{tg}\delta = b_t/b_n$, $b_t = ar$, $b_n = v^2/r = a^2 r t^2$.]
477. Der gesuchte Ort ist ein Kreis durch O und A mit dem Durchmesser $D = a/\sin\delta = a\sqrt{\lambda^2 + \omega^4}/\lambda$, wobei $\overline{OA} = a$.
478. $\lambda = \dfrac{a\,\omega_0^2}{(1 - a\omega_0 t)^2}$. [Es ist $\operatorname{tg}\delta = \dfrac{b_t}{b_n} = \dfrac{r^2\lambda}{v^2} = a$, $v = r\omega$, woraus $\lambda = \dfrac{d\omega}{dt} = a\omega^2$, $a\,dt = \dfrac{d\omega}{\omega^2}$, durch Integration folgt: $\omega = \dfrac{\omega_0}{1 - a t\omega_0}$, woraus durch Differenzieren nach t obiger Ausdruck hervorgeht.]

479. $b = r\lambda \,\mathrm{tg}\,\sigma$. [Die Geschwindigkeit in Richtung der Achse ist $r\omega\,\mathrm{tg}\,\sigma$.]
480. $x = r\omega\, t(\mathrm{tg}\,\sigma - \mathrm{tg}\,\sigma_1)$.
481. $r r_1 = -(c/\omega)^2$.

482. $t = \dfrac{2s}{\sqrt{c^2 - v^2}}$.

483. Die Zeit, die das Licht benötigt, um von A aus den Spiegel in B' zu erreichen, ist
$$t_1 = \frac{s + v t_1}{c};$$
die Zeit, die das Licht für den Rückweg nach A' benötigt, ist
$$t_2 = \frac{s + v t_1 - vt}{c};$$
hieraus erhält man
$$t = t_1 + t_2 = \frac{2sc}{c^2 - v^2}.$$

484. Die Scheibe III dreht sich augenblicklich um den Schwerpunkt S des Dreiecks ABC. Der gesuchte Ort ist ein Kreis mit dem Durchmesser AS.

485. $\omega_2 = 3(\omega_1 - \omega)$, $\Omega = +\omega_1$.

486. Der Aufgabe entsprechen zwei Punkte A und B, für welche
$$\overline{OA} = \overline{OB} = \sqrt{r_1^2 + a^2 \frac{\omega_1 - \omega}{\omega_1 + \omega}}.$$
Ihre Geschwindigkeit parallel zu OO_1 ist
$$v = \sqrt{r_1^2(\omega + \omega_1)^2 - a^2 \omega^2}.$$

487. $\omega_1 = \dfrac{\omega \sin\alpha}{km}$, $\omega_2 = \dfrac{\omega \sin\beta}{kn}$, $\omega_3 = \dfrac{\omega \sin\gamma}{kp}$,
worin
$$k = \frac{\sin\alpha}{m} + \frac{\sin\beta}{n} + \frac{\sin\gamma}{p}.$$
[Behandle O als Schwerpunkt von A, B, C, wenn in diesen Punkten ω_1, ω_2, ω_3 als Gewichte angebracht werden. Bilde die Momente der Gewichte um OA, so wird
$$\omega_3 p \sin\beta = \omega_2 n \sin\gamma,$$
woraus
$$\frac{\omega_3 p}{\sin\gamma} = \frac{\omega_2 n}{\sin\beta} = \frac{\omega_1 m}{\sin\alpha}.$$
Überdies ist
$$\omega = \omega_1 + \omega_2 + \omega_3.]$$

488. Eine Drehung mit der Winkelgeschwindigkeit $\Omega = \sqrt{\omega_1^2 + \omega_2^2 + \omega_3^2} = \omega_1 \sqrt{14}$ um eine Achse durch denselben Punkt, die mit den drei gegebenen die Winkel einschließt:
$$\cos\alpha_1 = 1/\sqrt{14},\quad \cos\alpha_2 = 2/\sqrt{14},\quad \cos\alpha_3 = 3/\sqrt{14}.$$

489. $\omega^2 = \omega_1^2 + \omega_2^2 + \omega_3^2$,
$\omega\tau = a\,\omega_2\omega_3 + b\,\omega_3\omega_1 + c\,\omega_1\omega_2$.

490. Die resultierende Bewegung ist eine Drehung mit der Winkelgeschwindigkeit ω_1. Ihre Achse liegt links von der gegebenen ω_1 und ist ihr im Abstand $a\dfrac{\omega}{\omega_1}$ parallel.

Resultate und Lösungen. **491—497.**

491. $\omega_2 = \omega_3$, $\omega_1 = -\omega_3\sqrt{2}$; $\tau = a\omega_3$, senkrecht in die Bildebene hinein.

492. Die Schraubenachse wird parallel bleiben und senkrecht aus der Bildebene heraustreten um die Strecke $\dfrac{\tau_1}{\omega}\sin\varphi$. Die neue Schraubenbewegung hat ungeänderte Winkelgeschwindigkeit ω, hingegen die neue Translationsgeschwindigkeit $\tau + \tau_1\cos\varphi$.

493. Eine Schraubenbewegung um die Diagonale AB mit der Translationsgeschwindigkeit $2\sqrt{3}\,\tau$ und der Winkelgeschwindigkeit $2\sqrt{3}\,\omega$.

494. Die zweite Teilbewegung ist eine Schraubenbewegung mit der Translationsgeschwindigkeit $\sqrt{7}\,\tau/4$ und der Winkelgeschwindigkeit $\sqrt{7}\,\omega/3$. Ihre Achse liegt hinter der Bildebene, ihr parallel und um $\dfrac{3\sqrt{3}}{4}\cdot\dfrac{\tau}{\omega}$ von ihr entfernt. Die Neigung α der resultierenden Achse gegen ω ist gegeben durch: $\sin\alpha = \sqrt{21}/14$, die Neigung gegen ω_1 um $60°$ größer. Die Projektion der Achse auf die Bildebene geht durch O. [Suche erst die resultierende Translationsgeschwindigkeit τ_2 aus τ und $-\tau_1$; sie ist $\sqrt{7}\,\tau/2$ und hat gegen τ die Neigung: $\sin\varphi = 3\sqrt{21}/14$; suche ebenso die resultierende Winkelgeschwindigkeit ω_2 aus ω und $-\omega_1$; sie ist $\sqrt{7}\,\omega/3$ und hat gegen ω die Neigung: $\sin\psi = \sqrt{21}/14$; endlich setze τ_2 und ω_2 zu einer Schraubenbewegung zusammen; ihre Neigung ist gegeben durch: $\cos(\varphi-\psi) = 1/2$.]

495. Die resultierende Bewegung ist eine Schraubenbewegung mit der Translationsgeschwindigkeit $\dfrac{\tau_1}{2}\cdot\dfrac{4+5\cos\alpha}{\sqrt{5+4\cos\alpha}}$ und der Winkelgeschwindigkeit $\omega_1\sqrt{5+4\cos\alpha}$. Die resultierende Schraubenachse A ist parallel der Ebene A_1A_2; sie ist hinter ihr gelegen, um $\dfrac{\tau_1}{2\omega_1}\cdot\dfrac{3\sin\alpha}{5+4\cos\alpha}$ von ihr entfernt und schneidet die in O errichtete Senkrechte zu ihr. Ihre Winkel mit A_1,A_2 sind gegeben durch:

$$\operatorname{tg}(A_1A_2) = \frac{2\sin\alpha}{1+2\cos\alpha}, \qquad \operatorname{tg}(AA_2) = \frac{\sin\alpha}{2+\cos\alpha}.$$

496. Nennt man x den Abstand des Punktes A von der Stange, so ist $x^2 + y^2 = a^2$. Differenziert man diese Gleichung zweimal nach der Zeit und setzt
$$\frac{dx}{dt} = c,$$
so kommt
$$v = \frac{dy}{dt} = -c\sqrt{\frac{a^2}{y^2}-1},$$
$$b = \frac{d^2y}{dt^2} = -\frac{a^2c^2}{y^3}.$$

497. Die Winkelgeschwindigkeiten der beiden Stangen X und Y sind gleich $c/2r$. [Jede von ihnen dreht sich um $d\varphi/2$, wenn $\overline{OM}$ sich um $d\varphi$ dreht.]
$$v_A = c\sin\varphi/2, \qquad v_B = c\cos\varphi/2.$$
[Aus $s = \overline{AM} = 2r\cos\varphi/2$, $v_A = -ds/dt$.]

498. Eine Parabel, deren Scheiteltangente g, deren Brennpunkt A ist.

499. Die Richtung der Geschwindigkeit von M geht durch den höchsten Punkt des Kreises; ihre Größe ist $2\,c\cos\varphi$. [Der Berührungspunkt des Kreises ist Drehpol der ebenen Bewegung.]

500. M liegt im Schnitt von Ak mit dem kleinen Kreis. Seine Geschwindigkeit hat die Richtung von Ak; ihre Größe ist $v = \dfrac{2Rr}{\sqrt{R^2 + (2r-R)^2}}\,\omega$.
[Der Berührungspunkt beider Kreise ist Drehpol der ebenen Bewegung.]

501. Der Schnittpunkt O von AB und CD ist der Drehpol O der ebenen Bewegung. Es muß $\overline{OA} = \overline{OE}$ sein, letzteres parallel zu CB. Man findet:
$$\overline{OA} = \frac{a^2 + b^2}{2a}, \quad \overline{OD} = \frac{a^2 - b^2}{2a},$$
daraus
$$x = \frac{1}{a\sqrt{2}}\sqrt{a^4 + b^4 - 2ab(a^2 - b^2)}, \quad y = \frac{a^2 + b^2}{a\sqrt{2}}.$$

502. Der Drehpol O der Stange AB ist der Schnitt von AD mit BC. Fälle von O eine Senkrechte auf AB; ihr Fußpunkt ist der gesuchte Punkt M. Es ist
$$v = \frac{\overline{OM}}{\overline{OA}}\cdot \overline{AD}\cdot \omega.$$

503. Im Schnitt O von AD mit BE liegt der Drehpol des starren Dreiecks ABC. Ziehe OC; dann ist $v \perp OC$ und seine Größe
$$v = \frac{\overline{OC}}{\overline{OA}}\cdot \overline{AD}\cdot \omega.$$

504. Rechne zuerst den Weg des Punktes B von der äußersten Lage links B_0 an gezählt; es ist
$$\overline{B_0 B} = s = r(1 - \cos\varphi) + l(1 - \cos\psi).$$
Sodann findet man:
$$v = \frac{ds}{dt} = c\,\frac{\sin(\varphi + \psi)}{\cos\psi},$$
$$b = \frac{dv}{dt} = \frac{c^2}{l}\,\frac{r\cos^2\varphi + l\cos^2\psi\cos(\varphi + \psi)}{r\cos^3\psi}.$$
Hierbei sind die Beziehungen zu benutzen:
$$\frac{d\varphi}{dt} = \frac{c}{r}; \quad r\sin\varphi = l\sin\psi; \quad \frac{d\psi}{dt} = \frac{c\cos\varphi}{l\cos\psi}.$$

505. Die Rollkurven sind kongruente Ellipsen; ihre große Achse ist c. Die Brennpunkte der festen Ellipse sind C und D; die der beweglichen A und B. Die Ellipsen berühren sich im Schnittpunkt O von AD und BC (Drehpol der ebenen Bewegung von AB).

506. $v_1 = v\,\dfrac{c^2 - a^2}{a^2 + b^2 - ac}.$

507. Die Rollkurven sind kongruente Hyperbeln, deren reelle Achse gleich a ist. Die Brennpunkte der festen Hyperbel sind C und D; die Brennpunkte der beweglichen A und B. Die Hyperbeln berühren sich im Schnittpunkt O von AD und BC (Drehpol der ebenen Bewegung von AB).

Resultate und Lösungen.

508. Es ist $\quad r\sin(\varphi + \psi) = a\sin\psi$;
differenziert man nach t und setzt $r\,d\varphi/dt = c$, so wird
$$\omega = \frac{d\psi}{dt} = \frac{c\cos(\varphi + \psi)}{a\cos\psi - r\cos(\varphi + \psi)}$$
und mit Hilfe der obigen Gleichung
$$\omega = \frac{c(a\cos\varphi - r)}{a^2 + r^2 - 2ar\cos\varphi}.$$

Für $\cos\varphi = r/a$ ist $\omega = 0$,
„ $\varphi = 0$ „ $\omega_{max} = c/(a - r)$,
„ $\varphi = 180°$ „ $\omega_{min} = -c/(a + r)$.

Ferner ist: $\quad AB = x = \sqrt{a^2 + r^2 - 2ar\cos\varphi}$,
$$v = \frac{dx}{dt} = \frac{ac\sin\varphi}{\sqrt{a^2 + r^2 - 2ar\cos\varphi}}.$$

509. Es ist $\sin\varphi = r/x$. Differenziere nach der Zeit und setze $d\varphi/dt = \omega$, $dx/dt = v$; es wird
$$\omega = -\frac{rv}{x\sqrt{x^2 - r^2}}.$$

510. Die feste Rollkurve ist ein Kreis über ABM. Die bewegliche Rollkurve ist ein doppelt so großer Kreis mit dem Mittelpunkt M.

511. Es ist:
$$O \begin{cases} x = a\,\operatorname{tg}\varphi \\ y = a + x\,\operatorname{tg}\varphi, \end{cases}$$
woraus
$x^2 = a(y - a)$ .. feste Rollkurve (Parabel).
Ferner:
$$\xi = \frac{x}{\cos\varphi} = \frac{a\sin\varphi}{\cos^2\varphi}, \quad \eta = \frac{a}{\cos\varphi},$$
woraus
$\eta^4 = a^2(\xi^2 + \eta^2)$ .. bewegliche Rollkurve.
Endlich sind die Koordinaten (x_1, y_1) von C
$$x_1 = a\,\operatorname{tg}\varphi - c\sin\varphi, \quad y_1 = c\cos\varphi,$$
woraus $\quad x_1^2\,y_1^2 = (a - y_1)^2\,(c^2 - y_1^2)$
die Gleichung der Bahn von C (Konchoide).

512. Bezeichnen x, y die Koordinaten des Drehpols O (s. Abb.), so ist:
$$y + x\,\operatorname{ctg}\varphi = a = \overline{CB},$$
$$y\cos\varphi + x/\sin\varphi = a = \overline{AM}.$$
Entfernt man φ, so erhält man die Gleichung der festen Rollkurve:
$$x^2 = a(2y - a),$$
d. i. eine Parabel mit dem Brennpunkt B. Ebenso ist
$$\eta + \xi\,\operatorname{ctg}\varphi = a = \overline{AM},$$
$$\eta\cos\varphi + \xi/\sin\varphi = a = \overline{CB}.$$

Entfernt man φ aus diesen beiden Gleichungen, so wird ebenso die Gleichung der beweglichen Rollkurve
$$\xi^2 = a(2\eta - a),$$
d. i. eine Parabel mit dem Brennpunkt A.

Setzt man endlich $BM = r$, $\measuredangle CBM = \psi$ als Polarkoordinaten von M, so ist
$$a \sin \psi + r \cos \psi = a,$$
woraus
$$\operatorname{tg} \frac{\psi}{2} = \frac{a-r}{a+r}$$
die Polargleichung der Bahn von M (Strophoide).

513. Um die Polargleichung der festen Rollkurve zu finden, setze man $\overline{CO} = \varrho$. Es ist dann
$$2r \cos \psi = (\varrho - r) \sin \varphi,$$
$$2r \sin \psi = r + r \cos \varphi.$$
Durch Entfernung von ψ folgt

$$\varrho (\varrho - 2r) \cos^2 \frac{\varphi}{2} = r^2 \ldots \text{Polarkurve der festen Rollkurve.}$$

Um die Polargleichung der beweglichen Rollkurve zu finden, setze $\overline{BO} = \varrho$. Dann ist:
$$\varrho = \varrho_1 + r,$$
also wird die letzte Gleichung
$$\cos^2 \frac{\varphi}{2} = \frac{r^2}{\varrho_1^2 - r^2}.$$
Ferner ist
$$\varphi_1 = 90 + \varphi - \psi,$$
$$\cos \varphi_1 = \sin(\psi - \varphi).$$
Benutzt man die Gleichungen
$$\cos \psi = \frac{\varrho_1 \sin \varphi}{2r}, \quad \sin \psi = \cos^2 \frac{\varphi}{2},$$
so kann aus der Gleichung für $\cos^2 \frac{\varphi}{2}$ und jener für $\cos \varphi_1$ die neue gebildet werden:
$$2 \sin^2 \frac{\varphi_1}{2} = \frac{\varrho_1^2 - 2r^2}{(\varrho_1 - r)^2},$$
d. i. die gesuchte Polargleichung der beweglichen Rollkurve.

514. Nennt man $\overline{AO} = \varrho$, $\measuredangle BCD = 2\delta$, $\overline{DO} = z$, so folgt aus dem Dreieck AOC
$$z + c : \varrho = \cos \varphi/2 : \sin \delta$$
und aus dem Dreieck ABC
$$c : a = \cos \varphi/2 : \sin \delta,$$
woraus:
$$z = \frac{c}{a} (\varrho - a).$$
Nun ist aus dem Dreieck AOD:
$$z^2 = \varrho^2 + a^2 - 2a\varrho \cos \varphi$$

und nach Entfernung von z
$$\frac{(\varrho - a)^2}{\varrho} = \frac{4a^3}{c^2 - a^2} \sin^2 \frac{\varphi}{2}$$
die Polargleichung der festen Rollkurve.

Nennt man ferner $\overline{BO} = \varrho_1$, so ist
$$\varrho = \varrho_1 - a, \quad z + c = (\varrho_1 - a)\frac{c}{a} \quad \text{nach früher,}$$
ferner aus dem Dreieck OBC:
$$(z + c)^2 = \varrho_1^2 + c^2 - 2c\varrho_1 \cos\varphi_1$$
und nach Entfernung von $z + c$:
$$\varrho_1 = \frac{2ac}{c^2 - a^2}(c - a\cos\varphi_1)$$
die Polargleichung der beweglichen Rollkurve.

515. Nennt man v_1 und v_2 die Geschwindigkeiten der Punkte B und C, ferner $\overline{BO} = \varrho_1$, $\overline{CO} = \varrho_2$, so ist
$$v_1 : v_2 = a\omega_a : c\omega_c = \varrho_1 : \varrho_2,$$
also
$$\frac{\omega_c}{\omega_a} = \frac{a\varrho_2}{c\varrho_1}.$$

Bezeichnet man ferner die Winkel
$$\sphericalangle BAD = 2\alpha, \quad \sphericalangle BCD = 2\delta, \quad \sphericalangle AOD = \psi,$$
so ist
$$\psi = \alpha - \delta, \quad a\sin\alpha = c\sin\delta,$$
$$\varrho_2 : \varrho_1 = \sin(\psi + 2\delta) : \sin 2\delta$$
$$= \sin(\alpha + \delta) : \sin 2\delta.$$

Fallen nun die vier Punkte A, B, C, D in eine Gerade, so werden die Winkel α und δ unendlich klein; obige Gleichungen werden dann
$$a\alpha = c\delta,$$
$$\varrho_2 : \varrho_1 = \alpha + \delta : 2\delta = a + c : 2a$$
und somit
$$\frac{\omega_c}{\omega_a} = \frac{a\varrho_2}{c\varrho_1} = \frac{a+c}{2c}.$$

516. Ist $\overline{FA} = r$, $\sphericalangle ASF = \psi$, so ist die Polargleichung der Parabel
$$r = \frac{p}{1 + \cos\psi}.$$

Fällt man in F das Lot auf g, so ist sein Schnitt mit der Normalen zur Parabel im Punkt A der Drehpol O.

Setzt man $\overline{FO} = \varrho$, $\sphericalangle OFx = \varphi$, so wird
$$\varrho = \frac{p\,\mathrm{tg}(45 - \varphi/2)}{1 + \sin\varphi}$$
die Gleichung der festen Rollkurve.

Setzt man ferner $\overline{AO} = \varrho_1$, $\sphericalangle OAF = \varphi_1$, so ist ebenso
$$\varrho_1 = \frac{p}{(1 + \cos 2\varphi_1)\cos\varphi_1}$$
die Polargleichung der beweglichen Rollkurve.

517—522. Resultate und Lösungen.

517. O ist der Drehpol. Setzt man

$$\overline{CO} = \varrho, \quad \sphericalangle OCA = \varphi, \quad \overline{DO} = x, \quad \sphericalangle COD = \varepsilon, \quad CD = a,$$

so ist
$$x \cos \varepsilon = \varrho + a \cos \varphi,$$
$$x \sin \varepsilon = a \sin \varphi$$

und
$$\overline{CL} = \overline{CO} + \overline{OM} \cdot \cos \varepsilon + MK$$
oder
$$R = \varrho + (r - x) \cos \varepsilon + 2a.$$

Entfernt man aus diesen Gleichungen x und ε, so bleibt

$$(a^2 + \varrho^2 + 2 a \varrho \cos \varphi)(2r - a + a \cos \varphi) = 2 a r^2 \cos^2 \frac{\varphi}{2}$$

die Polargleichung der festen Rollkurve.

Setzt man ferner
$$\overline{MO} = \varrho_1, \quad \sphericalangle OMK = \varphi_1,$$
so ist
$$\varphi_1 + \varepsilon = 180°, \quad \varrho_1 + x = r.$$

Entfernt man aus diesen und den obigen Gleichungen x und ε, ϱ und φ, so bleibt
$$\varrho_1 (2r - \varrho_1) \sin^2 \varphi_1/2 = r(r - a),$$

die Polargleichung der beweglichen Rollkurve.

Für die Anfangslage ist $\varphi = 0$, $\varphi_1 = 180°$ und
$$\varrho = \overline{CO} = \sqrt{ar} - a, \quad \varrho_1 = \overline{MO} = r - \sqrt{ar}.$$

518. $FCBA$ ist ein Kurbelviereck mit den festen Punkten F und A, somit O der Drehpol von BC, und da D mit BC starr verbunden ist, auch von D. Zieht man $AG \parallel BD$ bis zum Schnitt G mit OD und nimmt AB als Größe der Geschwindigkeit v von B an, so ist GD die Größe der Geschwindigkeit v_1 von D, weil

$$v : v_1 = \overline{AB} : \overline{GD} = BO : DO.$$

Zieht man endlich

$$HE \perp KE \quad \text{und} \quad GH \parallel DE,$$

so ist HE die Größe der Geschwindigkeit v_2 von E und auch des Kolbens K. Denn die Geraden GD und HE schneiden sich im Drehpol O_1 von ED, und es ist

$$v_1 : v_2 = \overline{GD} : \overline{HE} = \overline{DO_1} : \overline{EO_1}.$$

519. Durch eine Drehung um $120°$ um die Diagonale EF.

520. Durch eine halbe Umdrehung („Umwendung") um eine Achse, die durch den Mittelpunkt des Quadrates geht und zu AB parallel ist.

521. Durch eine halbe Umdrehung um eine Achse, die durch den Mittelpunkt des Dreiecks geht und zu BC parallel ist.

522. Eine Schraubenbewegung, deren Achse durch den Mittelpunkt des Würfels geht und zu BA' parallel ist. Die Schiebung (Translation) der Schraubenbewegung hat die Länge der Würfelkante; der Drehwinkel ist $90°$.

523. Das Koordinatenkreuz xyz werde so gewählt, wie es in der Abbildung angedeutet ist.

Zeichnet man nebenan in O ein gleiches Koordinatenkreuz, macht in diesem
$$Oa \not\equiv AA', \quad Ob \not\equiv BB', \quad Oc \not\equiv CC',$$
so haben a, b, c die Koordinaten
$$\begin{cases} x_1 = s\sqrt{3}/6, & y_1 = s/2, & z_1 = s\sqrt{2}/\sqrt{3}, \\ x_2 = 0, & y_2 = -s, & z_2 = 0, \\ x_3 = -s\sqrt{3}/2, & y_3 = s/2, & z_3 = 0. \end{cases}$$
Die Ebene abc hat die Gleichung
$$x\sqrt{3} + y - z\sqrt{6} + s = 0,$$
und das Lot OP auf diese Ebene von O aus ist die gesuchte Translation
$$\tau = \overline{OP} = s/\sqrt{10}.$$
Der Punkt P hat die Koordinaten
$$\xi = -s\sqrt{3}/10, \quad \eta = -s/10, \quad \zeta = s\sqrt{6}/10.$$
Legt man durch den Halbierungspunkt von $\overline{AA'}$ eine Ebene, normal zur Verbindungslinie von P mit a, so hat sie die Gleichung
$$8\sqrt{3}\,x + 18\,y + 7\sqrt{6}\,z - 27\,s/2 = 0;$$
legt man ebenso durch den Halbierungspunkt von $\overline{BB'}$ eine Ebene, normal zur Verbindungslinie von P mit b, so hat sie die Gleichung
$$\sqrt{3}\,x - 9\,y - \sqrt{6}\,z + 9\,s/2 = 0.$$
Diese beiden Ebenen gehen durch die gesuchte Schraubenachse; ihr Schnitt hat die Gleichungen
$$\begin{cases} x\sqrt{2} + z = 3\sqrt{6}\,s/20, \\ -x + y\sqrt{3} = 3\sqrt{3}\,s/5, \end{cases}$$
d. s. die Gleichungen der gesuchten Schraubenachse.

Legt man endlich durch sie zwei Ebenen, welche durch B und B' gehen, so haben diese die Gleichungen
$$3\sqrt{6}\,x + 3\sqrt{2}\,y + 4\sqrt{3}\,z - 3\sqrt{2}\,s = 0,$$
$$11\sqrt{6}\,x - 9\sqrt{2}\,y + 8\sqrt{3}\,z = 0.$$
Der Winkel φ dieser beiden Ebenen ergibt sich mit
$$\cos\varphi = 2/3,$$
φ ist der Drehwinkel der gesuchten Schraubenbewegung.

524—529. Resultate und Lösungen.

524. Schneidet die Radachse die wagrechte Ebene in O, so ist OC die Momentanachse des Rades. Der Mittelpunkt M des Rades hat die Geschwindigkeit $v_M = \dfrac{2\pi r}{T} \dfrac{\cos^2\alpha}{\sin\alpha}$. Die Winkelgeschwindigkeit um die Momentanachse ist $\omega = \dfrac{v_M}{r\cos\alpha}$; daraus ergeben sich die Geschwindigkeiten der Umfangspunkte des Rades:
$$v_A = 2 v_M = \frac{4\pi r}{T} \cdot \frac{\cos^2\alpha}{\sin\alpha},$$
$$v_B = \omega\sqrt{r^2 + r^2\cos^2\alpha} = \frac{2\pi r}{T}\operatorname{ctg}\alpha\sqrt{1+\cos^2\alpha}.$$

525. Der Körper dreht sich um O; seine Momentanachse ist der Schnitt der Ebenen $g_1 O x$ und $g_2 O z$. Sind $0, b_1, c_1$ die Richtungskosinus von g_1; $a_2, b_2, 0$ jene von g_2, so haben jene zwei Ebenen die Gleichungen
$$b_1 z = c_1 y \quad \text{und} \quad a_2 y = b_2 x;$$
ferner ist $b_1^2 + c_1^2 = 1, \quad a_2^2 + b_2^2 = 1$
und $b_1 b_2 = \cos\delta$.
Entfernt man aus diesen Gleichungen a_2, b_1, b_2, c_1, so bleibt
$$x^2 y^2 + y^2 z^2 + z^2 x^2 = y^4 \operatorname{tg}^2\delta$$
die Gleichung der gesuchten festen Rollfläche. (Kegelfläche mit der Spitze in O.)

526. Der Körper dreht sich um O; seine Momentanachse ist der Schnitt der Ebene $O g x$ und jener Ebene E, die durch G hindurchgeht und zur Ebene $G g$ senkrecht steht.

Die Gleichung der Ebene $O g x$ ist
$$b_1 z = c_1 y,$$
wenn $0, b_1, c_1$ die Richtungskonstanten von g sind; die Gleichung der Ebene E ist
$$a(b b_1 + c c_1) x + (b c c_1 - a^2 b_1 - c^2 b_1) y + (b c b_1 - b^2 c_1 - a^2 c_1) z = 0.$$
Entfernt man $b_1 c_1$, so bleibt
$$(c y - b z)^2 + a y (a y - b x) + a z (a z - c x) = 0$$
die Gleichung der gesuchten festen Rollfläche. (Kegelfläche mit der Spitze in O.)

527. $c = v$. [Erteile den beiden Körpern und dem Boden die Geschwindigkeit v nach links.]

528. $v_3 = \dfrac{b}{a} v_1 + \left(\dfrac{b}{a} + 1\right) v_2$. [Erteile allen Schiffen die Geschwindigkeit $-v_2$.]

529. Die absolute Geschwindigkeit oder die Geschwindigkeit über Grund der Hinfahrt ist $v_1 = c\cos\beta + w\cos\alpha$, die Geschwindigkeit der Rückfahrt $v_2 = c\cos\beta - w\cos\alpha$. Nimmt man noch hinzu:

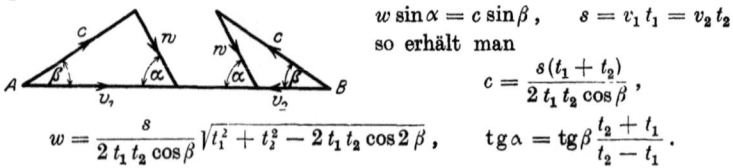

$$w\sin\alpha = c\sin\beta, \quad s = v_1 t_1 = v_2 t_2,$$
so erhält man
$$c = \frac{s(t_1 + t_2)}{2 t_1 t_2 \cos\beta},$$
$$w = \frac{s}{2 t_1 t_2 \cos\beta}\sqrt{t_1^2 + t_2^2 - 2 t_1 t_2 \cos 2\beta}, \quad \operatorname{tg}\alpha = \operatorname{tg}\beta\frac{t_2 + t_1}{t_2 - t_1}.$$

Resultate und Lösungen. **530—532.**

530. Ist $\overline{OB} = \overline{OC} = c$ die Eigengeschwindigkeit des Ballons, $\overline{AO} = w$ die Windgeschwindigkeit, so sind v_1 und v_2 die absoluten Geschwindigkeiten des Ballons für die Hin- und Rückfahrt in irgendeiner Richtung. Sind t_1 und t_2 die zugehörigen Zeiten und entfernt sich hierbei der Ballon in der Richtung AB um r von O, so ist

$$t = t_1 + t_2, \quad r = v_1 t_1 = v_2 t_2.$$

Ferner folgt aus dem Sekantensatz des Kreises

$$v_1 v_2 = (c+w)(c-w)$$

und

$$v_1 + v_2 = 2\sqrt{c^2 - w^2 \sin^2 \varphi}.$$

Aus diesen Gleichungen folgt durch Entfernung von v_1, v_2, t_1, t_2

$$4 r^2 (c^2 - w^2 \sin^2 \varphi) = t^2 (c^2 - w^2)^2$$

als Polargleichung des gesuchten Gebietes.

Es ist eine Ellipse mit O als Mittelpunkt und mit den Halbachsen

$$\begin{cases} a = \dfrac{t}{2} \dfrac{c^2 - w^2}{c} & \text{in Richtung von } w, \\ b = \dfrac{t}{2} \sqrt{c^2 - w^2} & \text{senkrecht zu } w. \end{cases}$$

531. Erteilt man beiden Körpern uberdies eine gleiche, nach links gerichtete Translationsgeschwindigkeit v, so kommt $ABCD$ zur Ruhe; der Schlitten S wird das Wellental hinabgleiten und auf der anderen Seite hinaufgleiten. Er besitzt an der tiefsten Stelle E die Geschwindigkeit

$$v_1^2 = v^2 + 2gh = 2gh_1,$$

wird also bis zur Spitze des Wellenberges h_1 emporkommen.

532. Nimmt man A als Anfangspunkt eines Achsenkreuzes an, Ax wagrecht, Ay lotrecht nach abwärts, so ist die relative Geschwindigkeit des Punktes $v_r = \sqrt{2gy}$ und die Teile der absoluten Geschwindigkeit

$$\begin{cases} v_x = \dfrac{dx}{dt} = c + v_r \cos \alpha, \\ v_y = \dfrac{dy}{dt} = v_r \sin \alpha, \end{cases}$$

woraus

$$dx = \dfrac{c}{\sqrt{2g} \sin \alpha} \cdot \dfrac{dy}{\sqrt{y}} + \operatorname{ctg} \alpha \cdot dy$$

und — durch Integration dieser Gleichung — die Gleichung der absoluten Bahn des Punktes:

$$(x \sin \alpha - y \cos \alpha)^2 = \dfrac{2 c^2}{g} y.$$

Sie ist eine Parabel mit lotrechter Achse und hat in A eine wagrechte Tangente. Die absolute Geschwindigkeit des Punktes ist für $y = h$:

$$v^2 = c^2 + 2gh + 2c\sqrt{2gh} \cos \alpha.$$

Sie schließt mit der Wagrechten durch C den Winkel α_1 ein, für welchen gefunden wird

$$\operatorname{ctg} \alpha_1 = \dfrac{v_x}{v_y} = \operatorname{ctg} \alpha + \dfrac{c}{\sqrt{2gh} \cdot \sin \alpha}.$$

533. Die relative Beschleunigung des Punktes gegen die schiefe Ebene ist
$$b_r = g(\sin\alpha - f\cos\alpha),$$
wenn f die Reibungszahl ist; die relative Geschwindigkeit ist
$$v_r = g(\sin\alpha - f\cos\alpha)\,t.$$
Wahlt man A als Anfangspunkt eines (ruhenden) Achsenkreuzes, Ax wagrecht, Ay lotrecht nach abwarts, so sind die Teile der absoluten Geschwindigkeit nach x und y:
$$\begin{cases} v_x = \dfrac{dx}{dt} = b_s t + v_r \cos\alpha, \\ v_y = \dfrac{dy}{dt} = v_r \sin\alpha, \end{cases}$$
und weiter (mit Rücksicht auf die Anfangsbedingungen):
$$\begin{cases} x = [b_s + g\cos\alpha(\sin\alpha - f\cos\alpha)]\,t^2/2, \\ y = g\sin\alpha(\sin\alpha - f\cos\alpha)\,t^2/2, \end{cases}$$
woraus die Gleichung der absoluten Bahn:
$$x = y\left[\operatorname{ctg}\alpha + \frac{b_s}{g\sin\alpha(\sin\alpha - f\cos\alpha)}\right].$$
Die absolute Bahn ist eine durch A gehende Gerade. Die absolute Beschleunigung des Punktes ist
$$b_a^2 = b_s^2 + b_r^2 + 2\,b_s b_r \cos\alpha$$
und die Geschwindigkeit, mit der die Wagrechte erreicht wird:
$$v = b_a \sqrt{\frac{2h}{g\sin\alpha(\sin\alpha - f\cos\alpha)}}.$$

534. Die Kreide schreibt auf der Tafel eine wagrechte Gerade mit der unveränderlichen Geschwindigkeit c an.

535. Eine Zykloide, deren Walzungskreis den Halbmesser $\varrho = r \cdot \dfrac{w}{c}$ hat; sein Mittelpunkt bewegt sich mit der Geschwindigkeit w in der Geraden Ox. [Ein Punkt des Wälzungskreises ist vorübergehend in Ruhe, nämlich der Berührungspunkt mit der Wälzungsgeraden. Für ihn muß
$$w = \varrho\,c/r$$
sein, woraus sich ϱ ergibt.]

536. Es sind die Teile der relativen Beschleunigung
$$\begin{cases} b_{r x} = b_s + \dfrac{c^2}{r}\cos\varphi = \dfrac{dv_{rx}}{dt}, \\ b_{r y} = -\dfrac{c^2}{r}\sin\varphi = \dfrac{dv_{ry}}{dt}, \end{cases}$$
woraus die Teile der relativen Geschwindigkeit:
$$\begin{cases} v_{rx} = b_s t + c\sin\varphi = \dfrac{dx}{dt}, \\ v_{ry} = c\cos\varphi = \dfrac{dy}{dt}, \end{cases}$$
wobei zu berücksichtigen ist, daß
$$c = r\,\frac{d\varphi}{dt}, \quad \text{also} \quad t = \frac{r}{c}\varphi \quad \text{ist.}$$

Endlich wird
$$\begin{cases} x = \dfrac{1}{2} b_s t^2 - r \cos \varphi = \dfrac{b_s r^2}{2 c^2} \varphi^2 - r \cos \varphi, \\ y = r \sin \varphi \end{cases}$$
und nach Entfernung von φ die Gleichung der relativen Bahn des Punktes
$$x = \frac{b_s r^2}{2 c^2} \left(\arcsin \frac{y}{r}\right)^2 - \sqrt{r^2 - y^2}.$$

537. Gleichung der absoluten Bahn:
$$a\, e^q = 2r + \sqrt{4 r^2 - a^2}.$$
Relative Geschwindigkeit beim Verlassen des Rohres:
$$v_r = a \omega \sqrt{3/2}.$$
Absolute Geschwindigkeit beim Verlassen des Rohres:
$$v_a = a \omega \sqrt{7/2}.$$

538. Da eine eingeprägte (oder absolute) Beschleunigung nicht vorhanden ist (vom Eigengewicht ist abzusehen), so ist
$$\bar{b}_r = \bar{b}_z - \bar{b}_s - \bar{b}_c,$$
d. h. die relative Beschleunigung b_r besteht aus den 3 Teilen:

1. der Zwangsbeschleunigung $\bar{b}_z = D/M$, die von der Führung im kreisförmigen Rohr herrührt; $D = $ Führungsdruck, $M = $ Masse des bewegten Punktes (Kugel);
2. der negativen Systembeschleunigung $-\bar{b}_s = \varrho \omega^2$ nach auswärts;
3. der negativen Zusatz- (Coriolis-) -Beschleunigung: $-\bar{b}_c = 2 v_r \omega$ nach auswärts.

Die relative Bahn ist die Mitte des Kreisrohres; der tangentielle Teil von b_r ist dann
$$b_r^{(t)} = \frac{d v_r}{d t} = -\varrho \omega^2 \sin \varphi,$$
der normale Teil:
$$b_r^{(n)} = v_r^2/r = b_z - 2 v_r \omega - \varrho \omega^2 \cos \varphi.$$
Aus
$$v_r \cdot d v_r = b_r^{(t)} \cdot d s,$$
$$\varrho = 2 r \cos \varphi, \quad d s = r \cdot d(2\varphi)$$
folgt mit Rücksicht auf die Anfangslage M_0
$$v_r = r \omega \sqrt{2 \cos 2\varphi}$$
und für die Stelle M_1:
$$\varphi = 0, \quad v_{r,1} = r \omega \sqrt{2}.$$
An dieser Stelle ist die Systemgeschwindigkeit
$$v_{s,1} = 2 r \omega,$$
mithin ist die absolute Geschwindigkeit des Punktes
$$v_{a,1} = v_{r,1} + v_{s,1} = r \omega (2 + \sqrt{2}).$$

539—541. Resultate und Lösungen.

Aus der Gleichung für $b_r^{(n)}$ ergibt sich der Druck
$$D = M b_z = 2 M r \omega^2 (3 \cos^2 \varphi - 1 + \sqrt{2 \cos 2\varphi})$$
und an der Stelle M_1
$$D_1 = 2 M r \omega^2 (2 + \sqrt{2}).$$

539. Lösung analog jener in **538**. Es ist
$b_z = D/M$, $-b_s = r \omega^2$ in Richtung OM nach auswärts,
$b_c = 2 v_r \omega$ in der Normalen x zur Spirale in M nach auswärts.

Die beiden Teile der relativen Beschleunigung $\bar{b}_r$ sind:

in der Tangente der Spirale:
$$b_r^{(t)} = r \omega^2 \sin \alpha,$$
in der Normalen der Spirale:
$$b_r^{(n)} = v_r^2/\varrho = b_z - 2 v_r \omega - r \omega^2 \cos \alpha.$$

Hierin ist α der Winkel zwischen r und der Normalen zur Spirale. Aus
$$v_r \cdot dv_r = b_r^{(t)} \cdot ds$$
folgt wegen $ds = dr/\sin\alpha$:
$$v_r \cdot dv_r = \omega^2 r\, dr$$
und (mit Rücksicht auf die Anfangsbedingung $r = a$, $v_r = 0$):
$$v_r = \omega \sqrt{r^2 - a^2}.$$

Aus der Gleichung für $b_r^{(n)}$ folgt, weil der Krümmungshalbmesser der Spirale
$$\varrho = r/\cos\alpha \quad \text{und} \quad \mathrm{tg}\,\alpha = m$$
ist, der Druck
$$D = M b_z = M \omega^2 \left[\left(2r - \frac{a^2}{r}\right) \frac{1}{\sqrt{1+m^2}} + 2 \sqrt{r^2 - a^2} \right].$$

540. Die Rollkurve ist der Ort aller relativen Drehpole der beiden ebenen Systeme. Der Ort der Drehpole in der Scheibe ist ein Kreis mit dem Halbmesser c/ω, Mittelpunkt O; der Ort der Drehpole im Blatt ist eine Gerade parallel zu c, in der Entfernung c/ω unter O.

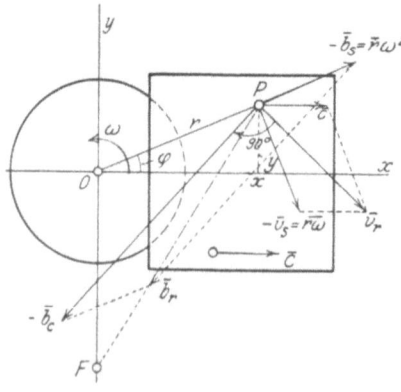

541. Nimm einen beliebigen Punkt P mit den Koordinaten x, y in bezug auf das Achsenkreuz Oxy an. Die relative Geschwindigkeit v_r von P ist gegeben durch
$$\bar{v}_r = \bar{c} - \bar{v}_s = \bar{c} - \bar{r\omega}$$
und ihre Teile nach x und y:
$$\begin{cases} v_{rx} = c + r\omega \sin\varphi = c + y\omega \\ v_{ry} = -r\omega \cos\varphi = -x\omega. \end{cases}$$

Die relative Beschleunigung $\bar{b}_r$ von P folgt aus:
$$\bar{b}_r = \bar{b}_a - \bar{b}_s - \bar{b}_c,$$
worin
$$\begin{cases} \bar{b}_a = 0 \\ -\bar{b}_s = r\omega^2 \quad \text{nach außen} \\ -\bar{b}_c = 2 v_r \omega \quad \text{um } 90° \text{ im Gegensinn von } \omega \text{ gegen } \bar{v}_r \text{ verdreht.} \end{cases}$$

Resultate und Lösungen.

Bildet man die Teile von b_r nach x und y, so wird:
$$\begin{cases} b_{rx} = r\,\omega^2 \cos\varphi + 2\,\omega\,v_{ry} = -x\,\omega^2, \\ b_{ry} = r\,\omega^2 \sin\varphi - 2\,\omega\,v_{rx} = -y\,\omega^2 - 2\,\omega\,c, \end{cases}$$
woraus
$$\bar{b}_r^2 = \omega^4 \left[x^2 + \left(y + \frac{2c}{\omega} \right)^2 \right].$$

Macht man $\overline{OF} = -2\,c/\omega$, so ist also
$$b_r = \omega^2 \cdot \overline{FP},$$

d. h. die relative Beschleunigung b_r geht für alle Punkte P der Scheibe durch einen festen Punkt F hindurch und ist $\overline{FP}$ proportional.

542. Die relative Geschwindigkeit v_r des Punktes A besteht aus dessen absoluter Geschwindigkeit v_a und der negativen Geschwindigkeit v_s des unter A liegenden Systempunktes in I, also
$$\bar{v}_r = \bar{v}_a - \bar{v}_s = a\,\omega_2 - a\,\omega_1 = a\,\omega_1,$$
sie ist von A nach abwärts gerichtet.

Die relative Beschleunigung $\bar{b}_r$ besteht aus den Teilen
$$\bar{b}_r = \bar{b}_a - \bar{b}_s - \bar{b}_c,$$
worin
$\bar{b}_a = a\,\omega_2^2$, Richtung AO_2,
$-\bar{b}_s = a\,\omega_1^2$, Richtung AO_2,
$-\bar{b}_c = 2\,v_r\,\omega_1$, Richtung AO_2,

woraus folgt: $\bar{b}_r = 7\,a\,\omega_1^2$, Richtung AO_2.

543. Die absolute Geschwindigkeit des Punktes M ist
$$\bar{v}_a = \bar{v}_s + \bar{v}_r,$$
worin die Systemgeschwindigkeit $v_s = a\,\omega\,\sqrt{2}$ senkrecht zu $\overline{OM}$, die relative Geschwindigkeit $v_r = \dfrac{a\,\omega}{2\,\pi}$ in Richtung von AB liegt. Man erhält daraus:
$$v_a = \frac{a\,\omega}{2\,\pi} \sqrt{8\,\pi^2 + 4\,\pi + 1},$$
$$\operatorname{tg}\varphi = \frac{v_s + v_r \cdot \sin 45°}{v_r \cdot \cos 45°} = 4\,\pi + 1.$$

Die absolute Beschleunigung des Punktes M ist
$$\bar{b}_a = \bar{b}_r + \bar{b}_s + \bar{b}_c,$$
worin $b_s = a\,\omega^2\,\sqrt{2}$ in Richtung von $\overline{MO}$, $b_r = 0$ (da sich M gleichförmig in AB bewegt) und $b_c = 2\,v_r\,\omega$ in Richtung von AC ist. Man erhält daraus:
$$b_a = \frac{a\,\omega^2}{\pi} \sqrt{2\,\pi^2 + 2\,\pi + 1},$$
$$\operatorname{ctg}\psi = 2\,\pi + 1.$$

544. Die relative Beschleunigung des Punktes ist
$$\bar{b}_r = \bar{b}_a + \bar{b}_z - \bar{b}_s - \bar{b}_c.$$

Die absolute Beschleunigung b_a rührt her vom Gewicht G des Punktes, die Zwangsbeschleunigung $b_z = D/M$ von der Führung; $-b_s$ ist $r\,\omega^2$, in Richtung der sich drehenden Geraden nach außen gerichtet; $-b_c$ ist $2\,v_r\,\omega$, normal zur Geraden nach aufwärts.

545. Resultate und Lösungen.

Hieraus folgt zunächst die relative Beschleunigung in Richtung der schiefen Ebene
$$b_r = \frac{d v_r}{d t} = g \sin \varphi + r \omega^2,$$
und wegen $v_r = \dfrac{d r}{d t}$, $\omega = \dfrac{d \varphi}{d t}$, $\varphi = \omega t$:
$$\frac{d^2 r}{d t^2} = g \sin \omega t + r \omega^2.$$

Die Integration dieser Differentialgleichung liefert:
$$r = \frac{g}{4 \omega^2} (e^\eta - e^{-\eta} - 2 \sin \varphi)$$
und
$$v_r = \frac{d r}{d t} = \frac{g}{4 \omega} (e^\eta + e^{-\eta} - 2 \cos \varphi).$$

Für die Richtung der Normalen zur schiefen Ebene ist
$$D + M b_c = G \cos \varphi,$$
woraus der Druck
$$D = G \left(2 \cos \varphi - \frac{e^\eta + e^{-\eta}}{2}\right).$$

545. Bezeichnet r die veränderliche Entfernung OM, so ist
$$\overline{AM}^2 = (l - r)^2 = a^2 + r^2 - 2 a r \cos \psi,$$
woraus sich die Gleichung der von M durchlaufenen absoluten Bahn in Polarkoordinaten (r, ψ) ergibt:
$$r (l - a \cos \psi) = \frac{1}{2} (l^2 - a^2).$$

Differenziert man diese Gleichung nach der Zeit und setzt $\dfrac{d \psi}{d t} = \dfrac{\omega}{2}$, so erhält man die relative Geschwindigkeit des Punktes M in bezug auf die Stange
$$v_r = -\frac{d r}{d t} = \frac{a \omega}{l^2 - a^2} r^2 \sin \psi$$
und nach nochmaliger Differentiation die relative Beschleunigung

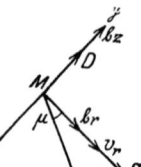

$$b_r = -\frac{d^2 r}{d t^2} = \frac{a \omega^2}{(l^2 - a^2)^2} r^3 [-a(1 + \sin^2 \psi) + l \cos \psi].$$

Die relative Beschleunigung des Punktes M ist
$$\bar{b}_r = \bar{b}_a + \bar{b}_z - \bar{b}_s - \bar{b}_c;$$
die Zwangsbeschleunigung $b_z = D/M$ rührt von den beiden gleichen Spannungen S in der Schnur und von der Coriolisbeschleunigung her.

Ferner ist $b_s = r \omega^2$ von M nach O gerichtet und $b_c = 2 v_r \omega$. Durch Projizieren auf das rechtwinklige Achsenkreuz Mxy erhält man
$$b_r = \frac{S}{M} + \frac{S \cos \mu}{M} - r \omega^2,$$
$$0 = \frac{S \sin \mu}{M} - \frac{D}{M} - 2 v_r \omega,$$

woraus sich ergibt:
$$D = \frac{2\,M\,a^2\,\omega^2}{(l^2-a^2)^2}\, r^4 \sin\psi\,.$$

Die Fliehkraft der Masse M **ist:**
$$M\,r\,\omega^2 = \frac{M}{2}(l^2-a^2)\,\omega^2\,\frac{1}{l-a\cos\psi}\,.$$

546. Die relative Beschleunigung des Punktes ist
$$\bar{b}_r = \bar{b}_a + \bar{b}_z - \bar{b}_s - \bar{b}_c\,.$$

Die absolute Beschleunigung b_a besteht aus der Beschleunigung der Schwere. $b_z = D/M$ rührt von dem wagrecht gerichteten Druck D der Ebene auf den Punkt her; $-b_s$ ist $y\,\omega^2$ nach auswarts, b_c ist $2\,v'_r\,\omega$ und liegt senkrecht zur Ebene, wenn v'_r die Projektion der relativen Geschwindigkeit v_r auf die Horizontalebene bezeichnet; also ist
$$b_c = 2\,\omega\,\frac{dy}{dt}\,.$$

Hieraus folgt für die relative Bewegung des Punktes in der sich drehenden **Ebene:**
$$\frac{d^2x}{dt^2} = g\,, \qquad \frac{d^2y}{dt^2} = y\,\omega^2\,,$$

woraus mit Rücksicht auf den Anfangszustand
$$v_{rx} = g\,t\,, \qquad v_{ry}\cdot dv_{ry} = y\,\omega^2 \cdot dy$$

und daraus
$$v_{ry} = \frac{dy}{dt} = \sqrt{v_0^2 + y^2\,\omega^2}$$

weiter
$$x = \frac{1}{2}\,g\,t^2\,, \qquad dt = \frac{dy}{\sqrt{v_0^2 + y^2\,\omega^2}}\,,$$
$$\omega\,t = \lg[y + \sqrt{y^2 + v_0^2/\omega^2}] + C\,.$$
$$v_0\,e^{\omega t} = \omega\,y + \sqrt{v_0^2 + y^2\,\omega^2}$$

und die Gleichung der relativen Bahn
$$v_0\,e^{\omega\sqrt{2x/g}} = \omega\,y + \sqrt{v_0^2 + y^2\,\omega^2}\,.$$

Setzt man $\varphi = \omega\,t$, worin φ der Drehungswinkel der Ebene ist, so erhalt man die Projektion der absoluten Bahn auf die Horizontalebene in Polarkoordinaten $r, \varphi\,(y = r)$
$$v_0\,e^{\varphi} = \omega\,y + \sqrt{v_0^2 + y^2\,\omega^2}\,.$$

Ferner ist die relative Geschwindigkeit
$$v_r^2 = v_{rx}^2 + v_{ry}^2 = v_0^2 + g^2\,t^2 + y^2\,\omega^2$$

und die absolute Geschwindigkeit
$$v_a^2 = v_r^2 + v_s^2 = v_0^2 + g^2\,t^2 + 2\,y^2\,\omega^2\,.$$

Endlich der Druck der schiefen Ebene
$$D = M\,b_z = M\,b_c = 2\,M\,\omega\,\frac{dy}{dt} = 2\,M\,\omega\,\sqrt{v_0^2 + y^2\,\omega^2}\,,$$

worin M die Masse des Punktes ist.

547. Die relative Beschleunigung $\bar{b}_r$ des Punktes M in bezug auf die sich drehende Ebene ist:
$$\bar{b}_r = \bar{b}_a + \bar{b}_z - \bar{b}_s - \bar{b}_c.$$

Die absolute Beschleunigung b_a besteht aus der Beschleunigung der Schwere und aus der Beschleunigung S/M; $-b_s$ ist $y\,\omega^2$ in Richtung von y nach auswärts, $b_c = 2\,v_r'\,\omega$ ist senkrecht zur Ebene Oxy, $v_r' = v_r\cos\varphi$ die Projektion der Pendelgeschwindigkeit auf die y-Richtung. Zunächst ist
$$b_z = D/M = b_c = 2\,v_r\,\omega\cos\varphi.$$

Die Tangentialbeschleunigung der relativen Bewegung ist
$$b_r^{(t)} = \frac{d\,v_r}{dt} = l\,\frac{d^2\varphi}{dt^2} = l\sin\varphi\cos\varphi\,\omega^2 - g\sin\varphi,$$

woraus nach Multiplikation mit $d\varphi$ und Integration folgt:
$$\left(\frac{d\varphi}{dt}\right)^2 = \frac{v_r^2}{l^2} = \omega^2\sin^2\varphi + \frac{2g}{l}\cos\varphi + C.$$

Die Konstante ist aus der Bedingung: $\varphi = \alpha$, $v_r = 0$ zu bestimmen. Es ist also die gesuchte relative Pendelgeschwindigkeit:
$$v_r^2 = l^2\,\omega^2\sin^2\varphi + 2\,g\,l\cos\varphi + C\,l^2$$

und der Druck der Ebene:
$$D = M\,b_z = M\,b_c = 2\,M\,\omega\cos\varphi \cdot v_r.$$

Die Normalbeschleunigung der relativen Bewegung ist
$$b_r^{(n)} = \frac{v_r^2}{l} = \frac{S}{M} - l\,\omega^2\sin^2\varphi - g\cos\varphi,$$

woraus der Zug im Pendelfaden:
$$S = M(2\,l\,\omega^2\sin^2\varphi + 3\,g\cos\varphi + C\,l).$$

548. Die relative Geschwindigkeit ist:
$$\bar{v}_r = \bar{v}_a - \bar{v}_s.$$
Ihre Teile nach den drei Achsen sind:
$$v_{rx} = -a\,\omega, \quad v_{ry} = a\,\omega + v/\sqrt{2}, \quad v_{rz} = v/\sqrt{2} - \tau.$$

Die relative Beschleunigung ist:
$$\bar{b}_r = \bar{b}_a - \bar{b}_s - \bar{b}_c,$$
worin
$$b_c = 2\,\omega\,v_r' \quad \text{und} \quad v_r' = \sqrt{v_{rx}^2 + v_{ry}^2}$$

ist. Ihre Teile nach den drei Achsen sind:
$$b_{rx} = -a\,\omega^2 - \omega\,v\sqrt{2}, \quad b_{ry} = -a\,\omega^2, \quad b_{rz} = 0.$$

549. Man erhält die augenblickliche relative Bewegung des zweiten Körpers, indem man seine Schraubenbewegung c_2, ω_2 mit der entgegengesetzten Drehung von ω_1 zusammensetzt. Die relative Bewegung ist eine Schraubenbewegung mit der Winkelgeschwindigkeit
$$\omega_r = \sqrt{\omega_1^2 + \omega_2^2}$$
und der Translationsgeschwindigkeit
$$c_r = \frac{\omega_2}{\omega_r}(c_2 + a\,\omega_1).$$

Die Achse C der relativen Schraubenbewegung schneidet a normal und teilt es im Verhältnis
$$\frac{a\,\omega_2^2 - c_2\,\omega_1}{a\,\omega_1^2 + c_2\,\omega_1}.$$

Ihre Neigungen sind:
$$\cos(CA) = \frac{\omega_1}{\omega_r}, \qquad \cos(CB) = -\frac{\omega_2}{\omega_r}.$$

550. Ist dM ein Element der Ringmasse, φ der Winkel seines Halbmessers r gegen die η-Achse, so ist die Zusatzbeschleunigung
$$b_c = 2\,v'_r\,\omega_1, \quad \text{worin} \quad v'_r = v_r \sin\varphi, \quad v_r = r\,\omega,$$
also
$$b_c = 2\,r\,\omega\,\omega_1 \sin\varphi, \quad \text{in Richtung von } -\xi.$$

Da die relative Bewegung des Ringes senkrecht zur Achse ξ vor sich geht, hat die Zusatzbeschleunigung b_c keinen Einfluß auf sie und muß vom festen Gestell xyz aufgenommen werden. Die Wirkung aller Zusatzkräfte ist also die Summe aller $dM \cdot b_c$. Die Summe dieser Kräfte in der Richtung ξ ergibt sich mit Null, ebenso die Summe ihrer Momente um ξ und ζ; es bleibt nur das Moment um die η-Achse (Kreiselmoment oder Deviationswiderstand) von der Größe

$$\mathfrak{M}_\eta = \int_0^{2\pi} dM \cdot b_c\, r \sin\varphi = \int_0^{2\pi} \frac{M}{2\,r\,\pi}\, r\, d\varphi \cdot 2\,r\,\omega\,\omega_1 \sin\varphi \cdot r \sin\varphi = M\,r^2\,\omega\,\omega_1.$$

551. $K = 28{,}64$ kg. $\left[\text{Aus } Kv = 2 \cdot 75 \text{ kgm/sek}, \; v = \frac{r\,n\,\pi}{30} = \frac{0{,}5\text{ m} \cdot 100 \cdot \pi}{30 \text{ sek}}.\right]$

552. $N = 300$ PS. $[N = 9000 \cdot 2{,}5/75.]$

553. $\eta = 0{,}6$. $\left[\text{Aus } \eta \cdot 26 \cdot 75 \text{ kgm/sek} = \frac{19\,656\,000 \text{ kg} \cdot 36 \text{ m}}{7 \cdot 24 \cdot 60 \cdot 60 \text{ sek}}.\right]$

554. $Q = 0{,}375$ m³. $\left[\text{Aus } 10 \cdot 75 \text{ kgm/sek} = (Q \cdot 1000) \text{ kg/sek} \cdot 4 \text{ m} \cdot \frac{50}{100}.\right]$

555. $E = 20{,}25$ kgm/sek. [Zugeführte Leistung $E = 10$ kg/sek $\cdot 27$ m $+ E/3$.]

556. $\eta = 0{,}7$. $\left[\frac{5940 \text{ kg} \cdot 25 \text{ m}}{60 \text{ sek}} = 0{,}8 \cdot 15 \cdot 75 \text{ kgm/sek} + \eta \cdot 30 \cdot 75 \text{ kgm/sek}.\right]$

557. $W = 70{,}05$ t. $\left[W \text{ kg} \cdot \frac{12{,}5 \cdot 1850 \text{ m}}{3600 \text{ sek}} = 6000 \cdot 75 \text{ kgm/sek}.\right]$

558. $Q = 3{,}125$ m³. $\left[(1000\,Q) \text{ kg/sek} \cdot 1{,}8 \text{ m} \cdot \frac{60}{100} = 45 \cdot 75 \text{ kgm/sek}.\right]$

559. $N = 2{,}88$ PS. $\left[\frac{14\,400 \text{ kg} \cdot 3 \text{ m} \cdot 24}{3600 \text{ sek}} \cdot 0{,}75 = N \cdot 75 \text{ kgm/sek}.\right]$

560. $N = 1{,}05$ PS. $\left[(1 - 0{,}4) \cdot N = \dfrac{800 \text{ kg}\left(40 \text{ m} + \dfrac{1}{50} \cdot 30\,000 \text{ m}\right)}{3 \cdot 3600 \text{ sek}}.\right]$

561. $\varkappa = 0{,}013$. [Aus $4 \cdot 75$ kgm/sek $= 600$ kg $\cdot 5$ m/sek $(\sin 5° + \varkappa \cos 5°)$.]

562. Die notwendige Leistung ist im ersten Fall: $N = (\sin\alpha + \varkappa \cos\alpha)\,G\,v$, im zweiten Fall: $N = \varkappa(G + G_1)\,v$. Setzt man beide gleich, so erhält man
$$G_1 = G\left(\frac{\sin\alpha}{\varkappa} + \cos\alpha - 1\right),$$
und daraus $\varkappa$.

563. Die Leistung des Uhrwerks ist
$$N = \frac{0{,}3 \text{ kg} \cdot 1{,}2 \text{ m}}{24 \cdot 60 \cdot 60 \text{ sek}} = \frac{1}{240000} \frac{\text{kgm}}{\text{sek}}.$$
Die Leistung zum Aufziehen ist:
$$N_1 = \frac{(1 + 1/3)\,0{,}3 \text{ kg} \cdot 1{,}2 \text{ m}}{30 \text{ sek}} = 0{,}016 \frac{\text{kgm}}{\text{sek}}.$$

564. $t = 31{,}7$ Minuten.

565. Verlust an Leistung: 2 PS; $\eta = 0{,}8$.

566. $N = 27{,}9$ PS. $\left[N = \frac{1}{75} \cdot (10^2 \pi \cdot 5) \text{ kg} \cdot 0{,}4 \text{ m} \cdot 2 \cdot \frac{100}{60 \text{ sek}}.\right]$

567. $n_1 = 13{,}687$. $\left[\text{Aus } \frac{n_1 \cdot 0{,}15 \text{ m} \cdot \pi}{30 \text{ sek}} = 0{,}215 \text{ m/sek.}\right]$

$n = 5\,n_1 = 68{,}435$.

$N = 51{,}57$ PS. $\left[\text{Aus } N = \frac{1}{75}(15^2 \cdot \pi \cdot 4) \text{ kg} \cdot 0{,}6 \text{ m} \cdot 2 \cdot \frac{n}{60 \text{ sek}}.\right]$

$Q = 12592$ kg. [Aus $(N \cdot 75)$ kgm/sek $\cdot 0{,}7 = Q$ kg $\cdot 0{,}215$ m/sek.]

568. $x = 25$ Arbeiter. $\left[x \cdot 2 \text{ mkg/sek} = \frac{(600 \cdot 1500) \text{ kg}}{10 \cdot 3600 \text{ sek}} \cdot 2 \text{ m.}\right]$

569. $G = 288$ t. $\left[\text{Aus } 0{,}8 \cdot 80 \cdot 75 \text{ kgm/sek} = G \text{ kg} \cdot \frac{1 \text{ m}}{60 \text{ sek}}.\right]$

570. Nach $t = 34$ Stunden 43 Minuten. [$5000 \cdot 1000$ kg $\cdot 3$ m $= 2 \cdot 75$ kgm/sek $0{,}8 \cdot t$ sek, woraus die Zeit in sek.]

571. Die Umfangsgeschwindigkeit des Göpels am Halbmesser R_1 ist
$$v = \frac{R_1 n \pi}{30} = \frac{3 \text{ m}}{50 \text{ sek}}, \quad \text{woraus } n = 2{,}86.$$
Die Last erfordert eine Leistung von $\frac{400 \text{ kg} \cdot 3 \text{ m}}{50 \text{ sek}} = 24$ kgm/sek; nach Aufgabe **338** ist $\eta = 0{,}84$, also ist die Leistung für jeden Mann
$$N = \frac{24 \text{ kgm/sek}}{4 \cdot 0{,}84} = 7{,}15 \text{ kgm/sek.}$$

572. Damit sich der Bewegungszustand nach jeder Umdrehung wiederholt, muß die Summe der Arbeiten der Kräfte Q und K während einer Umdrehung gleich Null sein; hieraus folgt:
$$K = \frac{\pi}{2}\left\{Q\,\frac{R}{r} + f_1 D\,\frac{\varrho}{r}\right\} = 127{,}7 \text{ kg}$$
und
$\eta = 0{,}98$.

573. $K = \frac{r}{R} Q \operatorname{tg}(\alpha + \varrho) = 2{,}82$ kg, $\operatorname{tg}\alpha = \frac{h}{2 r \pi}$, $\operatorname{tg}\varrho = f$.

Arbeit der Kraft: $+429$ kgm,
Arbeit der Last: -200 kgm,
Arbeit der Reibung: -229 kgm,
Wirkungsgrad $\eta = 200/429 = 0{,}47$.

574. a) Es ist die höchstens zu übertragende Umfangskraft
$$K = S_1 - S_2 = S_1 \frac{e^{f\pi} - 1}{e^{f\pi}} = 73{,}1 \text{ kg},$$
worin $e^{f\pi} = 2{,}41$.

b) Die Umfangsgeschwindigkeit der Riemenscheibe ist
$$v = r n \pi/30 = 2{,}09 \text{ m/sek}$$
und die größte Leistung $N = Pv/75 = 2{,}04$ PS.

c) Die Leistung der Reibung in Pferdestärken ist
$$\frac{1}{75} \cdot f_1 D v \frac{\varrho}{r} = 0{,}07 \text{ PS}.$$

575. $N = 10{,}2$ PS. [Es ist die Arbeit der Reibung in der Sekunde
$$\Re v = 0{,}05 \cdot G \frac{r n \pi}{30} \text{ kgm/sek.}]$$

576. $N = 4{,}8$ kgm/sek $\left[= 0{,}3 \cdot 40 \text{ kg} \cdot \dfrac{10 \cdot 2 \cdot 1{,}2 \text{ m}}{60 \text{ sek}}\right].$

577. $f_1 = 0{,}048$. [Es ist die Leistung der Reibung
$$L_\Re = 0{,}03 \text{ der zugeführten Leistung}$$
$$= 0{,}03 \cdot 400 \text{ kg/sek} \cdot 3 \text{ m} = 36 \text{ kgm/sek}.$$
Ferner ist $L_r = f_1 \cdot 4000 \text{ kg} \cdot \dfrac{d \pi n}{60} \dfrac{\text{m}}{\text{sek}}$, woraus f_1 gerechnet werden kann.]

578. $x = 6$ Arbeiter. $\left[x \cdot 8 \text{ kgm/sek} \cdot 0{,}9 = \dfrac{300 \text{ kg} \cdot 8 \text{ m}}{60 \text{ sek}}.\right]$

579. $t = 17'\,16''$. [Für die Strecke s_1 ist
$$t_1 = \frac{s_1}{v_1} = \frac{s_1}{75 N} Q(\sin \alpha_1 + \varkappa \cos \alpha_1) = 403{,}4 \text{ sek},$$
und ebenso für die Strecke s_2
$$t_2 = \frac{s_2}{v_2} = \frac{s_2}{75 N} Q(\sin \alpha_2 + \varkappa \cos \alpha_2) = 633{,}1 \text{ sek.}]$$

580. $K = \dfrac{100\, G c \sin(\alpha + \beta)}{24\, r n \cos \alpha}.$

$N = \dfrac{10\, G c \sin(\alpha + \beta)}{36 \cdot 75 \cos \alpha}.$

[Für die gleichförmige Abwärtsbewegung längs der schiefen Ebene α gilt:
$$G \sin \alpha = W = f_2 \cdot G \cos \alpha, \quad \text{daher} \quad f_2 = \operatorname{tg} \alpha;$$
für die Aufwärtsbewegung auf der Ebene β:
$$K \cdot 4 r n/60 = G(\sin \beta + f \cos \beta) \cdot 1000\, C/3600.]$$

581. Für die gezeichnete Stellung der beiden Wagen sind die Seilspannungen in A und B:
$$S_1 = G_1(\sin \alpha + \varkappa \cos \alpha) + q(l - x) \sin \alpha,$$
$$S_2 = G_2(\sin \alpha - \varkappa \cos \alpha) + q x \sin \alpha;$$
hierin ist $\varkappa$ die Widerstandszahl für die Räder.

582—585. Resultate und Lösungen.

Nennt man K die Umfangskraft an der Scheibe, so ist für Gleichgewicht (oder gleichförmige Bewegung)

$$K + S_2 = S_1\left(1 + \frac{2\,\xi}{R}\right) + f_1\,\frac{r}{R}\,D;$$

hierin ist die Zahl der Seilsteifheit $\xi = 0{,}06\,d^2$, f_1 die Zahl der Zapfenreibung und der Zapfendruck $D = K + S_1 + S_2$.

Durch Einsetzen wird $K = C_1 - C_2\,x$, worin

$$C_1 = \frac{1}{1 - f_1 r/R}\left\{(G_1 - G_2)\left(\sin\alpha + f_1 \varkappa\,\frac{r}{R}\cos\alpha\right)\right.$$
$$+ (G_1 + G_2)\left(\varkappa\cos\alpha + f_1\,\frac{r}{R}\sin\alpha\right) + \frac{2\,\xi}{R}G_1(\sin\alpha + \varkappa\cos\alpha)$$
$$\left. + q\,l\sin\alpha\left(1 + f_1\,\frac{r}{R} + \frac{2\,\xi}{R}\right)\right\}$$

und

$$C_2 = 2\,q\sin\alpha\,\frac{1 + \xi/R}{1 - f_1 r/R}\,.$$

Die gesuchte Arbeit ist

$$A = \int_0^l K\,dx = C_1 l - C_2 l^2/2\,.$$

582. $A = k\,a^2/2;\quad L_{\max} = k\sqrt{\frac{k}{M}}\,\frac{a^2}{2}\quad$ für $\quad r = \frac{a}{\sqrt{2}}\,.$ [Es ist $A = \int_a^r K\,ds$, $s = a - r$; ferner folgt aus der Gleichung

$$v\,dv = b\,ds = -\frac{k\,r}{M}\cdot dr\quad\text{durch Integration:}\quad v^2 = \frac{k}{M}(a^2 - r^2)$$

und

$$L = K v = k\sqrt{\frac{k}{M}}\sqrt{a^2 r^2 - r^4}\,.]$$

583. Gleichgewicht tritt ein, wenn $K = 0$ oder $v = a/k$ geworden ist. Nach dem Arbeitsprinzip ist dann

$$A = \frac{M}{2}(v^2 - v_0^2) = \frac{M}{2}\left(\frac{a^2}{k^2} - v_0^2\right).$$

584. $A = G\,r$. [Es ist $A = \int K \cdot ds \cdot \cos\varphi$, $G\sin\psi = K\cos\varphi$, $\psi = \frac{\pi}{2} - 2\varphi$, woraus $K = G\,\dfrac{\cos 2\varphi}{\cos\varphi}$; ferner $ds = r \cdot d\psi$ und

$$A = \int_{\pi/4}^{\pi/2} G\,r\cos 2\varphi \cdot d(2\varphi)\,.]$$

585. $A = m\,m_1\left[\dfrac{1}{r_1} + \dfrac{1}{r_2} - \dfrac{1}{r_3} - \dfrac{1}{r_4}\right]$, speziell für $\varphi = 45°$:

$$A = \frac{4\,m\,m_1\,a}{s^2 - 2\,a^2}\,.$$

Resultate und Lösungen.

Die Arbeit zur Überwindung der Anziehungskraft in r_1 ist

$$A_1 = \int_{r_{01}}^{r_1} \frac{m\,m_1}{r^2}(-dr) = m\,m_1\left(\frac{1}{r_1} - \frac{1}{r_{01}}\right),$$

worin r_{01} den Wert von r_1 in der Gleichgewichtslage bedeutet; ebenso für die Arbeit zur Überwindung der Anziehungskraft in r_4:

$$A_4 = \int_{r_{04}}^{r_4} \frac{m\,m_1}{r^2} \cdot dr = -m\,m_1\left(\frac{1}{r_4} - \frac{1}{r_{04}}\right).$$

Nun ist für $\varphi = 0$: $r_{01} = r_{04}$, also

$$A_1 + A_4 = m\,m_1\left(\frac{1}{r_1} - \frac{1}{r_4}\right)$$

und ähnlich für $A_2 + A_3$.]

586. $A = k/a$.

587. Die Kraft ist $K = k/r^2$; wenn r und ψ die Polarkoordinaten eines Kreispunktes in bezug auf C als Pol und CM_0 als Polarachse sind, so ist $r = 2a\cos\psi$; ds, das Bahnelement, wird gleich $2a\,d\psi$ und der Winkel φ zwischen Kraft und Bewegungsrichtung gleich $90° - \psi$. Daraus folgt die Arbeit:

$$A = \int K\,ds\cos\varphi = \frac{k}{2a}\int_0^{\pi/4} \frac{\sin\psi\,d\psi}{\cos^2\psi} = \frac{k}{2a}(\sqrt{2} - 1).$$

588. Bezeichnet man mit $K = S_1 - S_2$ die Umfangskraft an der Riemenscheibe A_1 und mit $v = d\pi n/60$ deren Umfangsgeschwindigkeit, so ist die gesuchte Leistung

$$75\,N = K\,v = (S_1 - S_2)\,d\pi n/60;$$

ferner gibt die Summe der vier Kräfte S_1 und S_2 an B eine in M angreifende lotrechte Kraft von der Größe

$$K_1 = 2(S_1 - S_2)\sin\alpha/2;$$

endlich ist

$$K_1 \cdot \frac{a}{b} \cdot c = G \cdot e.$$

Aus diesen Gleichungen folgt

$$N = \frac{1}{60 \cdot 75} \cdot \frac{b\,e\,d}{a\,c} \cdot \frac{\pi}{2\sin\alpha/2} \cdot G\,n.$$

589. $s^2 + 2as\cos\alpha = \dfrac{(Q^2 - P^2)\,a^2\cos^2\alpha}{P^2 - Q^2\cos^2\alpha}$. [Verschiebe Q auf der schiefen Ebene um δs nach abwärts, dann ist

$$Q\,\delta(s\cos\alpha) - P\,\delta x = 0,$$

darin ist zu setzen: $x^2 = \overline{OQ^2} = a^2 + s^2 + 2as\cos\alpha$.]

590. $x = \dfrac{P^2\,p\,a}{Q^2\,p + 2a(Q^2 - P^2)}$. [Verschiebe P und Q längs der Parabel; die Verschiebungen sind gleich groß. Benutze den Satz: Die Arbeit eines Gewichtes ist das Produkt aus dem Gewicht in die Änderung seiner Höhe.]

591—597. Resultate und Lösungen.

591. Nennt man $\overline{FP} = r_1$, $\overline{FQ} = r_2$, $\sphericalangle PFS = \varphi_1$, $\sphericalangle QFS = \varphi_2$, so liefert das Prinzip die Gleichung

$$P\,\delta(r_1 \cos\varphi_1) + Q\,\delta(r_2 \cos\varphi_2) = 0,$$

da $-r_1 \cos\varphi_1$ und $-r_2 \cos\varphi_2$ die Entfernungen von P und Q von der Wagrechten durch F sind. Aus der Polargleichung der Parabel (p = Halbparameter) $r_1 = \dfrac{p}{(1 + \cos\varphi_1)}$ folgt:

$$\delta r_1 = \frac{p \sin\varphi_1 \, \delta\varphi_1}{(1 + \cos\varphi_1)^2},$$

und ähnlich δr_2. Durch Ausführung der Differentiationen in der ersten Gleichung erhält man sodann

$$P\,\delta r_1 + Q\,\delta r_2 = 0,$$

und da $r_1 + r_2 = l$, $\delta r_1 + \delta r_2 = 0$, so ergibt sich: Wenn $P = Q$, so sind die Punkte an allen Stellen der Parabel im Gleichgewicht, sonst an keiner.

592. $P\dfrac{\varepsilon + \cos\varphi_1}{\sin\varphi_1} = Q\dfrac{\varepsilon + \cos\varphi_2}{\sin\varphi_2}$, ε = numerische Exzentrizität der Ellipse. [Sind y_1, y_2 die Ordinaten von P und Q, so muß $P\,\delta y_1 + Q\,\delta y_2 = 0$ sein; darin ist für jedes y zu setzen

$$y = r \sin\varphi, \quad r = p/(1 + \varepsilon \cos\varphi), \quad r = \text{Fahrstrahl.}]$$

593. $P : Q = \sin\varphi : \sin\psi$. [Sind h und h_1 die Entfernungen der Gewichte von der Wagrechten, so muß bei einer kleinen symmetrischen Verrückung $2P\,\delta h + Q\,\delta h_1 = 0$ sein; es ist

$$h = \frac{a}{2}\operatorname{tg}\varphi, \quad h_1 = \frac{b}{2}\operatorname{tg}\psi, \quad \delta h = \frac{a}{2} \cdot \frac{\delta\varphi}{\cos^2\varphi}, \quad \delta h_1 = \frac{b}{2} \cdot \frac{\delta\psi}{\cos^2\psi};$$

ferner die unveränderliche Länge des Fadens: $\dfrac{l}{2} = \dfrac{2a}{\cos\varphi} + \dfrac{b}{\cos\psi}$, woraus $\dfrac{\delta\varphi}{\delta\psi} = -\dfrac{b\cos^2\varphi\sin\psi}{2a\cos^2\psi\sin\varphi}.$]

594. $\dfrac{\cos\varphi}{\varphi} = \dfrac{ka^2}{Gb}$. [$Gb\cos\varphi \cdot \delta\varphi = ka\varphi \cdot a\,\delta\varphi$.]

595. Gleichgewicht besteht bei $\varphi = 180°$ und bei $\sin\dfrac{\varphi}{2} = \dfrac{Q}{G}\dfrac{2a}{b}$. [Drehe OB um den Winkel $\delta\varphi$. Ist $s = \overline{BC}$ und h die Höhe von A über einer durch O gehenden Wagrechten, so ist $G\,\delta h + Q\,\delta s = 0$; hierin ist $h = a\cos\varphi$, $s = 2b\sin\dfrac{\varphi}{2}.$]

596. $\dfrac{\operatorname{tg}\varphi}{\operatorname{tg}\psi} = 2$. [Der Schwerpunkt von AB darf bei einer kleinen Senkung von A seine Höhenlage nicht ändern; rechne seine Höhenlage von einer Wagrechten durch C.]

597. Im Schnitt O von BD mit AC liegt der Drehpol, um den sich die Stange CD augenblicklich dreht; verbindet man M mit O und zieht dazu in M die Senkrechte, so erhält man die Bewegungsrichtung von M und mit ihr die Richtung des kleinsten Kraftaufwandes. Ist C der Druck auf den Fensterflügel in C, normal zum Flügel, so bestehen die Gleichungen

$$K \cdot \overline{OM} = C \cdot \overline{OC}.$$

Resultate und Lösungen.

Die Momente um A geben:
$$G\,\frac{l}{2}\sin\alpha = C \cdot \overline{AC} = C\,a\,;$$
woraus
$$K = \frac{l\sin\alpha}{2\,a} \cdot \frac{\overline{OC}}{\overline{OM}} \cdot G\,.$$

598. $\operatorname{tg}\varphi = \dfrac{G}{Q}\,\dfrac{a}{a+b}$. [Verschiebe A nach rechts längs des Bodens, B nach aufwärts längs der Wand.]
$A = G$. [Verschiebe den Stab parallel zu sich nach aufwärts.]
$B = Q$. [Verschiebe den Stab parallel zu sich nach links.]

599. c ist eine Ellipse; ihre lotrechte Halbachse ist l, ihre wagrechte $2\,l$. [Der Schwerpunkt des Stabes muß bei einer Verschiebung aus jeder Gleichgewichtslage eine wagrechte Gerade beschreiben.]

600. Wenn das Dreieck in jeder Lage im Gleichgewicht bleiben soll, muß sein Schwerpunkt bei irgendeiner Verschiebung eine wagrechte Gerade beschreiben. Man muß ihn also im Schnitte einer durch M gehenden Wagrechten mit dem Kreise über ABM annehmen (Kreuzschieber!). Aus dem Schwerpunkt des Dreiecks kann dann leicht die dritte Ecke C ermittelt werden.

601. $s\cos(\alpha + \varphi) = 3\,d\cos 2\,\varphi$. [Bestimme die Abstände x_1, x_2, x_3 der Ecken des Dreiecks von der Linie AB, dann hat der Schwerpunkt des Dreiecks den Abstand $\xi = \dfrac{1}{3}(x_1 + x_2 + x_3)$; mache $\delta\xi = 0$.]

Die Drücke A, B, C sind unbestimmt, da sie sich in einem Punkt der durch den Dreiecksschwerpunkt gehenden Lotrechten schneiden.

602. Sind ζ_1, ζ_2 die Schwerpunktsabstände von der Wagrechten AB, so ist
$$\zeta_1 = R\left(\sin\varphi + \frac{4}{3\,\pi}\cos\varphi\right),$$
$$\zeta_2 = r\left(\sin\psi + \frac{4}{3\,\pi}\sin\psi\right),$$
ferner
$$G_1\,\delta\zeta_1 + G_2\,\delta\zeta_2 = 0\,.$$
Aus geometrischen Gründen ist:
$$(R + r)^2 = (b + R\cos\varphi + r\cos\psi)^2 + (R\sin\varphi - r\sin\psi)^2\,.$$
Differenziert man und entfernt aus beiden Gleichungen $\delta\varphi$ und $\delta\psi$, so ergibt sich schließlich:
$$\frac{R\sin(\varphi + \psi) + b\sin\psi}{r\sin(\varphi + \psi) + b\sin\varphi} = \frac{G_2}{G_1} \cdot \frac{3\,\pi\cos\psi - 4\sin\psi}{3\,\pi\cos\varphi - 4\sin\varphi}\,.$$

603. $\cos^2\varphi - 0{,}2\cos\varphi = 0{,}5$. [Der Gesamtschwerpunkt von OA und AC ändert bei einer virtuellen Verschiebung längs der Ecke B und festem O seine Höhenlage nicht. Es muß also
$$G \cdot \delta\left(\frac{r}{2}\sin 2\,\varphi\right) + 2\,G \cdot \delta(r\sin 2\,\varphi - r\sin\varphi) = 0$$
sein.]

604. Aus $-2\,S \cdot \delta(a\sin\alpha) + K \cdot \delta(b\cos\beta - a\cos\alpha) = 0$ und $\delta(b\sin\beta) = \delta(a\sin\alpha)$ folgt:
$$S = K(\operatorname{tg}\alpha - \operatorname{tg}\beta)/2\,.$$

605—610. Resultate und Lösungen.

605. Drücke das Gelenk C etwas hinab. Dann ist die Summe der virtuellen Arbeiten
$$Q \cdot \delta h + k(l - l_0) \cdot \delta l = 0.$$
Darin ist h die Höhe von C über AB, l die Länge des elastischen Bandes im gespannten Zustande, k seine Elastizitätskonstante. Es wird
$$Q = 2\,k(b\sqrt{2} - l_0).$$

606. Aus dem Prinzip der virtuellen Arbeiten erhält man zunächst die Gleichung:
$$a \cdot \delta\left(\frac{a}{2}\sin\alpha\right) + 2a \cdot \delta(a\sin\alpha + a\sin\gamma) + 2a \cdot \delta(a\sin\beta) = 0$$
oder
$$5\cos\alpha \cdot \delta\alpha + 4\cos\beta \cdot \delta\beta + 4\cos\gamma \cdot \delta\gamma = 0.$$
Verbindet man damit die beiden geometrischen Beziehungen
$$\overline{AB}/a = \cos\alpha + 2\cos\beta + 2\cos\gamma = 3,$$
Abstand D von $\overline{AB}$: $\quad \sin\alpha - 2\sin\beta + 2\sin\gamma = 0,$
so erhält man: $\quad 4\,\mathrm{tg}\,\alpha - 3\,\mathrm{tg}\,\beta - 7\,\mathrm{tg}\,\gamma = 0.$

607. Verschiebt man das Stangenende C um δs nach rechts, so ist
$$-D \cdot \delta s + G \cdot \delta h = 0,$$
worin
$$s = a\cos\alpha - b\cos\beta,$$
ferner ist der Abstand B von $AC = h = a\sin\alpha = b\sin\beta$, woraus
$$D = \frac{G}{\mathrm{tg}\,\beta - \mathrm{tg}\,\alpha}.$$

608. $\mathrm{tg}\,\beta = 2\,\mathrm{tg}\,\alpha$. [Bei Festhaltung von A und Verschiebung von B nach links wird:
$$-2G \cdot \delta(a\sin\alpha) + 2G \cdot \delta(a\sin\beta) + G \cdot \delta(2a\sin\beta) = 0,$$
wenn G das Gewicht und a die Länge eines Stabes ist. Hieraus folgt:
$$-\cos\alpha \cdot \delta\alpha + 2\cos\beta \cdot \delta\beta = 0.$$
Hierzu kommt die geometrische Gleichung
$$2a\cos\alpha = 2a\cos\beta + a,$$
zufolge welcher die Beziehung gilt:
$$\delta\beta = \frac{\sin\alpha}{\sin\beta}\,\delta\alpha\,.]$$

609. Bei einer kleinen Verkürzung des Fadens von der Länge $2x$ wird die Summe der virtuellen Arbeiten
$$K \cdot (-2\,\delta x) + k(2x - a)(-2\,\delta x) - k(2y - a) \cdot 2\,\delta y = 0,$$
worin $x = a\sin\varphi$, $y = a\cos\varphi$, k die elastische Fadenspannung für die Einheit der Längenänderung ist. Man erhält
$$\mathrm{tg}\,\varphi = 1 - K/ka.$$

610. x ergibt sich aus der Gleichung:
$$4\,b^2\,h^2\,x^2(l^2 - s^2) = (s^2 - x^2)[l(4\,h^2 - 3\,s^2) - 3\,x\,s^2]^2,$$
worin s die Seite $\overline{AC} = \overline{AB}$, b die Grundlinie $\overline{BC}$, h die Höhe des Dreiecks bedeuten. [Rechne die Tiefe z des Schwerpunktes S lotrecht

Resultate und Lösungen. **611—616.**

unter O aus dem Dreieck AOS und setze $\delta z = 0$; den hier vorkommenden Winkel OAS drücke durch $SAC + CAO$ und letzteren durch die Seiten des Dreiecks AOC aus.]

611. $K = G \dfrac{\cos\alpha \cos\beta}{\sin(\alpha - \beta)}$, G Gewicht eines Stabes. [Verschiebe A wagrecht nach links und benutze die unveränderte Höhenlage von C, um eine Beziehung zwischen $\delta\alpha$ und $\delta\beta$ zu erhalten.]

612. Man denke sich das Seil oben und unten durchgeschnitten, an den Schnittstellen die Spannung S angebracht und dann die mit Q belastete Platte gehoben, wobei alle Beziehungen erhalten bleiben. Es ist $Q \cdot \delta h + 2S \cdot \delta x = 0$, wenn $h = l\sin\alpha + a\cos\alpha$ die Entfernung der Platte vom Boden, $x = \dfrac{a + 2r}{\sin\alpha}$ die Entfernung der Mittelpunkte der Walzen ist. Es folgt:

$$S = Q\, \frac{\sin^2\alpha\,(l\cos\alpha - a\sin\alpha)}{2\cos\alpha\,(a + 2r)}.$$

613. Ist h die Höhe des Gestelles, x seine Breite, so wird, wenn man das Gestell um δh zusammendrückt:

$$-Q \cdot \delta h - 2 \cdot \frac{fQ}{2}\delta x - 2 \cdot \frac{f_1(Q+G)}{2}\delta x - 2K\delta x - G \cdot \frac{\delta h}{2} = 0.$$

Nun ist
$$h = 2a\cos\alpha, \quad x = a\sin\alpha,$$
woraus folgt:
$$K = Q\left[\operatorname{tg}\alpha - \frac{f + f_1}{2}\right] + \frac{G}{2}[\operatorname{tg}\alpha - f_1].$$

614. Aus $2K \cdot \delta(a\cos\alpha) + Q \cdot \delta(2a\sin\alpha) = 0$ findet man:
$$K = Q\operatorname{ctg}\alpha.$$

615. Zunächst ist
$$K \cdot \delta(a\sin\alpha + b\cos\beta) + Q \cdot \delta(2a\sin\alpha) = 0,$$
woraus
$$[2Qa\cos\alpha + Pa\cos\alpha] \cdot \delta\alpha - Kb\sin\beta \cdot \delta\beta = 0.$$
Sodann ist
$$a\cos\alpha + b\sin\beta = c + d,$$
woraus
$$a\sin\alpha \cdot \delta\alpha - b\cos\beta \cdot \delta\beta = 0.$$
Durch Entfernen von $\delta\alpha$ und $\delta\beta$ folgt:
$$K = \frac{2Q}{\operatorname{tg}\alpha \operatorname{tg}\beta - 1}.$$

616. Legt man durch die festbleibenden Gelenke A und A_1 eine wagrechte Ebene, nennt p und q die Abstände der Angriffsstellen von K und Q von dieser Ebene, so ist
$$K \cdot \delta p + Q \cdot \delta q = 0.$$
Aus
$$p = a\cos\alpha + b\cos\beta,$$
$$q = -a\cos\alpha + c\cos\gamma$$
und den geometrischen Beziehungen
$$a\sin\alpha + b\sin\beta = \text{konst.},$$
$$c\sin\gamma + b\sin\beta = \text{konst.}$$
folgt durch Differenzieren und Entfernen von $\delta\alpha$, $\delta\beta$, $\delta\gamma$:
$$K = Q\,\frac{\operatorname{tg}\gamma - \operatorname{tg}\alpha}{\operatorname{tg}\beta - \operatorname{tg}\alpha}.$$

617. Nennt man $\overline{OA} = \overline{AB} = b$,
$\overline{BC} = a$, $\sphericalangle DCE = \alpha$ (sehr klein),
so ist $D \cdot 3a \cdot \delta\alpha + Z \cdot \delta(b \cos\beta) = 0$.
Außerdem ist der kleine Weg von B:
$$a \cdot \delta\alpha = \delta(2b \sin\beta).$$
Aus diesen beiden Gleichungen ergibt sich nach Entfernung von $\delta\alpha$ und $\delta\beta$:
$$D = \frac{1}{6} Z \operatorname{tg}\beta.$$

618. Bezeichnet man die Stangenlänge $\overline{A_1 A}$ usw. mit l, so ist bei einer kleinen Hebung des Wehrs die Arbeit des Gewichtes einer Stange $-G \cdot \frac{l}{2}\sin\alpha \cdot \delta\alpha$, die Arbeit der Belastung Q: $-Q \cdot l\sin\alpha \cdot \delta\alpha$ und die Arbeit der Seilkraft: $S \cdot l\,\delta\alpha \cdot \sin(\alpha + \beta)$. Das Prinzip liefert die Gleichung:
$$-\left[3G\frac{l}{2}\sin\alpha + Q l \sin\alpha\right] \cdot \delta\alpha + S l \cdot \sin(\alpha+\beta) \cdot \delta\alpha = 0,$$
somit: $$S = \left(Q + \frac{3}{2}G\right) \cdot \frac{\cos\alpha}{\sin(\alpha + \beta)}.$$

619. $K = \dfrac{h_1 - h}{2R\pi} Q$. [Bei einer Umdrehung rückt die Schraubenspindel um h nach links, also die Last Q um $h_1 - h$ nach rechts.]

620. Nennt man Q_1 den wagrechten Druck in jeder der beiden Schraubenmuttern, so ist nach der „Schraubengleichung"
$$K = 2Q_1 \frac{r}{R} \operatorname{tg}(\alpha + \varrho),$$
worin r der Halbmesser der Schraubenspindel, α der Steigungswinkel und ϱ der Reibungswinkel der Schraube ist. Ferner wird nach dem Prinzip der virtuellen Arbeiten
$$\frac{Q}{2} \cdot \delta(2b\cos\beta) + Q_1 \cdot \delta(b\sin\beta) = 0,$$
woraus $$K = 2Q\,\frac{r}{R}\operatorname{tg}\beta\,\operatorname{tg}(\alpha + \varrho).$$

621. Um die Verdrehung γ von BC zu finden, projiziere den Linienzug ABC vor und nach der Verdrehung auf die Gerade EF und setze die Projektionen gleich; man erhält
$$\sin\gamma = \frac{2a}{b} \sin\frac{\varphi}{2} \cos\left(45 - \frac{\varphi}{2}\right)$$
und ebenso durch Projektion des Linienzuges ABD auf EG:
$$\sin\varepsilon = \frac{2a}{b} \sin\frac{\varphi}{2} \cos\left(45 + \frac{\varphi}{2}\right).$$
Nennt man c und d die Längen der Federn nach der Verdrehung, so ist $c = l + b(\sin\varepsilon + \cos\gamma - 1)$, $d = l - b(\sin\gamma - \cos\varepsilon + 1)$ und die entstehenden Federdrücke:
$$F_c = k(c-l) = kb(\sin\varepsilon + \cos\gamma - 1),$$
$$F_D = k(l-d) = kb(\sin\gamma - \cos\varepsilon + 1).$$

Resultate und Lösungen.   622—632.

Nach dem Prinzip der virtuellen Arbeiten ist
$$Ka \cdot \delta\varphi - F_C \cdot \delta c + F_D \cdot \delta d = 0$$
und mit
$$\delta c = b(\cos\varepsilon \cdot \delta\varepsilon - \sin\gamma \cdot \delta\gamma),$$
$$\delta d = -b(\cos\gamma \cdot \delta\gamma + \sin\varepsilon \cdot \delta\varepsilon),$$
$$\delta\gamma = \frac{a}{b}\frac{\cos(45-\varphi)}{\cos\gamma}\delta\varphi,$$
$$\delta\varepsilon = \frac{a}{b}\frac{\cos(45+\varphi)}{\cos\varepsilon}\delta\varphi$$

ergibt sich $K = kb\{\cos(45+\varphi)[\cos\gamma - 1 + \operatorname{tg}\varepsilon(1+\sin\gamma)]$
$+ \cos(45-\varphi)[1-\cos\varepsilon + \operatorname{tg}\gamma(1-\sin\varepsilon)]\}.$

622. $J_P = \dfrac{bh}{4}\left(h^2 + \dfrac{b^2}{12}\right)$. [Aus $J_P = J_x + J_y$, wenn x die Symmetrale des Dreiecks, y die dazu Senkrechte durch die Spitze ist.]

623. $J_P = \dfrac{F}{2}\left(h^2 + \dfrac{s^2}{12}\right)$, F = Vieleckfläche, s = Vieleckseite, h = Abstand der Seite vom Mittelpunkt.

624. $J_P = \dfrac{F}{12}(3b^2 + 3c^2 - a^2)$.

625. $J_P = \dfrac{3}{2}\pi r^4$.

626. $x = \dfrac{1}{R^2-r^2}\left[\sqrt{R^2r^2e^2 - \dfrac{1}{2}(R^4-r^4)(R^2-r^2)} - r^2 e\right]$.

627. Nennt man $\overline{OA} = r$, $\sphericalangle AOX = \varphi$, so ist $\overline{OB} = b = r\cos\varphi$, $\overline{OC} = h = r\sin\varphi$ und das polare Trägheitsmoment in bezug auf O: $J_P = (bh^3 + b^3 h)/3$. Soll J_P konstant bleiben, so ist $r^4 \sin 2\varphi$ = konst. der Ort von A.

628. Nennt man J_P das polare Trägheitsmoment in bezug auf den Halbierungspunkt M des Kreisbogens, J_0 jenes in bezug auf seinen Schwerpunkt S, J_1 jenes in bezug auf den Kreismittelpunkt O, L die Länge des Kreisbogens, so ist mit
$$\overline{OS} = x = \frac{r\sin\alpha}{\alpha}, \quad L = 2r\alpha:$$
$$J_1 = Lr^2, \quad J_0 = J_1 - Lx^2, \quad J_P = J_0 + L(r-x)^2,$$
woraus
$$J_P = 2r^2 L\left(1 - \frac{\sin\alpha}{\alpha}\right).$$

629. $\dfrac{F}{4}(a^2+b^2)$ und $\dfrac{F}{4}(5a^2+b^2)$ bzw. $\dfrac{F}{4}(a^2+5b^2)$.

630. Für den Stab ist das polare Trägheitsmoment in bezug auf den beliebigen Punkt P:
$$J_P = M(l^2/3 + r^2):$$
für die drei Punkte:
$$J_P = 2Mr^2/3 + M(r_1^2 + r_2^2)/6$$
$$= 2Mr^2/3 + M(l^2+r^2)/3 = J_P,$$
da $r_1^2 = l^2 + r^2 + 2lr\cos\varphi, \quad r_2^2 = l^2 + r^2 - 2lr\cos\varphi.$

631 und **632** ähnlich wie **630**.

633. Aus $J_1 = J_s + M a^2$, $J_2 = J_s + M b^2$, $a+b=l$ folgt
$$x = \frac{a-b}{2} = \frac{(J_1 - J_2)g}{2Gl},$$
darin sind a und b die Entfernungen des Schwerpunktes von den Enden A und B, J_s das Trägheitsmoment für die Schwerlinie.

634. Ist dz ein kleines Stück des Stabes, $\mu\, dz$ seine Masse, z sein Abstand von A, so ist $\mu\, dz \cdot (z \sin\varphi)^2$ sein Trägheitsmoment in bezug auf x und das Trägheitsmoment des ganzen Stabes
$$J_x = \mu \sin^2\varphi \int_0^l z^2\, dz = \frac{1}{3} M l^2 \sin^2\varphi.$$
Oder direkt aus der Formel $J = J_1 \cos^2\varphi + J_2 \sin^2\varphi$, worin $J_1 (=0)$ das Trägheitsmoment des Stabes in bezug auf seine Achse, $J_2 = M l^2/3$ in bezug auf die Senkrechte hierzu durch A bedeutet.

635. Nennt man $\mu\, dz$ ein Massenelement des Stabes, z seinen Abstand von A, x seinen Abstand von der Achse x, so ist
$$J_x = \int_0^l x^2 \mu\, dz$$
und wegen
$$x^2 = a^2 + z^2 - 2az\cos\beta,$$
$$b^2 = a^2 + l^2 - 2al\cos\beta, \quad \sphericalangle BAx = \beta:$$
$$J_x = \frac{M}{6}(3a^2 + 3b^2 - l^2).$$

636. $J = \dfrac{1}{3}\dfrac{\gamma}{g} abc(a^2 + b^2)$.

637. $J_0 = \dfrac{M}{24} s^2 \left(1 + 3\,\mathrm{ctg}^2\dfrac{\pi}{n}\right)$,

$J_1 = \dfrac{1}{2} J_0 + \dfrac{1}{12} M l^2$.

638. a) $J_0 = \dfrac{M}{20}(a^2 + b^2)$. [Zerlege in dünne Scheiben parallel der Grundfläche.]

b) $J_1 = \dfrac{M}{80}(4b^2 + 3h^2)$. [Suche zuerst das Trägheitsmoment in bezug auf eine durch den Schwerpunkt der Grundfläche gehende, zu a parallele Achse, dann in bezug auf die parallele Schwerlinie der Pyramide.]

c) $J_2 = \dfrac{M}{10}(3b^2 + h^2)$,

d) $J_3 = \dfrac{M}{20}(b^2 + 12h^2)$.

639. a) $J_1 = \dfrac{3}{10} M r^2$. [Zerschneide den Kegel in unendlich dünne Scheiben parallel zur Grundfläche. Ist x der Halbmesser einer Scheibe, z ihr Abstand von der Spitze, dz ihre Dicke, so ist ihr Trägheitsmoment für die Kegelachse
$$dJ_1 = \frac{1}{2} \mu \pi x^4\, dz$$

und wegen $z = x\dfrac{h}{r}$, $dz = dx \cdot \dfrac{h}{r}$:

$$J_1 = \frac{1}{10} \mu \pi h r^4,$$

woraus mit $M = \dfrac{1}{3} \mu \pi h r^2$ der obige Ausdruck folgt.]

b) $J_2 = \dfrac{3}{5} M \left(\dfrac{r^2}{4} + h^2\right)$. [Benutze dieselben dünnen Scheiben. Ihr Trägheitsmoment für eine zur Kegelachse senkrechte Schwerlinie ist

$$d i = \frac{1}{4} \mu \pi x^4 dz$$

und um die parallele Achse durch die Kegelspitze

$$dJ_2 = di + dM \cdot z^2, \quad dM = \mu \pi x^2 dz,$$

woraus

$$J_2 = \frac{1}{5} \mu \pi h r^2 \left(\frac{r^2}{4} + h^2\right).]$$

c) $J_0 = \dfrac{3}{20} M \left(r^2 + \dfrac{h^2}{4}\right)$. $\left[\text{Aus } J_2 = J_0 + M \left(\dfrac{3}{4} h\right)^2.\right]$

640. $J = \dfrac{7\sqrt{2}}{480} \mu a^5$. [Suche zuerst das Trägheitsmoment J_0 in bezug auf die Höhe des Tetraeders; es ist $J_0 = \dfrac{\sqrt{2}}{240} \mu a^5$. Dasselbe Trägheitsmoment haben dann alle übrigen Schwerlinien, also auch die zur Kante a parallele. Die Kante a und die ihr parallele Schwerlinie haben den Abstand $e = a/2\sqrt{2}$; die Masse des Tetraeders ist $M = \mu a^3/6\sqrt{2}$; endlich ist $J = J_0 + M e^2$.]

641. Schneidet man die Fläche in unendlich dünne Ringe von der Höhe dx, so hat einer derselben das Trägheitsmoment $\dfrac{2 \mu \pi l}{R - r} x^3 dx$, worin μ die Dichte, l die Länge der Erzeugenden im Mantel ist. Die Masse ist dann

$$M = \mu \pi l (R + r)$$

und das gesuchte Trägheitsmoment

$$J = \frac{M}{2} (R^2 + r^2).$$

642. $J = 2 M r^2/3$. [Entweder direkt oder aus dem Trägheitsmoment der vollen Kugel $\dfrac{8}{15} \mu \pi r^5$ durch Differenzieren nach r, worauf man $\mu \cdot 4 r^2 \pi \cdot dr$ gleich der Masse M zu setzen hat.]

643. Für jede durch den Kugelmittelpunkt gehende Gerade ist das Trägheitsmoment der Halbkugeloberfläche $2 M r^2/3$, nämlich die Hälfte des Trägheitsmomentes der Kugeloberfläche $2(2M) \cdot r^2/3$ (vgl. vorige Aufgabe). Das Trägheitsellipsoid ist somit eine Kugel.

644—651. Resultate und Lösungen.

644. $J = \frac{3}{10} M \frac{R^5 - r^5}{R^3 - r^3}$. [Zerschneide den Kegelstutz in Scheiben parallel den Grundflächen von unendlich kleiner Höhe; dann ist

$$dM = \frac{\mu \pi h}{R - r} x^2 \, dx, \quad dJ = \frac{\mu \pi h}{2(R - r)} x^4 \, dx,$$

worin μ die Dichte, h die Höhe des Kegelstutzes, x den Halbmesser der dünnen Scheibe bezeichnet.]

645. $J_1 = M a^2/3$ für die Drehachse; $J_2 = J_3 = M(a^2 + 3h^2)/6$.

646. $J_1 = \frac{2}{5} M b^2$, $J_2 = J_3 = \frac{1}{5} M(a^2 + b^2)$. [Sind x und y die Koordinaten eines Meridianpunktes, parallel zu a und b, in bezug auf den Mittelpunkt der Ellipse und zerschneidet man das Ellipsoid in dünne Kreisscheiben, senkrecht zur Achse $2a$, so ist $dM = \mu \pi y^2 dx$, $dJ = \mu \pi y^4 dx/2$ und $y^2 = \frac{b^2}{a^2}(a^2 - x^2)$.]

647. Es ist nämlich $J_x + J_y = J_z + 2\int z^2 \cdot dm$.

648. $R_1 = \sqrt[4]{2 R^4 - r^4}$. [Es ist das Trägheitsmoment des Ringes $J = \mu \pi a(R^4 - r^4)/2$ und nach der Vergrößerung $J_1 = \mu \pi a(R_1^4 - r^4)/2$.]

649. Sind J_1, J_2, J_3 die Haupttragheitsmomente des Ringes in bezug auf seinen Mittelpunkt, so ist $J_1 = M a^2$ (in bezug auf die Schwerlinie senkrecht zur Ringebene), $J_2 = J_3 = M a^2/2$ (in bezug auf die Schwerlinien in der Ringebene). Es bleibt für das gesuchte Trägheitsmoment

$$J = J_1 \sin^2\alpha + J_2 \cos^2\alpha = M a^2 (1 + \sin^2\alpha)/2.$$

650. Trägheitsmoment des Ringes:
$$J_1 = \frac{\pi \gamma}{2g} a [R^4 - (R - b)^4].$$

Trägheitsmoment der Nabe:
$$J_2 = \frac{\pi \gamma}{2g} \beta (r_1^4 - r^4).$$

Trägheitsmoment der Arme:
$$J_3 = \frac{\pi \gamma}{2g} \varrho^2 \{3 \varrho^2 (R - b - r_1) + 4[(R - b)^3 - r_1^3]\}.$$

Zusammen:
$$J = J_1 + J_2 + J_3 = \frac{\pi \gamma}{2g} \cdot 235\,839{,}28 \text{ dm}^5.$$

Setzt man
$$\gamma = 7{,}5 \frac{\text{kg}}{\text{dm}^3}, \quad g = 98{,}1 \text{ dm/sek}^2,$$

so wird
$$J = 28\,322 \text{ kgdmsek}^2 = 2832{,}2 \text{ kgmsek}^2.$$

[Die Dimension von J ist ML^2, oder im techn. Maßsystem KLT^2, die Maßzahl für J bezieht sich auf die Einheiten: kg, dm, sek.]

651. Trägheitsmoment der Kugeln:
$$J_1 = \frac{\pi \gamma}{g} \cdot \frac{8}{3} a^3 \left(R^2 + \frac{2}{5} a^2\right) = \frac{\pi \gamma}{g} \cdot 9\,077\,333 \text{ cm}^5.$$

Trägheitsmoment der Nabe:
$$J_2 = \frac{\pi \gamma_1}{g} \cdot \frac{\beta}{2} (r_1^4 - r^4) = \frac{\pi \gamma_1}{g} \cdot 17\,355 \text{ cm}^5.$$

Trägheitsmoment der Arme:

$$J_3 = \frac{\pi \gamma_1}{g} \cdot \frac{\varrho^2}{6} [3 \varrho^2 (R - a - r_1) + 4(R - a)^3 - 4 r_1^3] = \frac{\pi \gamma_1}{g} \cdot 73407 \text{ cm}^5.$$

Setzt man
$$\gamma = 0{,}0076 \frac{\text{kg}}{\text{cm}^3}, \quad \gamma_1 = 0{,}0005 \frac{\text{kg}}{\text{cm}^3}, \quad g = 981 \frac{\text{cm}}{\text{sek}^2},$$

so wird
$$\frac{\pi \gamma}{g} = 0{,}00002434, \quad \frac{\pi \gamma_1}{g} = 0{,}0000016$$

und
$$J_1 = 220{,}942, \quad J_2 + J_3 = 0{,}145$$

und das ganze Trägheitsmoment
$$J = 221 \ [\text{Dimension } ML^2 \text{ bzw. } KLT^2]$$

in einem Maßsystem, in dem das kg als Krafteinheit, das cm als Längeneinheit, die sek als Zeiteinheit angenommen ist.

652. Schneide das Ellipsoid in unendlich dünne Scheiben senkrecht zur Achse $2a$. Hat eine Scheibe den Abstand x vom Mittelpunkt, so ist sie elliptisch mit den Halbachsen

$$n = \frac{b}{a} \sqrt{a^2 - x^2} \quad \text{und} \quad p = \frac{c}{a} \sqrt{a^2 - x^2}.$$

Ihr Trägheitsmoment bezüglich der Achse $2a$ ist (s. Aufgabe 629)

$$dJ = \frac{\mu \pi}{4} (n p^3 + n^3 p) \cdot dx,$$

woraus
$$J = \frac{\mu \pi}{2} \cdot \frac{b c}{a^4} (b^2 + c^2) \cdot \int_0^a (a^2 - x^2)^2 \cdot dx,$$

$$J = \frac{4}{15} \mu \pi a b c (b^2 + c^2).$$

Die Masse des Ellipsoides ist
$$M = 4 \mu \pi a b c / 3,$$
also
$$J = M(b^2 + c^2)/5.$$

653. Differenziert man das Trägheitsmoment des vollen Ellipsoides aus voriger Aufgabe, so ist

$$dJ = \frac{1}{5} dM (b^2 + c^2) + \frac{1}{5} \cdot M (2 b \, db + 2 c \, dc).$$

Für zwei ähnliche Ellipsoide ist
$$da : db : dc = a : b : c,$$
also
$$db = da \cdot \frac{b}{a}, \quad dc = da \cdot \frac{c}{a}$$

und wegen
$$M = \frac{4}{3} \mu \pi a b c :$$

$$dM = \frac{4}{3} \mu \pi [b c \cdot da + c a \cdot db + a b \cdot dc] = 4 \mu \pi b c \cdot da,$$

woraus
$$dJ = \frac{1}{3} dM \cdot (b^2 + c^2).$$

654—661. Resultate und Lösungen.

654. Man setze (vgl. Aufgabe 652) das Trägheitsmoment des Körpers für seine Hauptachse x gleich jenem des Ellipsoides:
$$J_1 = \Sigma m(y^2 + z^2) = M(b^2 + c^2)/5$$
und analog für die anderen Hauptachsen. Man erhält daraus a, b, c, die Halbachsen des gesuchten Ellipsoides, sowie schließlich dessen Gleichung:
$$\frac{X^2}{\Sigma m x^2} + \frac{Y^2}{\Sigma m y^2} + \frac{Z^2}{\Sigma m z^2} = \frac{5}{M}.$$
Da für jeden anderen Durchmesser von den Richtungswinkeln α, β, γ
$$J = J_1 \cos^2 \alpha + J_2 \cos^2 \beta + J_3 \cos^2 \gamma$$
ist, so stimmen die Trägheitsmomente J des Körpers für alle Durchmesser mit jenen des Ellipsoides überein.

655. Nach Aufgabe 653 ist das Trägheitsmoment der elliptischen Schale
$$dJ = \frac{1}{3}\, dM \cdot (b^2 + c^2)$$
und ihre Masse
$$dM = 4\mu \pi b c \cdot da.$$
Setzt man $\mu = k/a$, so wird mit $b = aB/A$, $c = aC/A$:
$$M = 2 k \pi BC \quad \text{und} \quad J = M(B^2 + C^2)/6.$$

656. Das Trägheitsmoment des Stabes für die Achse ist
$$J = \frac{1}{12} M l^2 + M \left(x - \frac{l}{2}\right)^2,$$
und die reduzierte Masse in A: $\mathfrak{M} = J/x^2$. Setzt man
$$\frac{d\mathfrak{M}}{dx} = 0.$$
so wird
$$x = 2l/3 \quad \text{und} \quad \mathfrak{M}_{\min} = M/4.$$

657. Das Trägheitsmoment für die Drehachse ist
$$J = \frac{1}{3} M_1 l^2 + \frac{2}{5} M_2 r^2 + M_2 (l+r)^2.$$
Setzt man
$$\mathfrak{M} = \frac{J}{(l+r)^2} = M_1 + M_2,$$
so findet man
$$\frac{l}{r} = \sqrt{\frac{3}{4} + \frac{3}{5}\frac{M_2}{M_1}} - \frac{3}{2}.$$

658. $T = 4{,}893$ Millionen kgm.

659. $T = 7263$ tm.

660. $T = \dfrac{\pi^2}{3600\, g}\, G r^2 n^2.$

661. Es ist
$$T = \frac{1}{2} J \omega^2 = \frac{1}{2} J_1 \omega_1^2, \quad J_1 = \frac{1}{2} \frac{G}{g}(r^2 + 2e^2), \quad e = \frac{r}{10};$$
$$r^2 n^2 = (r^2 + 2e^2) n_1^2, \quad n_1 = \frac{n}{\sqrt{1{,}02}} = 0{,}990\, n.$$

Resultate und Lösungen.

662. $\operatorname{tg}^2 \alpha_1 = \frac{1}{n}\left(\operatorname{tg}^2 \alpha + \frac{1}{2}\right) - \frac{1}{2}$.

[Die Energie der Schraubenbewegung ist
$$\mathsf{T} = \frac{1}{2} J \omega^2 + \frac{1}{2} M c^2 = \frac{1}{2} M r^2 \omega^2 \left(\operatorname{tg}^2 \alpha + \frac{1}{2}\right),$$
weil $c = r \omega \operatorname{tg} \alpha$ die Geschwindigkeit in der Schraubenachse ist.]

663. $x = 60$. [Die Energie der Kugel ist
$$\mathsf{T} = \frac{1}{2} J \omega^2 = \frac{1}{2} \left(\frac{8}{15} r^5 \pi \frac{\gamma}{g}\right) \left(\frac{n\pi}{30}\right)^2 = \frac{13\pi^3}{180 g} \cdot n^2,$$
wenn $r = 0,5$ m, $\gamma = 7800$ kg/m³ eingesetzt wird. Dann ist
$$\mathsf{T} = 2464 \text{ kgm} + \frac{13\pi^3}{180 g} \cdot x^2.]$$

664. $x = n \dfrac{r}{r - \delta}$. [Die Energie der Kugel ist
$$\mathsf{T} = \frac{1}{2} J \omega^2 = \frac{1}{2}\left(\frac{2}{5} \frac{G}{g} r^2\right) \cdot \left(\frac{n\pi}{30}\right)^2.$$
Ändert sich die Energie nicht, so muß $r n = (r - \delta) x$ sein.]

665. $n_1 = n\sqrt{2/21}$. [Da die Energie sich nicht ändert, muß $Jn^2 = (J+J_1)n_1^2$ sein; hierin ist
$$J = \frac{8\pi}{15} \frac{\gamma}{g} [r^5 - (r-\delta)^5] = \frac{8\pi}{3} \frac{\gamma}{g} r^4 \delta$$
das Trägheitsmoment der Kugelschale und
$$J_1 = \frac{8\pi}{15} \frac{\gamma_1}{g} (r-\delta)^5 = \frac{8\pi}{15} \frac{\gamma_1}{g} r^4 (r - 5\delta)$$
jenes der Sandfüllung.]

666. $x = n \sqrt{\dfrac{d^4 l}{d^4 l + d_1^4 l_1}} = 15,7$.

[Die Energie der Welle ist vor der Kuppelung:
$$\mathsf{T} = \frac{1}{2} J \omega^2 = \frac{\pi \gamma}{64 g} \cdot d^4 l \cdot \left(\frac{n\pi}{30}\right)^2,$$
nach der Kuppelung:
$$\frac{\pi \gamma}{64 g} (d^4 l + d_1^4 l_1) \cdot \left(\frac{x\pi}{30}\right)^2;$$
setze die beiden Werte einander gleich.]

667. $\mathsf{T} = 3\pi^2 G r^2/g$.

668. $\mathsf{T} = \dfrac{1}{5400} \dfrac{\pi^2}{g} n^2 (b^2 + c^2) a b c \gamma = 0,2794$ kgm.

669. Es ist $\mathsf{T} = \dfrac{1}{2} M c^2 + \dfrac{1}{2} J \omega^2$

darin ist:
$$M = \frac{\gamma}{g} r^2 \pi \left(l + \frac{h}{3}\right), \quad J = \frac{\gamma}{g} \frac{r^4 \pi}{2} \left(l + \frac{h}{5}\right), \quad \omega = 2n\pi,$$
woraus
$$\mathsf{T} = \frac{\gamma}{g} r^2 \pi \left[\frac{c^2}{2}\left(l + \frac{h}{3}\right) + \pi^2 r^2 n^2 \left(l + \frac{h}{5}\right)\right].$$

670. $T = \dfrac{2}{3}\dfrac{\gamma}{g}\,abc\,(a^2+b^2)\,\omega^2$.

[Aus $T = \dfrac{1}{2}J\Omega^2$, $J = \dfrac{1}{12}M(a^2+b^2)$, $\Omega = 4\omega$.]

671. $T_1 = \dfrac{1}{2}\dfrac{\gamma}{g}\,abc\,(a^2+b^2)\,\omega^2$.

[Aus $T_1 = J_1\Omega_1^2/2$, $J_1 = J + M(a^2+b^2)/36$, $\Omega_1 = 3\omega$.]
Die Änderung der Bewegungsenergie ist

$$T - T_1 = \dfrac{1}{6}\dfrac{\gamma}{g}\,abc\,(a^2+b^2)\,\omega^2.$$

672. Ist M die Masse des Körpers, $J = M\varrho^2$ sein Trägheitsmoment für die Schwerlinie A, so ist die Bewegungsenergie

$$T = J\omega^2/2.$$

Zerlegt man die Drehung nach den Achsen A_1 und A_2, so ist die Winkelgeschwindigkeit um jede derselben $\omega/2$ und das Trägheitsmoment für jede dieser Achsen
$$J + Ma^2.$$
Dann ist die Bewegungsenergie des Körpers

$$T = 2\cdot\dfrac{1}{2}(J + Ma^2)\left(\dfrac{\omega}{2}\right)^2.$$

Durch Gleichsetzen erhält man
$$a = \varrho.$$

673. Ist J_1 das Trägheitsmoment des Kegels für seine geometrische Achse, J_2 hingegen für eine durch die Spitze gehende zur Achse senkrechte Gerade, 2α die Öffnung des Kegels, so ist das Trägheitsmoment für eine Erzeugende

$$J = J_1\cos^2\alpha + J_2\sin^2\alpha$$

und mit Benutzung der Resultate der Aufgabe **639**, ferner aus

$$\cos^2\alpha = \dfrac{h^2}{h^2+r^2},\quad \sin^2\alpha = \dfrac{r^2}{h^2+r^2}$$

folgt
$$J = \dfrac{3}{20}Mr^2\,\dfrac{r^2+6h^2}{r^2+h^2},$$

woraus die Bewegungsenergie

$$T = \dfrac{1}{2}J\omega^2 = \dfrac{\pi^2 n^2}{12\,000}Mr^2\,\dfrac{r^2+6h^2}{r^2+h^2}.$$

674. Bei einer Abwälzung legt der Punkt O den Weg $2h\pi\cos\alpha$ gleichförmig zurück, seine Geschwindigkeit ist also $\dfrac{2h\pi}{\tau}\cos\alpha$ und somit die Winkelgeschwindigkeit um die Berührungserzeugende

$$\omega = \dfrac{2\pi}{\tau}\operatorname{ctg}\alpha.$$

Mit Benutzung der früheren Aufgabe wird

$$T = \dfrac{1}{2}J\omega^2 = \dfrac{3\pi^2}{10\,\tau^2}Mh^2\,\dfrac{r^2+6h^2}{r^2+h^2}.$$

Resultate und Lösungen. **675—677.**

675. Die Reduktion einer Masse hat nach dem Grundsatz zu erfolgen, daß die Bewegungsenergie durch die Reduktion nicht verändert wird.
Es ist also allgemein die reduzierte Masse
$$\mathfrak{M} = \frac{1}{v^2}\int u^2 \cdot dM,$$
wenn v die Geschwindigkeit des Reduktionspunktes, dM ein Massenelement, u seine Geschwindigkeit bezeichnet.

Nach diesem Grundsatz liefert die Reduktion von M_1, M_2, M_3, M_4 nach A:
$$\mathfrak{M}_1 = 4\,M_1\sin^2\varphi, \qquad \mathfrak{M}_2 = 4\,M_2\cos^2\varphi,$$
$$\mathfrak{M}_3 = M_3\left(\frac{1}{3}+2\sin^2\varphi\right), \qquad \mathfrak{M}_4 = M_4\left(\frac{1}{3}+2\cos^2\varphi\right),$$
somit
$$\mathfrak{M} = \mathfrak{M}_1 + \mathfrak{M}_2 + \mathfrak{M}_3 + \mathfrak{M}_4$$
$$= \frac{1}{3}(M_3+M_4) + \sin^2\varphi\,(4\,M_1+2\,M_3) + \cos^2\varphi\,(4\,M_2+2\,M_4)$$

$\mathfrak{M}$ bleibt unveränderlich, wenn
$$2\,M_1 + M_3 = 2\,M_2 + M_4,$$
dann wird nämlich
$$\mathfrak{M} = 2\,(M_1+M_2) + \frac{4}{3}(M_3+M_4).$$

676. Hinsichtlich des Grundsatzes der Massenreduktion siehe die Lösung zur vorigen Aufgabe.

Nennt man
$$\overline{O_1O_2} = \overline{A_1A_2} = 2\,a,$$
$$\overline{O_1A_1} = \overline{O_2A_2} = 2\,c,$$
ferner $M_2\varrho^2$ das Trägheitsmoment der Scheibe M_2 für O_2, so ergibt zunächst die Massenreduktion von M_2 nach A_2:
$$\mathfrak{m}_2 = M_2\left(\frac{\varrho}{2c}\right)^2.$$

Um $\mathfrak{m}_2$ nun nach A_1 zu reduzieren, benutze man die Gleichung
$$\mathfrak{M}_2\left(2c\,\frac{d\varphi}{dt}\right)^2 = \mathfrak{m}_2\left(2c\,\frac{d\psi}{dt}\right)^2,$$
aus welcher folgt:
$$\mathfrak{M}_2 = M_2\,\frac{\varrho^2}{4\,c^2}\left(\frac{d\psi}{d\varphi}\right)^2.$$

Nennt man die veränderliche Entfernung $\overline{A_1O_2} = x$, so ist
$$\frac{d\psi}{d\varphi} = -\frac{4\,b^2}{x^2},$$
worin b die kleine Halbachse der Ellipse ist; es wird also
$$\mathfrak{M}_2 = M_2\,\frac{4\,\varrho^2\,b^4}{c^2\,x^4}.$$

677. Nach dem d'Alembertschen Prinzip halten die äußeren Kräfte (Gewicht und Druck) mit den Trägheitskräften Gleichgewicht; es ist also
$$D + Mb = G$$
oder
$$D = G(1 - b/g) = 5{,}923 \text{ kg}.$$

678—682. Resultate und Lösungen.

678. Nennt man b die Beschleunigung von G nach aufwärts, also auch jene von G_1 nach abwärts, $\Re$ und $\Re_1$ die Reibungen, M und M_1 die Massen, so ist die Fadenspannung links
$$G \sin\alpha + \Re + Mb$$
und rechts
$$G_1 \sin\beta - \Re_1 - M_1 b.$$
Setzt man diese Spannungen gleich und überdies
$$\Re = fG \cos\alpha, \quad \Re_1 = fG_1 \cos\beta,$$
so bleibt
$$b = \frac{g}{G+G_1}[G_1(\sin\beta - f\cos\beta) - G(\sin\alpha + f\cos\alpha)].$$

679. Das d'Alembertsche Prinzip, für jeden der drei Körper angeschrieben, gibt die Gleichungen:
$$fG + \frac{G}{g}b = S_1, \quad G = \frac{G}{g}b + S_2,$$
und wenn λ die Winkelbeschleunigung des Zylinders ist:
$$J \cdot \lambda = S_2 r - S_1 r.$$
Setzt man $\lambda = \frac{b}{r}$, $J = \frac{1}{2}\frac{G}{g}r^2$, so erhält man:
$$b = \frac{2}{5}g(1-f), \quad S_1 = \frac{G}{5}(2+3f), \quad S_2 = \frac{G}{5}(3+2f).$$

680. Ist b die Beschleunigung von G, so ist $b/2$ die Beschleunigung von G_1. Die Fadenspannung rechts von der festen Rolle ist
$$G - Mb,$$
die Fadenspannung links von der festen Rolle ist
$$\frac{1}{2}\left(G_1 + M_1 \frac{b}{2}\right),$$
wenn M und M_1 die Massen sind. Setzt man die Fadenspannungen gleich, so bleibt
$$b = g\frac{G - G_1/2}{G + G_1/4}.$$

681. Die Seilspannung links von der obersten Rolle ist
$$G - Mb,$$
hingegen die Seilspannung rechts
$$(G_1 + M_1 b_1)/4.$$
Die Beschleunigung b_1 von G_1 ist ein Viertel jener von G, also
$$b_1 = b/4.$$
Setzt man die Seilspannungen gleich, so bleibt
$$b = g\frac{G - G_1/4}{G + G_1/16}.$$

682. In der Richtung der Stange halten Gleichgewicht: die Spannung S, der Teil $G\cos\varphi$ des Gewichtes und die Trägheitskraft $\frac{G}{g}\cdot\frac{v^2}{l}$; hieraus ist
$$S = G\left(\cos\varphi + \frac{v^2}{gl}\right).$$

Resultate und Lösungen. 683—685.

683. Nennt man M und M_1 die Massen von P und Q, S und S_1 die Seilspannungen, v und v_1 die Geschwindigkeiten, b und b_1 die Beschleunigungen der beiden Gewichte, so ist nach dem d'Alembertschen Prinzip:
$$S = P + Mb,$$
$$S_1 \cos\varphi + M_1 b_1 = Q$$
und weil $S = S_1$:
$$(P + Mb) \cos\varphi = Q - M_1 b_1. \quad \text{(a)}$$
Gleitet Q um dx nach abwärts und hebt sich P um ds in die Höhe, so ist
$$ds = dx \cos\varphi,$$
also
$$v = v_1 \cos\varphi = v_1 \frac{x}{\sqrt{a^2 + x^2}}$$
und durch Differentiation
$$b = \frac{dv}{dt} = b_1 \frac{x}{\sqrt{a^2 + x^2}} + v_1^2 \frac{a^2}{\sqrt{(a^2 + x^2)^3}}.$$
Die Gleichung (a) geht nach Einsetzen über in
$$b_1 \left[M_1 + \frac{Mx^2}{a^2 + x^2} \right] + v_1^2 \frac{Ma^2 x}{(a^2 + x^2)^2} = Q - P \frac{x}{\sqrt{a^2 + x^2}}$$
oder
$$d\left\{ v_1^2 \left[M_1 + \frac{Mx^2}{a^2 + x^2} \right] \right\} = 2 \left(Q - P \frac{x}{\sqrt{a^2 + x^2}} \right) dx$$
und integriert:
$$v_1^2 \left[M_1 + \frac{Mx^2}{a^2 + x^2} \right] = 2Qx - 2P\sqrt{a^2 + x^2} + C,$$
also die gesuchte Geschwindigkeit des fallenden Gewichtes Q, da für $x = 0$, $v_1 = 0$, $C = 2Pa$ wird:
$$v_1^2 = 2g \frac{Qx - P(\sqrt{a^2 + x^2} - a)}{Q + Px^2/(a^2 + x^2)}.$$

Das gleiche Ergebnis erhält man noch rascher mit Benutzung des Energieprinzips.

684. In G_1 wirken: Gewicht G_1, Trägheitskraft $\frac{G_1}{g}(b\sin\psi + a\sin\varphi)\omega^2$ und Fadenspannung S_b. In G wirken: Gewicht G, Trägheitskraft $\frac{G}{g} a\sin\varphi \cdot \omega^2$, sowie die Fadenspannungen S_a und S_b. Stelle für jeden der beiden Punkte G und G_1 zwei Gleichgewichtsbedingungen auf. Es ergeben sich für die Winkel φ und ψ die zwei Gleichungen:
$$\begin{cases} \dfrac{\omega^2}{g}(a\sin\varphi + b\sin\psi) = \operatorname{tg}\psi, \\ \dfrac{\omega^2}{g} b\sin\psi = \dfrac{G + G_1}{G}(\operatorname{tg}\psi - \operatorname{tg}\varphi) \end{cases}$$
und für die Fadenspannungen:
$$S_a = \frac{G + G_1}{\cos\varphi}, \quad S_b = \frac{G_1}{\cos\psi}.$$

685. Die Bremsreibung ist $\Re = G(e^{f\pi} - 1)$, die Zapfenreibung $f_1 D = f_1(e^{f\pi} + 2)G$. Bilde die Momente dieser Kräfte und der Trägheitskraft Mb um die Drehachse und setze ihre Summe Null. Es folgt:
$$b = (1{,}23 - 0{,}26\, e^{f\pi})g.$$

686—689. Resultate und Lösungen.

686. Die Bewegung sei so weit vorgeschritten, daß A von C den Abstand x hat; dann ist die Spannung in der Kette links von der kleinen Rolle
$$S = qx\sin\alpha + qxb/g$$
und rechts davon
$$S_1 = q(l-x)\sin\alpha - q(l-x)b/g;$$
hierin bezeichnet q das Gewicht der Kette für die Längeneinheit, b ihre Beschleunigung. Setzt man $S = S_1$, so folgt:
$$b = g\sin\alpha \cdot \frac{l-2x}{l} = a - bx$$
und aus $v\,dv = b(-dx)$:
$$v^2 = a(l-2x) - b\left(\frac{l^2}{4} - x^2\right)$$
und für $x = 0$ die verlangte Geschwindigkeit
$$v_1^2 = \frac{1}{2}gl\sin\alpha.$$

687. Bringe in G und G_1 außer den Gewichten die Trägheitskräfte $\dfrac{G}{g}\omega^2 l\sin\varphi$ und $\dfrac{G_1}{g}\omega^2 l_1\cos\varphi$ an und setze die Momente um O gleich Null. Es wird
$$\frac{1}{\sin\varphi} - \frac{1}{\cos\varphi} = \frac{\omega^2}{g}l.$$
Das Biegungsmoment um O wird
$$\mathfrak{M} = Gl(2\sin\varphi - \cos\varphi).$$

688. Ist $\mu\,dx$ ein Massenelement der Stange a, x sein Abstand von O, so ist $\mu\,dx \cdot x\sin\varphi \cdot \omega^2$ seine Trägheitskraft, $\mu\,dx \cdot x^2\sin\varphi\cos\varphi \cdot \omega^2$ ihr Moment um O, $\mu\,\omega^2\sin\varphi\cos\varphi\int_0^a x^2\,dx = \dfrac{1}{3}\dfrac{G}{g}\omega^2 a^2\sin\varphi\cos\varphi$ das Moment der Trägheitskräfte der Stange a um O. Setzt man die Summe der Momente der Gewichte und der Trägheitskräfte um O gleich Null, so wird
$$\omega^2 = \frac{3}{2}g\,\frac{Ga\sin\varphi - G_1 b\cos\varphi}{(Ga^2 - G_1 b^2)\cos\varphi\sin\varphi}.$$

689. Nimmt man auf OA ein kleines Stück dx des Stabes in der Entfernung x von O an, so ist $\mu\,dx$ dessen Masse, $\mu\,dx \cdot x\sin\varphi \cdot \omega^2$ dessen Trägheitskraft und $\mu\,dx \cdot x^2\sin\varphi\cos\varphi\,\omega^2$ deren Moment um O. Die Trägheitskräfte des Stabes OA geben um O das Moment
$$\mathfrak{M}_1 = \mu\,\omega^2\sin\varphi\cos\varphi\int_0^a x^2\,dx.$$
Bildet man ebenso $\mathfrak{M}_2$ für den Stab OB und nimmt die Momente der Gewichte hinzu, so ist
$$\mathfrak{M}_1 + \mathfrak{M}_2 - \mu g\sin\varphi \cdot \frac{a^2 - b^2}{2} = 0,$$
woraus (außer der selbstverständlichen Lösung $\sin\varphi = 0$, $\varphi = 0$):
$$\cos\varphi = \frac{3g}{2\omega^2}\frac{a^2 - b^2}{a^3 + b^3}.$$

Resultate und Lösungen.   **690–693.**

690. Da der Gelenkdruck D mit dem Gewicht des Stabes und dessen Trägheitskräften eine Gleichgewichtsgruppe bilden muß, so bestehen die Gleichungen:
$$D\sin\psi + \int_0^b \mu\, dx \cdot x\sin\varphi \cdot \omega^2 = \int_0^a \mu\, dx \cdot x\sin\varphi \cdot \omega^2,$$
$$D\cos\psi = \mu g(a+b),$$
woraus in Verbindung mit dem Werte von $\cos\varphi$ in der vorigen Aufgabe folgt:
$$\operatorname{tg}\psi = \frac{\omega^2}{2g}(a-b)\sin\varphi.$$

691. Die Spannung im Faden ist $S = G_1/2\cos\varphi$. Nimmt man in der Entfernung x von O ein Massenelement $\mu\, dx$ der Stange OA an, so ist dessen Trägheitskraft
$$\mu\, dx \cdot x\sin\varphi \cdot \omega^2.$$
Bildet man die Summe der Momente der äußeren Kräfte und der Trägheitskräfte für OA um O, so wird
$$-Ga\sin\varphi - S\cdot 4a\cos\varphi\sin\varphi + \int_0^{2a} \mu\, dx \cdot x\sin\varphi \cdot \omega^2 \cdot x\cos\varphi = 0.$$
Setzt man überdies die Masse der Stange OA:
$$\mu \cdot 2a = G/g,$$
so wird
$$\omega^2\cos\varphi = \frac{3g}{4a}\left(1 + 2\frac{G_1}{G}\right).$$

692. Ist $q\, ds$ das Gewicht eines Stückes ds der Kette mit den Koordinaten x und y, so ist $\dfrac{q\, ds}{g} y\omega^2$ dessen Trägheitskraft; projiziert man beide Kräfte auf die Normale der Kurve, so wird
$$q\, ds \cdot \sin\varphi = \frac{q\, ds}{g} y\omega^2 \cos\varphi,$$
wenn φ der Winkel der Tangente gegen die x-Achse ist. Es wird also
$$\operatorname{tg}\varphi = \frac{dy}{dx} = y\frac{\omega^2}{g}$$
oder
$$\frac{dy}{y} = \frac{\omega^2}{g}\cdot dx,$$
und da für $x=0$, $y=a$ ist, so ist
$$y = a\, e^{x\omega^2/g}$$
die Gleichung der gesuchten Kurve.

693. Nennt man b und b_1 die Beschleunigungen von G und G_1, M und M_1 ihre Massen, so ist
$$S = G + Mb, \qquad S_1 = G_1 - M_1 b_1,$$
$$b = r\lambda, \qquad b_1 = r_1 \lambda,$$
zu denen noch die Momentengleichung für den Mittelpunkt des Wellrades tritt: $Sr = S_1 r_1$; hieraus folgt:
$$\lambda = g\frac{G_1 r_1 - Gr}{Gr^2 + G_1 r_1^2};$$

694—696. Resultate und Lösungen.

ferner aus $h = b_1 t^2/2$:
$$t^2 = \frac{2h}{b_1} = \frac{2h}{r_1 \lambda} = \frac{2h}{g r_1} \cdot \frac{G r^2 + G_1 r_1^2}{G_1 r_1 - G r},$$
endlich die Spannungen:
$$S = \frac{G G_1 r_1 (r + r_1)}{G r^2 + G_1 r_1^2}, \quad S_1 = \frac{G G_1 r (r + r_1)}{G r^2 + G_1 r_1^2}.$$

694. Bringt man in jedem Massenteilchen dm des Wellrades die Trägheitskraft $\varrho \lambda \cdot dm$ an und bildet das Moment aller dieser Trägheitskräfte um die Achse des Wellrades, so folgt:
$$\mathfrak{M} = \int \varrho \lambda \, dm \cdot \varrho = \lambda \int dm \cdot \varrho^2 = \lambda J,$$
worin J das Trägheitsmoment des Wellrades um seine Achse ist; somit gibt die Momentengleichung für den Mittelpunkt der Rolle:
$$S r + \lambda J = S_1 r_1,$$
woraus:
$$\lambda = g \frac{G_1 r_1 - G r}{G r^2 + G_1 r_1^2 + g J}, \quad t^2 = \frac{2h}{g r_1} \cdot \frac{G r^2 + G_1 r_1^2 + g J}{G_1 r_1 - G r}.$$
$$S = G \frac{G_1 r_1 (r + r_1) + g J}{G r^2 + G_1 r_1^2 + g J}, \quad S_1 = G_1 \frac{G r (r + r_1) + g J}{G r^2 + G_1 r_1^2 + g J}.$$

695. Für das linke Gewicht gilt die Gleichgewichtsbedingung:
$$S = G + q(l - x) + \frac{G + q(l - x)}{g} b,$$
für das rechte:
$$S_1 + \frac{G_1 + q x}{g} b = G_1 + q x.$$

Die Spannungen im Faden S und S_1 bei A und B sind gleich; hieraus folgt
$$b = g \frac{G_1 - G + q(2x - l)}{G + G_1 + q l} = a + b x.$$
Aus $v \, dv = b \, dx$ folgt ferner
$$v^2 = 2 a x + b x^2$$
und die Geschwindigkeit v_1 für $x = l$:
$$v_1^2 = \frac{2 g l (G_1 - G)}{G + G_1 + q l}.$$
Endlich wird
$$S = S_1 = \frac{2 (G_1 + q x)[G + q(l - x)]}{G + G_1 + q l}.$$

696. Ist das Gewicht um x gesunken, so drehen die Gewichte $G + q x$ im Sinne des Uhrzeigers, die Trägheitskräfte im entgegengesetzten Sinne. Ihr Moment um den Mittelpunkt der Welle ist
$$\frac{G + q x}{g} b r + \lambda [J_1 + J_2 + J_3].$$
Hierin ist:
 b die Beschleunigung des Gewichtes G,
 $\lambda = b/r$ die Winkelbeschleunigung der Welle,
 $J_1 = \dfrac{1}{2} \dfrac{G_1}{g} r^2$ das Trägheitsmoment der Welle,
 $J_2 = \dfrac{1}{2} \dfrac{G_2}{g} R^2$ das Trägheitsmoment des Rades,
 $J_3 = \dfrac{(l - x) q}{g} r^2$ das Trägheitsmoment des aufgewickelten Seiles.

Setzt man die Summe der Momente Null, so bleibt
$$b = \frac{2gr^2(G+qx)}{2Gr^2 + G_2R^2 + G_1r^2 + 2lqr^2},$$
und aus $vdv = bdx$ folgt durch Integration die Endgeschwindigkeit für $x=l$:
$$v_1^2 = \frac{2gl(G+ql/2)}{G+ql+(G_1+G_2R^2/r^2)/2}, \quad v_1 = 1{,}8 \text{ m/sek.}$$

697. Anfangs ist für Gleichgewicht
$$2F_1 = 2k(l_0 - l_1) = G + G_1.$$
Während der Bewegung des Kolbens ist nach dem d'Alembertschen Prinzip:
$$2F - G - G_1 - Mb + M_1b_1 = 0,$$
worin
$$2F = 2k(l_0 - x)$$
die veränderliche Kraft der Federn, b die aufwärts gerichtete Beschleunigung des Zylinders ist. Man erhält:
$$b = \frac{d^2x}{dt^2} = \frac{1}{M}\left[2k(l_0 - x) - G - G_1\left(1 - \frac{b_1}{g}\right)\right]$$
und aus $vdv = bdx$ die Geschwindigkeit des Zylinders:
$$v^2 = \frac{2}{M}(x - l_1)\left[2kl_0 - G - G_1\left(1 - \frac{b_1}{g}\right) - k(x + l_1)\right].$$
Der Zylinder kommt wieder zur Ruhe, wenn
$$x - l_1 = \frac{G_1}{k} \cdot \frac{b_1}{g}$$
wird; um diese Größe hebt sich der Zylinder, um sodann um die Gleichgewichtslage $x_1 - l_1 = \dfrac{G_1}{2k} \cdot \dfrac{b_1}{g}$ zu schwingen. Sobald der Kolben den Boden erreicht hat, kehrt der Zylinder wieder dauernd in seine Anfangslage zurück.

698. Die Schwingungsdauer des Kugelpendels ist bei kleiner Schwingung
$$T = \pi\sqrt{J_0/Ga}.$$
Darin ist das Trägheitsmoment um O:
$$J_0 = M\left(\frac{2}{5}r^2 + a^2\right).$$
Setzt man ebenso
$$T_1 = 2T = \pi\sqrt{J_0'/Gx},$$
$$J_0' = M\left(\frac{2}{5}r^2 + x^2\right),$$
so erhält man die Gleichung
$$x^2 - 4x\left(\frac{2}{5}\frac{r^2}{a} + a\right) = -\frac{2}{5}r^2$$
und daraus
$$x_1 = 160{,}938 \text{ cm}, \quad x_2 = 0{,}062 \text{ cm.}$$

699. Da die Schwingungsdauer $T = \pi \sqrt{\dfrac{J_0}{G r_0}}$ ist, muß $\dfrac{J_0}{r_0}$ ein Minimum werden. Darin ist $J_0 = M l^2/12 + M(x - l/2)^2$ das Trägheitsmoment der Stange um O; $r_0 = x - l/2$ der Abstand des Schwerpunktes von O. Aus

folgt: $\dfrac{J_0}{M r_0} = \dfrac{l^2}{6(2x - l)} + x - \dfrac{l}{2} = \text{Minimum}$

$$x = \dfrac{l}{2}\left(1 \pm \dfrac{1}{\sqrt{3}}\right).$$

700. $\lambda = g \sin \varphi \cdot \dfrac{m_1 l_1 + m_2 l_2}{m_1 l_1^2 + m_2 l_2^2}, \quad l = \dfrac{m_1 l_1^2 + m_2 l_2^2}{m_1 l_1 + m_2 l_2}.$

701. Die Winkelbeschleunigung des Kegels ist: $\lambda = -\dfrac{K r}{J}$,

sein Trägheitsmoment: $J = \dfrac{3}{10} M R^2$

und seine Masse: $M = \dfrac{\gamma}{3g} R^2 \pi h.$

Da λ konstant ist, wird die Winkelgeschwindigkeit des Kegels:
$$\omega = \omega_0 + \lambda t$$
und für $\omega = 0$:
$$t = \dfrac{\pi \gamma}{10 g} \dfrac{R^4 h \omega_0}{K r}.$$

702. Nennt man λ_2 die Winkelverzögerung der Welle B, so ist $\lambda_1 : \lambda_2 = \omega_1 : \omega_2$ wegen des Zusammenhanges der Wellen durch die Kegelräder. Das d'Alembertsche Prinzip liefert dann die Gleichung:
$$\mathfrak{M} = J_1 \lambda_1 + J_2 \lambda_2,$$
woraus
$$\lambda_1 = \dfrac{\mathfrak{M}}{J_1 + J_2 \cdot \omega_2/\omega_1}.$$

703. Ist l die Länge, dM die Masse eines kleinen Stückes dx der Stange, so ist:
$$dM = \dfrac{G}{g l} dx.$$
Die Trägheitskraft von dM ist
$$dK = x \sin\alpha \cdot \omega^2 \cdot dM,$$
senkrecht zur Spindel; hierin ist x die Entfernung des Massenelementes von A. Zerlegt man D in einen lotrecht nach aufwärts gerichteten Teil V und einen wagrechten, nach links gerichteten Teil H, so ist nach dem d'Alembertschen Prinzip:
$$V = G, \quad H = \int_0^l dK,$$
außerdem geben die Momente um A:
$$G \dfrac{l}{2} \sin\alpha - \int_0^l dK \cdot x \cos\alpha = 0.$$

Daraus erhält man:
$$\omega^2 = \frac{3g}{2a}, \quad H = \frac{3}{4} G \operatorname{tg}\alpha$$
und
$$D = G\sqrt{1 + \frac{9}{16} \operatorname{tg}^2\alpha}, \quad \operatorname{tg}\psi = \frac{H}{V} = \frac{3}{4} \operatorname{tg}\alpha.$$

704. Schneidet man die Platte in dünne Streifen parallel zu h, ist $d\varrho$ die Breite eines Streifens und ϱ seine Entfernung von der Spindel, so ist die Trägheitskraft eines solchen Streifens
$$dK = dM \cdot \varrho\,\omega^2$$
und sein Massenelement
$$dM = \frac{G}{g} \cdot \frac{d\varrho}{a}.$$

Nach dem d'Alembertschen Prinzip geben dann die Momente um A:
$$G\frac{b}{2} - Bh - \int_0^a dK\,\frac{h}{2} = 0,$$
woraus der Druck in B:
$$B = Ga\left(\frac{1}{2h} - \frac{\omega^2}{4g}\right).$$

705. Das Moment des Widerstandes der Luft auf ein kleines Stück dx des Stabes in der Entfernung x von O, dessen Widerstandsfläche also $b\,dx$ ist, um O ist $k \cdot b\,dx \cdot (x\omega)^2 \cdot x$, und die Summe dieser Momente ist daher
$$\mathfrak{M} = kb\,\omega^2 \int_0^l x^3\,dx = \frac{1}{4}\,k\,\omega^2 b\,l^4.$$

Das Trägheitsmoment des Stabes für O ist
$$J = \frac{1}{3}\,\frac{\gamma}{g}\,b^2 l^3$$
und seine Winkelbeschleunigung daher
$$\lambda = -\mathfrak{M}/J = -a\,\omega^2,$$
worin
$$a = \frac{3kg}{4\gamma}\,\frac{l}{b}.$$

Aus $\omega\,d\omega = \lambda \cdot d\varphi$ folgt sodann:
$$\frac{d\omega}{\omega} = -a\,d\varphi$$
und nach Integration:
$$\omega = \omega_0\,e^{-a\varphi}.$$
Setzt man $\omega = d\varphi/dt$, so wird
$$\omega_0 \cdot dt = e^{a\varphi}\,d\varphi,$$
durch Integration:
$$a\,\omega_0 t = e^{a\varphi} - 1$$
und endlich:
$$\varphi = \frac{1}{a}\,\lg n(1 + a\,\omega_0 t).$$

706. Das Moment des Luftdruckes um die Achse des Türflügels ist
$$\mathfrak{M} = h\, a \cos\varphi \cdot q\, \frac{a}{2} \cos\varphi,$$
das Trägheitsmoment des Türflügels:
$$J = \frac{1}{3}\frac{\gamma}{g} a^2 h\, d,$$
somit seine Winkelbeschleunigung:
$$\lambda = \frac{\mathfrak{M}}{J} = \frac{3\,q\,g}{2\gamma a d}\cos^2\varphi.$$
Aus $\omega\, d\omega = \lambda(-d\varphi)$ folgt nach Integration:
$$\omega^2 = \frac{3\,q\,g}{4\gamma a d}(\pi - 2\varphi - \sin 2\varphi)$$
und (für $\varphi = 0$) die gesuchte Auftreffgeschwindigkeit in B:
$$v_1^2 = a^2\omega^2 = \frac{3\pi q g a}{4\gamma d}.$$

707. Teilt man die Platte in dünne Streifen parallel zu h von der Breite dx und der Entfernung x von der Achse, so ist der Luftwiderstand eines solchen Streifens
$$k \cdot h\, dx \cdot (x\omega)^2,$$
wenn k eine Konstante und ω die veränderliche Winkelgeschwindigkeit ist. Die Summe der Momente der Luftwiderstände der einzelnen Teilchen ist:
$$\mathfrak{M} = 2\int_0^{a/2} k\cdot h\, dx\cdot (x\omega)^2\cdot x = \frac{1}{32} k\,\omega^2 h\, a^4.$$

Das Trägheitsmoment des Flügels um die Achse ist
$$J_0 = \frac{1}{12}\frac{\gamma}{g} a^3 h\, d,$$
wenn die Dicke d sehr klein ist. Die Winkelbeschleunigung des Flügels wird:
$$\lambda = -\mathfrak{M}/J_0 = -c\,\omega^2, \quad \text{worin} \quad c = \frac{3}{8}\frac{g}{\gamma}\frac{k a}{d}$$
und wegen $\lambda = \dfrac{d\omega}{dt}$:
$$c\, t = \frac{1}{\omega} - \frac{1}{\omega_0}.$$
Soll $\omega = \omega_0/2$ werden, so vergeht hierfür die Zeit:
$$T = \frac{1}{c\,\omega_0} = \frac{8}{3}\frac{\gamma}{g}\frac{d}{k a\,\omega_0}.$$

708. Die Winkelbeschleunigung des Flügels ist:
$$\lambda = \frac{G r - \mathfrak{M}}{J_0}.$$
Hierin ist $\mathfrak{M}$ das Moment des Luftwiderstandes, J_0 das Trägheitsmoment des Flügels um die Spindel.

Resultate und Lösungen.

Teilt man die Fläche des Flügels ähnlich wie in voriger Aufgabe in Streifen parallel zu h von der Breite dx, so ist:

$$\mathfrak{M} = 2\,k\,h\,\omega^2 \int_{a_1}^{a_2} x^3\,dx = \frac{1}{2}\,k\,h\,\omega^2(a_2^4 - a_1^4)\,.$$

Ferner ist

$$J_0 = \frac{2}{3}\,h\,d\mu(a_2^3 - a_1^3)\,.$$

Es wird

$$\lambda = A - B\,\omega^2 = \frac{d\omega}{dt}\,,$$

worin gesetzt ist:

$$A = \frac{G\,r}{J_0}\,,\quad B = \frac{k\,h(a_2^4 - a_1^4)}{2\,J_0}\,.$$

Die Differentialgleichung $dt = \dfrac{d\omega}{A - B\,\omega^2}$ liefert sodann:

$$t = \frac{1}{2\sqrt{AB}}\,\lg n\,\frac{\sqrt{A} + \omega\sqrt{B}}{\sqrt{A} - \omega\sqrt{B}}\,,$$

woraus

$$\omega = \sqrt{\frac{2\,G\,r}{k\,h(a_2^4 - a_1^4)}}\,\frac{e^{qt} - 1}{e^{qt} + 1}\,,$$

mit

$$q = \frac{3\sqrt{G\,r\,k(a_2^4 - a_1^4)}}{\mu\,d\sqrt{2\,h(a_2^3 - a_1^3)}}\,.$$

709. Für die Winkelbeschleunigung des Stabes ergibt sich:

$$\lambda = \frac{3\,g}{2\,l}\cos\varphi\,,$$

und aus $\omega\,d\omega = \lambda \cdot d\varphi$ durch Integration (für $\varphi = 0$, $\omega = 0$):

$$\omega^2 = \frac{3\,g}{l}\sin\varphi\,.$$

Nimmt man ein Stück dM des Stabes in der Entfernung x von O an, so besitzt es die Trägheitskräfte $dM \cdot x\,\omega^2$ in der Richtung OA und $dM \cdot x\,\lambda$ senkrecht zu OA, um O gegen den Uhrzeiger drehend. Bildet man die Projektionen der äußeren und Trägheitskräfte, so wird:

$$\begin{cases} X = (\lambda\sin\varphi + \omega^2\cos\varphi)\int x\,dM\,. \\ Y = G + (\omega^2\sin\varphi - \lambda\cos\varphi)\int x\,dM \end{cases}$$

und mit $\int x\,dM = G\,l/2\,g$:

$$X = \frac{9}{4}\,G\sin\varphi\cos\varphi\,,\quad Y = \frac{1}{4}\,G[10 - 9\cos^2\varphi]\,.$$

Setzt man

$$\psi = 90 + \varphi + \alpha\,,\quad \operatorname{ctg}\alpha = \frac{Y}{X} = \frac{10 - 9\cos^2\varphi}{9\sin\varphi\cos\varphi}\,.$$

so wird schließlich:

$$\operatorname{tg}\psi = -\frac{1}{10}\operatorname{ctg}\varphi\,.$$

710. Die Winkelbeschleunigung des Körpers ist
$$\lambda = \frac{G a \sin\alpha}{J_0} = A \sin\alpha,$$
worin J_0 das Trägheitsmoment des Körpers für die Achse O und $G a/J_0 = A$ gesetzt ist. Aus $\omega\, d\omega = \lambda(-d\alpha)$ wird
$$\omega^2 = 2 A \cos\alpha.$$
Nimmt man irgendeinen Punkt P des Körpers mit der Masse dM an, setzt
$$\overline{OP} = r, \quad \sphericalangle SOP = \psi, \quad r\cos\psi = x, \quad r\sin\psi = y,$$
so haben die Trägheitskräfte des Körpers in Richtung OS und senkrecht dazu die Teile:
$$\begin{cases} X = \omega^2 \int x\, dM + \lambda \int y\, dM, \\ Y = \lambda \int x\, dM - \omega^2 \int y\, dM \end{cases}$$
und weil
$$\int x\, dM = Ma, \qquad \int y\, dM = 0,$$
so folgt:
$$X = \omega^2 M a, \qquad Y = \lambda M a,$$
und
$$\operatorname{tg}\varphi = \frac{Y}{X} = \frac{\lambda}{\omega^2} = \frac{1}{2}\operatorname{tg}\alpha.$$

711. Das Moment der Bewegungsgrößen (Schwung oder Drall) der sich drehenden Spindel mit der auf dem Arm sitzenden Masse M um die Achse der Spindel ist konstant, d. h.
$$(J + M x^2)\,\omega = (J + M a^2)\,\omega_0,$$
woraus:
$$\omega = \omega_0 \frac{J + M a^2}{J + M x^2}.$$

712. Es bezeichne M die Masse jedes der beiden Menschen, m die Seilmasse, $\mathfrak{M}$ die an den Umfang der Rolle reduzierte Masse der Rolle.

Sind v_1 und v_2 die absoluten Geschwindigkeiten des kletternden und des anderen Menschen und bedenkt man, daß die Momente der entstehenden Bewegungsgrößen um den Rollenmittelpunkt die Summe Null ergeben müssen, so wird
$$M v_1 r = (M + m + \mathfrak{M}) v_2 r.$$
Nun ist aber $v_1 = v_0 - v_2$, woraus:
$$v_1 = v_0 \frac{M + m + \mathfrak{M}}{2M + m + \mathfrak{M}}, \quad v_2 = v_0 \frac{M}{2M + m + \mathfrak{M}}.$$

713. Die Summe der an jeder Kugel angreifenden Fliehkraft, Eigengewicht und der Hälfte des Gewichtes des Reglergehäuses muß in die Richtung AS fallen; daraus folgt
$$\operatorname{tg}\varphi = \frac{\omega^2 G(c + l\sin\varphi)/g}{Q + G} \quad \text{oder} \quad \frac{\omega^2}{g} = \frac{(Q+G)\operatorname{tg}\varphi}{G(c + l\sin\varphi)}.$$

714. Die Beschleunigung des Schwerpunktes der Walze beträgt, wenn f die Reibungszahl ist,
$$b_s = -f g$$
und seine Geschwindigkeit
$$v_s = v_0 - f g t.$$

Die Walze kommt zur Ruhe nach der Zeit
$$t_2 = v_0/fg.$$
Die Winkelbeschleunigung der Walze um ihre Achse ist:
$$\lambda = \frac{\text{Kraftmoment}}{\text{Trägheitsmoment}} = \frac{-fGa}{Ga^2/2g} = -\frac{2fg}{a}$$
und somit die Winkelgeschwindigkeit:
$$\omega = \omega_0 + \lambda t = \omega_0 - \frac{2fg}{a} t.$$
Die Geschwindigkeit des Berührungspunktes zwischen Walze und Unterlage ist:
$$v_s + a\omega = v_0 + a\omega_0 - 3fgt.$$
Die Walze beginnt zu rollen, sobald der Berührungspunkt zur Ruhe gelangt, also nach der Zeit
$$t_1 = \frac{v_0 + a\omega_0}{3fg}.$$

715. Die Gleichungen für die Bewegung des Schwerpunktes und die Drehung um den Schwerpunkt sind:
$$\begin{cases} M \dfrac{d^2 x}{dt^2} = B, \\ M \dfrac{d^2 y}{dt^2} = A - G, \\ \lambda = \dfrac{d^2 \varphi}{dt^2} = \dfrac{B \dfrac{a}{2} \sin\varphi - A \dfrac{a}{2} \cos\varphi}{Ma^2/12}. \end{cases}$$
Hierin sind $x = \dfrac{a}{2} \cos\varphi$, $y = \dfrac{a}{2} \sin\varphi$ die Koordinaten des Schwerpunktes, M die Masse des Stabes.

Bildet man $\dfrac{d^2 x}{dt^2}$ und $\dfrac{d^2 y}{dt^2}$, so geht die letzte Gleichung über in
$$\lambda = -\frac{3}{2} \frac{g}{a} \cos\varphi$$
und aus $\omega \cdot d\omega = \lambda \cdot d\varphi$:
$$\omega^2 = \frac{3g}{a} (\sin\varphi_0 - \sin\varphi),$$
wenn φ_0 der Anfangswert von φ ist.

Endlich erhält man aus den beiden ersten Gleichungen:
$$\begin{cases} A = G \left[\dfrac{1}{4} - \dfrac{3}{2} \sin\varphi \sin\varphi_0 + \dfrac{9}{4} \sin^2 \varphi \right], \\ B = \dfrac{3}{4} G \cos\varphi [3 \sin\varphi - 2 \sin\varphi_0]. \end{cases}$$

716. Der Stab wird die Wand verlassen, wenn der Druck B verschwindet, also bei einem Winkel φ_1, für den
$$\sin\varphi_1 = \frac{2}{3} \sin\varphi_0.$$

717—721. Resultate und Lösungen.

717. Der Druck auf die Stütze A ist $A = G/2$. Der Schwerpunkt des Stabes erhält, wenn die Stütze B entfernt wird, die Beschleunigung

$$b_s = \frac{G-A}{M} = \frac{g}{2}.$$

Der Stab beginnt sich um A zu drehen mit der Winkelbeschleunigung

$$\lambda = Gx/J,$$

worin $J = M(l^2/12 + x^2)$ das Trägheitsmoment des Stabes um A ist. Da $b_s = x\lambda$ ist, bleibt für die gesuchte Entfernung der Stützen

$$2x = l/\sqrt{3}.$$

718. Lösung ähnlich wie vorher. Der Druck im Augenblick der Entfernung der einen Stütze ist: $G/4$.

719. Ist D der fragliche Druck in A und B, M und G die Masse und das Gewicht der Tischplatte, J ihr Trägheitsmoment um AB, so wird die Schwerpunktsbeschleunigung:

$$b_s = (G - 2D)/M$$

und die Winkelbeschleunigung um AB:

$$\lambda = Ge/J,$$

worin $e = r/2$, $J = J_0 + Me^2 = Mr^2/2$ (r = Halbmesser der Platte). Aus $b_s = e\lambda$ folgt sodann:

$$D = G/4.$$

720. Der anfängliche Druck in der Stütze F ist $G/2$.

Nach Entfernung der Stütze F_1 wird die Beschleunigung des Schwerpunktes S

$$b_s = (G - D)/M,$$

und wenn der Druck D in F sich nicht ändert:

$$b_s = g/2.$$

Die Winkelbeschleunigung der Platte um F wird

$$\lambda = Ge/J$$

und das Trägheitsmoment der Platte in bezug auf den Punkt F:

$$J = \frac{1}{4} M(a^2 + c^2) + M(a^2 - c^2),$$

wenn a und c die Halbachsen der Ellipse sind.

Setzt man noch

$$b_s = c\lambda,$$

so wird

$$3a^2 = 5c^2$$

und die numerische Exzentrizität der Ellipse:

$$\varepsilon = e/a = \sqrt{a^2 - c^2}/a = \sqrt{2/5}.$$

721. Die Momentanachse ist die Berührungserzeugende O. Das Moment des Eigengewichtes für diese Achse ist

$$\mathfrak{M} = \frac{2}{3}\gamma l(R^3 - r^3),$$

das Trägheitsmoment für die gleiche Achse
$$J = \frac{3}{4}\pi\,\frac{\gamma}{g}\,l(R^4 + r^4).$$
Man erhält daher:
$$\lambda = \frac{\mathfrak{M}}{J} = \frac{8g}{9\pi}\,\frac{R^3 - r^3}{R^4 + r^4}\,.$$

722. Ist G das Gewicht der Platte, S die anfängliche Spannung des Fadens AB, so ist die Beschleunigung des Schwerpunktes
$$b_s = (G - S)/M\,.$$
Im ersten Augenblick dreht sich die Platte um einen Punkt O, den man erhält, wenn man die Wagrechte durch S mit AB zum Schnitt bringt.

Das Trägheitsmoment der Platte um O ist
$$J = M(a^2/6 + c^2)\,,$$
die Winkelbeschleunigung um O
$$\lambda = Gc/J\,.$$
Setzt man nun $b_s = c\lambda$, so wird die gesuchte Spannung des Fadens AB:
$$S = G\,\frac{a^2}{a^2 + 6c^2}\,\cdot$$

723. Durchschneidet man OB und nennt S die Spannung von OA, x und y die Koordinaten des Schwerpunktes der Stange, φ ihren Drehungswinkel gegen die Wagrechte, M ihre Masse, so ist im ersten Augenblick:
$$\begin{cases} M\,\dfrac{d^2 x}{dt^2} = S\cos 60°\,, \\[4pt] M\,\dfrac{d^2 y}{dt^2} = G - S\sin 60°\,, \\[4pt] M k^2\,\dfrac{d^2\varphi}{dt^2} = S\,\dfrac{a}{2}\sin 60°\,. \end{cases}$$
Hierin ist $k = a/\sqrt{12}$ der Trägheitshalbmesser der Stange für den Schwerpunkt.

Ist ferner nach der ersten Bewegung der Stange $\sphericalangle AOY = \psi$, so wird:
$$\begin{cases} x = a/2 \cdot \cos\varphi - a\sin\psi\,, \\ y = a/2 \cdot \sin\varphi + a\cos\psi\,, \end{cases}$$
woraus
$$x^2 + y^2 - ax\cos\varphi - ay\sin\varphi = 3a^2/4\,,$$
oder, weil φ im ersten Augenblick klein ist:
$$x^2 + y^2 - ax - ay\varphi = 3a^2/4\,.$$
Differenziert man zweimal nach t und beachtet, daß anfangs:
$$\frac{dx}{dt} = 0\,,\quad \frac{dy}{dt} = 0\,,\quad \frac{d\varphi}{dt} = 0\,,\quad x = 0\,,\quad y = h$$
ist, so erhält man:
$$2h\,\frac{d^2 y}{dt^2} - a\,\frac{d^2 x}{dt^2} - ah\,\frac{d^2\varphi}{dt^2} = 0$$
und hieraus mit Hilfe der drei ersten Gleichungen:
$$S = \frac{\sqrt{12}}{13}\,G$$
als die anfängliche Spannung des Seiles OA.

724. Ist q das Gewicht der Längeneinheit der Kette und wird dem Prisma die Beschleunigung b nach links erteilt, so besitzt der linke Teil der Kette die nach rechts gerichtete Trägheitskraft $\frac{qa}{g}b$; die Spannung der Kette im höchsten Punkt ist dann für Gleichgewicht

$$S_1 = qa\sin\alpha - \frac{qa}{g}b\cos\alpha.$$

Ebenso folgt für die Spannung im rechten Teil der Kette

$$S_2 = qa\sin\beta + \frac{qa}{g}b\cos\beta.$$

Setzt man $S_1 = S_2$, so erhält man:

$$b = g\,\text{tg}(\alpha - \beta)/2.$$

725. Nennt man M und M_1 die Massen von G und G_1, b und b_1 ihre Beschleunigungen, so ist:

$$b = \frac{G - 2D\sin\alpha}{M} = \frac{d^2y}{dt^2},$$

und

$$b_1 = \frac{D\cos\alpha}{M_1} = \frac{d^2x}{dt^2}.$$

Bezeichnet man $\overline{OA} = y$, $\overline{OB} = x$, so ist:

$$y = x\,\text{ctg}\,\alpha$$

und

$$\frac{d^2y}{dt^2} = \frac{d^2x}{dt^2}\text{ctg}\,\alpha.$$

Aus diesen Gleichungen folgt:

$$D = \frac{GG_1}{\cos\alpha(G\,\text{ctg}\,\alpha + 2G_1\,\text{tg}\,\alpha)}.$$

$$b = g\frac{G\,\text{ctg}\,\alpha}{G\,\text{ctg}\,\alpha + 2G_1\,\text{tg}\,\alpha}, \quad b_1 = g\frac{G}{G\,\text{ctg}\,\alpha + 2G_1\,\text{tg}\,\alpha}.$$

Da b und b_1 konstant sind, so ist der Weg des Keiles:

$$y = \frac{1}{2}bt^2$$

und jener der Platte:

$$x = \frac{1}{2}b_1 t^2.$$

726. Nennt man $\mathfrak{R}$ die Reibung, so ist die Beschleunigung des Schwerpunktes:

$$b_s = \frac{\mathfrak{R} - K\cos\alpha}{M}$$

nach links gerichtet; M ist die Masse der Walze samt Welle.

Die Winkelbeschleunigung der Walze um ihre Achse ist, wenn $J = Mk^2$ ihr axiales Trägheitsmoment ist,

$$\lambda = \frac{Ka - \mathfrak{R}r}{Mk^2}.$$

Da die tiefsten Punkte der Walze die Geschwindigkeit Null haben, so ist

$$b_s = r\lambda.$$

Resultate und Lösungen.

Durch Einsetzen der Werte erhält man den Mindestwert der Reibung

$$\Re = K\,\frac{a\,r + k^2\cos\alpha}{r^2 + k^2}$$

und somit:
$$b_s = g\,\frac{P}{G}\,\frac{r(a - r\cos\alpha)}{r^2 + k^2}\,.$$

Da b_s konstant ist, besitzt der Schwerpunkt eine gleichförmig beschleunigte Bewegung.

727. Die im Schwerpunkt wirkende Horizontalkraft ist:
$$H = k\cdot \overline{SA}\cdot \cos\varphi - F = k\,x - F\,.$$
Die Winkelbeschleunigung um den Schwerpunkt ist:
$$\lambda = \frac{F\,r}{J}\,,\quad \text{worin}\quad J = \frac{1}{2}\,\frac{G}{g}\,r^2 = \frac{1}{2}\,M\,r^2\,.$$

Nennt man ω die Winkelgeschwindigkeit des Zylinders um seine Achse, v_s die Geschwindigkeit des Schwerpunktes, so ist, weil die tiefsten Punkte des Zylinders die Geschwindigkeit Null besitzen,
$$v_s = r\,\omega$$
und
$$b_s = \frac{d\,v_s}{d\,t} = r\,\lambda = \frac{H}{M}\,,$$
woraus die Fadenspannung:
$$F = k\,x/3$$
und die Horizontalkraft:
$$H = 2\,k\,x/3\,.$$

Der Schwerpunkt macht also um O eine schwingende, geradlinige Bewegung.
Die Vertikalkraft des Schwerpunktes ist
$$V = k\,h - G\,.$$
Es muß also $G > k\,h$ sein, wenn der Zylinder nicht abgehoben werden soll.

728. Nennt man M die Masse der bewegten Kugel, G ihr Gewicht, so ergibt sich zunächst für die Tangential- und Normalbeschleunigung ihres Schwerpunktes

$$\begin{cases}(a + b)\,\dfrac{d^2\varphi}{d\,t^2} = \dfrac{1}{M}\,[G\sin\varphi - \Re]\,,\\[4pt](a + b)\left(\dfrac{d\,\varphi}{d\,t}\right)^2 = \dfrac{1}{M}\,[G\cos\varphi - D]\,.\end{cases}$$

Ferner gilt für die Bewegung der Kugel um ihren Schwerpunkt:
$$\lambda = \frac{d^2\vartheta}{d\,t^2} = \frac{\Re\,a}{J}\,,\quad \text{worin}\quad J = \frac{2\,M\,a^2}{5}\,.$$

Hierin bedeutet ϑ den gesamten Verdrehungswinkel der Kugel gegen ihre Anfangslage, für den die Beziehung gilt: $a(\vartheta - \varphi) = R\,\varphi$.

Aus diesen Gleichungen erhält man:
$$\frac{d^2\vartheta}{d\,t^2} = \frac{5\,\Re}{2\,M\,a}\,,$$
$$\frac{d^2\varphi}{d\,t^2} = \frac{5\,G\sin\varphi}{7\,M\,(R + a)}\,,$$
und durch Integration:
$$\left(\frac{d\,\varphi}{d\,t}\right)^2 = \frac{10\,G\,(1 - \cos\varphi)}{7\,M\,(R + a)}$$

und endlich
$$D = \frac{1}{7} G(17\cos\varphi - 10), \quad \mathfrak{R} = \frac{1}{7} G \sin\varphi;$$
die Bedingung $f_2 D > \mathfrak{R}$ gibt:
$$f \geqq \frac{2 \sin\varphi}{17 \cos\varphi - 10},$$
für $D = 0$ wird
$$\cos\varphi_1 = 10/17.$$

729. Nennt man M_1, M_2 die Massen der beiden Walzen, r_1, r_2 ihre Halbmesser, b_1, b_2 die Beschleunigungen ihrer Schwerpunkte, so lauten die Bewegungsgleichungen
$$\begin{cases} M_1 b_1 = G_1 \sin\alpha - S, \\ M_2 b_2 = G_2 \sin\beta - S. \end{cases}$$
Nennt man ferner λ_1, λ_2 die Winkelbeschleunigungen der Walzen und b die Beschleunigung des längs der Ebenen gleitenden Bandes, so ist
$$b_1 + b = r_1 \lambda_1, \quad b_2 - b = r_2 \lambda_2$$
und
$$\tfrac{1}{2} M_1 r_1^2 \cdot \lambda_1 = S r_1, \quad \tfrac{1}{2} M_2 r_2^2 \cdot \lambda_2 = S r_2.$$
Man erhält daraus
$$b = g \frac{G_2 \sin\beta - G_1 \sin\alpha}{G_1 + G_2}$$
für die Beschleunigung des gleitenden Bandes und
$$S = \frac{G_1 G_2 (\sin\alpha + \sin\beta)}{3 (G_1 + G_2)}$$
für seine Spannung.

730. Nennt man x und y die Schwerpunktskoordinaten des Stabes $AB = l$, φ seinen Winkel gegen die Lotrechte y während der Bewegung, M seine Masse, A den Druck an der Ebene, f die Reibungszahl, so lauten die Bewegungsgleichungen des Stabes:
$$\begin{cases} M \dfrac{d^2 x}{d t^2} = f A, \\[4pt] M \dfrac{d^2 y}{d t^2} = A - G, \\[4pt] \dfrac{1}{12} M l^2 \dfrac{d^2 \varphi}{d t^2} = A \dfrac{l}{2} \sin\varphi - f A \dfrac{l}{2} \cos\varphi. \end{cases}$$

Ferner ist
$$x = \frac{l}{2} \sin\varphi, \quad y = \frac{l}{2} \cos\varphi,$$
woraus
$$\frac{d^2 x}{d t^2} \cos\varphi - \frac{d^2 y}{d t^2} \sin\varphi = \frac{l}{2} \frac{d^2 \varphi}{d t^2}.$$

Aus obigen drei Gleichungen wird sodann die Winkelbeschleunigung des Stabes:
$$\lambda = \frac{d^2 \varphi}{d t^2} = \frac{3 g \sin\varphi}{2 l}$$
und aus $\omega\, d\omega = \lambda\, d\varphi$ durch Integration:
$$\omega^2 = \left(\frac{d\varphi}{dt}\right)^2 = \frac{3 g}{l} (\cos\beta - \cos\varphi),$$
wenn β der Anfangswert von φ ist.

Resultate und Lösungen. **731.**

Für $\varphi = 90°$ wird
$$\omega^2 = \frac{3\,g}{l}\cos\beta$$
und somit die Geschwindigkeit des Punktes B beim Aufschlagen:
$$v^2 = l^2\,\omega^2 = 3\,g\,l\cos\beta\,.$$
Ferner wird der Druck:
$$A = G + M\frac{d^2y}{dt^2} = G - \frac{M\,l}{2}(\omega^2\cos\varphi + \lambda\sin\varphi)$$
und
$$A = \frac{G}{4}(1 - 6\cos\varphi\cos\beta + 9\cos^2\varphi)\,.$$

Der Stab kann die Ebene nicht verlassen, da $\cos\varphi$ für $A = 0$ imaginär wird.

731. Nennt man G das Gewicht einer Walze, M ihre Masse, r ihren Halbmesser, D den Druck zwischen den Walzen, ferner
$$\overline{OB} = y,\quad \overline{OC} = x,$$
so ist
$$x^2 + y^2 = 4\,r^2,$$
die Beschleunigung des Punktes B ist
$$b = \frac{d^2y}{dt^2} = \frac{2\,D\cos\varphi - G}{M}$$
und die Beschleunigung des Punktes C
$$b_1 = \frac{d^2x}{dt^2} = \frac{D\sin\varphi}{M}\,.$$

Durch Differenzieren der ersten Gleichung erhält man
$$x\frac{dx}{dt} + y\frac{dy}{dt} = 0$$
und
$$x\frac{d^2x}{dt^2} + y\frac{d^2y}{dt^2} + \left(\frac{dx}{dt}\right)^2 + \left(\frac{dy}{dt}\right)^2 = 0$$
oder
$$x\frac{d^2x}{dt^2} + y\frac{d^2y}{dt^2} + \frac{4\,r^2}{x^2}\left(\frac{dy}{dt}\right)^2 = 0\,.$$

Entfernt man mit Hilfe der beiden Gleichungen für b und b_1 den Druck D und $\frac{d^2x}{dt^2}$, benutzt ferner die Beziehungen
$$\sin\varphi = \frac{x}{2\,r},\quad \cos\varphi = \frac{y}{2\,r},$$
so geht die letzte Differentialgleichung über in:
$$8\,r^2\,y\left(\frac{dy}{dt}\right)^2 + (16\,r^4 - y^4)\frac{d^2y}{dt^2} + g(4\,r^2 - y^2)^2 = 0\,,$$
welche Gleichung auch geschrieben werden kann:
$$\frac{8\,r^2\,y}{(4\,r^2 - y^2)^2}\left(\frac{dy}{dt}\right)^2 + \frac{4\,r^2 + y^2}{4\,r^2 - y^2}\frac{d^2y}{dt^2} + g = 0$$
oder
$$d\left\{\frac{4\,r^2 + y^2}{4\,r^2 - y^2}\left(\frac{dy}{dt}\right)^2\right\} = -2\,g\,dy\,;$$

732. Resultate und Lösungen.

somit ist die Geschwindigkeit der mittleren Walze:
$$v^2 = \left(\frac{dy}{dt}\right)^2 = [C - 2gy]\frac{4r^2 - y^2}{4r^2 + y^2}.$$

Für den Anfang ist:
$$v = 0, \quad y = r\sqrt{3},$$
somit:
$$v^2 = 2g(r\sqrt{3} - y)\frac{4r^2 - y^2}{4r^2 + y^2},$$

und die Geschwindigkeit im Augenblick der Berührung der mittleren Walze mit der Ebene:
$$y = 0, \quad v_1^2 = 2\sqrt{3}\, gr.$$

732. Nennt man M und M_1 die Massen des Punktes und des Keiles, G_1 das Gewicht des letzteren, D den Druck zwischen G und dem Keil G_1, so lauten die Bewegungsgleichungen des Punktes G:
$$\begin{cases} M\dfrac{d^2x}{dt^2} = -D\sin(\beta - \alpha), \\ M\dfrac{d^2y}{dt^2} = D\cos(\beta - \alpha) - G, \end{cases}$$

und, da der Keil fortschreitende Bewegung besitzt, die Bewegungsgleichungen des Punktes B, wenn D_1 den Druck zwischen dem Keil G_1 und der schiefen Ebene bezeichnet,
$$\begin{cases} M_1\dfrac{d^2x_1}{dt^2} = D\sin(\beta - \alpha) + D_1\sin\alpha, \\ M_1\dfrac{d^2y_1}{dt^2} = -D\cos(\beta - \alpha) + D_1\cos\alpha - G_1. \end{cases}$$

Ferner ist:
$$y - y_1 = (x - x_1)\operatorname{tg}(\beta - \alpha)$$
und
$$y_1 = (a - x_1)\operatorname{tg}\alpha,$$

wenn man $\overline{OE} = a$ setzt. Die beiden letzten Gleichungen liefern:
$$\frac{d^2y}{dt^2} - \frac{d^2y_1}{dt^2} = \left(\frac{d^2x}{dt^2} - \frac{d^2x_1}{dt^2}\right)\operatorname{tg}(\beta - \alpha),$$
$$\frac{d^2y_1}{dt^2} = -\frac{d^2x_1}{dt^2}\operatorname{tg}\alpha.$$

Aus diesen beiden und den ersten vier Gleichungen erhält man:
$$\begin{cases} \dfrac{d^2x}{dt^2} = -g\,\dfrac{G_1\cos\beta\cos\alpha\sin(\beta - \alpha)}{G_1 + G\sin^2\beta}, \\ \dfrac{d^2y}{dt^2} = -g\left[1 - \dfrac{G_1\cos\beta\cos\alpha\cos(\beta - \alpha)}{G_1 + G\sin^2\beta}\right], \\ \dfrac{d^2x_1}{dt^2} = g\,\dfrac{\cos\alpha[G_1\sin\alpha + G\sin\beta\cos(\beta - \alpha)]}{G_1 + G\sin^2\beta}, \\ \dfrac{d^2y_1}{dt^2} = -g\,\dfrac{\sin\alpha[G_1\sin\alpha + G\sin\beta\cos(\beta - \alpha)]}{G_1 + G\sin^2\beta} \end{cases}$$

und hieraus:

a) die Beschleunigung b_1 des Keiles auf der schiefen Ebene, wenn $\overline{AB} = s_1$:
$$b_1 = \frac{d^2 s_1}{dt^2}$$

oder, da $x_1 = s_1 \cos\alpha$:
$$b_1 = \frac{1}{\cos\alpha}\frac{d^2 x_1}{dt^2} = g\,\frac{G_1 \sin\alpha + G \sin\beta \cos(\beta - \alpha)}{G_1 + G \sin^2\beta}\,.$$

Die Bewegung ist gleichförmig beschleunigt, also
$$s_1 = b_1 t^2/2\,.$$

b) Die Beschleunigung b des Punktes G auf der Keilfläche, wenn $\overline{CG} = s$, $\overline{CB} = c$:
$$b = \frac{d^2 s}{dt^2} \quad \text{oder, weil} \quad (c - s)\cos(\beta - \alpha) = x - x_1,$$

$$b = \frac{1}{\cos(\beta - \alpha)}\left[-\frac{d^2 x}{dt^2} + \frac{d^2 x_1}{dt^2}\right] = g\,\frac{(G + G_1)\cos\alpha \sin\beta}{G_1 + G\sin^2\beta}$$

und ebenso wie oben
$$s = b t^2/2\,.$$

c) Die absolute Bahn des Punktes G ist eine Gerade, deren Neigung φ gegen die Wagrechte gegeben ist durch:
$$\operatorname{tg}\varphi = \frac{d^2 y}{dt^2} : \frac{d^2 x}{dt^2} = \frac{G_1 + G \sin^2\beta}{G_1 \cos\alpha \cos\beta \sin(\beta - \alpha)} - \operatorname{ctg}(\beta - \alpha)\,.$$

d) $\quad D = -\dfrac{M}{\sin(\beta - \alpha)}\dfrac{d^2 x}{dt^2} = \dfrac{G G_1 \cos\alpha \cos\beta}{G_1 + G\sin^2\beta}\,.$

e) $\quad D_1 = \left(M\dfrac{d^2 x}{dt^2} + M_1 \dfrac{d^2 x_1}{dt^2}\right)\dfrac{1}{\sin\alpha} = \dfrac{G_1(G + G_1)\cos\alpha}{G_1 + G\sin^2\beta}\,.$

733. Nennt man $\overline{CB} = s$, so ist
$$s \sin\alpha = 2a \sin\varphi,$$
$$\frac{ds}{dt}\sin\alpha = 2a \cos\varphi\,\frac{d\varphi}{dt}$$

und, wenn $\dfrac{d\varphi}{dt} = \omega$, $\dfrac{d^2\varphi}{dt^2} = \lambda$ bezeichnet wird:

$$\frac{d^2 s}{dt^2}\sin\alpha = 2a(\lambda\cos\varphi - \omega^2\sin\varphi)\,.$$

Bezeichnet $M_1 = Q/g$ die Masse des sinkenden Gewichtes, so folgt die Spannung S des Fadens nach dem Prinzip d'Alemberts:
$$S + M_1 b = Q,$$

somit
$$S = Q - M_1 \frac{d^2 s}{dt^2} = Q + \frac{2 a M_1}{\sin\alpha}(\omega^2 \sin\varphi - \lambda\cos\varphi) \tag{a}$$

Nennt man ferner x und y die Koordinaten des Schwerpunktes S des Stabes, M seine Masse, A und B die Auflagerdrücke in A und B, so lauten die Bewegungsgleichungen:

$$M \frac{d^2 x}{d t^2} = S \cos\alpha - B \sin\alpha, \qquad (b)$$

$$M \frac{d^2 y}{d t^2} = A - G + B \cos\alpha + S \sin\alpha, \qquad (c)$$

$$M k^2 \frac{d^2 \varphi}{d t^2} = B a \cos(\alpha - \varphi) + S a \sin(\alpha - \varphi) - A a \cos\varphi. \qquad (d)$$

Hierin ist $k = a/\sqrt{3}$ der Trägheitshalbmesser des Stabes in bezug auf seinen Schwerpunkt. — Aus den geometrischen Beziehungen

folgt ferner:
$$\begin{cases} x = a(2 + 2\sin\varphi \operatorname{ctg}\alpha - \cos\varphi), \\ y = a \sin\varphi \end{cases}$$

$$\begin{cases} \dfrac{d x}{d t} = a\omega (2 \operatorname{ctg}\alpha \cos\varphi + \sin\varphi), \\ \dfrac{d y}{d t} = a \omega \cos\varphi, \end{cases}$$

und
$$\begin{cases} \dfrac{d^2 x}{d t^2} = a \omega^2 (-2 \operatorname{ctg}\alpha \sin\varphi + \cos\varphi) + a \lambda (2 \operatorname{ctg}\alpha \cos\varphi + \sin\varphi), & (e) \\ \dfrac{d^2 y}{d t^2} = -a \omega^2 \sin\varphi + a \lambda \cos\varphi. & (f) \end{cases}$$

Entfernt man aus den Gleichungen (a) bis (f) die Größen

$$A, B, S, \frac{d^2 x}{d t^2}, \frac{d^2 y}{d t^2},$$

so bleibt:
$$2 \lambda \left\{ Q \cos^2\varphi + G \left[\cos\alpha \cos\varphi \cos(\alpha - \varphi) + \frac{1}{3} \sin^2\alpha \right] \right\}$$
$$+ \omega^2 \{ G \cos\alpha \sin(\alpha - 2\varphi) - Q \sin 2\varphi \} = \frac{g}{2 a} \cos\varphi \sin\alpha (2 Q - G \sin\alpha).$$

Diese Gleichung kann auch geschrieben werden:

$$d \{ C \omega^2 \} = \frac{g}{2 a} \sin\alpha \cos\varphi (2 Q - G \sin\alpha) \cdot d\varphi,$$

worin C der Faktor von 2λ in der vorhergehenden Gleichung ist und nach Integration und Einführung der Anfangswerte $\varphi = 0$, $\omega = 0$:

$$C \omega^2 = \frac{g}{2 a} \sin\alpha \sin\varphi (2 Q - G \sin\alpha);$$

die Geschwindigkeit des fallenden Gewichtes Q folgt aus:

$$v = \frac{d s}{d t} = \frac{2 a \cos\varphi}{\sin\alpha} \omega:$$

$$v^2 = 2 a g \frac{\sin\varphi \cos^2\varphi}{C \sin\alpha} (2 Q - G \sin\alpha).$$

734. $\dfrac{\sin\alpha/2}{\sin\alpha_1/2} = \sqrt{\dfrac{G_1 l_1}{G l}}.$

[Die Bewegungsenergie jedes Stabes in der tiefsten Lage ist gleich der Arbeit des Gewichtes

$$G l (1 - \cos\alpha)/2 = G_1 l_1 (1 - \cos\alpha_1)/2 .]$$

Resultate und Lösungen.

735. Die nächste Ruhelage hat die Entfernung $13a/12$ von O_1, $a/12$ von O_2; die Arbeiten der beiden Anziehungskräfte sind

$$\mathsf{A}_1 = -\frac{5}{9}\,k\,a^2 \text{ für } O_1, \qquad \mathsf{A}_2 = +\frac{5}{9}\,k\,a^2 \text{ für } O_2.$$

[Ist x die Entfernung des Punktes von O_1, so ist die Arbeit der beiden Anziehungskräfte

$$\mathsf{A} = k \int_{a/4}^{x} (2a - 3x)\,dx\,;$$

wird das Integral auf den Weg zwischen den beiden Ruhelagen erstreckt, so muß $\mathsf{A} = 0$ werden.]

736. $v = \sqrt{3gl}$.

[**Anfangsenergie:** $\dfrac{1}{2}J\omega_0^2 = \dfrac{1}{2}\left(\dfrac{1}{3}\dfrac{G}{g}l^2\right)\left(\dfrac{v}{l}\right)^2$, Endenergie: Null, Arbeit des Gewichtes: $-Gl/2$.]

737. Aus $\mathsf{A} = \dfrac{1}{2}\cdot\dfrac{1}{2}\dfrac{G_1}{g}\left(\dfrac{d_1}{2}\right)^2\left(\dfrac{n_1\pi}{30}\right)^2 + \dfrac{1}{2}\cdot\dfrac{1}{2}\dfrac{G_2}{g}\left(\dfrac{d_2}{2}\right)^2\left(\dfrac{n_2\pi}{30}\right)^2 = 67$ kgm.

und $n_1 : n_2 = d_2 : d_1$ folgt: $n_1 = 40$, $n_2 = 80$.

738. Die Bewegungsenergie der Walze ist

$$\mathsf{T} = \frac{1}{2}J\omega^2, \quad J = \frac{1}{2}\frac{G}{g}r^2, \quad G = \text{Gewicht der Walze}.$$

Ihr Schwerpunkt S hat von O den Abstand $\dfrac{4}{9}\cdot\dfrac{r}{\pi}\sqrt{2}$; sobald er in die tiefste Lage kommt, hat das Gewicht die Arbeit geleistet:

$$\mathsf{A} = \frac{4}{9\pi}Gr\,(\sqrt{2} - 1).$$

Die Gleichung $\mathsf{T} = \mathsf{A}$ (da $\mathsf{T}_0 = 0$) gibt für den Punkt A:

$$v_{\max}^2 = \frac{16}{9\pi}gr\,(\sqrt{2} - 1).$$

739. Da das Gewicht in der Anfangs- und Endlage ruht, muß die Summe der Arbeiten des Gewichtes und der Fadenspannung Null sein:

$$Gx - ka^2/2 = 0, \quad \text{woraus} \quad x = x_1 = 2G/k,$$

ferner ist $\quad x_2 = G/k.$

740. Ist λ die Längenänderung des Fadens zu irgendeiner Zeit, so ist dessen elastische Kraft $K = k\lambda$ und deren Arbeit beim Ausdehnen des Fadens

$$-\int_0^l K\cdot d\lambda = -\frac{1}{2}kl^2,$$

wenn $l = r\varphi$ die Ausdehnung bei der nächsten momentanen Ruhelage der Rolle ist. Sinkt dabei das Gewicht G um x, so ist dessen Arbeit Gx, wobei $x = R\varphi$ ist. Da die Bewegungsenergie zu Anfang und zu Ende Null ist, so muß auch die Summe der Arbeiten Null sein:

$$-kl^2/2 + Gx = 0,$$

woraus: $\quad \varphi = \dfrac{x}{R} = \dfrac{l}{r} = \dfrac{2GR}{kr^2}.$

741. Die Arbeit der drei Anziehungskräfte ist

$$A = \int_{4a}^{0} k\,m\,m_1\,(a+x)\,(-dx) + 2\int_{4a}^{0} k\,m\,m_1\,x\,(-dx),$$

wenn die Entfernung des bewegten Punktes von A mit x bezeichnet wird.
Setzt man
$$A = m\,v^2/2,$$
so wird
$$v^2 = 56\,k\,m_1\,a^2.$$

742. Da die Energie des Punktes m in beiden Ruhelagen Null ist, so muß die Summe der Arbeiten der auf ihn wirkenden Kräfte verschwinden.
Es ist
$$d\mathsf{A} = 2\,\frac{m\,m_1}{r^2}\cos\varphi\,(-dx) + \frac{m\,m_1}{(h+x)^2}\,(-dx),$$
integriert:
$$\mathsf{A} = m\,m_1\left\{\int \frac{-2\,x\,dx}{(a^2/4 + x^2)^{3/2}} + \int \frac{-dx}{(h+x)^2}\right\}_\infty^x$$
$$= m\,m_1\left\{\frac{2}{\sqrt{a^2/4 + x^2}} + \frac{1}{h+x}\right\} = 0,$$
woraus:
$$x = -\frac{4 - \sqrt{5}}{\sqrt{12}}\,a.$$

743. Für Gleichgewicht ist $\operatorname{tg}\alpha = a^2/b^2$.
Wenn der Winkel von $A'CB'$ bis zur nächsten Ruhelage schwingt, ist die Änderung der Bewegungsenergie Null, also auch die geleistete Arbeit:
$$\mathsf{A} = 2\,a\,q \cdot a\sin\varphi - 2\,b\,q \cdot b\,(1 - \cos\varphi) = 0,$$
worin q das Gewicht der Längeneinheit der Stabe ist. Daraus wird
$$\operatorname{tg}(\varphi/2) = a^2/b^2 \quad \text{und} \quad \varphi = 2\,\alpha.$$

744. Die anfängliche Bewegungsenergie ist
$$\mathsf{T}_0 = \frac{1}{2}\,\frac{G}{g}\,R^2\,\omega^2 + \frac{1}{2}\,J\,\omega^2,$$
worin das Trägheitsmoment der hohlen Walze
$$J = \frac{\pi\,l\,\gamma}{2\,g}\,(R^4 - r^4).$$

Die Arbeit des Gewichtes ist $\mathsf{A} = -G\,h$.
Setzt man $-\mathsf{T}_0 = \mathsf{A} = -G\,h$, so wird
$$\omega^2 = \frac{4\,G\,g\,h}{2\,G\,R^2 + \pi\,l\,\gamma\,(R^4 - r^4)}$$
und mit den angegebenen Zahlenwerten:
$$\omega = 4{,}19\,(1/\text{sek}).$$

745. $v^2 = \dfrac{3\,g\,d\,(d-l)\,\sqrt{d^2 - l^2}}{3\,d^2 - 2\,l^2}$.

746. Für eine Drehung der Trommel um den Winkel $d\varphi$ ist die zugehörige Senkung von G:
$$dy = x \cdot d\varphi;$$

746.

nach einer Umdrehung der Trommel hat sich ihr Halbmesser x um

$$\frac{(R-r)d}{h}$$

vermindert, also bei einer Drehung $d\varphi$ um

$$dx = -\frac{(R-r)d}{2\pi h}\cdot d\varphi = -a\cdot d\varphi, \quad \text{wenn} \quad \frac{(R-r)d}{2\pi h} = a.$$

Durch Integration dieser Gleichung folgt

$$x = R - a\varphi$$

und

$$y = \int_0^\varphi (R - a\varphi)\cdot d\varphi = R\varphi - \frac{1}{2}a\varphi^2.$$

Ein Teil des Seiles ist auf der Trommel aufgewickelt und macht deren Drehung mit; das Trägheitsmoment dieses Seilstückes ist, da $dM = qx\,d\varphi/g$:

$$\int_x^r x^2\cdot dM = \frac{q}{g}\int_x^r x^3\cdot d\varphi = \frac{q}{ag}\int_r^x x^3\cdot dx = \frac{q}{4ag}(x^4 - r^4),$$

wenn q das Gewicht des Seiles für die Längeneinheit ist.

Nennt man J das konstante Trägheitsmoment der Trommel, so ist

$$J + \frac{q}{4ag}(x^4 - r^4)$$

das Trägheitsmoment des sich drehenden Körpers; es ist veränderlich, und deshalb darf die Gleichung

$$\text{Winkelbeschleunigung} = \frac{\text{Kraftmoment}}{\text{Trägheitsmoment}}$$

nicht angewendet werden.

Das Prinzip der Bewegungsenergie lautet hier:

Energie der Trommel samt aufgewundenem Seil + Energie des übrigen Seilstückes + Energie der Gewichtsmasse G = Arbeit des Gewichtes G + Arbeit des sinkenden Seilgewichtes qy, oder:

$$\frac{1}{2}\left[J + \frac{q}{4ag}(x^4 - r^4)\right]\omega^2 + \frac{1}{2}\left[\frac{q}{g}(b+y) + \frac{G}{g}\right]v^2 = Gy + \frac{1}{2}qy^2.$$

Nun ist die Winkelgeschwindigkeit der Trommel

$$\omega = v/x,$$

somit

$$\left\{J + \frac{q}{4ag}(x^4 - r^4) + \frac{x^2}{g}[q(b+y) + G]\right\}\omega^2 = 2Gy + qy^2$$

und endlich:

$$v^2 = \frac{(2Gy + qy^2)x^2}{J + \dfrac{q}{4ag}(x^4 - r^4) + \dfrac{x^2}{g}[q(b+y) + G]},$$

worin

$$x^2 = R^2 - 2ay.$$

747. $\overline{BC} = x = s\left(\dfrac{\sin\alpha}{f} - \cos\alpha\right)$.

[Die Gesamtarbeit muß Null sein. Es ist die Arbeit des Gewichtes: $Gs\sin\alpha$.

Arbeit der Reibung: $-f(G\cos\alpha \cdot s + Gx)$.]

748. $f_1 = f_2\cos\alpha - \sin\alpha$.

[Das Prinzip der Bewegungsenergie liefert für den einen Teil G_1 des Körpers:
$$-\frac{1}{2}\frac{G_1}{g}v^2 = -G_1 f_1 s_1,$$
worin v die Geschwindigkeit des Körpers in A ist; für den anderen Teil G_2:
$$-\frac{1}{2}\frac{G_2}{g}v^2 = G_2 s_2\sin\alpha - G_2 f_2 s_2\cos\alpha.]$$

749. Es ist $\mathsf{A}_r = \dfrac{1}{2}J\omega^2 - \dfrac{1}{2}J\left(\dfrac{\omega}{2}\right)^2$, $\omega = \dfrac{n\pi}{30}$, $J = \dfrac{1}{2}\cdot\dfrac{G}{g}r^2$,

woraus $\mathsf{A}_r = -\dfrac{\pi^2}{4800\,g}Gr^2 n^2$.

750. Bewegungsenergie der Welle zu Beginn:
$$\mathsf{T}_0 = \frac{1}{2}J\omega_0^2 = \frac{1}{2}\cdot\left(\frac{1}{2}\frac{G}{g}r^2\right)\cdot\left(\frac{n\pi}{30}\right)^2.$$

Bewegungsenergie zu Ende: $\mathsf{T} = 0$,

Arbeit der Reibung: $\mathsf{A}_r = -f_1 G\cdot 2r\pi\cdot x$,

und aus $\mathsf{T} - \mathsf{T}_0 = \mathsf{A}_r$:
$$x = \frac{r n^2 \pi}{7200\,g f_1} = 0{,}044\ \text{[Umdr. in 1/sek]}.$$

751. $s = \dfrac{v^2}{4gf} = 10{,}098$ m.

752. $v^2 = 2g[r(1-\cos\alpha) + f(l + r\sin\alpha)]$.

[Arbeit des Gewichtes: $-Gr(1-\cos\alpha)$,

Arbeit der Reibung:
$$-fGl - \int_0^\alpha f\cdot G\cos\varphi\cdot r\,d\varphi,$$

anfängliche Bewegungsenergie: $\mathsf{T}_0 = \dfrac{1}{2}\dfrac{G}{g}v^2$.]

753. $x = 172{,}7$ m.

[Anfangsenergie: $\dfrac{1}{2}\dfrac{G}{g}v^2$,

Arbeit des Gewichtes: $-Gx\sin\alpha$,

Arbeit der Zapfenreibung und Rollreibung: $-G\cos\alpha\cdot\varkappa$, **worin**
$$\varkappa = \frac{0{,}06\cdot 4\ \text{cm} + 0{,}05\ \text{cm}}{40\ \text{cm}} = 0{,}00725,$$

daraus: $x = \dfrac{v^2}{2g(\sin\alpha + \varkappa)}$, $\cos\alpha \doteq 1$.]

Resultate und Lösungen. 754–757.

754. Die anfängliche Bewegungsenergie der Stange ist
$$\mathsf{T}_1 = \frac{1}{2}\frac{G}{g}v^2,$$
jene der Kugel
$$\mathsf{T}_2 = \frac{1}{2}J\omega^2,$$
wenn J ihr Trägheitsmoment für die in der wagrechten Ebene liegende Momentanachse und ω die Winkelgeschwindigkeit um diese bezeichnet; es ist:
$$J = \frac{2}{5}\frac{G}{g}r^2 + \frac{G}{g}r^2, \quad \omega = \frac{v}{r}.$$
Arbeit leisten die gleitende Reibung der Stange:
$$\mathsf{A}_1 = -f\frac{G}{2}x$$
und die Rollreibung der Kugel:
$$\mathsf{A}_2 = -\frac{f_2}{r}\left(G + \frac{G}{2}\right)x,$$
wenn f und f_2 die Zahlen der gleitenden und der Rollreibung sind. Setzt man dann
$$-(\mathsf{T}_1 + \mathsf{T}_2) = \mathsf{A}_1 + \mathsf{A}_2,$$
so folgt:
$$x = \frac{12}{5}\frac{v^2}{(f + 3f_2/r)g}.$$

755. Die Bewegungsenergie des Gewichtes in der tiefsten Lage ist
$$Ga(1 - \cos\alpha) = \frac{1}{2}\frac{G}{g}v^2;$$
sie wird aufgewendet für die Reibungsarbeit fGl; daraus folgt:
$$f = a(1 - \cos\alpha)/l.$$

756. Für die äußerste Gleichgewichtslage der Kette ist:
$$x_1 = \frac{fl}{1 + f}.$$
Die Elementararbeit des Gewichtes ist $q\,x\,dx$, die der Reibung $-fq(l - x)\,dx$, somit die Bewegungsenergie am Ende der Bewegung:
$$\frac{1}{2}\frac{ql}{g}v_1^2 = \int_{x_1}^{l} q\,x\,dx - \int_{x_1}^{l} f\,q(l - x)\,dx,$$
woraus
$$v_1^2 = \frac{gl}{1 + f}.$$

757. Läßt man den Widerstand der rollenden Bewegung $\Re = f_2 G/r$ im Mittelpunkt der Kugel angreifen, so ist seine Arbeit $-\Re x$. Die anfängliche Bewegungsenergie der Kugel besteht aus der Schwerpunktsenergie $\frac{1}{2}\frac{G}{g}c^2$ und aus der Energie der Drehung um den Schwerpunkt
$$\frac{1}{2}J\omega^2 = \frac{1}{2}\cdot\frac{2}{5}\frac{G}{g}r^2\cdot\left(\frac{c}{r}\right)^2.$$
Aus $\mathsf{T}_0 = \Re x$ folgt sodann:
$$x = \frac{7rc^2}{10gf_2}.$$

758. Nennt man $p = \dfrac{G}{r^2 \pi}$ den (gleichförmig verteilt angenommenen) Druck auf die Flächeneinheit und nimmt man in der Entfernung ϱ von der Achse einen ringförmigen Flächenstreifen $2\varrho\pi \cdot d\varrho$ an, so ist dessen Reibung
$$f p \cdot 2\varrho\pi \cdot d\varrho$$
und die Arbeit der Reibung bis zur Ruhe
$$-(f p \cdot 2\varrho\pi \cdot d\varrho) \cdot 2\varrho\pi \cdot x.$$
Die Gesamtarbeit der Reibung aller Flächenstreifen bis zur Ruhe ist
$$\mathsf{A}_r = -4\pi^2 f p x \int_0^r \varrho^2 d\varrho = -\frac{4}{3}\pi^2 f p x r^3.$$
Die Anfangsenergie ist
$$\mathsf{T}_0 = \frac{1}{4}\frac{G}{g} r^2 \left(\frac{n\pi}{30}\right)^2.$$
Aus $\mathsf{A}_r = -\mathsf{T}_0$ folgt:
$$x = \frac{r n^2 \pi}{4800 f g}.$$

759. Setze die Summe der Arbeiten gleich Null:
$$P(s+x) - Gx - \int_0^y F_1 \cdot dy_1 + 2\int_0^x F \cdot dy = 0.$$
Hierin ist $P = \dfrac{\pi d^2}{4} p$ der Druck auf den Kolben (Arbeit Ps) und der gleich große Druck auf den Deckel des Zylinders (Arbeit Px); ferner y die Zusammendrückung der Feder F_1, und zwar:
$$y_1 = \frac{a(c+d)}{d(a+c)}(x+s) = C(x+s).$$
Man erhält:
$$(P - F_0 C)(x+s) - k C^2 (x+s)^2/2 - k x^2 = 0.$$
woraus
$$x = 25 \text{ mm}.$$

760. Da der gemeinsame Schwerpunkt in Ruhe bleibt, ist:
$$G_1 s_1 - G s = 0, \quad \text{also} \quad s_1 = s \cdot G/G_1.$$

761. Es ist $x = 0$.

762. Der Rücklauf der Kanone beträgt:
$$x = \left(\frac{G v}{G + G_1}\right)^2 \frac{1}{2 f g},$$
wenn G das Gewicht des Geschosses, G_1 das Gewicht der Kanone bedeutet.

763. Wenn G_1 um x nach links gerückt ist, hat G den wagrechten Weg $b_1 - b - x$ zurückgelegt, falls das kleine Prisma bis zur Unterlage herabgeglitten ist. Es wird, da auf den gemeinsamen Schwerpunkt beider Prismen nur lotrechte Kräfte wirken,
$$G_1 x - G(b_1 - b - x) = 0$$
sein, also ist
$$x = \frac{G(b_1 - b)}{G + G_1}.$$

764. Nennt man x und x_1 die Abstände der beiden Punkte nach beliebiger Zeit von der Anfangslage von G, ξ den Abstand ihres gemeinsamen Schwerpunktes, so ist
$$\xi = \frac{Gx + G_1 x_1}{G + G_1},$$
und
$$\frac{d\xi}{dt} = \frac{1}{G + G_1}\left[G\frac{dx}{dt} + G_1\frac{dx_1}{dt}\right].$$
Für den Anfang ist $\frac{dx}{dt} = 0$, $\frac{dx_1}{dt} = c$, also:
$$\frac{d\xi}{dt} = v_0 = \frac{G_1}{G + G_1}\, c.$$
Setzt man in der Gleichung für ξ:
$$\xi = h, \quad x = gt^2/2, \quad x_1 = h - ct + gt^2/2,$$
so wird die gesuchte Zeit:
$$T = \frac{1}{g(G + G_1)}\left[G_1 c + \sqrt{2ghG(G + G_1) + G_1^2 c^2}\right].$$

765. Im Augenblick der Trennung von G und G_1 ist
$$(G + G_1)v_s = Gv + G_1(v_s - c_1),$$
wenn $v_s = c\cos\alpha$ die Geschwindigkeit des gemeinsamen Schwerpunktes ist. Daraus wird:
$$v = c\cos\alpha + \frac{G_1}{G}\, c_1.$$
Nennt man W die halbe Sprungweite des Turners (während des Aufsteigens), W_1 die halbe Sprungweite, nachdem er sich vom Gewicht getrennt (also während des Abfalles), h die Sprunghöhe, so ist
$$h = \frac{c^2}{2g}\sin^2\alpha,$$
$$W^2 = \frac{2v_s^2 h}{g}, \quad W_1^2 = \frac{2v^2 h}{g}$$
und
$$x = W_1 - W = \frac{G_1}{G}\cdot\frac{cc_1\sin\alpha}{g}.$$

766. Nach dem Schwerpunktsprinzip ist die Anfangsgeschwindigkeit des Kahnes
$$v_0 = \frac{G}{G_1}\, c.$$
Seine Beschleunigung ist $-\frac{ag}{G_1}v^2$; aus der Gleichung
$$\frac{dv}{dt} = -\frac{ag}{G_1}v^2, \quad \frac{ag}{G_1}dt = -\frac{dv}{v^2}$$
findet man
$$v = \frac{GG_1 c}{G_1^2 + Ggact}.$$

767. Da keine Reibung auftritt, dreht sich die kleine Scheibe nicht, sondern besitzt nur Translation. Der Punkt A beschreibt einen Kreisbogen mit dem Mittelpunkt B, wobei BAO_2O_1 ein Parallelogramm ist.

768. Sie ist eine wagrechte Gerade, senkrecht zur Bildebene, in der Entfernung $r\left(1 - \dfrac{3}{8}\cos\varphi\right)$ lotrecht über N. [Da keine Reibung auftritt, muß der Schwerpunkt in lotrechter Richtung sinken; der Punkt N bewegt sich wagrecht; aus diesen beiden Bewegungsrichtungen kann man durch Ziehen der Normalen die Lage der Momentanachse konstruieren.]

769. Der Schwerpunkt (Mittelpunkt) der Stange fällt in einer Lotrechten, da nur Vertikalkräfte vorhanden sind. Nennt man φ den Neigungswinkel der Stange während der Bewegung, x und y die Koordinaten von A, so ist

$$\begin{cases} x = l\cos\alpha + l\cos\varphi, \\ y = 2\,l\sin\varphi, \end{cases}$$

woraus sich der Ort von A ergibt:

$$(x - l\cos\alpha)^2 + \frac{y^2}{4} = l^2 \quad \text{(Ellipse)}.$$

Zieht man durch den Mittelpunkt der Stange eine wagrechte Linie, so ist ihr Schnitt O mit By das Momentanzentrum (Drehpol) der Stange und OA die Normale der Bahn von A.

770. Ist J das Trägheitsmoment beider Scheiben um ihren gemeinsamen Schwerpunkt, so tritt die Winkelbeschleunigung $\lambda = 2KR/J$ um jenen Punkt auf, da er in Ruhe bleibt.

Es ist
$$J = \frac{93}{160}\frac{GR^2}{g},$$

somit:
$$\lambda = \frac{320}{93}\frac{Kg}{GR}.$$

771. Ziehe durch den Schwerpunkt der Platte eine Wagrechte und bringe sie zum Schnitt mit AB; dann ist der Schnittpunkt der Drehpol der eintretenden Bewegung für den ersten Augenblick.

772. Auf den Gesamtschwerpunkt S von M und m wirken nur lotrechte Kräfte, er kann also nur lotrecht sinken. Nennt man ξ und x die wagrechten Entfernungen der Schwerpunkte von M und m von der Lotrechten durch S, so muß also sein:

$$M\xi = mx$$

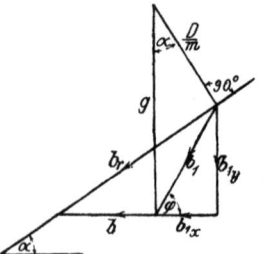

und nach zweimaliger Differentiation:

$$M\frac{d^2\xi}{dt^2} = m\frac{d^2x}{dt^2}$$

oder
$$Mb = mb_{1x}.$$

Die relative Beschleunigung b_r von m hat die Richtung der Keilfläche BA; es ist nach den Gesetzen der relativen Bewegung

$b_r =$ absolute Punktbeschleunigung $-$ Beschleunigung des Keiles

oder
$$\vec{b}_r = \vec{b}_1 + \vec{b} \quad \text{(siehe Abbildung)},$$

wobei die Beschleunigung des Keiles nach rechts gerichtet ist.

Resultate und Lösungen.

Die absolute Punktbeschleunigung b_1 besteht aus der Beschleunigung g der Schwere und der von D herrührenden Beschleunigung D/m; ihre Teile sind:

$$\begin{cases} b_{1x} = \dfrac{D}{m}\sin\alpha = \dfrac{M}{m}b, & \text{also} \quad D = \dfrac{Mb}{\sin\alpha}. \\ b_{1y} = g - \dfrac{D}{m}\cos\alpha, \end{cases}$$

Nach der Zeichnung ist ferner

$$\operatorname{tg}\alpha = \frac{b_{1y}}{b + b_{1x}},$$

woraus nach Einsetzung der Werte für b_{1x} und b_{1y}:

a) $$b = g\,\frac{m\cos\alpha\sin\alpha}{M + m\sin^2\alpha}.$$

Sodann ist

$$b_{1x} = \frac{M}{m}b = g\,\frac{M\cos\alpha\sin\alpha}{M + m\sin^2\alpha}, \qquad b_{1y} = g\,\frac{(M+m)\sin^2\alpha}{M + m\sin^2\alpha}.$$

$$D = \frac{Mb}{\sin\alpha} = \frac{M\,m\,g\cos\alpha}{M + m\sin^2\alpha},$$

Die absolute Beschleunigung b_1 der Punktmasse m ist:

b) $$b_1 = \sqrt{b_{1x}^2 + b_{1y}^2} = \frac{g\sin\alpha}{M + m\sin^2\alpha}\sqrt{M^2 + (2M + m)\,m\sin^2\alpha}$$

und ihre Neigung gegen die Wagrechte:

$$\operatorname{tg}\varphi = \frac{b_{1y}}{b_{1x}} = \frac{M + m}{M}\operatorname{tg}\alpha.$$

c) Da φ konstant ist, ist die absolute Bahn des Punktes m eine Gerade, φ ihre Neigung gegen die Wagrechte. Die relative Beschleunigung wird:

$$b_r = \frac{b_{1y}}{\sin\alpha} = g\,\frac{(M + m)\sin\alpha}{M + m\sin^2\alpha},$$

und d) der Druck zwischen Keil und der wagrechten Ebene:

$$D_1 = Mg + D\cos\alpha = \frac{M(M + m)\,g}{M + m\sin^2\alpha}.$$

773. Bedeuten v_1, v_2 und w_1, w_2 die Geschwindigkeiten der beiden Kugeln M_1, M_2 vor und nach dem Stoße, so gelten die Gleichungen:

$$M_1 v_1 + M_2 v_2 = M_1 w_1 + M_2 w_2, \quad k = \frac{w_2 - w_1}{v_1 - v_2} \text{ (Stoßzahl).}$$

Für $v_2 = 0$, $w_1 = 0$ folgt $w_2 = k v_1$ und $M_1/M_2 = k$.

774. Für $v_2 = -v_1$, $w_2 = 0$ folgt $w_1 = -\tfrac{2}{3} v_1$ und $M_1/M_2 = 3$.

775. Für $w_1 = -v_1$ folgt $w_2 = k(v_1 - v_2) - v_1$ und $\dfrac{v_1}{v_2} = -\dfrac{1 + k}{3 - k}$.

776. Stoßzahl $k = 1/2$. Die Geschwindigkeit der stoßenden Kugel nach dem Stoß ist Null.

777. $2 M_1 v_1 \sin\alpha$.

778. $2 M_1 (v_2 \sin\beta - v_1 \cos\beta)$. [Erteile beiden Körpern die Geschwindigkeit v_2 nach rechts und führe die Aufgabe auf die vorige zurück.]

779. M_2 hat nach dem Stoß mit M_1 die Geschwindigkeit
$$w_2 = 2v_1 \frac{M_1}{M_1 + M_2} = \frac{5}{3}v_1,$$
nach dem Stoß mit M_3 die Geschwindigkeit
$$w_2 \left[1 - \frac{2M_3}{M_2 + M_3}\right].$$
Soll dieser Ausdruck gleich $-v_1$ werden, so muß
$$M_3 = 4M_2$$
sein.

780. Da die Bewegungsgröße sich nicht ändert und die Stöße unelastisch sind, werden zuerst zwei Kugeln mit der gleichen Geschwindigkeit $v_1/2$ laufen, sodann drei Kugeln mit $v_1/3$ und schließlich alle vier Kugeln mit $v_1/4$.

781. Nennt man v_1, v_2 die Fallgeschwindigkeiten der beiden Gewichte G_1 und G_2 im Augenblick des Auftreffens, so sind die Geschwindigkeiten vor dem Stoß:
$$v_1 = \sqrt{2gh_1}, \quad v_2 = \sqrt{2gh_2}$$
und die Bewegungsgröße vor dem Stoß:
$$(G_1 v_1 - G_2 v_2)/g.$$
Nach dem Stoß ist die Bewegungsgröße:
$$(2G + G_1 + G_2)w/g.$$
Setzt man beide gleich, so wird:
$$w = \sqrt{2g}\, \frac{G_1\sqrt{h_1} - G_2\sqrt{h_2}}{2G + G_1 + G_2}.$$

782. Vor dem ersten Anprall sei die Geschwindigkeit v_1; dann ist vor dem zweiten Anprall
$$v_2 = -v_1 k,$$
wenn k die Stoßzahl ist; die Zeit zwischen erstem und zweitem Anprall ist
$$t_1 = \frac{a-d}{v_1 k}.$$
Rechnet man ebenso die Zeit zwischen zweitem und drittem Anprall mit
$$t_2 = \frac{a-d}{v_1 k^2},$$
so wird die ganze Zeit
$$t = t_1 + t_2 + \cdots + t_{n-1}$$
und
$$v_1 = \frac{a-d}{t} \cdot \frac{1-k^{n-1}}{k^{n-1}(1-k)}.$$

783. $M_2 = \sqrt{M_1 M_3}$.

784. Nennt man in dem Augenblick, in dem C mit B in Berührung kommt,
$$\sphericalangle BCD = \alpha, \quad \sphericalangle BCA = \varphi,$$
ferner d den Kugeldurchmesser, so ist $v_1 \cos\alpha$ die Geschwindigkeit des Stoßes und $v_1 \cos\alpha (1-k)/2$ die Geschwindigkeit der Kugel C in der Richtung CB nach dem Stoß, hingegen $v_1 \sin\alpha$ senkrecht dazu.

Hieraus folgt
$$\operatorname{tg}\varphi = \frac{2\operatorname{tg}\alpha}{1-k}.$$

Nun ist
$$d \cdot \sin\varphi = a \cdot \cos(\varphi - \alpha),$$
woraus
$$\overline{BD} = d \cdot \sin\alpha = \frac{d}{a(1+k)} \left\{ \sqrt{d^2 - a^2(1-k^2)} + d \right\}.$$

785. Nennt man α den Winkel zwischen v_1 und der gemeinsamen Normalen der beiden Kugeln, so hat die stoßende Kugel nach dem Stoß die Geschwindigkeit $v_1 \sin\alpha$ in der Tangente, $v_1 \cos\alpha \cdot (1-k)/2$ in der Normalen; somit:
$$\frac{1}{n^2} v_1^2 = v_1^2 \sin^2\alpha + \frac{1}{4} v_1^2 \cos^2\alpha (1-k)^2,$$
woraus
$$\cos\alpha = \frac{2}{n} \sqrt{\frac{n^2 - 1}{(3-k)(1+k)}}.$$

786. Nennt man φ die Ablenkung des Balles A durch den Stoß, so ergibt sich allgemein
$$\operatorname{ctg}\varphi = \operatorname{ctg}\alpha + \frac{2}{(1+k)\sin\alpha(1-\cos\alpha)}.$$

Für $\varphi = 90°$ ergibt sich α aus der Gleichung:
$$\cos^2\alpha - \cos\alpha = \frac{2}{1+k}$$

787. Die zweite Kugel besitzt nach dem Stoß mit der ersten die Geschwindigkeit
$$\frac{2 v_1}{1 + M_2/M_1} = \frac{2n}{n+1} v_1,$$
wenn M_1 und M_2 die Massen der stoßenden und der gestoßenen Kugel sind. Ebenso ist die Geschwindigkeit der dritten Kugel nach dem Stoß
$$\left(\frac{2n}{n+1}\right)^2 v_1,$$
und die der letzten
$$\left(\frac{2n}{n+1}\right)^{r-1} v_1.$$

788. Ist l die Länge vom Aufhängungs- bis zum Kugelmittelpunkt, so ist die Geschwindigkeit der Kugel M_1 vor dem Stoß
$$v_1 = \sqrt{2gl(1 - \cos\alpha_1)} = 2\sin\frac{\alpha_1}{2}\sqrt{gl};$$
die Geschwindigkeit von M_2 nach dem Stoß mit M_1:
$$w_2 = (1+k)\frac{M_1}{M_1 + M_2} v_1$$
und nach dem Stoß mit M_3:
$$w_2' = (1+k)\frac{M_1}{M_1 + M_2} \cdot \frac{M_2 - kM_3}{M_2 + M_3} v_1;$$
die Geschwindigkeit von M_3 nach dem Stoß mit M_2 ist:
$$w_3 = (1+k)\frac{M_2}{M_2 + M_3} w_2 = (1+k)^2 \frac{M_1}{M_1 + M_2} \cdot \frac{M_2}{M_2 + M_3} v_1.$$

Setzt man wie oben:
$$w_2' = 2\sin\frac{\alpha_2}{2}\sqrt{gl}, \quad w_3 = 2\sin\frac{\alpha_3}{2}\sqrt{gl},$$

so wird:
$$\sin\frac{\alpha_2}{2} = \sin\frac{\alpha_1}{2}(1+k)\frac{M_1}{M_1+M_2}\cdot\frac{M_2-kM_3}{M_2+M_3},$$
$$\sin\frac{\alpha_3}{2} = \sin\frac{\alpha_1}{2}(1+k)^2\frac{M_1}{M_1+M_2}\cdot\frac{M_2}{M_2+M_3}$$

und für die besonderen Werte:
$$\alpha_2 = 13°\,16', \quad \alpha_3 = 36°\,32'.$$

789. Nennt man G_1 das Gewicht des Stabes, ω_1 seine Winkelgeschwindigkeit in der tiefsten Lage, J_1 sein Trägheitsmoment für O, so ist nach dem Prinzip der Bewegungsenergie:
$$G_1 l/2 = J_1 \omega_1^2/2, \quad J_1 = G_1 l^2/3g$$
und somit die Geschwindigkeit des tiefsten Punktes (Stoßstelle):
$$v_1 = l\omega = \sqrt{3gl}.$$
Die an die Stoßstelle reduzierte Masse des Stabes ist:
$$\mathfrak{M}_1 = \frac{J_1}{l^2} = \frac{1}{3}\frac{G_1}{g}$$
und die Geschwindigkeit des Gewichtes G_2 (Masse M_2) nach dem Stoß:
$$w_2 = \frac{v_1}{1+M_2/\mathfrak{M}_1} = v_1\frac{G_1}{G_1+3G_2}.$$
Nach dem Prinzip der Bewegungsenergie ist ferner für die Bewegung von G_1:
$$-\frac{1}{2}M_2 w_2^2 = -x f G_2,$$
woraus
$$x = \frac{3}{2}\frac{l}{f}\left(\frac{G_1}{G_1+3G_2}\right)^2 = 15{,}07 \text{ m}.$$

790. Die Geschwindigkeit v_1, mit der das Stabende an den Würfel stößt, folgt aus dem Prinzip der Bewegungsenergie:
$$\mathbf{T - T_0 = A}$$
oder
$$J_1\omega_1^2/2 = G_1 l(1-\cos\alpha)/2.$$
Hierin ist $J_1 = M_1 l^2/3$ das Trägheitsmoment des Stabes für O, ω_1 seine Winkelgeschwindigkeit im Augenblick des Stoßes. Es folgt
$$v_1 = l\omega_1 = \sqrt{3gl(1-\cos\alpha)}.$$
Die reduzierte Stangenmasse an der Stoßstelle ist:
$$\mathfrak{M}_1 = M_1/3 = G_1/3g.$$
Das Trägheitsmoment des Würfels um O_2 ist:
$$J_2 = \frac{2}{3}\frac{G_2}{g}s^2$$
und somit seine nach A reduzierte Masse:
$$\mathfrak{M}_2 = \frac{J_2}{s^2} = \frac{2}{3}\frac{G_2}{g}.$$

Resultate und Lösungen.

791.

Die Geschwindigkeit von A nach dem Stoß ist:
$$w_2 = (1+k)\frac{\mathfrak{M}_1}{\mathfrak{M}_1 + \mathfrak{M}_2}v_1 = (1+k)\frac{G_1}{G_1 + 2\,G_2}v_1.$$
Die Bewegungsenergie des Würfels nach dem Stoß ist:
$$\mathsf{T}_2 = \frac{1}{2}\mathfrak{M}_2 w_2^2 = \frac{G_1^2 G_2(1+k)^2}{(G_1+2G_2)^2}\,l(1-\cos\alpha).$$
Zum Kippen des Würfels ist die Arbeit erforderlich:
$$\mathsf{A}_2 = G_2\frac{s}{2}(\sqrt{2}-1).$$
Es muß $\mathsf{T}_2 > \mathsf{A}_2$ sein oder:
$$\cos\alpha < 1 - \frac{2}{9}(\sqrt{2}-1)\frac{s}{l}\left(1+2\frac{G_2}{G_1}\right)^2.$$

Andere Lösung: Ist D die Stoßkraft zwischen beiden Körpern, so ist ihr **Moment** um O_1 bzw. O_2 gleich der Änderung des Momentes der Bewegungsgröße, also:
$$Dl = J_1(\omega_0 - \omega_1) \quad \text{und} \quad Ds = J_2\,\omega_2.$$
Hierin ist ω_0 die Winkelgeschwindigkeit des Stabes zu Beginn des Stoßes, nämlich v_1/l. Hieraus wird zunächst
$$\frac{J_1}{l^2}(v_1 - l\,\omega_1) = \frac{J_2}{s}\,\omega_2.$$
Ist der Stoß unelastisch ($k=0$), so bleiben die Körper nach dem Stoß in Berührung, und es ist für die Stoßstelle:
$$l\,\omega_1 = s\,\omega_2,$$
woraus mit $J_1/l^2 = \mathfrak{M}_1,\quad J_2/s^2 = \mathfrak{M}_2$
folgt:
$$w_2 = s\,\omega_2 = v_1\frac{\mathfrak{M}_1}{\mathfrak{M}_1+\mathfrak{M}_2}.$$
Ist die Stoßzahl nicht Null, sondern k, so ist der Faktor $1+k$ noch hinzuzufügen; es wird also
$$w_2 = (1+k)\frac{\mathfrak{M}_1}{\mathfrak{M}_1+\mathfrak{M}_2}v_1,$$
wie bereits gefunden wurde.

791. Reduziert man die Masse M_2 des Balkens nach A, so ist sie
$$\mathfrak{M}_2 = J_2/a^2 = M_2/3$$
und die Geschwindigkeit von M_1 nach dem Stoß:
$$w_1 = v_1 - \frac{2\,v_1}{1+M_1/\mathfrak{M}_2} = \frac{3\,M_1 - M_2}{3\,M_1 + M_2}v_1,$$
wenn $v_1 = \sqrt{2gh}$ die Geschwindigkeit vor dem Stoß ist.

Der Punkt A, der anfangs ruht, hat nach dem Stoß die Geschwindigkeit
$$w_2 = \frac{2\,v_1}{1+\mathfrak{M}_2/M_1},$$
woraus
$$\omega_2 = \frac{c_2}{a} = \frac{v_1}{a}\frac{6\,M_1}{3\,M_1 + M_2}.$$

— 273 —

792. Das Gewicht G_1 kommt mit der Geschwindigkeit $v_1 = \sqrt{2gh_1}$ an der Stange an. $\mathfrak{M}_2 = G_2/3\,g$ ist die an das Ende der Stange reduzierte Masse, ihre Geschwindigkeit nach dem Stoß ist ebenso groß wie jene von G_1, nämlich
$$w_1 = w_2 = \frac{3G_1}{3G_1 + G_2} v_1.$$
Das Arbeitsprinzip gibt dann den Ansatz $\mathsf{T} - \mathsf{T}_0 = \mathsf{A}$, worin $\mathsf{T} = 0$, $\mathsf{T}_0 = (M_1 + \mathfrak{M}_2)w_1^2/2$, die Arbeit der Reibung und der sinkenden Gewichte:
$$\mathsf{A} = -2fDr\varphi + G_1 a\varphi + G_2 \frac{a}{2}\varphi.$$
Man erhält:
$$\varphi = \frac{6 G_1^2 h}{(3G_1 + G_2)[4fDr - a(2G_1 + G_2)]}.$$

793. Nennt man J_1, J_2, J_3 die Trägheitsmomente der drei Stäbe für ihre Drehungsachsen, so ist
$$J_1 = M_1(a_1^2 + b_1^2 - a_1 b_1)/3,$$
$$J_2 = M_2(a_2^2 + b_2^2 - a_2 b_2)/3,$$
$$J_3 = M_3(a_3^2 + b_3^2 - a_3 b_3)/3.$$
Nach dem Stoß nehmen die Punkte der drei Stäbe folgende Geschwindigkeiten an:

A_1: $\quad w_1 = \dfrac{M a_1^2}{M a_1^2 + J_1}(1+k)V,$

B_1: $\quad v_1 = \dfrac{b_1}{a_1} w_1,$

A_2: $\quad w_2 = \dfrac{a_2^2 J_1}{a_2^2 J_1 + b_1^2 J_2}(1+k)v_1,$

B_2: $\quad v_2 = \dfrac{b_2}{a_2} w_2,$

A_3: $\quad w_3 = \dfrac{a_3^2 J_2}{a_3^2 J_2 + b_2^2 J_3}(1+k)v_2,$

B_3: $\quad v_3 = \dfrac{b_3}{a_3} w_3.$

Die Kugel m erhält endlich die Geschwindigkeit:
$$w = \frac{J_3}{J_3 + m b_3^2}(1+k)v_3$$
oder
$$w = V(1+k)^4 \frac{a_1 a_2 a_3 b_1 b_2 b_3 M J_1 J_2 J_3}{(a_1^2 M + J_1)(a_2^2 J_1 + b_1^2 J_2)(a_3^2 J_2 + b_2^2 J_3)(J_3 + m b_3^2)}.$$

794. Nach dem Prinzip der Bewegungsenergie ist die Geschwindigkeit des Stabes an der Stoßstelle
$$v_1^2 = 3g\sin\alpha \cdot b^2/a,$$
wenn $\overline{OA} = a$, $\overline{OB} = b$ gesetzt wird. Die Geschwindigkeit w_1 dieser Stelle nach dem Stoß ergibt sich aus
$$v_1 - w_1 = \frac{(1+k)v_1}{1 + \mathfrak{M}_1/M_2},$$
oder mit $M_2 = \infty$ (weil B fest ist)
$$w_1 = -k v_1.$$

Setzt man analog wie oben
$$w_1^2 = 3\,g\sin\beta \cdot b^2/a,$$
so wird
$$k = \sqrt{\sin\beta/\sin\alpha}\,.$$

795. Ist M_2 die Masse der Platte, so ist ihr Trägheitsmoment für die x-Achse: $7\,M_2\,h^2/48$ und daher die nach A reduzierte Masse:
$$7\,M_2/12 = \mathfrak{M}_2\,.$$

Ist v_1 die Geschwindigkeit der stoßenden Masse $M_1 = M_2/10$, w_2 die Geschwindigkeit der Stoßstelle A nach dem Stoß, so ist:
$$w_2 = (1+k)\,\frac{M_1}{M_1 + \mathfrak{M}_2}\,v_1,$$
und für $k = 1$:
$$w_2 = 12\,v_1/41\,.$$

Soll die Platte bis zur wagrechten Lage schwingen, so ist nach dem Prinzip der Bewegungsenergie:
$$\mathfrak{M}_2\,w_2^2/2 = M_2\,g \cdot h/4\,,$$
woraus
$$v_1 = \frac{41}{12}\sqrt{\frac{6\,g\,h}{7}}\,.$$

796. Das Trägheitsmoment der Daumenwelle für ihre Achse ist:
$$J_1 = \frac{1}{12}\,\frac{\gamma}{g}\,\pi\,d\,(R^4 - 5\,r^4)\,;$$

die an die Stoßstelle reduzierte Masse der Daumenwelle:
$$\mathfrak{M}_1 = \frac{4\,J_1}{(R+r)^2}\,,$$

ihre Geschwindigkeit an der Stoßstelle:
$$v_1 = \frac{(R+r)\,n\,\pi}{60}\,.$$

Der Stoß ist unelastisch, da Welle und Stampfe nach dem Stoß in Berührung bleiben; demnach ist die Geschwindigkeit der Stampfe nach dem Stoß:
$$w_2 = \frac{\mathfrak{M}_1}{\mathfrak{M}_1 + M_2}\,v_1,\quad M_2 = \frac{G_2}{g}\,.$$
Es ist also
$$w_2 = \frac{1}{60}\,\frac{\pi^2\,\gamma\,n\,d\,(R+r)\,(R^4 + 5\,r^4)}{\gamma\,\pi\,d\,(R^4 + 5\,r^4) + 3\,G_2\,(R+r)^2} = 0{,}202\ \text{m/sek.}$$

797. Nennt man $\overline{SA} = a$, l die Länge des Stabes, M_1 seine Masse, $\mathfrak{M}_1 = \dfrac{l^2}{12\,a^2}\,M_1$ die nach A reduzierte Masse, so ist die Geschwindigkeit des Schwerpunktes S nach dem Stoß
$$w_s = v_1\left[1 - \frac{1+k}{1 + M_1/\mathfrak{M}_1}\right],$$
weil die Masse M_2 des Hindernisses unendlich groß ist.

Für die Winkelgeschwindigkeit ω des Stabes um S erhält man nach dem Stoß
$$a\,\omega = -\frac{1+k}{1 + \mathfrak{M}_1/M_1}\,v_1$$

798—801. Resultate und Lösungen.

und für die Geschwindigkeit der Stoßstelle A:
$$w_a = w_s + a\,\omega = -v_1 k,$$
also von a ganz unabhängig.

798. Ist M_1 die Masse der Platte, $M_1\varrho^2$ ihr Trägheitsmoment für die Schwerlinie senkrecht zur Bildebene, so ist ihre Winkelgeschwindigkeit nach dem Stoß:
$$\omega_1 = -\frac{1}{x}\frac{(1+k)v_1}{1+\mathfrak{M}_1/M_1},$$
worin v_1 die Fallgeschwindigkeit der Platte, $\mathfrak{M}_1$ die an die Stoßstelle reduzierte Masse $\mathfrak{M}_1 = M_1\varrho^2/x^2$ ist. Soll ω_1 ein Minimum werden, so muß $x(1+\varrho^2/x^2)$ ein Minimum sein; dies tritt ein für $x=\varrho$.

Die größte Winkelgeschwindigkeit der Platte ist also:
$$\omega_{\max} = -\frac{(1+k)v_1}{2\varrho}.$$

799. Nennt man S den gemeinsamen Schwerpunkt der Masse M und des Stieles, S_1 jenen der Masse M und bezeichnet
$$\overline{OS} = z, \quad \overline{SS_1} = y,$$
so muß
$$z\,y = \varrho^2$$
sein, wenn $(M+\mu x)\varrho^2$ das Trägheitsmoment des Hammers für seine zur Bildfläche senkrechte Schwerlinie ist.

Es ist
$$y = \frac{\mu x}{M+\mu x}\left(\frac{x}{2}+a\right),$$
$$z = x + a - y,$$
$$(M+\mu x)\varrho^2 = J + My^2 + \mu x\left[\frac{x^2}{12} + \left(\frac{x}{2}+a-y\right)^2\right],$$
wenn J das Trägheitsmoment von M allein in bezug auf seine zur Bildfläche senkrechte Schwerlinie ist.

Hieraus erhält man: $\mu x^2(x+3a) = 6J$.

800. Es muß $y + r = J_x/My$ sein, wenn J_x das Trägheitsmoment der Masse M der Scheibe in bezug auf die x-Achse ist.

Aus $J_x = Mr^2/4 + My^2$ findet man
$$y = r/4.$$

801. Es ist, wenn M die Masse des Dreiecks, y_s die Koordinate seines Schwerpunktes bezeichnet:
$$\xi = \frac{\int x\,y\,dM}{M\,y_s}, \quad \eta = \frac{\int y^2\,dM}{M\,y_s},$$
woraus wegen
$$\int x\,y\,dM = \mu\iint x\,y\,dx\,dy = \mu\int_0^a x\,dx\cdot\frac{y_1^2}{2} = \frac{\mu}{24}a^2 b^2,$$
$$y_1 = \frac{b}{a}(a-x), \quad M = \frac{1}{2}\mu a b,$$
$$\int y^2\,dM = \mu\iint y^2\,dx\,dy = \mu\int_0^a dx\cdot\frac{y_1^3}{3} = \frac{\mu}{12}a\,b^3;$$
daraus ergibt sich: $\xi = a/4, \quad \eta = b/2.$

802. Rechnung wie in Beispiel **801.**

$$\int xy\,dM = \mu \int\int xy\,dx\,dy = \mu \int_0^r \left[x\,dx \int_0^{y_1} y\,dy \right]$$

$$= \frac{\mu}{2}\int_0^r x\,dx \cdot y_1^2 = \frac{\mu}{2}\int_0^r x(r^2 - x^2)\,dx = \frac{\mu}{8}\,r^4,$$

$$\int y^2\,dM = \mu \int\int y^2\,dx\,dy = \mu \int_0^r \left[dx \int_0^{y_1} y^2\,dy \right]$$

$$= \frac{\mu}{3}\int_0^r dx \cdot y_1^3 = \frac{\mu}{3}\int_0^r (r^2 - x^2)^{3/2}\,dx = \frac{\mu\pi}{16}\,r^4,$$

woraus
$$M = \frac{\mu\pi}{4}\,r^2, \quad y_s = \frac{4}{3}\frac{r}{\pi},$$
$$\xi = 3\,r/8, \quad \eta = 3\,\pi\,r/16.$$

803. Rechnung wie im Beispiel **801.**

$$\int xy\,dM = \mu \int\int xy\,dx\,dy = \mu \int_{-h/2}^{+h/2} \left[y\,dy \int_{-x_1}^{x_2} x\,dx \right],$$

$$x_1 = \frac{b_1}{h}\left(\frac{h}{2} + y\right), \quad x_2 = \frac{b_2}{h}\left(\frac{h}{2} + y\right),$$

woraus
$$\int xy\,dM = \frac{1}{24}\,\mu\,b\,h^2\,(b_2 - b_1).$$

Ferner
$$\int y^2\,dM = \frac{1}{24}\,\mu\,b\,h^3,$$
$$M = \mu b h/2, \quad y_s = h/6,$$

somit
$$\xi = (b_2 - b_1)/2, \quad \eta = h/2,$$

d. h. der Stoßmittelpunkt liegt im Halbierungspunkt der Grundlinie b.

804. In B wird ein Stoß auf die Platte ausgeübt. Bildet man die Momente der Bewegungsgrößen der Platte um B vor und nach dem Stoß und setzt sie einander gleich, so ist

$$M v_s \cdot 0 + J\omega = M w_s \cdot e + J\omega'.$$

Hierin ist M die Masse der Platte, J ihr Trägheitsmoment für die lotrechte Schwerlinie, v_s und w_s die Geschwindigkeiten des Schwerpunktes vor und nach dem Stoß, e die halbe Diagonale. Mit

$$J = M e^2/3, \quad w_s = e\,\omega'$$

erhält man:
$$\omega' = \omega/4.$$

805. Nennt man M die Masse einer Stange, J ihr Trägheitsmoment für C, so hat die Bewegungsgröße der Stange AC vor dem Stoß um C das Moment $Mv \cdot a/2$, nach dem Stoß $J\omega$. Dabei ist ω die Winkelgeschwindigkeit um C. Setzt man die Momente der Bewegungsgrößen um C einander gleich, so folgt:
$$\omega = 3\,v/2\,a = \text{konst.};$$
da ferner der Drehungswinkel des Stabes AC: $\varphi = 2\,\pi/3$ ist, bis A und B sich treffen, so wird die gesuchte Zeit
$$t = \frac{\varphi}{\omega} = \frac{4\,a\,\pi}{9\,v}.$$

806. Nennt man M die Masse der Scheibe, J ihr Trägheitsmoment für AC, r die halbe Diagonale, B die auftretende Stoßkraft, so ist:
$$J(\omega' - \omega) = -Br.$$
Hat ferner der Schwerpunkt der Scheibe nach dem Stoß die Geschwindigkeit w_s, so ist
$$Mw_s = B$$
und endlich
$$w_s = r\,\omega'.$$
Hieraus erhält man:
$$\omega' = \omega/7 \quad \text{und} \quad B = Mr\,\omega/7.$$

807. Bildet man die Momente der Bewegungsgrößen des Würfels vor und nach dem Stoß um die festgehaltene Stelle H, so müssen sie einander gleich sein; es wird also:
$$Mv \cdot a/2 = J\omega'.$$
Hierin ist M die Masse des Würfels, $J = 2Ma^2/3$ sein Trägheitsmoment für die Kante bei H, ω' seine Winkelgeschwindigkeit nach dem Stoß. Daraus wird die gefragte Geschwindigkeit des Schwerpunktes:
$$w_s = \frac{a}{\sqrt{2}}\,\omega' = \frac{3}{8}\,v\sqrt{2}.$$
Die Bewegungsenergie des Würfels nach dem Stoß ist
$$\mathsf{T} = J\omega'^2/2;$$
soll sie den Würfel kippen, so muß sie die Arbeit zum Heben des Würfels
$$\mathsf{A} = Mg\,\frac{a}{2}\,(\sqrt{2} - 1)$$
leisten können; es muß also
$$v^2 \geqq \frac{8}{3}\,(\sqrt{2} - 1)\,g\,a$$
sein.

808. Setzt man die Momente der Bewegungsgrößen um A vor und nach dem Stoß einander gleich, so wird
$$M_1 v_1 \cdot 3a/2 = J\omega + M_1\,\overline{AB}^2 \cdot \omega';$$
hierin ist J das Trägheitsmoment des Prismas für A, ω' seine Winkelgeschwindigkeit nach dem Stoß. Es wird
$$\omega' = \frac{6}{53} \cdot \frac{v_1}{a}.$$

Resultate und Lösungen. **809—827.**

Damit das Prisma umkippt, muß seine Bewegungsenergie größer als die zum Kippen um A notwendige Hebearbeit sein, oder

$$\frac{1}{2}\left(J + M_1 \cdot \overline{AB}^2\right)\omega'^2 > (M_1 + M_2)\,g\left(\overline{AS} - \frac{3}{2}a\right),$$

worin S der gemeinsame Schwerpunkt des Prismas und der Masse M_1 ist. Es ergibt sich
$$\overline{AS} = 13\,a/8,$$
und hieraus:
$$v_1^2 > 53\,a\,g/9.$$

809. $v = 16{,}6\,\dfrac{\mathrm{m}}{\mathrm{sek}}.\ \left[60\cdot\dfrac{1000\,\mathrm{m}}{3600\,\mathrm{sek}} = v\,\dfrac{1\,\mathrm{m}}{1\,\mathrm{sek}}.\right]$

810. $g' = 127\,137{,}6\cdot\dfrac{\mathrm{km}}{\mathrm{Stde}^2}.\ \left[9{,}81\,\dfrac{\mathrm{m}}{\mathrm{sek}^2} = g'\,\dfrac{1000\,\mathrm{m}}{(3600\,\mathrm{sek})^2}.\right]$

811. $t = 1\,\mathrm{min}.\ \left[80\,\dfrac{\mathrm{m}}{\mathrm{sek}^2} = 288\,\dfrac{1000\,\mathrm{m}}{t^2}.\right]$

812. $g' = 1{,}831.\ \left[9{,}81\,\dfrac{\mathrm{m}}{t^2} = g'\,\dfrac{\mathrm{m}}{t_1^2},\ \dfrac{t_1}{t} = 0{,}432.\right]$

813. Die Zeiteinheit muß verzehnfacht werden. $\left[\lambda\cdot\dfrac{1}{t^2} = 100\,\lambda\cdot\dfrac{1}{t_1^2}.\right]$

814. $1\,\mathrm{PS} = 542\ \text{engl. Sek.-Fuß-Pfund}.\ \left[75\,\dfrac{\mathrm{mkg}}{\mathrm{sek}} = x\cdot\dfrac{0{,}454\,\mathrm{kg}\cdot 0{,}305\,\mathrm{m}}{1\,\mathrm{sek}}.\right]$

815. $445\,374\,\mathrm{Dyn}\ \left(\text{mit}\ g = 981\,\dfrac{\mathrm{cm}}{\mathrm{sek}^2}\right).$

816. $13\,847\,\mathrm{Dyn}.$

817. $1\,\mathrm{PS} = 75\,\mathrm{g} = 735{,}75\,\dfrac{\mathrm{kgm}}{\mathrm{sek}}.$

818. $J_1 = J\cdot 981\cdot 10^5.\ [J\cdot ML^2 = J_1\cdot M_1 L_1^2$ oder
$J\cdot\dfrac{1\,\mathrm{kg\ Gewicht}}{1\,\mathrm{m/sek}^2}\cdot 1\,\mathrm{m}^2 = J_1\cdot 1\,\mathrm{g\ Masse}\cdot 1\,\mathrm{cm}^2.]$

819. $x = 1.\ \left[64\,285{,}71\,\dfrac{\mathrm{Pfund}\cdot\mathrm{Fuß}^2}{\mathrm{min}^2} = x\,\dfrac{\mathrm{kg}\cdot\mathrm{m}^2}{\mathrm{sek}^2}.\right]$

820. $x = 7411.\ \left[600\,\dfrac{\mathrm{kg}}{\mathrm{cm}^2} = x\,\dfrac{\mathrm{Pfund}}{\mathrm{Zoll}^2}.\right]$

821. a) $[k] = [K^{-1}L^4 T^{-4}]$, b) $[k] = [M^{-1}L^3 T^{-2}]$.
822. $[a] = [L^{-1}]$, $[b] = [KL^{-2}]$.
823. $a = 0{,}100$, $b = 0{,}667$.
$$\left[0{,}038\,\dfrac{1}{\mathrm{cm}} = a\,\dfrac{1}{\mathrm{Zoll}},\ 0{,}054\,\dfrac{\mathrm{kg}}{\mathrm{cm}^2} = b\,\dfrac{\mathrm{Pfund}}{\mathrm{Zoll}^2}.\right]$$
824. Die Zahl ist dimensionslos.
825. a) $[\alpha] = [KL^{-(n+2)}T^n]$, b) $[\alpha] = [ML^{-(n+1)}T^{n-2}]$.
826. a) $[\alpha] = [KL^{-4}T^2]$, $[\beta] = [KL^{-7/2}T^{3/2}]$
  b) $[\alpha] = [ML^{-3}]$, $[\beta] = [ML^{-3/2}T^{-1/2}]$.
827. $[u] = [T^{-1}];\ [\alpha] = [L],\ [\beta] = [L^2 T^{-2}],\ [\gamma] = [L^2]$.

828. $[\alpha] = [L^{-1}T^2]$; $[\beta] = [T^2]$.
$\alpha = 0{,}00008848$, während β unverändert bleibt.

829. $[\alpha] = [L^{1/2}T^{-1}]$; $[\beta] = [T^{-1}]$.
$\alpha = 63{,}8352$, während β unverändert bleibt.

830. $[a][b][c]$ haben die Dimension $[L^{1/2}T^{-1}]$,
$[a_1][b_1]$,, ,, ,, $[L^{1/2}]$.
Es wird:
$$a = a_1 = 40{,}94,$$
$$b = b_1 = 0{,}002759,$$
$$c = 1{,}78.$$

831. Da A die Dimension Null hat, bleibt für die Zahl 1250 die Dimension im technischen Maßsystem $[K^{-1}L^2]$, im physikalischen $[M^{-1}LT^2]$.

832. Wird die Dimension der Kraft mit K bezeichnet, so hat die Zahl $0{,}00277$ die Dimension $[K^{-2}L^5T^2]$; sie ändert sich also in $0{,}27569$.

833. Nennt man K die Dimension der Kraft, so findet man für die Zahlen 7, 40 und 0,06 der empirischen Gleichungen die Dimensionen $[L^{1/2}]$, $[KT^{-1}]$ und $[K^{-1/2}LT^{1/2}]$.
Man erhält also die Dimensionalgleichungen:
$7 \cdot \text{m}^{1/2} = x \cdot \text{Fuß}^{1/2}$,
$40 \cdot \text{kg} \cdot \text{Stunde}^{-1} = y \cdot \text{Pfund} \cdot \text{Stunde}^{-1}$,
$0{,}06 \cdot \text{kg}^{-1/2} \cdot \text{m} \cdot \text{Stunde}^{1/2} = z \cdot \text{Pfund}^{-1/2} \cdot \text{Fuß} \cdot \text{Stunde}^{1/2}$,
woraus die neuen Gleichungen folgen:
$$\left. \begin{array}{l} h\,[\text{Fuß}] = \left(\dfrac{12{,}5\,B}{88+B}\right)^2, \\ d\,[\text{Fuß}] = 0{,}13\,\sqrt{B}. \end{array} \right\} \quad (B \text{ in Pfund}).$$

834. Nennt man K die Dimension der Kraft, so ergeben sich für die Zahlen 0,045 und 0,5 die Dimensionen $[K^{-1/2}L]$ und $[L]$. Man erhält die Dimensionalgleichungen:

$0{,}045\,\text{kg}^{-1/2} \cdot \text{cm} = x \cdot \text{Pfund}^{-1/2} \cdot \text{Zoll}$, $\quad 0{,}5\,\text{cm} = y\,\text{Zoll}$,

woraus die neue Gleichung folgt:
$$d\,[\text{Zoll}] = 0{,}012\,\sqrt{P} + 0{,}2 \quad (P \text{ in Pfund}).$$

835. Die Dimensionen von v, B, R, r sind: $[LT^{-1}]$, $[KT^{-1}]$, $[L^2]$ und $[K^{-1}L^3]$; daher hat die Zahl 3600 keine Dimension, sie ändert sich also beim Übergang zu anderen Einheiten nicht.

836. Die Gleichung enthält vier verschiedene Längeneinheiten: mm, cm (in kg/cm²), dcm (in Liter) und m. Nennt man diese der Reihe nach
$$L_3 : L_2 : L_1 : L = 1 : 10 : 10^2 : 10^3$$
und K die Einheit der Kraft (kg), so wird die Dimensionalgleichung:
$$f \cdot \frac{L_3^2}{L^2} = 15\,\sqrt{\frac{\mathfrak{B} \cdot L_1^3}{p_0\,K^2\,L_2^{-2}}}$$
oder
$$f = 15\,\sqrt{\frac{\mathfrak{B}}{p_0}} \cdot L^2\,L_1^{-3/2}\,L_2\,L_3^{-2}\,K^{-1}.$$

Die Zahl 15 hat also die Dimension:
$$[L^{-2}\,L_1^{-1/2}\,L_2^{-1}\,L_3^2\,K^1].$$

Will man sämtliche Größen in der Gleichung auf m beziehen, so ist:
$$15 \cdot L^{-2} L_1^{-3/2} L_2^{-1} L_3^2 = x \cdot L^{-2} L^{-3/2} L^{-1} L^2,$$
woraus
$$x = 15 \cdot 10^{-5/2}.$$
Will man sie hingegen auf mm beziehen, so wird:
$$15 \cdot L^{-2} L_1^{-3/2} L_2^{-1} L_3^2 = y \cdot L_3^{-2} L_3^{-3/2} L_3^{-1} L_3^2$$
und
$$y = 15 \cdot 10^{-10}.$$
Die Gleichung lautet also dann:
$$f = 0{,}015 \sqrt{10\,\mathfrak{V}/p_0} \quad \text{bzw.} \quad f = 15 \cdot 10^{-10} \sqrt{\mathfrak{V}/p_0}.$$

837. In der Gleichung kommen zwei Krafteinheiten (kg und t) und zwei Längeneinheiten (km und m) vor; außerdem soll die Zeiteinheit (Stunde) durch eine andere (Sekunde) ersetzt werden. Zwischen diesen Einheiten bestehen die Beziehungen:
$$K_1 = 1000\,K, \quad L_1 = 1000\,L, \quad T_1 = 3600\,T.$$
Die Dimension von 0,0052 ist:
$$\frac{K}{K_1 L^2} \cdot \frac{T_1^2}{L_1^2}.$$
Die neue Zahl k für einheitliche Einheiten muß also der Gleichung genügen:
$$0{,}0052 \cdot \frac{K}{K_1 L^2} \cdot \frac{T_1^2}{L_1^2} = k \cdot \frac{K}{K L^2} \cdot \frac{T^2}{L^2},$$
woraus
$$k = 67\,392 \cdot 10^{-9}.$$

838. Der Widerstand ist eine Kraft und hat als solche die Dimension $[MLT^{-2}]$; die Fläche der Scheibe hat die Dimension $[L^2]$, die Dichte der Luft $[ML^{-3}]$, die Geschwindigkeit $[LT^{-1}]$. Man schreibe also die Dimensionalgleichung an:
$$MLT^{-2} = [L^2]^x \cdot [ML^{-3}]^y \cdot [LT^{-1}]^z.$$
Man erhält daraus:
$$x = 1, \quad y = 1, \quad z = 2,$$
d. h.
Widerstand $= \xi \cdot$ Fläche $\cdot$ Dichte $\cdot$ (Geschwindigkeit)^2.

Ähnlich im technischen Maßsystem.

839. Die Leistung hat die Dimension $[ML^2 T^{-3}]$, die Winkelgeschwindigkeit $[T^{-1}]$, die Luftdichte $[ML^{-3}]$. Die Dimensionalgleichung lautet dann:
$$ML^2 T^{-3} = L^x \cdot (T^{-1})^y \cdot (ML^{-3})^z.$$
Man erhält daraus:
$$x = 5, \quad y = 3, \quad z = 1,$$
d. h.
Leistung der Luftschraube $= \xi \cdot$ Dichte $\cdot$ (Halbmesser der Schraubenflügel)^5
$\cdot$ (Winkelgeschwindigkeit)^3.

Ähnlich im technischen Maßsystem.

Verlag von Julius Springer in Berlin W 9

Aufgaben aus der technischen Mechanik. Von Professor Ferd. Wittenbauer in Graz.
Zweiter Band: **Festigkeitslehre.** 611 Aufgaben nebst Lösungen und einer Formelsammlung. Dritte, verbesserte Auflage. Mit 505 Textfiguren. Unveränderter Neudruck 1922. Gebunden 8 Goldmark / Gebunden 1.95 Dollar
Dritter Band: **Flüssigkeiten und Gase.** 634 Aufgaben nebst Lösungen und einer Formelsammlung. Dritte, vermehrte und verbesserte Auflage. Mit 433 Textfiguren. Unveränderter Neudruck 1922.
Gebunden 8 Goldmark / Gebunden 1.95 Dollar

Graphische Dynamik. Ein Lehrbuch für Studierende und Ingenieure. Mit zahlreichen Anwendungen und Aufgaben. Von Ferdinand Wittenbauer †, Professor an der Technischen Hochschule in Graz. Mit 745 Textfiguren. 1923.
Gebunden 30 Goldmark / Gebunden 7.15 Dollar

Lehrbuch der technischen Mechanik für Ingenieure und Studierende. Zum Gebrauche bei Vorlesungen an Technischen Hochschulen und zum Selbststudium. Von Professor Dr.-Ing. Theodor Pöschl in Prag. Mit 206 Abbildungen. 1923.
6 Goldmark; gebunden 7.25 Goldmark / 1.45 Dollar; gebunden 1.75 Dollar

Einführung in die Mechanik mit einfachen Beispielen aus der Flugtechnik. Von Professor Dr.-Ing. Theodor Pöschl in Prag. Mit 102 Textabbildungen. 1917.
3.75 Goldmark / 0.90 Dollar

Lehrbuch der Hydraulik für Ingenieure und Physiker. Von Professor Dr.-Ing. Theodor Pöschl, o. ö. Professor an der Deutschen Technischen Hochschule in Prag. Mit etwa 150 Textabbildungen. Erscheint im Frühjahr 1924

Lehrbuch der technischen Mechanik. Von Dr. phil. h. c. Martin Grübler, Professor an der Technischen Hochschule zu Dresden.
Erster Band: **Bewegungslehre.** Zweite, verbesserte Auflage. Mit 144 Textfiguren. 1921. 4.20 Goldmark / 1 Dollar
Zweiter Band: **Statik der starren Körper.** Zweite, berichtigte Auflage. (Neudruck.) Mit 222 Textfiguren. 1922. 7.50 Goldmark / 1.80 Dollar
Dritter Band: **Dynamik starrer Körper.** Mit 77 Textfiguren. 1921.
4.20 Goldmark / 1 Dollar

Leitfaden der Mechanik für Maschinenbauer. Mit zahlreichen Beispielen für den Selbstunterricht. Von Professor Dr.-Ing. Karl Laudien in Breslau. Mit 229 Textfiguren. 1921. 4 Goldmark / 0.95 Dollar

Technische Elementar-Mechanik. Grundsätze mit Beispielen aus dem Maschinenbau. Von Dipl.-Ing. Rudolf Vogdt, Professor an der Staatlichen Höheren Maschinenbauschule in Aachen, Regierungsbaumeister a. D. Zweite, verbesserte und erweiterte Auflage. Mit 197 Textfiguren. 1922. 2.50 Goldmark / 0.60 Dollar

Ingenieur-Mechanik. Lehrbuch der technischen Mechanik in vorwiegend graphischer Behandlung. Von Dr.-Ing. Dr. phil. Heinz Egerer, Diplom-Ingenieur, vormals Professor für Ingenieur-Mechanik und Materialprüfung an der Technischen Hochschule Drontheim.
Erster Band: **Graphische Statik starrer Körper.** Mit 624 Textabbildungen sowie 238 Beispielen und 145 vollständig gelösten Aufgaben. 1919. Unveränderter Neudruck 1923. Gebunden 11 Goldmark / Gebunden 2.65 Dollar
Band 2—4 in Vorbereitung. Der zweite und dritte Band behandeln die gesamte **Mechanik starrer und nichtstarrer Körper.**
Der vierte Band bringt die Erweiterung der Festigkeitslehre und Dynamik für Tiefbau-, Maschinen- und Elektroingenieure.

Verlag von **Julius Springer** in Berlin W 9

Lehrbuch der Technischen Physik. Von Dr. Dr.-Ing. **Hans Lorenz**, o. Professor an der Technischen Hochschule Danzig, Geheimer Regierungsrat. Z w e i t e, neubearbeitete Auflage.
E r s t e r B a n d: **Technische Mechanik starrer Gebilde.** Z w e i t e, vollständig neubearbeitete Auflage der „Technischen Mechanik starrer Systeme".
E r s t e r T e i l: **Mechanik ebener Gebilde.** Mit 295 Abbildungen.
Erscheint im Frühjahr 1924

Theoretische Mechanik. Eine einleitende Abhandlung über die Prinzipien der Mechanik. Mit erläuternden Beispielen und zahlreichen Übungsaufgaben. Von A. E. H. **Love**, M. A., D. Sc., F. R. S., ordentlicher Professor der Naturwissenschaft an der Universität Oxford. Autorisierte deutsche Übersetzung der z w e i t e n Auflage von Dr.-Ing. **Hans Polster**. Mit 88 Textfiguren. 1920.
12 Goldmark; gebunden 14 Goldmark / 2.90 Dollar; gebunden 3.35 Dollar

---

Ed. Autenrieth, Technische Mechanik. Ein Lehrbuch der Statik und Dynamik für Ingenieure. Neu bearbeitet von Dr.-Ing. **Max Ensslin** in Eßlingen. D r i t t e, verbesserte Auflage. Mit 295 Textabbildungen. 1922.
Gebunden 15 Goldmark / Gebunden 3.60 Dollar

Grundzüge der technischen Mechanik des Maschineningenieurs. Ein Leitfaden für den Unterricht an maschinentechnischen Lehranstalten. Von Professor Dipl.-Ing. **P. Stephan**, Regierungs-Baumeister. Mit 288 Textabbildungen. 1923.
2.50 Goldmark / 0.60 Dollar

Die technische Mechanik des Maschineningenieurs mit besonderer Berücksichtigung der Anwendungen. Von Professor Dipl.-Ing. **P. Stephan**, Regierungs-Baumeister. In vier Bänden.
E r s t e r B a n d: **Allgemeine Statik.** Mit 300 Textfiguren. 1921.
Gebunden 4 Goldmark / Gebunden 0.95 Dollar
Z w e i t e r B a n d: **Die Statik der Maschinenteile.** Mit 276 Textfiguren. 1921.
Gebunden 7 Goldmark / Gebunden 1.70 Dollar
D r i t t e r B a n d: **Bewegungslehre und Dynamik fester Körper.** Mit 264 Textfiguren. 1922.
Gebunden 7 Goldmark / Gebunden 1.70 Dollar
V i e r t e r B a n d: **Die Elastizität gerader Stäbe.** Mit 255 Textfiguren. 1922.
Gebunden 7 Goldmark / Gebunden 1.70 Dollar

Grundzüge der technischen Schwingungslehre. Von Professor Dr.-Ing. **Otto Föppl** in Braunschweig, Technische Hochschule. Mit 106 Abbildungen im Text. 1923. 4 Goldmark; gebunden 4.80 Goldmark / 0.95 Dollar; gebunden 1.15 Dollar

---

Technische Schwingungslehre. Ein Handbuch für I n g e n i e u r e, P h y s i k e r u n d M a t h e m a t i k e r bei der Untersuchung der in der Technik angewendeten periodischen Vorgänge. Von Dipl.-Ing. Dr. **Wilhelm Hort**, Oberingenieur bei der Turbinenfabrik der A E G., Privatdozent an der Technischen Hochschule in Berlin. Z w e i t e, völlig umgearbeitete Auflage. Mit 423 Textfiguren. 1922.
Gebunden 24 Goldmark / Gebunden 5.75 Dollar

Mathematische Schwingungslehre. Theorie der gewöhnlichen Differentialgleichungen mit konstanten Koeffizienten sowie einiges über partielle Differentialgleichungen und Differenzengleichungen. Von Dr. **Erich Schneider**. Mit 49 Textabbildungen. 1924. 8.40 Goldmark; gebunden 9.15 Goldmark / 2 Dollar; gebunden 2.20 Dollar

MIX
Papier aus verantwortungsvollen Quellen
Paper from responsible sources
FSC® C105338

If you have any concerns about our products,
you can contact us on
ProductSafety@springernature.com

In case Publisher is established outside the EU,
the EU authorized representative is:
**Springer Nature Customer Service Center GmbH
Europaplatz 3, 69115 Heidelberg, Germany**

Printed by Libri Plureos GmbH
in Hamburg, Germany